DAXING HUODIANCHANG DIANQI SHEBEI JI

大型火电厂
电气设备及运行技术

胡志光 武宏波 胡 静 编 著

中国电力出版社
CHINA ELECTRIC POWER PRESS

内 容 提 要

本书以 1000MW 发电机组为例详尽介绍了大型火电厂一、二次电气设备的基本原理、结构类型、性能特点、技术参数、接线方式、运行维护、常见故障处理以及与火电厂运行紧密相关的电力系统专业知识。全书共分八章，内容包括电力系统的运行技术、火电厂电气主接线及厂用电、汽轮发电机及运行技术、电力变压器及运行技术、厂用电动机及运行技术、火电厂高压配电设备、火电厂的继电保护、火电厂电气设备的控制与信号。本书内容全面，突出先进性和实用性，既可以作为火电厂电气运行人员的培训教材，亦可供大专院校师生和从事火电厂相关专业工作的工程技术人员参考。

图书在版编目（CIP）数据

大型火电厂电气设备及运行技术/胡志光，武宏波，胡静编著.—北京：中国电力出版社，2018.8
ISBN 978 - 7 - 5198 - 2079 - 4

Ⅰ.①大… Ⅱ.①胡…②武…③胡… Ⅲ.①火电厂—电气设备—运行 Ⅳ.①TM621.27

中国版本图书馆 CIP 数据核字（2018）第 108282 号

出版发行：中国电力出版社
地　　址：北京市东城区北京站西街 19 号（邮政编码 100005）
网　　址：http://www.cepp.sgcc.com.cn
责任编辑：徐　超（010 - 63412386）
责任校对：闫秀英
装帧设计：赵姗姗
责任印制：石　雷

印　　刷：北京雁林吉兆印刷有限公司
版　　次：2018 年 8 月第一版
印　　次：2018 年 8 月北京第一次印刷
开　　本：787 毫米×1092 毫米　16 开本
印　　张：25
字　　数：561 千字
印　　数：0001—2000 册
定　　价：108.00 元

前 言

Preface

　　为适应大型火电厂快速发展的需要，进一步提高火电厂技术人员的运行维护水平，保障火电厂的安全、可靠、高效、经济运行，作者为电气运行人员编写了《大型火电厂电气设备及运行技术》一书。本书以 1000MW 发电机组为例，详尽介绍了大型火电厂一、二次电气设备的基本原理、结构类型、性能特点、技术参数、接线方式、运行维护、常见故障处理以及与火电厂运行紧密相关的电力系统专业知识。全书共分八章，内容包括电力系统的运行技术、火电厂电气主接线及厂用电、汽轮发电机及运行技术、电力变压器及运行技术、厂用电动机及运行技术、火电厂高压配电设备、火电厂的继电保护、火电厂电气设备的控制与信号。本书努力全面反映大型火电厂电气部分的新技术、新设备、新工艺、新材料和新经验，突出实用性和先进性。本着理论联系实际的原则，书中简化电气设备选型、设计和计算内容，重点介绍大型火电厂电气设备的结构原理、技术参数、运行特性、运行调整、运行维护和故障处理等内容。力求将大型火电厂的电气主接线、厂用电接线、一次电气设备、二次电气设备、发电机的运行、变压器的运行、电动机的运行和电力系统的运行融为一体，在理解电气设备工作原理的同时，全面反映火电厂电气设备的运行技术。作者在写作中，做到了术语准确、文字精练、插图简明、内容全面、通俗易懂。《大型火电厂电气设备及运行技术》既可以作为火电厂电气运行人员的培训教材，亦可供大专院校师生和从事火电厂相关专业工作的工程技术人员参考。

　　本书的第一、三、七、八章由华北电力大学胡志光编著，第四、六章由国网经济技术研究院有限公司武宏波编著，第二、五章由国网能源研究院有限公司胡静编著。本书在编著过程中曾得到中国电力出版社徐超编辑的大力支持，在此一并表示感谢。

　　由于作者水平有限，书中难免出现漏误之处，恳请读者不吝指正。

作　者

2017 年 12 月

目 录

Contents

前言

第一章　电力系统的运行技术 ……………………………………… 1

　第一节　电力系统概述 ………………………………………………… 1

　第二节　电力系统有功功率平衡和频率调整 ……………………… 12

　第三节　电力系统无功功率平衡和电压调整 ……………………… 19

　第四节　电力系统运行的稳定性 …………………………………… 26

　第五节　电力系统中性点的接地方式 ……………………………… 33

第二章　火电厂电气主接线及厂用电 ……………………………… 41

　第一节　火电厂的电气主接线 ……………………………………… 41

　第二节　火电厂电气设备的倒闸操作 ……………………………… 49

　第三节　火电厂的厂用电 …………………………………………… 53

　第四节　火电厂的直流电源 ………………………………………… 63

　第五节　火电厂的交流不停电电源 ………………………………… 74

　第六节　火电厂的交流事故保安电源 ……………………………… 78

第三章　汽轮发电机及运行技术 …………………………………… 87

　第一节　汽轮发电机的基本知识 …………………………………… 87

　第二节　汽轮发电机的励磁系统 …………………………………… 96

　第三节　汽轮发电机的运行特性 …………………………………… 102

　第四节　汽轮发电机的启、停操作和运行监视 …………………… 105

　第五节　汽轮发电机的正常运行与调整 …………………………… 110

　第六节　汽轮发电机的进相运行 …………………………………… 115

　第七节　汽轮发电机的异常运行和事故处理 ……………………… 120

第四章　电力变压器及运行技术 …………………………………… 130

　第一节　电力变压器的基本知识 …………………………………… 130

　第二节　电力变压器的结构及特点 ………………………………… 138

　第三节　电力变压器的运行分析 …………………………………… 157

　第四节　电力变压器的运行方式 …………………………………… 164

　第五节　电力变压器的运行维护 …………………………………… 171

第五章　厂用电动机及运行技术 ·················· 179

　　第一节　三相异步电动机的基本知识 ·················· 179

　　第二节　三相异步电动机的启动和自启动 ·················· 188

　　第三节　三相异步电动机的调速方法 ·················· 195

　　第四节　三相异步电动机的控制 ·················· 201

　　第五节　三相异步电动机的运行维护 ·················· 210

第六章　火电厂高压配电设备 ·················· 218

　　第一节　绝缘子、母线、电缆和架空线 ·················· 218

　　第二节　隔离开关、熔断器和负荷开关 ·················· 229

　　第三节　高压断路器 ·················· 236

　　第四节　互感器、滤过器和过滤器 ·················· 249

　　第五节　过电压保护设备 ·················· 263

　　第六节　接地装置 ·················· 272

第七章　火电厂的继电保护 ·················· 278

　　第一节　继电保护的基本知识 ·················· 278

　　第二节　发电机的继电保护 ·················· 292

　　第三节　变压器的继电保护 ·················· 314

　　第四节　电动机的继电保护 ·················· 323

　　第五节　输电线路的高频保护 ·················· 326

第八章　火电厂电气设备的控制与信号 ·················· 333

　　第一节　断路器的控制 ·················· 333

　　第二节　隔离开关的防误闭锁 ·················· 341

　　第三节　信号装置 ·················· 347

　　第四节　监察装置和闪光装置 ·················· 352

　　第五节　厂用电源快切装置 ·················· 356

　　第六节　自动准同期装置 ·················· 365

附录　大型火电厂电气设备外形和结构彩图 ·················· 373

参考文献 ·················· 394

第一章

电力系统的运行技术

第一节 电力系统概述

一、电力系统的组成及其优越性

1. 电力系统的组成

发电机将机械能转化为电能，通过变压器、电力线路将电能输送、分配给电动机、电炉、电灯等用电设备，这些用电设备将电能转化为机械能、热能、光能等。这些生产、输送、分配、消耗电能的发电机、变压器、电力线路、各种用电设备联系在一起组成的统一整体就叫做电力系统，如图1-1所示。

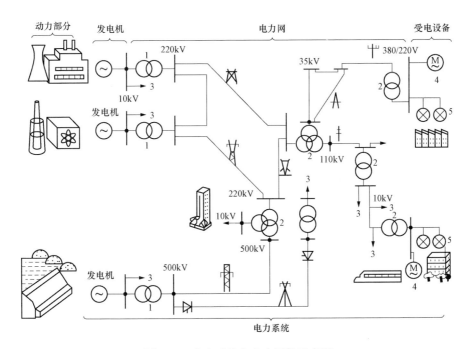

图1-1　电力系统和电力网络示意图

1—升压变压器；2—降压变压器；3—负荷；4—电动机；5—电灯

与电力系统相关联的还有"动力系统"和"电力网络"。"动力系统"是由电力系统

1

和"动力部分"组成的整体，其中"动力部分"包括火力火电厂的锅炉、汽轮机、热力网和用热设备，水力发电厂的水库、水轮机以及核电厂的核反应堆等。"电力网络"是由升降压变压器和各种不同电压等级的电力线路所组成的网络，也称电力网或电网，是电力系统的重要组成部分。主要承担输送电能任务的电网称为输电网，其电压较高。其中 110～220kV 的输电网称为高压输电网，330～750kV 的输电网称为超高压输电网，直流±800kV 和交流 1000kV 及以上的输电网称为特高压输电网。主要承担分配电能任务的电网称为配电网，其电压较低。其中 3～35kV 的配电网称为高压配电网，380/220V 的配电网称为低压配电网。

将两个或两个以上的小型电力系统用电网连接起来并列运行，即可组成地区性电力系统；将若干个地区性电力系统用电网连接起来，即可组成区域性电力系统；将若干个区域性电力系统用电网连接起来，就可形成跨省（区）甚至跨国界的电力系统。

2. 大电力系统的优越性

（1）提高供电可靠性和电能质量。因为大电力系统中备用发电机组较多，容量也比较大，个别机组发生故障对系统影响较小，从而提高了供电可靠性。此外，当电力系统容量较大时，个别负荷变动，即使是较大的冲击负荷，也不会造成系统电压和频率的明显变化，故可增强抵抗事故能力，提高电网安全水平，改善电能质量。

（2）可减少系统的装机容量，提高设备利用率。大电力系统往往占有很大的地域，因为存在时差和季差，各小系统中最大负荷出现的时间就不同，综合起来的最大负荷，也将小于各小系统最大负荷相加的总和。因此，大电力系统中总的装机容量可以减少。同时，备用容量也可以减少。如果装机容量一定，则可提高设备的利用率，增加供电量。

（3）便于安装大机组，降低造价。在 100 万～1000 万 kW 电力系统中，最经济的单机容量为系统总容量的 6%～10%。可见，系统容量越大，越便于安装大机组。而大机组每千瓦设备的投资、生产每千瓦时电能的燃料消耗厂用电率和维修费用都比小机组的少。从而可节约投资、降低煤耗、降低运行费用、提高劳动生产率、加快电力建设速度。

（4）合理利用各种资源，提高运行的经济性。水电厂发电易受季节影响，在夏秋丰水期水量过剩、在冬春枯水期水量短缺。水电厂容量占的比例较大的系统，将造成枯水期缺电、丰水期弃水的后果。将水电比例较大的系统与火电比例较大的系统连接起来并列运行，丰水期水电厂多发电，火电厂少发电并适当安排检修；枯水期火电厂多发电，水电厂少发电并安排检修。这样既能充分利用水利资源，又能减少燃料消耗，从而降低电能成本，提高运行的经济性。

二、电力系统的特点及对其的要求

1. 电力系统的特点

（1）电能的生产和消费具有同时性。电力系统中电能的生产和消费每时每刻都保持着平衡关系，即发电厂任何时刻生产的电能都等于该时刻所有用电设备消耗电能之和。

在电力系统中发电、输电、变电、配电和用电的任何一个环节的电气设备发生故障，都会影响电能的生产和供应。因此，必须通过优化和调整等手段，使这种平衡关系维持在正常范围之内。

（2）电磁变化过程十分迅速。电以光速传播，运行中改变系统的运行状态也是在极短的时间内完成的，系统故障失去稳定的过程也非常短暂。因此，正常运行或故障处理所进行的一系列操作和调整仅靠人工不能达到满意的效果，甚至不能达到预期的目的，必须利用各种自动装置来完成这些任务。

（3）电力系统和国民经济各部门之间有密切的关系。现代工业、农业、交通运输等部门都以电为动力进行生产。电能以其便于输送、便于集中管理、便于转换、便于自动控制、使用方便和利用率高等显著优点而得到广泛应用，电能在国民经济的发展和提高人民生活水平方面发挥着越来越重要的作用。因此，电力系统也应不断发展壮大，并留有足够的备用容量满足社会发展的需要。

（4）电力系统的地区性特点较强。由于电力系统的电源结构与资源分布情况和特点有关，负荷结构却与工业布局、城市规划、电气化水平有关，输电线路的电压等级、线路配置等则与电源与负荷间的距离、负荷的集中程度等有关。因此，应根据本地区的特点规划、建设和发展电力系统。

2. 对电力系统的要求

（1）最大限度地满足用户的用电需要，为国民经济各个部门提供充足的电力。首先应按照电力先行的原则，做好电力系统的发展规划，确保电力工业的建设优先于其他工业部门。其次，还要加强现有电力设备的运行维护，以防止事故发生。

（2）保证供电的可靠性。运行经验证明，电力系统中的大事故，往往是由小事故引起的；整体性事故往往是由局部性事故发展扩大而造成的。因此要经常对每一处发电、输电、变电、配电和用电设备进行监视、维护，并进行定期的预防性试验和检修，使设备处于完好的运行状态。严格执行规章制度，不断提高运行人员的运行维护水平，采用技术先进、性能可靠和自动化程度高的电气设备，扩大系统容量和改善环境条件等地都是提高供电可靠性的重要手段。

（3）保证良好的电能质量。电能质量是指电压、频率、波形三个技术指标，其中电压和频率是最重要的指标。用电设备是按在额定电压条件下工作设计的，因此实际供电电压过高或过低都会使设备的运行技术经济指标下降，甚至不能工作。我国规定的电气设备允许电压偏移一般不超过额定电压的$\pm5\%$。频率的变化同样影响电气设备的正常工作，并且对电力系统本身也有严重危害。我国规定电力系统的标准频率是50Hz，对于300万kW以上的系统，允许偏差不得超过±0.2Hz；300万kW及以下的系统，允许偏差不得超过±0.5Hz。另外，电能质量标准中还要求电压波形为正弦波。这是由于某些用电设备，如热轧机、电弧炉、电焊机、晶闸管控制的电动机、电解整流装置等，向电网输出高次谐波电流，会影响电源电压波形，使正弦波发生畸变，严重时会使继电保护装置、自动控制装置和计算机监控系统等发生误动作。因此，任一高次谐波的瞬时值不得超过同相基波电压瞬时值的5%。

（4）保证电力系统运行的经济性。提高电力系统运行的经济性，就是使电力系统在运行中做到最大限度地降低燃料消耗，降低厂用电率和网损率。电能的生产规模很大，消耗的能源在国民经济能源总消耗中占的比重很大。因此，采取合理利用能源、降低发电成本、使负荷在各发电厂之间合理分配、使发电机组实现优化组合等措施，均会带来经济效益。

三、电力系统的电压等级

如图 1-2 所示为电力系统电压分层结构示意图。超高压 500kV 主要用于大功率、远距离输送和跨省联络线，并正在逐步形成跨省互联的网络；高压 220kV 主要形成大电网主干网架；110kV 用于中、小系统的主干线，也用于大电力系统的二次网络；城市配电网目前主要采用 10、35kV 电压等级。随着城市电力需求的增长，配电电网的电压升高，将形成 110kV 配电网。这种划分不是绝对的，要根据具体情况，经过论证分析后决定。

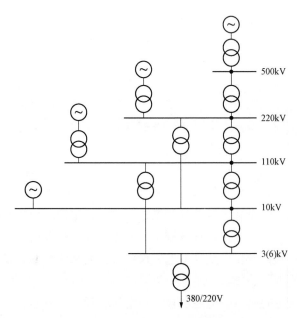

图 1-2　电力系统电压分层结构示意图

电力系统基本结构形态的接线大致可以分为无备用和有备用的两种类型。无备用接线的用户只有一个电源，主要优点是简单、经济、运行方便，缺点是供电可靠性差。有备用接线的用户有两个和两个以上的电源对其供电，其优点是供电可靠，但缺点是运行操作和继电保护复杂，投资费用也较大。

如图 1-3 所示为电力网各部分电压分布示意图。因为三相输送功率 S 和线电压 U、线电流 I 之间的关系为 $S=\sqrt{3}UI$。输送功率一定时，输电线路电压愈高，传输电流愈小，导线截面愈小，投资愈小。但电压愈高，杆塔、变压器、断路器等绝缘的投资也愈大。综合考虑这些因素，对应一定的输送功率和输送距离，有一合理的线路电压。但从设备制造角度考虑，为保证生产的系列性，又不应任意确定线路电压。考虑上述原因并根据我国实际情况，同时参考国外的标准，确定了我国电力系统的标称电压等级（即GB156—1993《标准电压》），3kV及以上的交流三相系统的标称电压值及电气设备的最高电压值见表1-1。

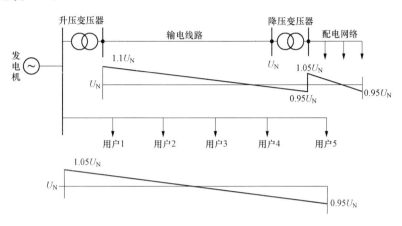

图1-3　电力网各部分电压分布示意图

从表1-1可知，该标准将以前的电力系统（电力网）额定电压改称电力系统标称电压，并且将20kV列入国家标准，同时规定了电气设备的最高电压值，即电气设备正常运行时工作电压不能超过最高电压。

该标准中同时规定了发电机的额定电压值，见表1-2。

表1-1	标准电压	（kV）
系统的标称电压		电气设备的最高电压
3		3.6
6		7.2
10		12
(20)		(24)
35		40.5
66		70.5
110		126（123）
220		252（245）
330		363
500		550
(750)		(800)
1000		12000

注　1. 括号中的数值为用户有要求时使用。
　　2. 电气设备的额定电压可从表中选取，由产品标准确定。

表1-2	发电机的额定电压	（V）
交流发电机额定电压		直流发电机额定电压
115		115
230		230
400		460
690		—
3150		—
6300		—
10500		—
13800		—
15750		—
18000		—
20000		—
22000		—
24000		—
26000		—

注　与发电机出线端配套的电气设备额定电压，可采用发电机的额定电压，在产品标准中具体规定。

从表1-2可知，该标准中电气设备仍用额定电压表示，交流发电机的额定电压不与电网标称电压配套，而是随着容量的增大而升高。目前我国大容量发电机有较快发展。

从新的国家标准电压中可知，变压器的额定电压与标准相同，分一次绕组和二次绕组额定电压。

变压器一次绕组的额定电压有以下几种情况：

对于升压变压器，与发电机额定电压相同，即3.15、6.3、10.5、13.8、15.75、18、20、22、24、26kV。

对于降压变压器，一次绕组的额定电压与相连线路的标称电压相同，即3、6、10、35、66、110、220、330、500、750、1000kV。但是，对于发电厂厂用高压变压器，一次绕组的额定电压与发电机的额定电压相同。

关于变压器二次绕组的额定电压，首先看确定变压器二次绕组额定电压的理由。在额定运行时，变压器二次侧额定电压应较线路高出5%，但又因变压器二次侧额定电压规定为空载时的电压，而在额定电流负载下，变压器内部的电压降约5%，为使正常运行时变压器二次侧电压较线路标称电压高出5%，故规定一般大中容量变压器二次侧额定电压应较相连线路标称电压高出10%，只有短路电压百分数较小（$U_k < 7\%$）的小容量变压器，或二次侧直接与用电设备相连的变压器（如厂用变压器），其二次侧额定电压才较线路标称电压高出5%。

因此，变压器二次绕组的额定电压较相连线路标称电压高出5%的为：3.15、6.3、10.5kV。在城市电网中，由于送电距离较近，多选此种额定电压。

变压器二次绕组的额定电压较相连线路标称电压高出10%的为：3.3、6.6、11、38.5、121、242、363、550kV。

各种电压等级目前在我国的使用情况如下：

（1）380/220V为一般用户生产、生活和照明等使用的电压。

（2）3、6kV为发电厂和大中型企业高压厂用配电网电压，10kV用于中小城镇配电网电压和大型火电厂高压厂用配电网电压。

（3）35、66kV为大城市、大工业企业内部的配电网和农村输电网电压。

（4）110kV为用于中、小电力系统主干输电线电压。

（5）220、330kV为用于大电力系统主网网架电压。

（6）500、750、1000kV为用于系统之间联络线及大电网主网架电压。

各级电压等级电网的输电能力见表1-3。

表1-3　　　　　　　　　各级电压电网的输电能力

标称电压（kV）	经济输送容量（MW）	输送距离（km）
0.38	0.1以下	0.6以下
3	0.1~1.0	1~3
6	0.1~1.2	4~15

标称电压（kV）	经济输送容量（MW）	输送距离（km）
10	0.2～2.0	6～20
35	2.0～10	20～50
66	6.0～30	30～80
110	10～50	50～150
220	100～500	100～300
330	200～1000	200～600
500	1000～1500	200～850
750	2000～2500	500～1000
1000	2500～4000	500～1500

四、电力系统的负荷

1. 电力系统的负荷分类

电力系统的负荷是指电力系统中所有用电设备消耗功率的总和，它们又分为动力负荷、综合用电负荷、供电负荷和发电负荷。

（1）动力负荷是包括异步电动机、电热炉、整流设备及照明等的负荷。

（2）电力系统的综合用电负荷是指工业、农业、交通运输、市政生活等各方面消耗功率之和。

（3）电力系统的供电负荷是指电力系统的综合用电负荷加上网损后的负荷。

（4）电力系统的发电负荷是指供电负荷再加上发电厂厂用电负荷，即发电机应发出的功率。

2. 负荷曲线

负荷曲线是指某一段时间内负荷随时间变化的曲线。负荷曲线可按以下三种特征分类：

（1）按负荷性质分为有功负荷曲线和无功负荷曲线。

（2）按时间长短分为日负荷曲线和年负荷曲线。

（3）按计量地点分为个别用户、电力线路、变电所、发电厂及整个电力系统的负荷曲线。

将上述三种特征分类结合起来，可以确立以下几种特定的负荷曲线：

（1）日负荷曲线。图 1-4（a）表示某一地区电网的日负荷曲线，是该系统在一天 24h 内负荷变化的情况，图中 P 表示有功功率，Q 表示无功功率。

为了便于绘制和计算，日负荷曲线常绘制成阶梯形，见图 1-4（b）。图中 P_{max} 表示一天内的最大负荷，P_{min} 表示一天内的最小负荷。把一天内各小时的负荷加起来再除以 24，则可得日平均负荷，记作 P_{av}。

在电力系统的负荷曲线上，平均负荷 P_{av} 以上的负荷称为尖峰负荷或峰荷；最小负

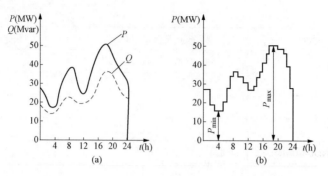

图 1-4 日负荷曲线

（a）有功及无功日负荷曲线；（b）阶梯形有功日负荷曲线

荷 P_{min} 以下的负荷称为基本负荷或基荷；基荷与峰荷之间的部分称为腰荷。通常，表示负荷曲线特征的系数为日负荷率 δ

$$\delta(日负荷率) = \frac{P_{av}}{P_{max}} \times 100\% \qquad (1-1)$$

日负荷率愈高，电能成本愈低，因此应努力提高日负荷率。我国日负荷率约为 $85\% \sim 90\%$。日负荷曲线除了表示负荷在一日内各时间的变化外，还表示用户在一日内消耗的电能 W_d

$$W_d = \sum_{i=1}^{24} P_i \cdot \Delta t_i \qquad (1-2)$$

或

$$W_d = \int_0^{24} P \cdot dt \qquad (1-3)$$

很明显，这就是有功日负荷曲线与横轴所包围的面积。

（2）年最大负荷曲线。把一年 12 个月中的最大负荷逐月画出，连成曲线，可得年最大负荷曲线，表示一年内电网最大负荷的变化规律。图 1-5 所示为某电力系统的年最大负荷曲线从图中可以看出，该系统夏秋季的最大负荷较小，可安排在该季节检修机组。

（3）年持续负荷曲线。年持续负荷曲线是根据一年中负荷的大小及持续时间顺序排列组成的曲线，如图 1-6 所示。利用年持续负荷曲线，可以计算全年中电网所输送的或用户所使用的电能，即全年用电量 W_a

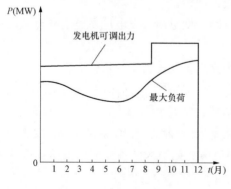

图 1-5 年最大负荷曲线

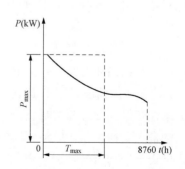

图 1-6 年持续负荷曲线

$$W_{a} = \sum_{i=1}^{8760} P_i \cdot \Delta t_i \qquad (1-4)$$

或
$$W_{a} = \int_{0}^{8760} P \cdot dt \qquad (1-5)$$

显然,年用电量的数值就是年持续负荷曲线与横轴 0 到 8760h 范围内所包围的面积。此外,年用电量也可以用年最大负荷 P_{max} 与最大负荷利用小时数 T_{max} 的乘积表示。

五、电力系统短路的基本概念

1. 短路的类型

电力系统的短路是指相与相或相与地(对中性点直接接地系统)之间通过如电弧等较小阻抗的非正常连接。三相系统中短路的基本类型及相应的代表符号为:三相短路——$k^{(3)}$,故障率为 5%;两相短路——$k^{(2)}$,故障率为 4%;单相接地短路——$k^{(1)}$,故障率为 83%;两相接地短路——$k^{(1,1)}$,故障率为 8%。其中三相短路属于对称短路(短路符号可省去),而其余的三种都属于不对称短路。如图 1-7 所示为各种短路的示意图。各种短路故障时和各参量可在其代表符号的右上角加一相应的短路符号表示。如单相短路电流 $I_k^{(1)}$、两相短路电压 $U_k^{(2)}$、三相短路功率 $S_k^{(3)}$ 等。

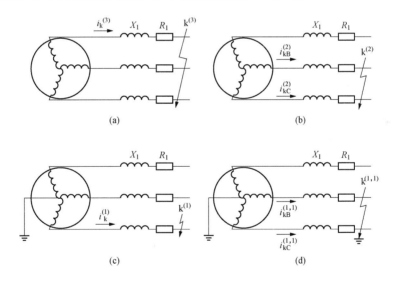

图 1-7 短路的基本类型
(a) 三相短路;(b) 两相短路;(c) 单相接地短路;(d) 两相接地短路

2. 短路的原因

电力系统发生短路的主要原因是载流部分的绝缘破坏,一般可分为下列几种情况:

(1) 载流部分过热使绝缘破坏,绝缘材料陈旧老化、污秽或发生机械损伤等。

(2) 未发现或未及时消除设备缺陷。

(3) 输电线路断线或倒杆,使导线接地或相碰。

(4) 工作人员误操作。

（5）系统遭受某种过电压冲击，致使某些性能变劣的绝缘部件被击穿。

（6）动物跨接到裸露导体上，或遭受刮风、下雨、雾露、冰雹、地震、雷击等自然灾害。

3. 短路电流波形

短路时的全电流是由周期分量 i_{kz} 和非周期分量 i_{kf} 组成。当电流过零瞬间发生短路时，会使短路全电流最大，其波形如图 1-8 所示。图中 i_k 为短路时全电流的瞬时值，i_{sh} 为短路冲击电流幅值，I_∞ 为稳态短路电流有效值，I'' 为非周期分量的起始值，$I'' = \sqrt{2} I_\infty$。当计算出由电源端到短路点的总阻抗 $|Z_{k\Sigma}|$ 后，短路电流 I_∞、i_{sh} 按下式计算：

$$I_\infty = \frac{U_{pj}}{\sqrt{3} \, |Z_{k\Sigma}|} \text{(kA)} \tag{1-6}$$

$$i_{sh} = 2.55 I_\infty \text{(kA)} \tag{1-7}$$

式中　U_{pj}——网络的平均线电压，kV；

　　　$|Z_{k\Sigma}|$——短路回路总阻抗，Ω。

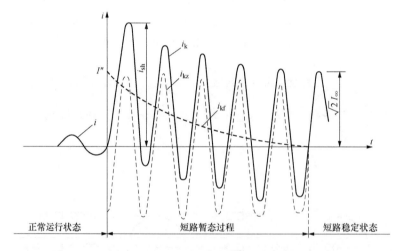

图 1-8　短路电流波形

4. 短路的危害

短路对电力系统造成的危害主要有以下几方面：

（1）短路电流很大，可能达到该回路额定电流的几倍到几十倍，某些场合短路电流值可达几万甚至几十万安培。当巨大的短路电流经过导体时，将使导体严重发热，造成导体熔化和绝缘损坏。短路时往往有电弧产生，高温电弧不仅可能烧坏故障元件本身，也可能烧坏周围的设备。

（2）巨大的短路冲击电流将产生很大的电动力作用于导体，可能使导体变形或绝缘部件损坏。

如图 1-9 所示为两根平行导体间的电动力，其力的大小可用下式计算

$$F = 2 \times 10^{-7} \frac{L}{a} i_1 \times i_2 K \tag{1-8}$$

式中　L——两导体的长度，m；

　　　a——两导体中心距离，m；

　i_1、i_2——为两导体中电流，A；

　　　K——导线截面形状修正系数，对于圆形和正方形截面导体，$K \approx 1$。

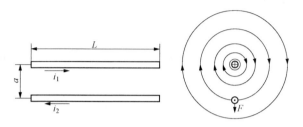

图 1-9　两平行细长载流导体间的电动力

（3）由于短路电流基本是感性电流，它将产生较强的去磁性电枢反应，使发电机端电压下降。同时短路电流流过线路、电抗器等元件时还会增大它们的电压损失，因此短路所造成的另一个后果就是使电网电压降低，愈靠近短路点处电压降低愈多。当供电地区的电压降低到额定电压的 60% 左右而又不能立即切除故障时，就可能引起电压崩溃，造成大面积停电。

（4）短路时由于系统中功率分布的突然变化和电网电压的降低，可能导致并列运行的同步发电机组之间稳定性被破坏。

（5）巨大的短路电流将在周围空间产生很强的电磁场，尤其是不对称短路所产生的不平衡交变磁场，会对周围的通信网络、信号系统、晶闸管触发系统及控制系统产生干扰。

5. 减少短路危害的措施

（1）防止短路的发生。通过提高电气设备的绝缘水平、限制各种过电压对电气设备的侵袭、加大绝缘距离、采用电缆供电或封闭母线供电、加强对绝缘部件的运行维护和减少误操作等措施，尽可能降低发生短路的概率。

（2）限制短路电流。例如在发电厂内采用分裂电抗器或分裂绕组变压器（在短路时可增加回路电抗），在短路电流较大的母线引出线上安装限流电抗器，对大容量的机组采用单元制的发电机-变压器组接线方式，在发电厂内将并列运行的母线解列，在电力网中采用开环运行方式以及在电网间用直流联络线等，可将短路电流限制在允许范围内。

（3）正确选择电气设备。所选择的电气设备除满足正常的工作条件外，还应保证在规定的短路条件下满足动稳定性（承受短路电流机械效应的能力）和热稳定性（承受短路电流发热效应的能力）的要求。

（4）快速切除故障。在短路故障发生时，由继电保护装置有选择性地尽快切除故障，使短路造成的损失减小到最小。

第二节　电力系统有功功率平衡和频率调整

一、频率调整的必要性

1. 频率变化对用户的影响

（1）大多数工业用户都使用异步电动机，而异步电动机的转速与系统频率有关。系统频率的变化将引起电动机转速的变化，从而影响产品质量，如纺织工业、造纸工业等用户，会由于频率的变化生产出残次品。

（2）系统频率降低，将使电动机的出力下降，造成工厂减产、经济效益降低。

（3）现代工业和国防等部门广泛使用计算机等电子设备的系统频率如不稳定，将会影响设备的精确性。

2. 频率变化对电力系统本身的影响

（1）发电厂的厂用机械（水泵、风机等）是由异步电动机拖动的，系统频率降低，使厂用机械出力减少，从而危及发电设备的正常运行，严重时会造成系统"频率崩溃"。

（2）系统在低频运行时，容易引起汽轮机叶片共振，缩短汽轮机叶片的寿命，严重时会使叶片断裂。

（3）系统频率降低时，异步电动机和变压器的励磁电流增大，会使系统无功不足、电压下降，给电压调整增加困难。

二、电力系统有功功率的平衡

1. 有功功率平衡的概念

电力系统运行中，在任何时刻，所有发电厂发出的有功功率的总和 $\sum P_G$（也称发电负荷）都与系统的总有功功率负荷 $\sum P_L$ 在某一频率下的平衡。而 $\sum P_L$ 包括所有用户的有功负荷 $\sum P_D$、所有发电厂厂用电有功负荷 $\sum P_C$ 和网络的全部有功损耗 $\sum P_S$，即

$$\sum P_G = \sum P_L = \sum P_D + \sum P_C + \sum P_S \qquad (1 - 9)$$

为了保证良好的电能质量，电力系统的有功功率平衡应该是在频率允许变化范围内的平衡。当系统频率的变化超出允许范围时，则应进行频率调整。

2. 系统的备用容量

系统的备用容量是指在系统最大负荷情况下，系统的可用电源容量大于发电负荷的部分。为了实现系统有功功率的平衡，系统应有一定的备用容量。系统的全部备用容量均以热备用和冷备用两种形式存在。热备用容量是指运转中的所有发电机组的最大可能出力大于系统当时发电负荷的余额部分，也叫旋转备用容量；冷备用容量是指系统中处于停机状态、但可以随时听候调度命令启动的发电机组的最大可能出力之和（不包括在检修中的发电机组）。

旋转备用容量的作用是承担频率调整任务，及时抵偿由于随机事件引起的功率缺额。所以旋转备用容量也就是系统的调频容量，一般取系统最大有功负荷的 2%～5%。

而冷备用容量可作为检修备用、国民经济增长备用和一部分事故备用，一般取系统最大有功负荷的 3%～6%。

系统具备了一定的备用容量，才能既可以随时保证系统有功功率的平衡，随时调整系统的频率，保证电能质量；又可以满足有功功率的各电厂之间或各发电机组之间的合理分配，从而满足系统运行的经济性。电力系统一般设置的总备用容量应为其综合最大负荷的 5%～10%。

3. 有功功率负荷的变动分类

电力系统的负荷时刻都在作不规则的变化，如图 1-10 所示。对实际负荷变化曲线分析表明：系统负荷可以看作是由三种具有不同变化规律的变动负荷组成。第一种 P_{L1} 是变化幅度小、变化周期短的负荷，负荷变动有很大的偶然性；第二种 P_{L2} 是变化幅度较大、变化周期较长的负荷，如电炉、压延机械、电力机车等负荷；第三种 P_{L3} 是变化缓慢的持续变动负荷，如由于生产、生活、气象等变化引起的负荷变动。在图 1-10 中分别示意出 P_{L1}、P_{L2}、P_{L3} 这三种负荷的变化规律，$P_{L\Sigma}$ 曲线则表示上述三种负荷的综合变动规律。

要实现电力系统的功率平衡必须具备以下条件：

（1）充足的供电能力，并留有一定的备用容量；

（2）充足的发电调节能力，能够增加或减少发电机的出力，适应负荷峰值和低谷的变化；

（3）充分的电力传输能力，保证所发电力能可靠地送至各处；

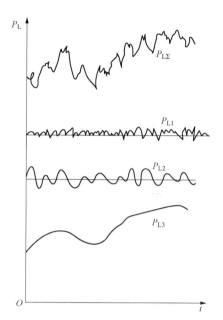

图 1-10　有功功率负荷的变动分类

P_{L1}—第一种负荷变动；P_{L2}—第二种负荷变动；P_{L3}—第三种负荷变动；$P_{L\Sigma}$—实际综合负荷变动

（4）合理的配电网布局，保证每个用户都能得到充足和质量合格的电能；

（5）完善的自动频率调整、自动低频减载等监控手段。

要达到以上要求，必须从系统的规划设计、建设、运行调度等各个环节共同努力才能实现。

三、系统负荷和电源的频率静态特性

1. 系统负荷的频率静态特性

如图 1-11 所示为系统负荷的有功功率—频率静态特性曲线。当系统频率在较小范围内变化时，系统负荷的有功功率——频率静态特性曲线是一条直线，直线的斜率为

$$K_L = \tan\beta = \frac{\Delta P_L}{\Delta f} \tag{1-10}$$

K_L 表示电力系统有功负荷自动调节效应系数。即当系统频率下降时，有功负荷也自动减小。这种有助于系统频率恢复的现象称为电力系统负荷的频率调节效应。

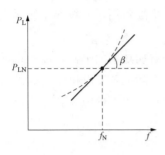

图 1 - 11 系统负荷的有功
功率——频率静态特性曲线

2. 发电机组的频率静态特性

如图 1 - 12 所示为发电机组有功功率—频率静态特性曲线。当系统频率在较小范围内变动时，发电机组的有功功率——频率静态特性曲线为一倾斜的直线，直线的斜率为

$$K_G = \tan\alpha = \frac{\Delta P_G}{\Delta f} \qquad (1 - 11)$$

K_G 为发电机组的单位调节功率。即当系统频率变化时，原动机的调速系统动作，自动增加或减少原动机的进汽（水）量，使发电机的输出有功功率相应地增大或减小。这种依据发电机组的有功功率——频率静态特性实现的自动调整，就是电力系统频率的一次、二次调整。

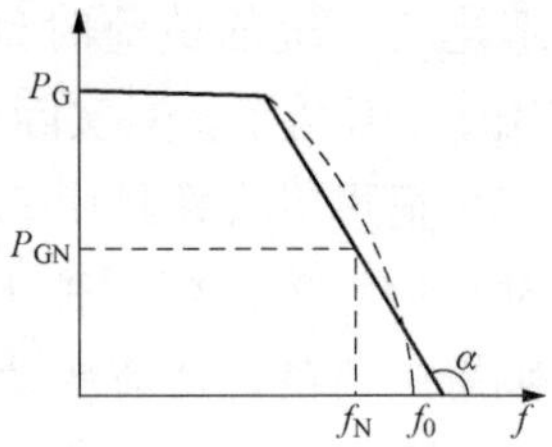

图 1 - 12 发电机组的有功
功率——频率静态特性曲线

发电机的频率调整由原动机的调速系统实现。原动机的调速系统有很多类型，如图 1 - 13 所示为离心飞摆式机械调速系统。它由四部分构成，即转速测量元件（由离心飞摆、弹簧和套筒组成）、放大元件（错油门）、执行机构（油动机）和转速控制机构（调频器）。其作用原理如下：

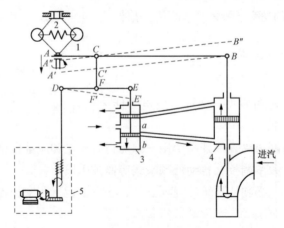

图 1 - 13 离心飞摆式调速系统原理示意图
1—飞摆；2—弹簧；3—错油门；4—油动机；5—调频器

（1）调速器的飞摆由套筒带动转动，套筒则由原动机的主轴带动。单机运行时，因机组负荷的增大，转速下降，飞摆由于离心力的减小，在弹簧 2 的作用下向轴靠拢，使 A 点向下移动到 A'。但因油动机 4 的活塞两边油压相等，B 点不动，结果使杠杆 AB 绕 B 点逆时针方向转动到 A'B。在调频器 5 不动的情况下，D 点也不动，因而在 A 点下降到 A' 时，E 点向下移动到 E'。杠杆 DE 绕 D 点顺时针转动到 DE'。错油门 3 的活塞向下移动，使油管的小孔 a、b 开启，压力油经油管 b 进入油动机活塞下部，而活塞上部的油则由油管 a 经错油门上部小孔溢出。在油压作用下，油动机活塞向上移动，使汽轮

机的调节汽门开度增大，进汽量增加。

（2）在油动机活塞上升的同时，杠杆 AB 绕 A' 点逆时针方向转动，通过连接点 C，从而提升错油门活塞，使油管的小孔 a、b 重新堵住。这时油动机活塞又处于上下油压相等的情况下，并停止移动。由于进汽量的增加，机组转速上升，A 点从 A' 回升到 A''，调节过程结束。

这时杠杆 AB 的位置为 $A''CB''$。分析杠杆 AB 的位置可见，杠杆上 C 点的位置和原来相同，B'' 的位置较 B 高，A'' 的位置较 A 略低。这说明，相应的进汽量较原来多，但机组转速却较原来略低。这就是频率的"一次调整"作用。

（3）为使负荷增加后机组转速仍能维持原始转速，在人工手动操作或自动装置控制下，调频器转动蜗轮、蜗杆，将 D 点抬高，杠杆 DE 绕 F 点顺时针转动，错油门再次向下移动，进一步增加进汽量，机组转速上升，离心飞摆使 A 点由 A'' 向上升。而在油动机油活塞向上移动时，杠杆 AB 又绕 A'' 逆时针转动，带动 C、F、E 点向上移动，再次堵住错油门小孔，再次结束调节过程。如果调频器操作得当，使 D 点位置控制得当，A 点就有可能回到原来的位置。这就是频率的"二次调整"作用。

四、电力系统的频率调整

在正常情况下，电力系统的频率是一个全系统一致的运行参数。对系统中每一台发电机而言，其频率与转速都有如下的关系式

$$f = \frac{pn}{60} \tag{1-12}$$

式中　　p——发电机的极对数；

　　　　n——发电机组转速，r/min。

显然，要求系统频率稳定，也就是要求系统中所有发电机的转速都保持稳定。要保持系统中各发电机组的转速稳定不变，就必须使发电机组输出的有功功率与输入的原动机功率相平衡。这种平衡只能是动态的平衡，因为电力系统的负荷是时刻在变化的。因此，保持这种动态平衡的唯一方法就是不断地调节发电机组的输入功率，即不断地调节进汽量（汽门开度）或进水量（导水叶开度），使发电机组的原动机功率紧紧跟随系统负荷的变化而变化，始终保持系统有功功率的供需平衡。因此，频率调整问题就是系统中所有发电厂有功出力的调整问题。但是，这种调整是一种被动的跟踪控制，让频率绝对不变化是不可能的，只能让其稳定在一个较小的允许范围内。针对有功负荷变动种类，电力系统的频率调整分为一次、二次、三次调整。

1. 系统频率的一次调整

系统频率的一次调整（或称一次调频）是指由发电机组的调速器实现的、针对第一种负荷变动引起的频率偏移所进行的调整。系统频率的一次调整。既利用电力系统中发电机组的有功功率与频率变化的关系，又考虑负荷频率的调节效应，将二者结合起来所实现的频率调整。如图 1-14 所示为系统频率一次调整的特性曲线。发电机组的功率频率特性和负荷的功率频率特性曲线相交于 O 点，即原始运行点，此时系统在 O 点对应

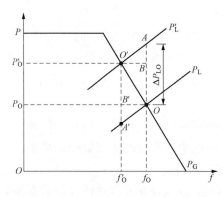

图 1-14 频率的一次调整特性曲线

频率 f_O 实现了有功功率的平衡。当有功负荷突然增加 ΔP_{LO} 时，系统有功功率失去平衡，引起系统频率下降。在系统频率下降的同时，一方面发电机组的调速器动作，增加有功出力，使 P_G 沿发电机组的功率频率特性向上增加；另一方面，负荷的有功功率将由于其本身的调节效应，沿负荷的功率频率特性 P'_L 向下减少，经过一定时间，在 O' 点系统有功功率达到新的平衡，此时系统的频率为 f'_O。因此，电力系统频率的一次调整为有差调整。也就是说，依靠调速器进行一次调整只能限制在周期较短、幅度较小的负荷变动引起的频率偏移的情况。而负荷变动周期较长、幅度较大的调频任务自然落到频率的二次调整上。

2. 系统频率的二次调整

系统频率的二次调整（或称二次调频）是指由发电机的调频器（也称同步器）实现的、针对第二种负荷变动引起的频率偏移所进行的调整。当电力系统由于负荷变化引起的频率变化，依靠一次调频作用已不能保持在允许范围内时，就需要发电机的调频器动作，使发电机的功率频率特性平行移动来改变发电机的有功功率，以保证电力系统频率不变或在允许范围内变化。

如图 1-15 所示，若不进行二次调整，则在负荷增大 ΔP_{LO} 后，运行点 O 转移到 O'，即频率将下降为 f'_O，功率增加至 P'_O。如果引起频率偏移 $\Delta f'$ 超出允许范围时，则发电机的调频器动作，增加发电机组的有功功率，使发电机的功率频率特性向上平行移动。设发电机组增发 ΔP_{GO}，则运行点又将从 O' 转移到 O'' 点。O'' 点对应的频率为 f''_O，有功功率为 P''_O。即由于频率进行了二次调整，使频率偏差由仅有一次调整时的 $\Delta f'$

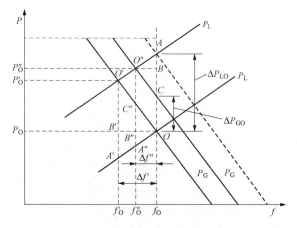

图 1-15 频率的二次调整特性曲线

减少为 $\Delta f''$，供给负荷的有功功率由 P'_O 增至 P''_O。显然，电力系统频率的二次调整，既可以实现有差调整，也可以实现无差调整。

频率二次调整时，电力系统的负荷增量基本上要由一台或几台主调频机组承担。如果参与二次调频的所有机组仍不足以承担系统负荷变化的需求时，则应进行频率的三次调整，即由调度中心下达预定的日发电计划，使有关发电机组在某一段时间内增大或减少机组出力，以维持系统有功的大体平衡，要确保二次调频机组能够承担负荷变化的需求，使系统频率变化在允许范围内。

3. 系统频率的三次调整

系统频率的三次调整（或称三次调频）是指由调度中心针对第三种负荷变化的预测、并按照最优化原则，向各发电厂下达的发电计划。

五、调频电厂分类

在大型电力系统中，调频过程很复杂，为了避免在调频过程中出现过调或频率较长时间不能稳定的现象，调频工作必须进行分工和分级调整：全系统有调频能力的发电机组都参加一次调频；然后由 1～2 个电厂承担二次调频（称为主调频电厂），负责全系统的频率为 $f = 50\pm0.2\text{Hz}$；另外还要选 3～5 个电厂作为辅助调频电厂，它们只在电力系统频率偏移超过 $50\pm0.2\text{Hz}$ 时，才参加调频；除主调频电厂和辅助调频电厂外的其他电厂均为非调频电厂，非调频电厂在系统正常运行情况下，按照预定的日发电计划发电，只有在电力系统频率偏移超过 $50\pm0.5\text{Hz}$ 时才参加调频。

系统中主调频电厂应满足如下要求：①应拥有足够的调频容量和范围；②应具有与负荷变化相适应的调整速度；③有功功率的调整应符合安全及经济运行的原则。另外，调频电厂还要考虑由于调频引起有功功率较大变化时，相关的联络线不会过载或失去稳定等。

在水电、火电并存电力系统中，火电厂的锅炉、汽轮机都有较大的技术最小负荷。其中锅炉约为 25％（中温中压）～70％（高温高压）额定容量；汽轮机约为 10％～15％额定容量。受锅炉技术最小负荷的限制，火电厂发电机组的出力调整范围不大；受汽轮机各部分热膨胀的限制，在 50％～100％额定负荷范围内，负荷的增减速度为每分钟 2％～5％，即需要 10 多分钟才能达到满负荷。水电厂水轮机组具有较宽的有功功率调整范围，一般可达额定容量的 50％以上，负荷的增长速度也较快，一般在 1min 内就可以从空载状态过渡到满载状态，而且操作方便安全。

可见，从发电机组有功功率调整范围和调整速度看，水电厂最适宜承担调频工作。但是考虑整个电力系统运行的经济性，在枯水季节，宜将水电厂作为主调频电厂，火电厂中效率较低的机组承担辅助调频电厂的工作；而在丰水季节，为了充分利用水资源，不使水库弃水，水电厂宜带稳定负荷连续满发，而由效率不高的中温中压火电厂承担主调频电厂的任务。但水电厂不论是带稳定负荷或是调频，都必须考虑水利综合利用的要求。

电力系统中的核电厂、大型坑口火电厂等，因其效率高、运行费用低、经济性好，应长期带基本负荷稳定运行，从而使电力系统得到良好的经济效益。

六、系统频率异常的处理

系统频率突然大幅度下降，说明发生了电源事故（包括发电厂内部）或系统解列事故，使系统有功功率不能保持平衡。通常，系统内都装有一定的备用容量机组和低频减负荷装置，事故发生时，备用机组迅速投入或低频减负荷装置自动将部分负荷切除，以防止频率进一步下降。

电力系统在低频率下运行是很危险的，这是因为电源与负荷在低频下重新平衡很不稳定，有可能再次失去平衡，使频率重新下降。系统频率的下降又会影响厂用机械出力，造成主机故障或停运，使上述过程进一步加剧，造成系统频率崩溃、系统瓦解。此外，频率下降还会使无功出力下降，严重时产生电压崩溃。

1. 系统频率低于允许值的处理

（1）当电力系统频率降低至 49.5Hz 以下时，如系统出力具有储备，例如机组未全投入或机组未带满负荷，则各发电厂的值班人员无须等待调度命令，应立即自行增加出力，直至频率恢复至 49.5Hz 以上或已达到该发电厂运行中机组的最大可能出力为止。

（2）当系统频率下降至 49.2Hz 时，系统中各发电厂均应立即增加机组出力使系统频率升至 49.5Hz，第一、第二调频厂继续增加机组出力使系统频率自 49.5Hz 升至 49.8Hz，第一调频厂再继续增加机组出力使系统频率自 49.8Hz 升至 50.0Hz。

如果系统增加的出力足够，则无须再采取其他措施。但如运行中机组已达到最大可能出力（有时对系统联系薄弱的电厂即使机组未达到最大出力但怕联络线过负荷，该厂机组增加出力仅到联络线允许的极限即可）时频率仍未能升至 49.5Hz 以上，调度员应命令立即将系统备用容量投入运行。但如此时系统频率还不能恢复至 49.5Hz 以上，则调度员应下令拉闸限电，直至频率升至 49.5Hz 以上。在调节中，一般情况下频率低于 49.8Hz 的持续时间不得超过 30min，频率低于 49.5Hz 持续时间不得超过 15min，超出此规定时间为系统频率异常。此时系统中所有电厂应主动调整出力，并联系调度。

（3）当频率降至 48.5Hz 或 48Hz 以下时，分以下几种情况处理：

1）当频率降至 48.5Hz 或 48Hz 以下时，各电厂和变电所的值班人员应检查低频自动减载装置的动作情况，并注意频率的改变。如果相应的低频自动减载装置在整定频率下未动作，值班员应手动切断相应的线路。如果系统中未装设低频自动减载装置时，值班员应按调度规定的减负荷操作，实行按频率手动减负荷。

2）对系统调度员来说，当频率低于 48.5Hz 或 48Hz 以下，但稳定在 46Hz 以上时，可等待一定时间（一般为 1~2min），观察低频自动减负荷装置的动作或现场值班员手动减负荷的结果。如未见频率恢复到 49Hz 以上时，则应下令切除部分负荷，使频率恢复至 49Hz 以上。然后，调度员再继续采取措施，将频率恢复至 49.5Hz 以上，使频率低于 49.5Hz 的持续时间不超过 15min。

3）当系统频率降低至 46Hz 以下时，系统值班调度员应下令立即切除部分负荷，甚至切除整个变电所。

2. 系统频率高于允许值的处理

当系统频率高于 50.5Hz 时，担任调频的第一、第二调频厂应首先降低出力，直至频率恢复至 50.5Hz 以下为止。如经过一定时间，频率不能恢复至 50.5Hz 以下，则其余发电厂应自行降低出力至频率恢复到 50.5Hz 以下为止。频率高于 50.2Hz 时间不得超过 15min。超出此项规定时也为系统频率异常。

3. 频率降低至足以破坏发电厂厂用电系统正常运行时的处理

系统频率降低对厂用机械、特别是对某些重要的厂用机械影响严重。例如，频率下降将使引风机、送风机出力下降，而使高压给水泵出力大为下降，这样就使风压下降和给水量下降（给水母管压力下降），从而使蒸汽量及汽压亦减小，进而使发电机出力降低，使系统频率更低，造成恶性循环，发展下去可能造成全厂停电和系统性事故。此外，频率下降还将使循环水泵、凝结水泵出力下降，使汽轮机真空下降。

足以破坏厂用电系统正常运行的频率值应根据各发电厂厂用设备的特点，经过计算和试验后确定。例如锅炉给水泵的静压头较高和风机容量较大时，破坏厂用电系统正常运行的频率值可定得高些；给水泵的静压头较低和风机的容量较小时，破坏厂用电系统正常运行的频率值可定得低些。当电力系统的频率降低至足以破坏厂用电系统的正常运行时，发电厂值班人员应根据规定，采取下列措施：

（1）当有蒸汽带动的厂用设备时，首先将重要的厂用设备改用蒸汽带动。

（2）当有专用厂用发电机时，将厂用发电机与系统解列，单独供给厂用电。

（3）将供给厂用电的一台或数台发电机连同一部分可与系统分割的线路（包括最重要的用户）自系统中分出，单独运行。

（4）将全厂及该地区全部负荷自系统中分出，单独运行。

在采取上述第（3）、（4）项措施时，应使解列的机组数尽可能少，并使解列后单独运行的机组带尽可能多的负荷，以免系统频率进一步下降。

第三节　电力系统无功功率平衡和电压调整

一、电压调整的必要性

1. 电压变化对用户的影响

各种用电设备都是按照额定电压来设计制造的，因此这些设备在额定电压下运行能取得最佳效果。而如果电压偏离额定值过多时，将对用户的使用带来影响。

（1）照明灯的发光效率、光通量和使用寿命均与电压有关，当电压升高时，照明灯的光通量增加、使用寿命缩短；电压降低则照明灯的光通量降低，灯光不足，影响人的视力和工作效率。

（2）异步电动机的电磁转矩与其端电压的平方成正比，当电压降低 10% 时，转矩大约要降低 19%。如果电动机拖动的机械负载不变，电压降低时，电动机转速下降、定子电流增大、绕组温度增加、加速绝缘老化、缩短使用寿命，甚至停转烧毁，影响正常生产。

2. 电压变化对电力系统本身的影响

对电力系统而言，电压降低会使电网的电能损耗加大，还可能危及电力系统运行的稳定性，甚至造成"电压崩溃"；而电压过高又威胁电气设备的绝缘，使电气设备产生过激磁。因此，保证系统电压接近额定值是电力系统运行调整的基本任务之一。

电力系统运行时，如果用户负荷及电网接线方式发生改变，电网的电压损耗也将发生变化，因此要严格保证所有用户在任何时刻都在额定电压下运行是不可能的。但实际上，大多数用电设备在一定的电压偏移下运行仍有良好的技术性能。因此我国规定各类用户的允许电压偏移如下：

(1) 35kV 及以上电压供电的负荷允许电压偏移±10%；

(2) 6～10kV 电压供电的负荷允许电压偏移±7%；

(3) 低压照明负荷允许电压偏移+5%、－10%；

(4) 其他低压气设备允许电压偏移±5%。

由于供电范围扩大，要使网络中各处负荷的电压偏移符合上述要求，必须采取各种调压措施。首先应有充足的无功电源，来满足无功功率平衡的要求。

二、电力系统无功功率的平衡

1. 电力系统的无功电源

(1) 同步发电机。同步发电机既是系统的有功功率电源，同时又是系统的无功功率电源。同步发电机在额定运行情况下，P_N、Q_N、S_N 以及 $\cos\varphi_N$ 之间的关系为

$$P_N = S_N\cos\varphi_N \tag{1-13}$$

$$Q_N = S_N\sin\varphi_N \tag{1-14}$$

$$S_N = \sqrt{P_N^2 + Q_N^2} \tag{1-15}$$

同步发电机不仅可以发出感性无功功率，在一定条件下也可以吸收感性无功功率。也就是说，发电机可以作为正或负的无功电源发挥作用。发电机所能供给无功功率的能力与其短路比的值有关，还与其同时担负有功负荷的大小有关，其最大无功功率将受转子电流不过载的条件限制。此外，对于一些远离负荷中心的发电厂，如经过长距离输电线路传输大量无功功率，必将引起较大的电压损耗及有功、无功损耗，所以在此种情况下靠同步发电机来供给大量的无功功率在技术经济上是不合理的。

(2) 同步调相机。它是专门用来产生无功功率的一种同步电机，它既可以发出也可以吸收感性无功功率。而且，只要改变它的励磁电流大小，就可以平滑地调节无功功率的输出，单机容量也可以做得较大。通常，它可以直接装在用户附近的变电所就地供给无功功率，从而减少输送过程中的损耗。但由于它是旋转电机，有功功率损耗较大，加之运行维护比较复杂，投资费用也较大，所以目前国内外许多国家已不再采用调相机，而逐渐采用性能更为优越的静止无功补偿器。我国以往用的同步调相机主要集中安装在大型变电所，现在已很少采用。

(3) 并联电力电容器。并联电力电容器一般连接在变电所母线上，能供给系统无功功率，它供给的无功功率 Q_C 值与所在节点的电压 U 的平方成正比，即

$$\left.\begin{array}{l} Q_C = 3\dfrac{U^2}{X_C} \\[2mm] X_C = \dfrac{1}{\omega C} \end{array}\right\} \tag{1-16}$$

式中　U——该节点的相电压，V；

　　　X_C——并联电容器的容抗，Ω；

ω——角频率，rad/s；

C——电容，F。

由式（1-16）可知，当系统发生故障或其他原因使电压下降时，系统输出的无功功率反而减少，结果将导致电力系统电压继续下降，这是并联电容器的缺点。其优点是：并联电容器的装设容量可大可小，既可集中使用、又可分散装设就地供给无功功率，以减少电网输送的无功功率，从而降低系统的功率损耗和电压损耗；电容器每单位容量的投资费用较少，且与总容量的大小无关，运行时功率损耗也较小，约为额定容量的 $0.3\%\sim0.5\%$，维护也方便；电容器可连接成若干组，根据负荷的变化，用真空断路器分组自动投、切。因此，电力电容器作为一种使用灵活的无功电源，在电力系统中得到了广泛使用。

（4）静止无功补偿器。如图 1-16 所示为一种新型的可控静止无功补偿装置，将可控电容器与可控电抗器并联使用，其特点是利用晶闸管开关来分别控制并联电容器组与电抗器的投切，这样它的性能完全可以做到既可吸收无功，又可发出无功，并能依靠自动装置实现快速的调节，从而可作为系统的一种动态无功电源。它可直接装在变电所的较低电压母线上，也可通过升压变压器接到高压或超高压线路上。这种静止无功补偿装置的调节性能好，国内外已广泛使用，并取得了较好的效果。

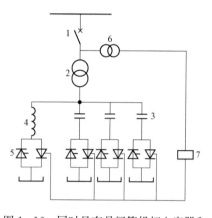

图 1-16　同时具有晶闸管投切电容器和
电抗器的静止无功补偿器

1—断路器；2—变压器；3—电容器；4—电抗器；
5—晶闸管开关；6—电压互感器；
7—自动电压调节器

2. 电力系统的无功负荷和无功损耗

（1）电力系统的无功负荷。主要是指以滞后的功率因数运行的用电设备所吸收的无功功率，其中的用电设备主要是异步电动机。一般情况下，系统综合负荷的功率因数大致为 $0.6\sim0.9$。系统中异步电动机的比例越大，综合负荷的功率因数越低，负荷所吸收的无功功率也越多。另外，电抗器或电磁元件也吸收一定的无功功率，他们吸收的无功功率与电压的平方成正比。据统计，电力系统用户所消耗的无功功率大约占系统中各类无功功电源所供给的无功功率的 50% 左右。

（2）电力系统的无功损耗。主要是输电线路和变压器的无功损耗。输电线路的无功损耗是线路电抗产生的，与线路电流的平方成正比。这种无功损耗在数量上比有功损耗要大，且截面越大的导线，无功损耗的比重越大。另外，输电线路上分布电容中的容性无功功率又称为线路的充电功率，其大小与线路电压的平方成正比。因此，电力线路作为电力系统的一个元件，究竟是消耗容性还是消耗感性无功功率，要视线路电压等级和线路长度而定。长度不超过 100km，电压等级为 220kV 及以下的线路，将消耗感性无功功率；长度大于 330km，电压等级为 220kV 及以上的线路，将消耗容性无功功率，且有时还会发生"长线电容效应"引起的工频电压升高现象，为了削弱这种工频电压升高，常在线路的中途或末端装设并联电抗器，来补偿线路上的容性充电功率，以达到防止工频电压升高的目的。据统计，在输电线路上所消耗的总无功功率约占系统中各类无功功电源所供给的无功功率的 12.5% 左右。

变压器的无功损耗包括两部分：一部分为励磁损耗，这种无功损耗 $\triangle Q_{Fe}$ 占额定容量的百分数基本上等于空载电流百分数，约为 1%～2%。即

$$\Delta Q_{Fe} = S_N \times I_0(\%)/100 \quad (\text{Mvar}) \qquad (1-17)$$

另一部分为绕组中的无功损耗。在变压器满载时，这种无功损耗 $\triangle Q_{Cu}$ 占额定容量的百分数基本上等于短路电压 U_K 的百分数，约为 5%～10%。即

$$\Delta Q_{Cu} = \frac{S_N \cdot U_K(\%)}{100}\left(\frac{S_L}{S_N}\right)^2 \qquad (1-18)$$

上两式中，S_N 为变压器的额定容量（MVA），S_L 为变压器的负荷功率（MVA）。虽然每台变压器的无功损耗只占本身额定容量的百分之几至十几，但从发电厂到用户，中间要经过多级变压器。因此，系统内变压器无功损耗的总和也占相当大的比例。据统计，在变压器内所损耗的总无功功率约占系统中各类无功功电源所供给的无功功率的 37.5% 左右。

3. 无功功率的平衡

在电力系统中，无功功率平衡是针对某枢纽点在任意时刻某电压下，电源供给的无功功率 ΣQ_G 与无功负荷消耗的无功功率 ΣQ_L 的平衡，其关系式与有功功率相似

$$\Sigma Q_G = \Sigma Q_L \qquad (1-19)$$

其中，电源供给的无功功率 ΣQ_G 包括由发电机供给的无功功率 Q_G 和无功电源补偿设备供给的无功功率 Q_C 两部分组成，而 Q_C 又分静止无功补偿器供给的无功功率 Q_{C1} 和并联电容器供给的无功功率 Q_{C2} 两部分。因此，ΣQ_G 可分解为

$$\Sigma Q_G = Q_G + Q_{C1} + Q_{C2} \qquad (1-20)$$

式（1-19）中，无功负荷消耗的无功功率 ΣQ_L 包括：用户消耗的无功功率 Q_L、变压器中的无功功率损耗 ΔQ_T、线路电抗中的感性无功损耗 ΔQ_X 和线路电纳中的容性无功损耗 ΔQ_b。因此，ΣQ_L 可分解为

$$\Sigma Q_L = Q_L + \Delta Q_T + \Delta Q_X - \Delta Q_b \qquad (1-21)$$

根据如上的平衡关系，定期作无功功率平衡计算的大体内容是：

（1）参考累积的运行资料确定未来的、有代表性的无功功率日负荷曲线；

（2）确定无功功率日最大负荷时系统中无功功率负荷的分配；

（3）假设各无功功率电源的容量和配置情况以及某些枢纽点的电压水平；

（4）计算系统中的潮流分布，绘制潮流分布图；

（5）根据潮流分布情况，统计出平衡关系式中各项数据，判断系统中无功功率能否平衡；

（6）如统计结果表明系统中无功功率有缺额，则应变更上述（3）中的假设条件，重作潮流分布计算；而如无功功率始终无法平衡，则应进一步考虑增设无功电源的方案。

应该强调，进行无功功率平衡计算的前提应是系统的电压水平正常，正如考虑有功

功率平衡的前提是系统频率正常一样。如不能在正常电压水平下保证无功功率的平衡，系统的电压质量就不能保证。在实现正常电压水平下的无功功率平衡时，和有功功率平衡一样，系统中也应有一定的无功功率备用容量。否则，负荷增大时，电压质量就无法保证。这个无功功率备用容量一般可取最大无功功率负荷的 $7\%\sim8\%$。

系统无功功率负荷 ΣQ_L（包括损耗）和系统无功功率电源 ΣQ_G 的静态电压特性为

$$\Sigma Q_L = 3 \frac{U^2}{X_L} \tag{1-22}$$

$$\Sigma Q_G = 3 \frac{E_0 U}{X_d} \cos\delta - 3 \frac{U^2}{X_d} \tag{1-23}$$

式中　U——系统某枢纽点的相电压，kV；

　　　X_L——无功功率负荷的电抗，Ω；

　　　E_0——发电机的电动势，kV；

　　　X_d——发电机的同步电抗，Ω；

　　　δ——发电机的电动势 E_0 与系统母线相电压 U 之间的夹角。

系统无功功率平衡和系统电压水平的关系如图 1-17 所示。

三、电压中枢点调压方式

电力系统中监视、控制和调整电压的母线称为电压中枢点。由于电力系统结构复杂、负荷多，如对每个用电设备的端电压都进行监视和调整，不仅没有可能，也没有必要。一般负荷都由这些中枢点供电，如能控制住这些点的电压偏移，也就控制住了系统中大部分负荷的电压偏移。于是，电力系统的电压调整问题，也就转变为保证各电压中枢点的电压偏移不超出给定范围的问题。通常选择下列母线作为电压中枢点：

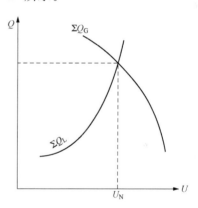

图 1-17　无功功率平衡和系统
电压水平的关系

（1）区域性大型发电厂和枢纽变电所高压母线。

（2）枢纽变电所的 6～10kV 电压母线。

（3）有大量地方负荷的发电厂 6～10kV 的发电机电压母线。

电压中枢点调压方式有逆调压、恒调压、顺调压三种类型。

1. 逆调压

当中枢点供电至负荷点的线路较长时，负荷变动较大（指最大负荷与最小负荷的数值差较大）。而电压质量要求又比较高的时候，一般规定要在中枢点实行"逆调压"，即在最大负荷时把中枢点电压提高到比线路标称电压高 5%，在最小负荷时把中枢点电压降低为线路的标称电压值。采用这种调压方式，可以使负荷点的电压最大负荷时，不会因线路的电压损耗较大而过低；最小负荷时，不会因线路的电压损耗较小而偏高。中枢点实行"逆调压"以后，虽然所提供的电压质量高，但需要在电压中枢点装设较贵重的调压设备（如调相机、静止补偿器、有载调压变压器等）才可实现。

23

2. 恒调压

如果负荷变动较小，线路上的电压损耗变化不大。这时只要把中枢点电压保持在比线路标称电压高 2%～5% 内的某一数值且恒定不变，即不必随负荷的变动来调整中枢点电压。这种调压方式称为"恒调压"。恒调压一般可以不装设贵重的调压设备，利用改变普通变压器的分接头或装设电力电容器就可以达到恒调压的要求。

3. 顺调压

如果负荷变动较小，线路上的电压损耗变动不大，或用户允许电压偏移较大，这时可采用"顺调压"方式。即最大负荷时，允许中枢点电压低一些，但不得低于线路标称电压的 1.025 倍；最小负荷时，允许中枢点电压高一些，但不得高于线路标称电压的 1.075 倍。也就是要求中枢点的电压偏移在 +2.5%～+7.5% 内。顺调压是一种较低的调压要求，一般不需要加装特殊的调压设备，而通过选择普通变压器的分接头来实现。

以上讨论的是电力系统正常运行时的调压方式。如果系统发生事故，电压损耗要比正常时大，此时对电压质量的要求可降低些，通常允许电压偏移较正常情况再增加 5%。

四、电力系统的调压措施

如上所述，电力系统各点电压的变化和相应的无功功率平衡密切相关。因此，为保证电能质量所进行的电压调整，势必关系到无功电源的配置及其运行方式。而且，电力系统的电压调整也应根据不同情况，在不同的节点选择不同的调压方式。下面简要介绍一下主要的四种调压措施。

1. 依靠改变发电机的励磁电流调压

改变发电机的励磁电流就可以调节它的端电压，一般发电机的端电压允许有 ±5% 的波动。由于这种调压措施不需要另外增加设备，所以应予优先考虑。

（1）在发电机直接供电的小容量电力系统中，当负荷最大时，电力网的电压损耗也最大，这时发电机应增大励磁电流保持较高的端电压以提高网络的电压；而当系统负荷最小时，电力网的电压损耗也最小，这时发电机应减小励磁电流维持较低的端电压。所以，在最大负荷时把电压调至高出额定电压的 5%，而在最小负荷时降为额定电压，这种调压方式通常称为逆调压。

（2）对于多级变压的电力网，因其供电范围很广，单靠发电机调压不能完全满足要求，但是如果发电厂能实现逆调压，也会大大减轻其他调压设备的负担，使系统调压问题易于得到解决。因此，在大系统中工作的发电机，应尽可能地在最大负荷时将发电机端电压调高一些，而在最小负荷时降低一些。

（3）对于远离负荷中心的发电厂，单纯依靠改变发电机励磁电流来调压并不恰当。因为这时线路上如果过多输送无功功率，将引起较大的有功损耗。特别是对于长距离、超高压线路，由于线路电容效应所造成的影响，更不适宜依靠改变发电机的励磁电流来调压。

2. 依靠改变变压器变比调压

从本质上看，这种方式并不增减系统的无功功率，而是通过改变系统的无功功率分布来实现调压。因此，在整个系统无功功率不足的情况下，并不能靠这种办法来提高系统的电压水平。

通常，改变变压器分接头的方式有两种：一种是在停电情况下改换分接头，称为无励磁调压；另一种是在带电运行情况下改换分接头，称为有载调压。无励磁调压方式的调压范围较小（±5％），且调压不便。理想情况是采用有载调压变压器或专用调压变压器。这种变压器不仅随时可以根据负荷的变化来进行调压，而且调压范围较大（可达±10％～±12.5％），特别适合在电压偏移大和负载潮流变化大的地方使用。

3. 依靠调相机、电容器组等无功补偿装置调压

如前所述，无功补偿装置实质上就是无功电源装置。因此，依靠无功补偿装置调压，一方面通过维持系统的无功功率平衡来维持系统的电压水平，当系统无功不足时，通过增投无功补偿装置的备用容量，达到系统无功功率的平衡；另一方面，依靠在用户端装设的无功补偿装置调压，可减少线路的有功损耗和电压损耗，从而可提高末端电压水平，以达到调压的目的。

4. 依靠改变输电线路的参数调压

从计算电压损耗的公式 $\Delta U = \dfrac{PR + QX}{U}$ 可知，改变输电线路的电阻 R 和电抗 X，都可以改变电压损耗。一般来说，电阻 R 不易减少，要减少它就要增大导线截面，这样将多消耗有色金属，在技术经济上是不利的。同时截面较大的架空输电线路，$\dfrac{PR}{U}$ 项在电压损耗中的比重一般比 $\dfrac{QX}{U}$ 项小。所以，一般通过减少电抗来降低电压损耗。

减少线路电抗的一种有效措施就是采用串联电容补偿。在线路上串联一组电容器后，线路的电抗即减少为 $j(X_L - X_C)$。

从电抗与电压损耗的关系可知，线路上输送无功功率愈多、即线路的 $\cos\varphi$ 愈低时，串联电容补偿的调压效果愈显著。当 $Q = 0$ 时，串联电容补偿的效果也趋于零。

当线路上的负荷变化非常快时，采用串联电容是最有效的调压方法。因为电容能快速响应这种快速的负荷变化。所以这种调压方式特别适合用于 35kV 及以下的线路和电气机车、电弧炉、电焊机一类的冲击负荷的调压。

五、系统电压异常的处理

系统中枢点电压超过电压曲线规定数值的 ±5％ 且延续时间超过 1h 为构成电压异常，超过 2h 算作事故；若超过电压曲线规定值的 ±10％，并且延续时间超过 30min 也为构成电压异常，超过 1h 算作事故。电压事故处理由省调度中心负责。

1. 中枢点电压过低的处理措施

（1）令与低电压中枢点相邻近的发电厂和装有静止无功补偿器的变电站增加发电机和静止无功补偿器的无功功率，必要时可降低发电机有功出力（但频率要合格），以增加无功功率。但处理位于远距离送电的受端中枢点电压过低时，应考虑先增加受端发电厂的有功功率。

（2）令其他乃至全系统的发电机和静止无功补偿器均加满无功功率，但注意不要使本来就高的中枢点电压超过允许值。

若上述处理无效，中枢点电压仍然过低，则应限制用电，必要时可以拉闸。

2. 拉闸限负荷的原则顺序

（1）拉限电压低又超用电的地区负荷；

（2）拉限设备过载的供电区的负荷；

（3）按事故拉闸顺序拉闸限电。

3. 中枢点电压过高的处理措施

（1）令与高电压中枢点相邻近的发电厂和装有静止无功补偿器的变电站降低发电机和静止无功补偿器的无功出力至最低，静止无功补偿器可以改为吸收感性无功功率。

（2）令其他乃至全系统的发电机和静止无功补偿器均降低无功功率直至最低，但不要使本来就低的中枢点电压低于允许值。

（3）令与高电压中枢点相邻近的发电厂的发电机进相运行或使带轻负荷的部分机组停运。

此外，为保持系统稳定运行、防止发生电压崩溃事故，在系统中应设若干监视点，并规定电压下降的事故极限值。当监视点电压降至事故极限时，相邻发电厂和装有静止无功补偿器的变电站应立即利用发电机和静止无功补偿器的事故过负荷能力，增加无功功率来维持电压，并向省调度中心报告。而省调度中心应迅速投入系统所有的无功备用容量和有助于提高电压水平的有功备用容量，必要时切除部分用户，来提高电压并消除上述设备过负荷。

第四节　电力系统运行的稳定性

一、电力系统稳定概述

随着电力系统不断扩大，很多电厂要通过远距离输电线路才能把电能送到负荷中心，电力线路输送的功率也不断增加。当系统受到小的干扰（如冲击性负荷）或受到大的干扰（如短路故障）的冲击时，都会使系统中的电流、电压、功率及发电机转速发生变化。电力系统的稳定问题就是当系统在某一正常运行状态下受到某种干扰后，能否经过一定的时间回到原来的运行状态或者过渡到一个新的稳定运行状态的问题。如果能够回到原来的运行状态或者建立一个新的稳定运行状态，则认为系统在该正常运行方式下是稳定的。反之，则说明系统是不稳定的。

电力系统在运行过程中会受到各种各样的干扰，如短路故障、切除机组、负荷波动等，既有大的干扰，也有小的干扰。为了便于分析，通常将电力系统稳定性分为两类。

（1）静态稳定性（小干扰下的稳定性）。当稳态运行的电力系统受到小的干扰后，若能够回到与干扰前相同或相接近的稳态运行状态继续运行，则称该系统是静态稳定的，否则系统是静态不稳定的。

（2）暂态稳定性（大干扰下的稳定性）。当稳态运行的电力系统受到大的干扰后，若能够回到与干扰前相同或建立一个新的稳态运行状态，则称该系统是暂态稳定的，否则系统是暂态不稳定的。

以上所讲的静态稳定性和暂态稳定性都是指同步发电机并列运行的稳定性问题。

电力系统稳定破坏的事故导致系统丧失负荷多、危害面积大，在短时间内难以恢复正常，是一种灾难性的事故。因此，保障电力系统安全稳定运行，是系统规划设计和电网调度的一项重要任务。要保障系统安全稳定运行，其基本条件有三个：一是有合理的电网结构，这是保证电力系统安全稳定运行的物质基础；二是要全面分析电力系统可能发生的各种事故并有相应的预防措施；三是应有预定措施防止出现恶性的连锁反应，在系统失去稳定时，尽可能缩小事故范围并尽快使系统恢复正常。

电力系统的稳定是影响系统安全运行一个重要因素，随着电力系统容量与规模的日益扩大，电力系统稳定性问题也越来越突出。电力系统稳定性破坏，将使整个电力系统瓦解，造成大量用户供电中断，给国民经济造成巨大损失。为防止这种严重破坏性事故发生，系统除应装设各种快速保护、快速断路器、新型励磁调节装置外，运行人员还应对稳定问题的发生和防止有明确的认识，了解当系统遭受外界干扰后的运动规律，采取防止破坏稳定的有效措施。

二、电力系统的静态稳定

电力系统静态稳定是指发电机在遭受小干扰后能否自动恢复到原来运行状态的能力。小干扰是指冲击性负荷、汽轮机压力的突然波动、发电机端电压突然发生小的偏移等。在小干扰作用下，系统会偏离平衡点，如果这种偏离逐渐衰减，最后又恢复平衡，则称系统是静态稳定的。如果这种偏离不断扩大，不能重新恢复平衡，则称系统是静态不稳定的。

分析电力系统静态稳定先以简单电力系统入手。所谓简单电力系统是指受端可以看成是功率无穷大的系统，这是设想受端容量很大，以致可以认为任意改变发电机的输送功率，都不会改变受端电压的大小和相位。如图1-18所示为简单电力系统接线图。

1. 简单电力系统的功角特性

按简单电力系统接线图，当忽略各元件电阻时系统的总电抗按下式计算

$$X_\Sigma = X_\mathrm{d} + X_\mathrm{T1} + \frac{1}{2}X_\mathrm{L} + X_\mathrm{T2} \tag{1-24}$$

由于汽轮发电机为隐极机，其纵轴与横轴的同步电抗相等，即 $X_\mathrm{d} = X_\mathrm{q}$，这时简单电力系统的相量图如图1-19所示。根据相量图可得下列关系式

$$I\cos\varphi\, X_\Sigma = E_0\sin\delta \tag{1-25}$$

式中　I——线路上传输的电流，A；

　　　E_0——发电机的电动势，V；

δ——发电机电动势 E_0 与受端母线相电压 U 之间的相位角，rad；

X_{Σ}——输电系统的总电抗，Ω。

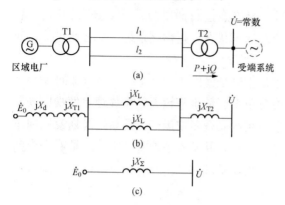

图 1-18　简单电力系统图

（a）接线图；（b）等值电路；（c）总电抗

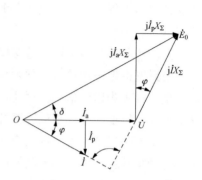

图 1-19　简单电力系统在正常运行时的相量图

I_a—电流 I 的有功分量；I_p—电流 I 的无功分量

从上式可得

$$I\cos\varphi = \frac{E_0}{X_{\Sigma}}\sin\delta \qquad (1-26)$$

将这一关系代入有功功率表达式 $P = 3UI\cos\varphi$，则可得发电机向受端系统输送的有功功率为

$$P = 3\frac{E_0 U}{X_{\Sigma}}\sin\delta = P_m\sin\delta \qquad (1-27)$$

式（1-27）就是图 1-18 所示简单电力系统的功角特性。如果将式（1-27）与同步发电机的功角特性 $P = 3\frac{E_0 U}{X_d}\sin\delta$ 相比较，可见只要将总电抗 X_{Σ} 看成是等值发电机的同步电抗 X_d，则两个公式在形式上是完全一致的。但应当注意，式（1-27）中的 δ 角是送端发电机电势 E_0 与受端系统电压 U 之间的相位角。如果当送端发电机直接与受端无限大系统相联时，则 U 即是送端发电机的端电压，δ 为 E_0 与端电压 U 之间的相位角。

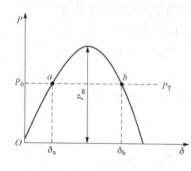

图 1-20　功角特性曲线

式（1-27）表明，当发电机电势 E_0 和受端母线电压 U 恒定不变时，发电机向受端系统输出的功率仅仅是 E_0 与 U 之间的相位角 δ 的函数。将这一关系绘成如图 1-20 所示的曲线，称之为功角特性曲线，它是一条正弦曲线。由于相位角 δ 与有功功率 P 密切相关，常常把 δ 角称为功角。

2. 静态稳定分析

发电机输出的有功功率是从原动机获得的。在稳态运行情况下，当不计发电机的功率损耗时，发电机输出功率与原动机输入功率相平衡。当原动机的功率 P_T 给定后，由图 1-20 可以看到功角特性曲线上有 a、b 两个交点，即两个功率平衡点，对应功角分别为 δ_a 和 δ_b。

（1）在 a 点运行情况分析。如图 1-21 所示，假设发电机运行在 a 点，若此时有一

个小的干扰使功角 δ_a 获得一个正的增量 $\Delta\delta$，于是发电机的输出功率 P 也要获得一个增量 ΔP，而原动机的功率仍保持不变。这样发电机的输出功率大于原动机的输入功率，破坏了发电机与原动机之间的转矩平衡。由于发电机的电磁转矩大于原动机的机械转矩，在转子上受到一个制动的不平衡转矩，在此不平衡转矩作用下，发电机转子将减速，功角 δ 减小。当 δ 减小到 δ_a 时，虽然原动机转矩与电磁转矩相平衡，但由于转子惯性作用，功角 δ 继续减小，一直到 δ_a'' 点时才能停止减小。在 a'' 点，原动机的机械转矩大于发电机的电磁转矩，转子受到一个加速的不平衡转矩，转子开始加速，使功角 δ 增大。由于阻尼力矩的存在，δ 达不到 δ_a' 又开始减小，经过衰减的振荡后，又恢复到原来的运行点 a，其过程如图 1-21 曲线 1 所示。如果在 a 点运行时受扰动后产生了一个负的角度增量 $-\Delta\delta$（a'' 点），电磁功率 P 的增量也是负的，结果是原动机的输入功率大于发电机的输出功率，转子受到加速的不平衡转矩的作用，其转速开始上升，功角相应增加。同样，经过振荡过程又恢复到 a 点运行。由以上分析可以得出结论，平衡点 a 是静态稳定的。

（2）b 点运行情况分析。发电机运行在 b 点的情况与 a 点完全不同。小的扰动作用使功角增加 $\Delta\delta$ 后，发电机的输出功率不是增加而是减小，此时原动机的机械转矩大于发电机的电磁转矩，发电机的转速继续增加，功角 δ 不断增大，再也回不到 b 点，表明发电机与系统之间丧失了同步（如图 1-21 曲线 2 所示）。如果在 b 点开始受到的扰动使功角 δ 减小 $\Delta\delta$，则运行点将由 b 点过渡到 a 点（如图 1-21 曲线 3 所示）。由于电力系统的小扰动经常存在，所以在 b 点不能建立起稳定的平衡，即 b 点为实际上并不存在的平衡点。

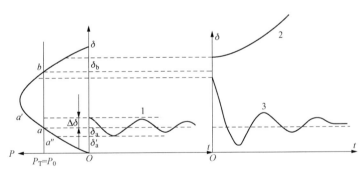

图 1-21　扰动后功角变化示意图

1—δ 在 a 点的衰减曲线；2—δ 在 b 点不断增大的曲线；3—δ 在 b 点的衰减曲线

进一步分析简单电力系统的功角特性可知，在曲线的上升部分的任何一点对小干扰的响应都与 a 点相同，都是静态稳定的。曲线的下降部分的任何一点对小干扰的响应都与 b 点相同，都是静态不稳定的。

功角特性曲线的上升部分，电磁功率增量 ΔP 与功角增量 $\Delta\delta$ 具有相同的符号；在功角特性曲线的下降部分，ΔP 与 $\Delta\delta$ 总是具有相反的符号。故可以用比值 $\dfrac{\Delta P}{\Delta\delta}$ 的符号来判断系统给定的平衡点是否是静态稳定的。

一般把判断静态稳定的充要条件称为静态稳定判据。由以上讨论可知，可以把$\frac{\mathrm{d}P}{\mathrm{d}\delta}$ >0看成是简单电力系统静态稳定的实用判据。当$\delta = 90°$时，$\frac{\mathrm{d}P}{\mathrm{d}\delta}=0$，是静态稳定的临界点，它与功角特性曲线的最大值相对应。功角特性曲线的最大值常称为发电机的功率极限。显而易见，欲使系统保持静态稳定，运行点应在功角特性曲线的上升部分，且应低于功率极限。设运行点对应的原动机功率为P_T，功率极限为P_m，则

$$K_\mathrm{P} = \frac{P_\mathrm{m} - P_\mathrm{T}}{P_\mathrm{T}} \times 100\% \tag{1-28}$$

式中 K_p——静稳定的储备系数。

经验表明，正常运行时，K_p不应低于15%，事故后或在特殊情况下，也不能低于10%。

三、电力系统的暂态稳定

暂态稳定是指当发电机遭受到较大干扰后，能否自动过渡到一种新的运行状态或者恢复到原来运行状态的能力。较大的干扰是指系统短路、断线、部分电气元件的切除、投入等。在较大干扰作用下，发电机的功率平衡会受到相当大的波动。如果这种波动经过一定时间逐渐衰减，最后又回到原来的运行状态或者过渡到一个新的稳定运行状态，则称系统是暂态稳定的。如果这种波动越来越强烈，最后使发电机与系统失去同步，则称系统是暂态不稳定的。

电力系统在运行中，难免有突然短路、断开线路等大的扰动引起发电机转子的摇摆，在条件不利时，可能导致系统与发电机之间失去同步。下面仍以图1-18所示的简单电力系统为例，分析暂态稳定的物理过程。

正常运行时，发电机向系统输出功率P_a与原动机供给的功率P_T相平衡。假设一条输电线路突然发生短路，将引起电流、电压的急剧变化，发电机输出的电磁功率也相应发生突然的变化。但是原动机的调速器的动作相对迟缓，大约在1s内原动机调速器还不能有明显的变化，故原动机输出功率P_T可视为不变。于是发电机输入输出功率的平衡遭到破坏，从而有一个不平衡转矩作用在转子上，使转子产生加速度，致使功角δ不断改变。用X_Σ^I、X_Σ^II、X_Σ^III分别表示正常运行时、发生短路时和短路切除后发电机与系统之间的阻抗。用P_I、P_II、P_III分别表示正常运行时、发生短路时和短路切除后发电机向系统传输的电磁功率。则有$X_\Sigma^\mathrm{I} < X_\Sigma^\mathrm{III} < X_\Sigma^\mathrm{II}$成立。根据短路故障切除时间的早晚不同，该系统的暂态过程出现了两种截然不同的结果。

（1）当短路故障切除较早时，其暂态过程如图1-22所示。图1-23为P、ω、δ在暂态稳定过程中的变化曲线。突然短路瞬间，由于功角不能突变，仍为正常运行时的δ_a，电磁功率将从短路前对应于a点的值跃降为短路后最初瞬间对应b点的值。到达b点后，原动机的机械功率P_T大于发电机的电磁功率P，转子开始加速，功角开始增大，运行点沿着短路时的功角特性曲线P_II移动。设经过一段时间，当功角增大至δ_c时，切除故障线路。切除故障线路瞬间，由于功角δ不能突变仍为δ_c，运行点从短路时的功角

特性曲线 P_{II} 上的 c 点跃升到短路切除后的功角特性曲线 P_{III} 上的 e 点。到达 e 点后，机械功率 P_T 小于电磁动率 P，转子开始减速。但由于运行点到达 e 点之前，转子的转速已大于同步速，使功角 δ 仍要继续增大。运行点将沿着功角特性曲线 P_{III} 由 e 点向 f 点移动。在移动过程中，机械功率 P_T 始终小于电磁率 P，转子始终在减速。直至抵达 f 点，转子转速减小为同步速，功角 δ 才不再继续增大，这时的功角为最大功角 δ_f。但在 f 点 P_T 仍小于 P，转子将继续减速，功角 δ 开始减小，运行点则仍将沿功角特性曲线 P_{III} 从 f 点向 e、k 点移动。越过 k 点后，又出现 P_T 大于 P 的情况，转子又开始加速，但又由于由 f 点向 k 点移动过程中转子始终在减速，运行点越过 k 点时，转子转速小于同步速，功角 δ 仍继续减小。功角 δ 一直减小到转子转速再一次抵达同步速，然后又开始第二次振荡。如振荡过程中没有任何阻尼作用，这种振荡就一直继续下去。但事实上振荡过程总有一定的阻尼作用，振荡将逐渐衰减，系统最终停留在一个新的运行点 k 上继续运行。

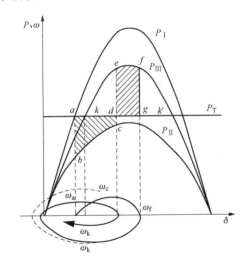

图 1-22　系统暂态稳定

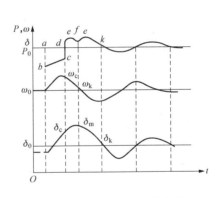

图 1-23　P、ω、δ 变化曲线

（2）当短路故障切除较迟时，其暂态过程如图 1-24 所示。这时，虽然切除短路瞬间运行点仍由功角特性曲线 P_{II} 上的 c 点跃升到 P_{III} 上的 e 点，但由于故障切除较迟，运行点跃升到 P_{III} 后，沿曲线 P_{III} 移动的过程却不同了。可能出现这样的情况：运行点沿曲线 P_{III} 不断向功角增大的方向移动，虽然在移动的过程中转子在不断减速，但到达 k' 点时转子转速仍大于同步速。于是，运行点就要越过 k' 点。越过 k' 点后，情况发生了逆转，机械功率 P_T 又重新大于电磁功率 P，转子重新加速，功角无限增大，导致发电机与无限大容量系统之间将失去同步。

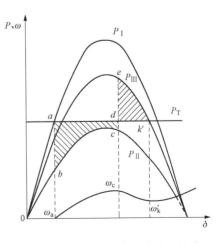

图 1-24　系统暂态不稳定过程

从以上讨论中也可以看出，功角变化的特性表明了电力系统受到大干扰后发电机转子相对运动的情况。若电力系统受到大干扰后功角随时间不断增大，表明发电机与系统之间已失去同步，系统已失去了暂态稳定。因此，可以用电力系统受到大干扰后功角随时间变化的特性作为暂态稳定的判据。如图 1-25 所示为发电机失去同步时的变化经曲线。

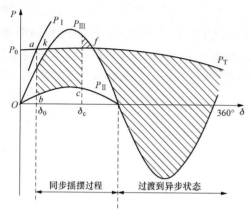

图 1-25 发电机失步过程曲线

发电机与系统失去同步时，首先应使二者的频率尽可能相等，再辅以提高发电机励磁和系统电压的措施。在采取上述措施后（一般约为 3～4min），如果振荡仍未消除，则应由系统调度值班人员在事先规定的解列点将系统解列。解列点的选择应使振荡的系统之间分离，并保证在解列后各部分系统的功率尽量平衡，以防止解列后频率和电压发生大幅度变化，同时要考虑便于进行恢复同步的并列操作。

从以上讨论可以看出，若最大可能减速面积小于加速面积，系统必定失去稳定；若最大可能减速面积大于加速面积，则系统具有暂态稳定性。这就是电力系统暂态稳定的另一判据，即面积定则。在图 1-24 中最大可能减速面积为 dek' 围成的阴影部分面积，因其小于最大可能的加速面积（$abcd$ 围成的阴影部分面积），故发电机就失去了稳定。最大可能减速面积与加速面积的比值，为暂态稳定储备系数，该值越大，系统暂态稳定的储备量也越大。

四、提高系统稳定的措施

（1）快速切除短路故障。快速切除短路故障可以大大缩短扰动时间，使转子上不平衡转矩作用时间减小。这样既减小了加速面积，又增大了可能的减速面积，从而提高了暂态稳定性。

（2）广泛采用自动重合闸。系统中的许多故障都是瞬时性的，在故障发生后首先快速切除故障，并启动自动重合闸装置，待延时 0.5～1.5s 后自动重合闸。若重合闸成功，则不仅提高了供电可靠性，也提高了系统运行的暂态稳定性。

（3）使发电机强行励磁。在系统发生故障时，为防止机端电压急剧下降，由自动调节励磁装置对发电机实行强行励磁，可大大提高系统的暂态稳定性。强行励磁电压倍数愈大，励磁电流增长速度愈快，稳定效果就愈显著。

（4）快速关闭调速汽门。为了减少大干扰发生后的不平衡功率，在汽轮机上装设快关装置，故障后迅速减少原动机输入功率，尽量维持功率平衡，也有利于提高系统的暂态稳定性。

（5）采取电气制动。系统发生短路故障时，发电机输出的有功功率会突然减少，由于原动机功率很少变化而产生过剩功率，此时投入制动电阻，消耗过剩功率，使不平衡功率减小，也就提高了系统的暂态稳定性。

（6）采用连锁切机。在输电线路发生事故跳闸或重合闸失败时，连锁切除线路送电端发电厂的部分机组，使减速面积增大，也能提高系统的暂态稳定性。若受端系统备用电源不足，为防止系统频率下降，应考虑切机的同时再联切受端部分负荷。

（7）正确选择系统接线方式和运行方式。电网结构和系统运行方式对提高暂态稳定影响很大。如在长距离输电线路途中设置开关站、采用单元接线、采用双回路供电、采用强行串联电容补偿、使变压器中性点经小电阻接地、避免远距离大环状供电等均有利于提高系统的暂态稳定性。

（8）尽量减少系统稳定破坏带来的损失和影响。虽然采取了措施，但当出现事先未预料到的严重故障时，系统仍有可能失去稳定。为了减少稳定破坏带来的损失，可采取一种先将系统解列的措施，即在预先选定的解列点把系统分成几个独立的、各自保持同步的小系统，并积极创造条件，实现再并列运行。另一种措施是允许发电机短时间异步运行，再采取措施恢复同步。这是为了限制事故的进一步扩大而采取的权宜措施。

最后应当指出，以上所介绍的各项提高系统稳定的措施并非孤立的，应通过全面比较后采取综合性的合理措施。此外，在电力系统运行方面也有很多重要措施，例如改善电力网运行的接线方式和功率分布；保持必要的有功功率和无功功率备用，正确规定各台发电机组的极限负荷等。

第五节　电力系统中性点的接地方式

电力系统中性点是指星形连接的变压器或发电机的中性点。这些中性点的接地方式是一个复杂问题。它关系到绝缘水平、通信干扰、接地保护、电压等级、系统接线和系统稳定等很多方面的问题，需经合理的技术经济比较后确定电力系统中性点的接地方式。

电力系统中性点接地方式可分为三种，即中性点不接地、中性点经消弧线圈或电阻接地和中性点直接接地。前两种称为中性点非有效接地，或称为小电流接地；后一种称为中性点有效接地，或称大电流接地。

一、中性点不接地系统

正常运行的电力系统为三相对称平衡系统，即各相对地的电压大小相等，相位差为 $120°$，中性点对地电压 $U_0 = 0$，且每相对地电容电流 $I_{c0} = U_x \cdot \omega C_0$，其中 U_x 为相电压，C_0 为每相对地的电容。

当 A 相单相接地时，如图 1-26 所示，中性点电压 $\dot{U}_0 = -\dot{U}_A$，则各相对地电压为

$$\dot{U}_{AK} = \dot{U}_A - \dot{U}_A = 0$$

$$\dot{U}_{BK} = \dot{U}_B - \dot{U}_A = \sqrt{3} \cdot \dot{U}_B \cdot e^{-j30°}$$

$$\dot{U}_{Ck} = \dot{U}_C - \dot{U}_A = \sqrt{3} \cdot \dot{U}_C \cdot e^{j30°} \qquad (1-29)$$

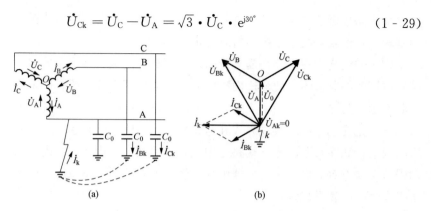

图 1-26 中性点不接地系统单相接地时情况
(a) 电流分布；(b) 电压电流相位关系

由于 $\dot{U}_{Bk}$、$\dot{U}_{Ck}$ 升为线电压，它们所产生的对地电容电流 $\dot{I}_{Bk}$、$\dot{I}_{Ck}$ 均比 I_{C0} 增大 $\sqrt{3}$ 倍，且相位分别超前 $\dot{U}_{Bk}$、$\dot{U}_{Ck}$ 90°，而总的接地电容电流为

$$\dot{I}_k = \dot{I}_{Bk} + \dot{I}_{Ck} = \sqrt{3} \cdot \dot{I}_{Bk} \cdot e^{-j30°} \qquad (1-30)$$

因为 $I_{Bk} = \sqrt{3} \cdot I_{C0}$，所以 $I_k = \sqrt{3} \cdot I_{Bk} = \sqrt{3} \times \sqrt{3} \cdot I_{C0} = 3I_{C0}$ (1-31)

可见，单相接地时，在接地点入地的接地电流为正常时每相对地电容电流的 3 倍。B、C 相的对地电压为正常时的 $\sqrt{3}$ 倍，但 A、B、C 三相之间的线电压仍对称不变。因此，当中性点不接地系统发生单相接地时，若接地电流较小（不超过 10A），则线路可不跳闸，只给出接地信号。按规程规定，当中性点不接地系统发生单相接地时，电力系统仍可运行 2h，以排除故障，这样就提高了供电的可靠性。

但是，因中性点不接地系统在发生单相接地故障时，使不接地相对地电压升高 $\sqrt{3}$ 倍。因此，对该系统的绝缘水平要求高，该系统经济性差，对于电压高的系统就不宜采用。另外，该系统发生单相接地时，还容易出现间歇电弧引起系统操作过电压和对通信产生干扰。

二、中性点经消弧线圈接地系统

中性点不接地系统发生单相接地时，有接地电流 I_k 从接地点流过。当接地电流不大时，电弧可在电流过零瞬间自动熄灭。当接地电流较大时，可能产生间歇性电弧，引起相对地的操作过电压，损坏绝缘，并导致两相接地短路。当接地电流更大时，将会形成持续性电弧，造成设备烧坏并导致相间短路等事故。为了减少接地电流，使接地点电弧容易熄灭，就需要在电力系统中性点接消弧线圈，以补偿电容电流。

所谓消弧线圈，就是在变压器或发电机的中性点与大地之间接入一个电抗线圈 L，如图 1-27 所示。

当系统 A 相单相接地时，则消弧线圈 L 上电压为中性点对地电压 $\dot{U}_0 = -\dot{U}_A$，而 L 可视为纯电感线圈，则 $\dot{I}_L$ 滞后 $\dot{U}_0$ 90°，其相量图如图 1-27（b）所示。由图可见，

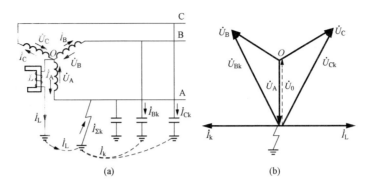

图 1-27 中性点经消弧线圈接地时的单相接地情况

（a）电流分布；（b）电流电压相量图

$\dot{I}_\mathrm{L}$ 与 $\dot{I}_\mathrm{k}$ 方向恰为反相，那么接地点总电流 $\dot{I}_{\Sigma\mathrm{k}}=\dot{I}_\mathrm{k}+\dot{I}_\mathrm{L}$。其绝对值为 $I_{\Sigma\mathrm{k}}=\mid I_\mathrm{k}-I_\mathrm{L}\mid$。

由于 I_L 对 I_k 的抵消作用，使接地电流 $I_{\Sigma\mathrm{k}}$ 减少，以利于消弧，这就是消弧线圈的工作原理。

（1）当 $I_\mathrm{L}=I_\mathrm{k}$ 时，$I_{\Sigma\mathrm{k}}=0$，称为全补偿，但系统易产生谐振过电压，故不采用。

（2）当 $I_\mathrm{L}>I_\mathrm{k}$ 时，$I_{\Sigma\mathrm{k}}$ 为纯电感性电流，称为过补偿，这是在电力系统中经常采用的补偿方式，可以避免或减少谐振过电压的产生。

（3）当 $I_\mathrm{L}<I_\mathrm{k}$ 时，$I_{\Sigma\mathrm{k}}$ 为纯电容性，称为欠补偿。当切除部分线路或系统频率下降时，会因 I_k 减少可能出现全补偿引起谐振过电压，故在电力系统中一般不采用。但对于城市配电及厂用电配电系统，因多采用电缆供电，故发生单相接地故障时，I_k 值较大，也常采用欠补偿方式，并在消弧线圈中串接电阻，以防止引起谐振过电压。

通常可通过改变消弧线圈的分接头的方式来调节补偿电流，但调整分接头不允许带负荷进行。

为了提高供电可靠性，使单相接地电弧易于熄灭，当单相接地电容电流超过下列数值且又要继续运行时，中性点应采用消弧线圈接地方式：

（1）3～10kV 钢筋混凝土或金属杆塔架空线构成的系统和所有 35、66kV 系统，电容电流超过 10A 时。

（2）3～10kV 非钢筋混凝土和金属杆塔架空线路构成的系统，当电压为 3kV 或 6kV，电容电流超过 30A 时；当电压为 10kV，电容电流超过 20A 时。

（3）3～10kV 电缆线路构成的系统，电容电流超过 30A 时。

三、中性点经电阻接地系统

多年来我国 35kV 及以下的高压配电网多采用中性点不接地或经消弧线圈接地系统，但由于城市和企业建设的需要，在配电网络中电缆线路所占的比例越来越大，而电缆对地电容电流是同样长度架空线的 25～30 倍。因此，传统的中性点接地方式已不能满足电力工业建设发展和城市电网扩展改造的需要，其主要缺点有：

（1）传统接地方式的内部过电压倍数比较高，使其绝缘水平的要求提高。

（2）对单相接地故障，虽提高了供电可靠性，但将导致线路绝缘过早老化，甚至引起多点故障等问题。

（3）电容电流的增大，使消弧线圈容量增大，同时使消弧线圈难以调整。

（4）电缆不允许在单相接地等永久故障条件下运行。

目前，不少城市和电厂开始在新建的 10kV 及以下的高压配电网络中，改用中性点经电阻接地系统。与中性点不接地系统或经消弧线圈接地系统相比，中性点经电阻接地电网有以下优点：

（1）基本上消除了产生间歇电弧过电压的可能性，由于健全相过电压降低，发生异地两相接地的可能性也随之减少。

（2）单相接地时电容充电的暂态过电流受到抑制。

（3）使故障线路的自动检出较易实现。

（4）能抑制谐振过电压。

1. 中性点经电阻接地分类

中性点经电阻接地电分类见表 1 - 4。

表 1 - 4   中性点经电阻接地分类

接地电阻类型	高电阻	中电阻	低电值
电阻阻值（Ω）	＞100	10～100	＜10
接地电流（A）	＜10	10～300	＞300

2. 三种电阻接地方式的特点

（1）高电阻接地方式。这种接地方式看上去与经消弧线圈接地方式相似，但二者性质不同。消弧线圈接近于纯感性元件，感性电流与容性电流相位差 180°，对电容电流起补偿作用；而经高电阻接地方式以电阻为主，与容性电流接近 90°的相位差，接地点电流是容性电流和电阻性电流的相量和。由于接地电流中有较大的电阻分量，它对振荡有明显的阻尼和加速衰减作用。同时能可靠避免出现谐振条件，还可有效地抑制电压互感器铁磁谐振，这对保证发电机的绝缘安全是非常重要的。另外，这种方式可以快速选出接地相，使保护能快速动作、及时发出预告信号。

（2）低电阻接地方式。电网中性点经低电阻接地方式曾在上海、广州、珠海等地的城区配电网使用，其选取原则在于限制单相接地电流小于三相短路电流。

对于 6～10kV 电网采用低电阻接地方式，其缺点为短时消耗功率大，短路电流大，对通信线路有较大影响，大的电弧也会烧毁同一电缆沟内的相邻电缆。大的短路电流也会使电阻发热量增加，给电阻制造带来困难。另外，发生单相接地故障时，故障电流通过接地电阻时将产生电位升高，此高电位将直接传递到低压侧的中性导体（N）和保护导体（PE）上，可能引起低压侧过电压，危及低压侧用户的人身安全。

（3）中电阻接地方式。随着对通信质量要求日益增高，要求输配电线路对通信线路的干扰越来越小。中性点经过中电阻接地方式在日本已有运行经验，即对于 22～154kV

线路，发生单相接地时，通过中性点电阻的电流在 $100\sim200A$ 之间。运行经验表明，通过中电阻接地方式的优点有：能快速切除故障，且过电压水平较低；能减少绝缘老化效应，提高网络和设备的可靠性；能降低对通信线路的干扰；能提高继电保护的灵敏度；可降低火灾事故概率。

四、中性点直接接地系统

防止单相接地时产生间歇性电弧过电压的另一方法是将系统的中性点直接接地，如图 1-28 所示。

这种系统的一相接地，就造成单相短路。单相短路电流很大，通常继电保护装置将短路故障线路自动切除，使系统的其他部分恢复正常运行。

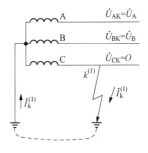

中性点直接接地系统的主要优点是在发生单相接地时，非故障相对地电压不会升高，使电气设备对地绝缘水平要求降低（按相电压考虑），因而设备造价低。其主要缺点是：单相接地故障时线路跳闸，造成用户供电中断，巨大的接地短路电流产生较强的单相磁场，对附近的通信线路产生干扰。为了提高其供电可靠性，需增加自动重合闸装置。

图 1-28　中性点直接接地系统

目前在我国，110kV 及以上电力系统采用中性点直接接地方式，66kV 及以下系统，一般采用中性点不接地或经消弧线圈接地或经电阻的方式。对于低压用电系统，为了获得 380/220V 两种供电电压，习惯上采用中性点直接接地，构成三相四线制供电方式。

五、各种接地方式比较

由于中性点接地方式是一个涉及电力系统许多方面的综合性问题，因而在选择中性点接地方式时，应对各种接地方式的特性与优缺点有较全面的了解。为此，就以下几方面进行综合比较。

1. 电气设备和线路的绝缘水平

中性点接地方式不同的系统，其电气设备和线路的绝缘的工作条件有很大差别。主要表现在：①系统的最大长期工作电压不同；②作用在绝缘部件上的各种内部过电压（电弧接地、开断空载线路、开断空载变压器、谐振等造成的过电压）不同；③作用在绝缘部件上的大气过电压不同。电气设备和线路的绝缘水平，实际上取决于上述三种电压中要求最高的一种，一般是由后两种过电压决定。

在电力系统中，运行线电压可能比额定电压高出 10%。由前面论述已知，中性点有效接地系统的最大长期工作电压为运行相电压，而中性点非有效接地系统的最大长期工作电压为运行线电压（因可带单相接地运行 2h）；中性点有效接地系统的内部过电压是在相电压的基础上产生和发展，而中性点非有效接地系统的内部过电压则可能在线电压的基础上产生和发展，因而其数值也必然较大；有关研究表明，对后两种过电压，中性点有效接地系统也较非有效接地系统低 20% 左右，所以其绝缘水平可比后者降低

20%左右。总之,从过电压和绝缘水平的观点来看,采用接地程度愈高的中性点接地方式就愈有利。

降低绝缘水平的经济意义随额定电压的不同而异。在110kV及以上的高压系统中,变压器等电气设备的造价几乎与其绝缘水平成比例地增加,因此,在采用中性点有效接地时,设备造价将大约可降低20%左右;在3~35kV的系统中,绝缘费用占总成本费用的比例较小,采用中性点有效接地方式来降低绝缘水平,意义不大。

2. 继电保护工作的可靠性

同中性点接地方式关系最密切的继电保护是接地保护。在中性点不接地或经消弧线圈接地的系统中,单相接地电流往往比正常负荷电流小得多,因而要实现有选择性的接地保护就比较困难,特别是经消弧线圈接地的系统困难还更大一些。小电流接地系统的接地保护装置,通常是同一电压等级有直接联系的电网所共用一套接地保护装置,一般仅作用于信号(无选择性)。而在大电流接地系统中,由于接地电流较大,继电保护一般都能够迅速而准确地切除故障线路,实现有选择性、高灵敏度的接地保护比较容易,且保护装置结构简单、工作可靠。因此,从继电保护的观点出发,显然以采用中性点直接接地方式较为有利。

3. 供电的可靠性与故障范围

众所周知,单相接地是电力系统中最常见的故障。如上所述,大电流接地系统的单相接地电流很大,个别情况下甚至比三相短路电流还大。因此,它在供电可靠性和故障范围方面相对小电流接地系统而言,存在着如下缺点:

(1)任何部分发生单相接地时都必须将其切除,在发生永久性故障时,自动重合闸装置动作不会成功,供电将较长时间中断。要使重要用户供电不中断,必须有其他供电途径,例如采用双回路供电、环网供电等。

(2)巨大的接地短路电流,将产生很大的电动力和热效应,可能导致设备损坏和故障范围扩大。例如,当很大的单相接地电流通过电缆时,可能引起电缆护层和填料的膨胀、变形,使电缆的绝缘强度降低,严重时甚至可能使电缆爆裂。又如,当故障点是在发电机内部时,可能严重烧坏发电机的绝缘和铁心。

(3)由于断路器的跳、合闸机会增多,从而增加了断路器的维修工作量。

(4)巨大的接地短路电流将引起电压急剧降低,可能导致系统暂态稳定的破坏。

相反,小电流接地系统不仅可避免上述缺点,而且发生单相接地故障后,还允许继续运行一段时间,运行人员有较充裕的时间来处理故障。

因此,从供电可靠性和故障范围的观点来看,小电流接地系统,特别是经消弧线圈接地的系统,具有明显的优点。

4. 对通信和信号系统的干扰

运行中的交流线路,其周围都存在交变电磁场。当电网正常运行时,如果三相对称,则不论中性点接地方式如何,中性点的位移电压都等于零,各相电流及对地电压数值相等,相位相差120°,因而它们在线路周围空间各点所形成的电场和磁场均彼此抵消,不会对邻近通信和信号系统产生干扰。如果三相负荷不对称,干扰也并不严重。

但是，当电网发生单相接地故障时，出现三相零序电压、电流分量，它们所建立的电磁场不能彼此抵消，从而在邻近通信线路或信号系统感应出电压来，形成强大的干扰源，电流愈大，干扰越严重。因而，从干扰的角度来看，中性点直接接地的方式最为不利，但其延续时间最短；而小电流接地电网，特别是经消弧线圈接地的电网，一般不会产生严重的干扰问题，但其延续时间较长。

当干扰严重时，虽然可以依靠增大通信线路与电力线路之间的距离来减小干扰的程度或采取其他防护措施。但有时受环境、地理位置等条件的限制，将难以实现或使投资大量增加。特别是随着国民经济的发展和现代化程度的提高，这种干扰问题将日益突出。因此，在有的地区或有的国家，对通信干扰的考虑，甚至成为选择中性点接地方式的决定因素。

六、中性点接地方式选择

以上分析了影响中性点接地方式的各种因素，下面根据电压等级的不同，对电网中性点接地方式的选择作进一步归纳总结。

1. 220kV 及以上等级电网

在这类电网中，应首先考虑降低过电压与绝缘水平，因为它对设备价格和整个系统建设投资的影响甚大，而且这类电网的单相接地电流具有很大的有功分量，恶化了消弧线圈的消弧效果。所以，目前世界各国在这类电网中都无例外地采用中性点直接接地或经低阻抗接地方式。

2. 110～154kV 电网

对这类电网的电压等级而言，上述几个因素都对选择中性点接地方式有影响。各国、各地区因具体条件和对上述几个因素考虑的侧重点不同，所采用的接地方式也不同。有些国家采用直接接地方式（如美国、英国、俄罗斯等），而有些国家则采用消弧线圈接地的方式（如德国、日本、瑞典等）。在我国，110kV 电网大部分采用直接接地方式，必要时，也有经电阻、电抗或消弧线圈接地。例如，在雷电活动强烈的地区或没有装设避雷线的地区，采用经消弧线圈接地的方式，可以大大减少雷击跳闸率，提高供电的可靠性。

3. 3～63kV 电网

这种电力网一般来说线路不太长、网络结构不太复杂、电压也不算很高，绝缘水平对电网建设费用和设备投资的影响不如 110kV 及以上等级电网显著。另外，这种电网一般不装设或不是沿全线装设避雷线，所以，通常总是从供电可靠性与故障后果出发，选择中性点接地方式。当单相接地电流不大于规定数值时，宜采用不接地方式，否则可采用经消弧线圈或电阻接地的方式。

对于城市或企业内部以电缆为主的 6～35kV 系统，单相接地电流较大时，可采用经低值电阻接地方式（单相接地故障瞬时跳闸）。

对于以架空线路为主的 3～10kV 的配电系统，单相接地电流较小时，为防止谐振、间歇性电弧接地过电压等对设备的损害，可采用经高值电阻接地方式。

4. 1000V 以下电网

这种电网绝缘水平低，故障所带来的影响也不大。因此，中性点接地方式对各方面的影响都不显著，可以选择中性点接地或不接地的方式。但对 380/220V 的三相四线制电网，它的中性点是直接接地的，这完全是从安全方面考虑，防止一相接地时中性线出现超过 250V 的危险电压。

第二章

火电厂电气主接线及厂用电

第一节　火电厂的电气主接线

一、对电气主接线的基本要求

火电厂的电气主接线是指火电厂的一次高压电气设备采用特定的图形符号和文字符号，通过连接线组成的接受和分配电能的电路，也称一次接线或电气主系统。用一次电气设备特定的图形符号和文字符号将发电机、变压器、母线、开关电器、测量电器、保护电器、输电线路等有关电气设备，按工作顺序排列，详细表示一次电气设备的组成和连接关系的单线接线图，称为电气主接线图。表 2-1 所示为火电厂一次电气设备在电气主接线图中常用的图形符号和文字符号。

表 2-1　　　火电厂一次电气设备在电气主接线图中常用的图形符号和文字符号

名称	图形符号	文字符号	名称	图形符号	文字符号
交流发电机		G	接触器的主动合、主动断触点	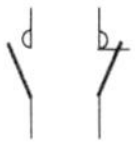	K
双绕组变压器		T	母线、导线和电缆	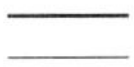	W
三绕组变压器	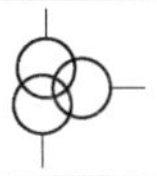	T	电缆密封终端，表示带有一根三芯电绕		—
隔离开关		QS	电容器		C
熔断器		FU	三绕组自耦变压器		T
普通电抗器		L	电动机		M
负荷开关		Q	断路器		QF
调相机		G	具有两个二次绕组的电流互感器	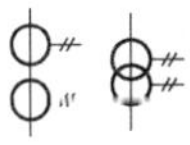	TA

名称	图形符号	文字符号	名称	图形符号	文字符号
消弧线圈		L	避雷器		F
双绕组、三绕组电压互感器		TV	火花间隙		F
			接地		E

火电厂的电气主接线能够直接反映火电厂的建设规模、火电厂在电力系统中的地位、火电厂的进出线回路数、系统电压等级、设备特点及负荷性质等情况，并对电力系统的安全、经济运行，对电力系统的稳定和调度的灵活性，以及对火电厂的电气设备选择、配电装置的布置、继电保护及控制方式等都有重大的影响。因此，火电厂的电气主接线应满足下列基本要求。

1. 运行的可靠性

发、供电的安全可靠性，是电力生产和分配的第一要求，是主接线必须首先给予满足的要求。因为电能的发、送、用必须在同一时刻进行，所以电力系统中任何一个环节故障，都将影响到电力系统整体。事故停电不仅是电力部门的损失，更会造成国民经济各部门的损失。一台 100MW 的发电机组停电 1h，国民经济损失达几十万元；一些部门的停电还会造成人员伤亡；具有重要地位的火电厂发生事故时，在严重情况下可能会导致全系统性事故。所以，主接线若不能保证安全可靠地工作，火电厂就很难完成生产和输送数量和质量均符合要求的电能。

主接线的可靠性并不是绝对的，同样形式的主接线对某些火电厂来说是可靠的，但对另一些火电厂就不能满足可靠性要求。所以在分析主接线的可靠性时，不能脱离火电厂在系统中的地位、作用以及用户的负荷性质等特征。

2. 具有一定的灵活性

主接线不但能在正常运行情况下，能根据调度的要求，灵活地改变运行方式，达到调度的目的，而且在各种事故或设备检修时，能尽快地退出设备、切除故障，使停电时间最短、影响范围最小，并且在检修设备时能保证检修人员的安全。

3. 操作应尽可能简单、方便

主接线应简单清晰、操作方便，尽可能使操作步骤简单，便于运行人员掌握。复杂的接线不仅不便于操作，还往往会造成人员误操作而发生事故。但接线过于简单，不但不能满足运行方式的需要，而且也会给运行造成不便，或造成不必要的停电。

4. 经济上合理

主接线在保证安全可靠，操作灵活方便的基础上，还应使投资和年运行费用最小，占地面积最少，使火电厂尽快地发挥经济效益。

5. 应具有扩建的可能性

由于我国国民经济的高速发展,电力负荷增加很快。因此,在选择主接线时,还要考虑到扩建的可能性。

二、电气主接线的基本接线形式

电气主接线的基本接线形式主要包括:单母线接线、双母线接线、一台半断路器接线、发电机‐变压器单元接线、桥形接线和角形接线等。现对上述各种基本接线形式及其特点分别叙述如下。

1. 单母线接线

如图2‐1所示为单母线接线形式。各电源和出线都接在同一条公共母线WB上。从图中可以看出单母线接线的优点是:简单、清晰、设备少、投资小、运行操作方便且有利于扩建。单母线接线的主要缺点是:①母线或母线侧隔离开关检修时,连接在母线上的所有回路都要停电。②检修任一电源或出线断路时,该回路必须停电。③当母线或母线侧隔离开关上发生短路故障或断路器靠母线侧绝缘套管损坏时,所有电源回路的断路器在继电保护作用下都将自动断开,因而造成全部停电。

为了克服以上缺点,可采用将母线分段和加旁路母线的措施。常用的接线如图2‐2所示。用母线分段断路器QFd兼作旁路断路器,旁路母线可与任一段母线连接。正常工作时,旁路母线侧的隔离开关QS3、QS4断开,隔离开关QS1、QS2和断路器QFd接通。当检修Ⅰ段母线上的出线断路器时,将QS2、QS3断开,QS1、QS4和QFd接通,则QFd可作旁路断路器使用。此时,合上分段隔离开关QSd,则Ⅰ、Ⅱ段母线并列运行。

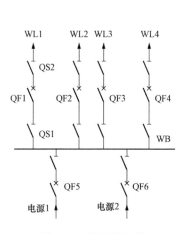

图2‐1 单母线接线

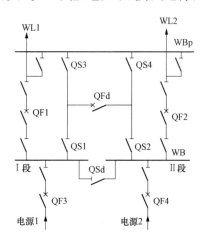

图2‐2 单母线分段带旁路接线

采用单母线分段和加旁路母线的接线,可以保证对有备用电源的重要用户的供电。但当电源容量较大、单回路供电用户较多时,单母线分段接线不能保证供电的可靠性,此时宜采用双母线接线。

2. 双母线接线

如图2‐3所示为双母线接线形式。它有两组母线,一组为工作母线,一组为备用母线。每一电源和每一出线都经一台断路器和两组隔离开关分别与两组母线相连，任一组母线都可以是工作的或备用的，这是双母线与单母线接线的根本区别。两组母线之间通过母线联络断路器（简称母联断路器）QFc连接。有两组母线后，系统运行的可靠性和灵活性大为提高。

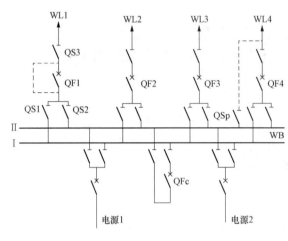

图 2-3　双母线接线

双母线接线的优点是：①检修母线时，电源和出线可继续工作，不会中断对用户供电。②检修任一母线隔离开关时，只需断开这一回路。③工作母线故障时，所有回路能在倒换母线后恢复工作。④在特殊需要时，可将个别回路接在备用母线上单独工作或试验。⑤双母线接线运行方式比较灵活。⑥便于扩建。但双母线接线也有一些缺点，主要是：①倒母线的操作过程比较复杂，容易造成误操作。②工作母线故障时，将造成短时（转换母线时间）全部进出线停电。③在检修任一线路断路器时，用母联断路器代替该断路器工作前，该回路需短时停电。④母线隔离开关数目大大增加，配电装置布置复杂，投资和占面积增大。

尽管双母线接线存在上述缺点，但与单母线接线相比，其优点是显著的。因此，双母线接线在火电厂中得到了广泛的应用。为了缩小母线故障的影响范围，可将双母线分段；为不停电检修出线断路器，可增设旁路母线。

双母线接线可以用母联断路器临时代替出线断路器工作，但出线数目较多时，母联断路器经常被占用，降低了双母线工作的可靠性和灵活性。为此可设置旁路母线，如图2-4（a）所示为带旁路母线WBp的双母线接线。关于旁路母线的工作特点，前面已讨论过。为了减少断路器的数目，可不设专用的旁路断路器，而用母联断路器QFc兼作旁路断路器，其接线如图2-4（b）、（c）、（d）所示。图2-4（b）所示接线的缺点是：当断路器QFc作母联断路器使用时，旁路母线带电。图2-4（c）所示接线的缺点是：当母联断路器QFc作旁路断路器时，只能接在一组母线上。图2-4（d）克服了（b）、（c）的缺点，接线更为合理。

3. 一台半断路器接线

图2-5所示为3/2断路器接线形式，每一回路经一台断路器QF1或QF3接至一组母线，两回路之间设一联络断路器QF2，形成一个"串"。两个回路共用三台断路器，故又称3/2断路器接线。正常运行时，所有断路器都是接通的，Ⅰ、Ⅱ两组母线同时工作。当任何一组母线检修，或任何一台断路器检修时，各回路仍按原接线方式运行，不需要切换任何回路，避免了利用隔离开关进行大量倒闸操作，十分方便。任一组母线故障时，只是与故障母线相连的断路器自动分闸，任何回路不会停电。甚至在一组母线检

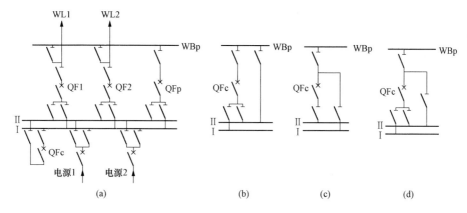

图 2 - 4　带旁路母线的双母线接线

（a）带旁路母线 WBp 的双母线接线；（b）当 QFc 作母联断路器使用时旁路母线带电；
（c）只能用一组母线使母联断路器 QFc 兼旁路；（d）合理的母联断路器 QFc 兼旁路的接线

修，另一组母线故障的情况下，功率仍能继续输送，并且可以保证在对用户不停电的前提下，同时检修多台断路器。所以，这种接线操作简单、运行灵活、有较高的供电可靠性。

在 3/2 断路器的接线中，一般采用交叉配置的原则，电源线宜与出线配合成串。为了进一步提高供电可靠性，同名回路配制在不同串内，避免当联络断路器故障时，同时切除两个电源线。此外，同名回路还宜接在不同侧的母线上。

3/2 断路器接线形式目前在国内已被广泛地用于大型火电厂和变电所的超高压配电装置中，一般进出线数在 6 回及以上时宜于采用这种接线。但这种接线投资较大，继电保护较复杂。

4. 发电机 - 变压器单元接线

图 2 - 6 所示为发电机 - 双绕组变压器单元接线形式。由于发电机和变压器的容量相同，必须同时工作，所以在发电机与变压器之间不需装设断路器，但为发电机调试方便可装设隔离开关。200MW 及以上的发电机，因采用分相封闭母线，不宜装设隔离开关，但应有可拆连接点。

单元接线具有接线简单、设备少、操作简便、没有发电机电压母线、可限制短路电流等优点。目前在大容量机组的火电厂中得到广泛应用，但要求电力系统中应有一定的备用容量。

5. 桥形接线

当只有两台变压器和两条输电线路时，可采用桥形接线，这种接线方式使用断路器数目最少。如图 2 - 7 所示，按照桥连断路

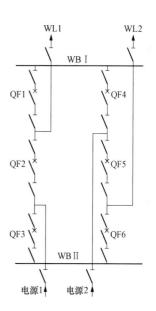

图 2 - 5　3/2 断路器接线

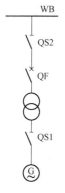

图 2 - 6　发电机 - 变压器
单元接线

45

器（QF3）的位置，桥形接线可分为内桥和外桥。内桥接线时，桥连断路器设置在变压器侧；外桥接线时，桥连断路器则设置在线路侧。桥连断路器正常运行时处于闭合状态。当输电线路较长、故障概率较大、而变压器又不需要经常切除时，采用内桥接线比较合适。外桥接线则在出线较短且变压器随经济运行的要求需经常的切换，或系统有穿越功率流经本厂（如双回路出线均接入环形电网）时，就适宜使用。有时，也采用三台变压器和三回出线组成双桥形接线，如图 2-7（c）所示。

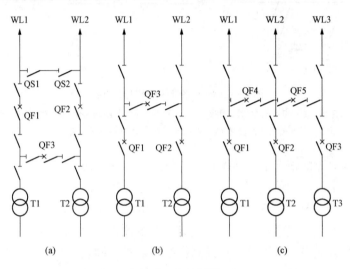

图 2-7 桥形接线

（a）内桥接线；（b）外桥接线；（c）双桥形

桥形接线采用的设备少、接线清晰简单，但可靠性不高，只适用于进出线回路数较少、输电线路较短的火电厂或变电所，以及作为最终将发展为单母线分段或双母线的初期接线方式。

6. 角形接线

当母线闭合成环形，并按回路数利用断路器分段，即构成角形接线。角形接线中，断路器数等于回路数，且每条回路都与两台断路器相连接，检修任一台断路器都不致中断供电。隔离开关作为隔离电源的器件，只有在检修设备时才起隔离电源之用，从而具有较高的可靠性和灵活性。如图 2-8（a）所示为三角形接线，图 2-8（b）为四角形接线，图 2-8（c）为五角形接线。为防止在检修某断路器出现开环运行时，恰好又发生另一断路器故障，造成系统解列或分成两部分运行，甚至造成停电事故，一般应将电源与馈线回路相互交替布置。如四角形接线按"对角原则"接线，将会提高供电可靠性。

三、某大型火电厂 2×1000MW 机组的电气主接线

如图 2-9 所示，为某大型火电厂 2×1000MW 机组的电气主接线图，该电厂的电气主接线有以下特点：

（1）该电厂 2×1000MW 燃煤机组以 500kV 一级电压接入系统，厂内 500kV 系统采用 3/2 断路器接线，2 台机组发电机出口均不装设断路器。

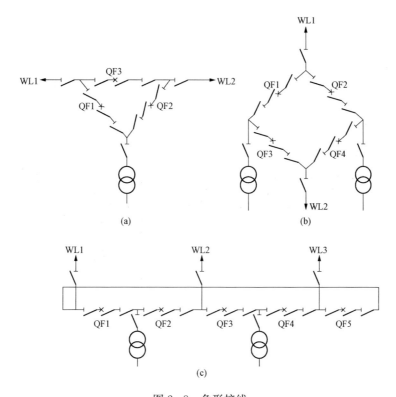

图 2-8　角形接线

(a) 三角形接线；(b) 四角形接线；(c) 五角形接线

（2）该电厂 500kV 配电装置共 3 回进线（2 回主变压器、1 回起/备变压器），2 回出线。两台机组共设 1 台启动/备用变压器，启动/备用电源从厂内 500kV 配电装置引接。

（3）该电厂每台机组设置 1 台主变压器，全厂共 2 台。主变压器均采用三相强油风冷双绕组变压器，容量为 1170MVA。主变压器中性点采用接地方式。

（4）发电机与主变压器之间采用全连式微正压、自冷离相封闭母线连接，额定电压 27kV，最高工作电压 30kV，额定电流 28 000A。发电机中性点采用经二次侧接电阻（带中间抽头，二次电阻 R 为 0.46Ω）的单相变压器接地。

（5）该电厂 500kV 配电装置采用的断路器为 SF_6 瓷柱式，额定电压 550kV，额定电流 4000A，额定开断电流 63kA，动稳定电流 160kA，泄漏比距 3.1cm/kV。500kV 主母线为 6063G-ϕ250/230；主变压器进线为 2×（LGJQT—1400）。

（6）启动/备用变压器采用三相风冷低损耗有载调压分裂变压器，容量为 72/42-42MVA。高压启动/备用变压器高压侧中性点直接接地，低压侧中性点经低值电阻接地。

（7）工作电源从发电机出口引接，高压厂用变压器采用三相风冷无励磁调压分裂变压器，容量为 72/42-42MVA，低压侧中性点经低值电阻接地。

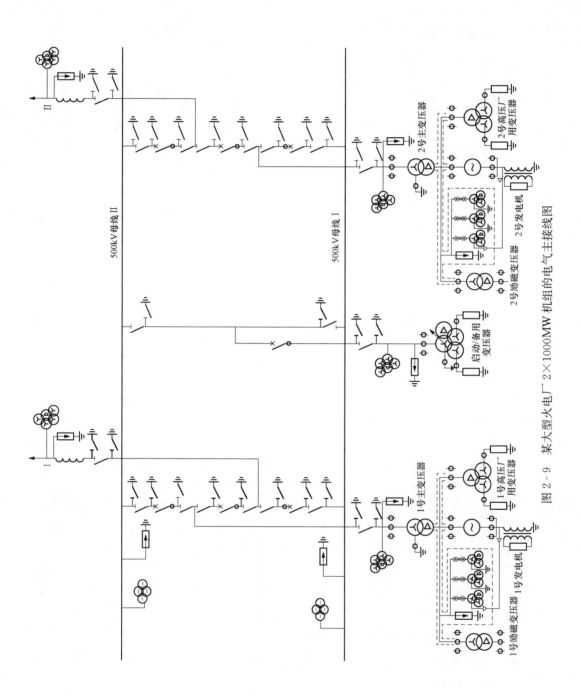

图 2-9 某大型火电厂 2×1000MW 机组的电气主接线图

第二节　火电厂电气设备的倒闸操作

一、倒闸操作概述

1. 倒闸操作

当电气设备由一种状态转换到另一种状态或改变系统的运行方式时，所需进行的一系列操作统称为倒闸操作。所谓倒闸操作主要是指拉开或合上某些断路器和隔离开关，拉开或合上某些直流操作回路，使某台电气设备投运或停运，切除或投入某些继电保护和自动装置或改变其整定值，拆除或装设临时接地线及检查设备的绝缘等。

倒闸操作是一项既重要又复杂的工作，若发生误操作事故，可能会导致设备的损坏、危及人身的安全及造成大面积停电，给国民经济带来巨大的损失。所以必须采取有效措施防止误操作，这些措施可分为组织措施和技术措施。组织措施是指电气运行人员必须树立高度的工作责任感和牢固的安全思想，认真执行操作票制度和监护制度等。1kV 以上的电气设备，在正常情况下进行任何操作时，均应填写操作票。技术措施是采用在断路器和隔离开关之间装设机械或电气闭锁装置。

2. 对操作隔离开关的要求

（1）在手动合隔离开关时，必须迅速果断，但在合到底时不能用力过猛，以防合过头及损坏支持瓷瓶。在合闸开始时如发生弧光，则应将隔离开关迅速合上，不得再行拉开，以免事故扩大，这时只能用断路器切断该回路后，才允许将误合的隔离开关拉开。

（2）在手动拉开隔离开关时，特别是刀片刚离开刀嘴时，应缓慢而谨慎。若发生电弧，应立即合上、停止操作。但在切断小容量变压器励磁电流、空载线路电容电流、环路均衡电流和并联支路负荷电流时，均有电弧产生，此时应迅速将隔离开关断开，以便顺利消弧。

（3）在操作隔离开关后，必须检查隔离开关的开合位置，避免可能由于操作机构有故障或调整得不好，经操作后，实际上未合好或未拉开。

3. 对操作断路器的要求

（1）在一般情况下，由于手动合闸慢，易产生电弧，断路器不允许就地带电手动合闸。但特殊需要时例外。

（2）当远距离操作断路器时，不得用力过猛，以防止损坏控制开关；也不得返回太快，以防止断路器合闸后又跳闸。

（3）在断路器操作后，应检查有关信号及测量仪表的指示，以判断断路器动作的正确性。但不能从信号灯及测量仪表的指示来判断断路器的开、合位置，而应到现场检查断路器的机械位置指示，来判断实际开、合位置，以防止在操作隔离开关时，发生带负荷拉、合隔离开关的事故。

二、操作票填写的内容

在操作票上除填写断路器和隔离开关的操作步骤外，还应填写以下内容：

（1）安装或拆除控制回路的熔断器，切断或合上电压互感器的隔离开关以及取下或装上它的熔断器。

（2）在拉开或合上断路器及隔离开关后，应检查断路器和隔离开关实际的分、合位置。

（3）使用验电器检验需接地部分是否确已无电。

（4）切换保护回路及自动装置或改变其整定值。

（5）拆、装接地线并检查有无接地。

（6）进行两侧具有电源的设备的同期操作。

三、倒闸操作的步骤

（1）发布命令和接受任务。值班员接受调度的操作任务或命令时，应明确操作目的和意图。然后向调度员复诵，经双方核对无误后，将双方姓名填在操作票上。

（2）填写操作票。操作人员应根据操作任务，查对模拟图逐项填写操作项目，并由操作人和监护人在操作票上共同签名。

（3）审票。操作人填写好操作票后，先由自己核对，再交监护人审票。

（4）发布操作命令。当做好执行任务的准备后，由调度员发布操作任务或命令，监护人、操作人同时接受，并由监护人按照填写好的操作票向发令人员复诵。经双方核对无误后，在操作票上填写发令时间，并由操作人和监护人签名。

（5）核对模拟系统图板。在发布操作命令后及正式操作前，由监护人按操作票的项目顺序唱票，由操作人翻转模拟图板。以核对其操作票的正确性。

（6）核对设备。到达操作现场后，操作人应先立准位置、核对设备名称和编号，监护人核对操作人所站立的位置及操作设备的名称、编号应正确无误，应该用的安全用具已经用上。

（7）唱票操作。监护人按操作顺序及内容高声唱读，由操作人员复诵一遍，监护人认为复诵无误后应答"对、执行"，然后操作人方可操作，并记录操作开始时间。

（8）检查。每一步操作完毕后，应由监护人在操作票上打一个"√"号。同时操作人在监护人的监护下检查操作结果，包括表针的指示、连锁装置及各项信号指示是否正常。然后进行下一步操作的内容。

（9）操作汇报。操作结束后，应检查所有操作步骤是否全部执行，然后由监护人在操作票上填写操作结束时间，并向当值调度员汇报。

（10）总结经验。

四、倒闸操作的原则

为了减少和避免因断路器未断开或未合好而引起带负荷拉、合隔离开关，所以倒闸操作的中心环节和基本原则是围绕着不能带负荷拉、合隔离开关。因此，倒闸操作应遵循下列具体原则：

（1）在拉、合闸时，必须用断路器接通或断开负荷电流及短路电流，绝对禁止用隔离开关切断负荷电流。

（2）在合闸时，应先从电源侧进行，在检查断路器确在断开位置后，先合上电源侧隔离开关，后合上负荷侧隔离开关，再合上断路器。

如图 2-10 所示的案例，线路合闸送电时，有可能断路器在合闸位置未查出，若先合线路侧隔离开关，后合母线侧隔离开关，则带负荷合母线侧隔离开关时，在隔离开关触头间产生强烈电弧，可能会引起母线短路，从而影响其他设备的安全运行。如先合母线侧隔离开关，后合线路侧隔离开关，虽然同样是带负荷合隔离开关，但由于线路断路器的继电保护动作，使其自动跳闸，不致影响其他设备的安全运行。另外，当因带负荷合隔离开关致使其损坏时，线路侧隔离开关的检修影响范围小，而母线侧隔离开关的检修则影响面大。

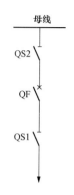

图 2-10 线路接线图

如图 2-11 所示，对两侧均有断路器的双绕组变压器而言，在送电时，应先合电源侧隔离开关 QS1 或 QS2 和断路器 QF1 或 QF2，后合上负荷侧隔离开关 QS3 或 QS4 和断路器 QF3 或 QF4。例如，变压器 T2 在运行，欲将变压器 T1 投入并列运行，而 T1 负荷侧恰好存在短路点未被发现，若先合负荷侧断路器时，则 T2 可能被跳掉，造成大面积停电事故。而若先合电源侧断路器时，则因继电保护动作而自动跳闸，不会影响其他设备的安全运行。

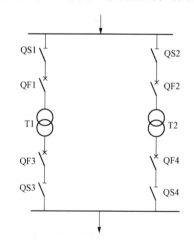

图 2-11 两台变压器并列运行接线图

（3）在拉闸时，应从负荷侧开始，先拉开断路器，检查断路器确在断开位置时，再拉开负荷侧隔离开关，最后拉开电源侧的断路器和隔离开关。对两侧均有断路器的变压器而言，在变压器退出运行时，应从负荷侧开始，先断开负荷侧断路器和隔离开关，切断负荷电流，后断开电源侧断路器和隔离开关，只切断变压器的空载电流。

（4）在倒母线时，隔离开关的拉、合步骤是：先逐一合上需要转换至另一组母线上的隔离开关，然后逐一拉开在需停电母线上的隔离开关。根据各火电厂配电装置的布置情况，为了缩短操作路程，也可以合一组隔离开关，拉一组隔离开关，按照电源侧与负荷侧交替成组倒换原则完成倒母线操作任务。

（5）在回路中未设置断路器时，允许用隔离开关进行下列操作：

1）拉开或合上无故障的电压互感器和避雷器。

2）拉开或合上无故障的空载母线。

3）拉开或合上无接地故障时变压器的中性点接地开关。

4）拉开或合上励磁电流不超过 2A 的空载变压器。

5）拉开或合上电容电流不超过 5A 的空载线路（10.5kV 以下）。

6）拉开或合上 10kV、70A 以下的环路均衡电流。

如图 2-12 所示，两台变压器 T1 和 T2 并列运行，电源侧同接在 6kV 母线上，负荷侧同接在 380V 母线上，6kV 和 380V 母线利用分段隔离开关 QS5 和 QS6 分段。此时，若停用或启用变压器 T1 或 T2 时，可以拉合 380V 侧隔离开关 QS3 或 QS4。

7）拉开或合上无阻抗等电位的并联支路。用隔离开关拉开或合上无阻抗的并联支路时，其断路器一定要在合闸位置，并将其直流操作熔断器取下，才可进行操作。如图 2-13 所示，若未取下断路器 QF 的直流操作熔断器，则在操作 QS1 或 QS2 的过程中发生断路器 QF 误跳闸，将会使隔离开关 QS1 或 QS2 的两端电压不相等，从而导致带负荷拉、合隔离开关事故。

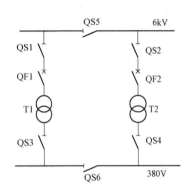
图 2-12　用隔离开关拉合环路电流

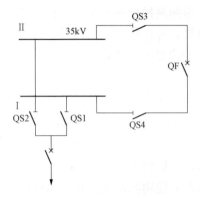
图 2-13　拉开或合上无阻抗的并联支路

五、电气"五防"的内容

（1）防止带负荷分、合隔离开关。（断路器、负荷开关、接触器合闸状态不能操作隔离开关。）

（2）防止误分、误合断路器、负荷开关、接触器。（只有操作指令与操作设备对应才能对被操作设备操作。）

（3）防止接地开关处于闭合位置时关合断路器、负荷开关。（只有当接地开关处于分闸状态，才能合隔离开关或手车才能进至工作位置，才能操作断路器、负荷开关闭合。）

（4）防止在带电时误合接地开关。（只有在断路器分闸状态，才能操作隔离开关或手车才能从工作位置退至试验位置，才能合上接地开关。）

（5）防止误入带电间隔室。（只有该间隔室不带电时，才能开门进入该间隔室。）

六、倒闸操作注意事项

（1）在倒闸操作前，必须了解系统的运行方式、继电保护及自动装置的性能等情况，并应考虑电源及负荷的合理分布以及系统运行方式的调整情况。

（2）在电气设备送电前，必须收回并检查有关工作票，拆除安全措施，如拉开接地开关、拆除临时短路接地线及警告牌，然后测量绝缘电阻。在测量绝缘电阻时，必须隔离电源，进行放电。此外，还应检查隔离开关和断路器在断开位置。

（3）在倒闸操作前应考虑继电保护及自动装置整定值的调整，以适应新的运行方式的需要，防止因继电保护及自动装置误动作或拒绝动作而造成事故。

（4）备用电源自动投入装置、自动重合闸装置、自动调节励磁装置必须在所属主设备停运前退出运行，在所属主设备送电后投入运行。

（5）在进行电源切换或电源设备倒母线时，必须先将备用电源自动投入装置切除，待操作结束后再进行调整。

（6）在同期并列操作时，应注意非同期并列，若同步表指针在零位晃动、停止或旋转太快，均不得进行并列操作。

（7）在倒闸操作中，应注意分析表计的指示情况。如在倒母线时，应注意电源功率分布的平衡，并尽量减少母联断路器的电流，以防止母联断路器因过负荷而跳闸。

（8）在下列情况下，应将断路器的直流操作熔断器取下：

1）断路器在停运和检修时。

2）与断路器相关的二次回路及保护回路有人工作时。

3）拉、合母线隔离开关、旁路隔离开关及母线分段隔离开关时，必须取下母联断路器、旁路断路器及母线分段断路器的直流操作熔断器，以防止带负荷拉隔离开关。

4）操作隔离开关前，应检查该回路断路器确在断开位置，并取下该断路器的直流操作熔断器（线路操作除外），以防止在操作隔离开关过程中，因断路器误动作造成带负荷拉、合隔离开关事故。

5）在继电保护装置故障情况下，应取下断路器的直流操作熔断器，以防止因断路器误跳闸而造成停电事故。

6）油断路器缺油或无油时，应取下断路器直流操作熔断器，以防止系统发生故障时，因该断路器灭弧能力减弱而引起爆炸。此时若有母联断路器时，可由母联断路器代替其工作。

7）操作中应使用合格的安全工具，如验电器等，以防止因安全工具耐压不合格而在工作时造成人身和设备事故。

第三节 火电厂的厂用电

一、厂用电和厂用电率

火电厂在电力生产过程中，有大量用电动机拖动的机械设备，用以保证主要设备（锅炉、汽轮机、发电机等）和辅助设备的正常运行。这些电动机以及全厂的运行操作、试验、修配、照明、电焊等用电设备所消耗的电量总和，统称为厂用电或厂用电量。

厂用电量大都由火电厂本身供给，是火电厂的重要负荷。厂用电量的多少与电厂类型、机械化和自动化程度、燃料种类及燃烧方式、蒸汽参数等因素有关。厂用电量 ΣW_P 占同期全厂发电量 ΣW_G 的百分数，称为厂用电率。厂用电率可用下式计算

$$K_{\mathrm{P}} = \frac{\Sigma W_{\mathrm{P}}}{\Sigma W_{\mathrm{G}}} \times 100\% \approx \frac{S_{\mathrm{C}} \cdot \cos\varphi_{\mathrm{av}}}{P_{\mathrm{N}}} \times 100\% \qquad (2-1)$$

式中　K_{P}——厂用电率，%；

S_{C}——厂用计算负荷，kVA；

$\cos\varphi_{\mathrm{av}}$——平均功率因数，一般取 0.8；

P_{N}——发电机的额定功率，kW。

厂用电率是火电厂主要运行经济指标之一。一般凝汽式火电厂厂用电率为 5%～8%，热电厂为 8%～10%，水电厂为 0.3%～2.0%，核电厂为 4%～5%。降低厂用电率可以降低发电成本，同时也增大了供电量。

二、厂用电压等级

火电厂厂用电系统的电压等级是根据发电机额定电压、厂用电动机的容量和厂用电网络的可靠性等诸多方面因素，经过经济、技术综合比较后确定的。

火电厂中拖动各种厂用机械设备的电动机，其容量相差很大，从几瓦到几千千瓦不等，而电动机的容量与电压有关。因此，电动机如果只有一种电压等级是不能满足要求的，必须根据所拖动设备的功率和电动机的制造情况来选择电压等级。我国生产的电动机的额定电压与额定容量关系如表 2-2 所示。通常在满足技术要求的前提下，应优先选用较低电压等级的电动机，以获得较高的经济效益。因为高压电动机的绝缘等级高、结构尺寸大、造价高、损耗大，所以应优先考虑较低电压级。但是，若综合考虑供电系统，则当电压较高时，可选择截面较小的电缆或导线，不仅节省有色金属，还能降低供电网络的投资。

表 2-2　　　　　　　　　电动机的额定电压与额定容量范围关系

电动机的额定电压（V）	220	380	3000	6000	10000
额定容量范围（kW）	<140	<300	>75	>200	>200

火电厂中一般采用的低压供电网络电压为 380/220V，高压供电网络电压有 3kV、6kV、10kV。为了简化厂用电接线，且使运行维护方便，电压等级不宜过多。为了正确选择高压供电网电压，需进行技术经济论证。

（1）3kV 电压供电的优点：①3kV 电动机效率比 6kV 电动机约高 1%～15%，价格约低 20%；②3kV 电动机的最小容量比 6kV 电动机小，可以将 75kW 以上的电动机接到 3kV 电压母线上，从而减少低压厂用变压器容量和台数；③由于减少了 380V 电动机数量，使较大截面的电缆数量减少，从而降低了低压供电网络投资。

（2）6kV 电压供电的优点：①对同样的厂用电系统，6kV 网络不仅节省有色金属及投资费用，而且短路电流较小；②6kV 电动机的功率可制造得较大，可满足大容量负荷要求；③发电机电压若为 6kV 时，可省去高压厂用变压器，直接由发电机电压母线经电抗器向高压厂用负荷供电。

（3）10kV 电压作为厂用电系统电压，只用于 600MW 以上大容量机组，且因为不能满足全厂所有高压电动机的要求，不能作为单一厂用高压，所以在经济与技术上均欠佳。

实际经验表明：对于火电厂，当发电机容量在 100MW 以下、发电机电压为 10.5kV 时，可采用 3kV 或 6kV 作为高压厂用电压；当发电机容量在 100～600MW 时，宜选用 6kV 作为高压厂用电压；当发电机容量在 600MW 以上时，若技术经济合理，可采用 6kV 和 10kV 两种高压厂用电压。当高压厂用电压为 3kV 时，100kW 以上等级火电厂的电动机一般采用 3kV，100kW 以下等级火电厂采用 380V 电动机；当高压厂用电压为 6kV 时，200kW 以上等级火电厂的电动机采用 6kV，200kW 以下等级火电厂采用 380V 电动机；当高压厂用采用 6kV 和 10kV 两种电压时，200～1800kW 等级火电厂的电动机采用 6kV，大于 1800kW 等级火电厂的电动机采用 10kV，小于 200kW 等级火电厂的电动机采用 380V。

三、厂用电源分类

1. 工作电源

火电厂的厂用工作电源是保证火电厂正常运行的基本电源，不仅应满足供电可靠的要求，而且应满足各级厂用电负荷容量的需求。通常，工作电源应不少于两个。现代火电厂的发电机一般都投入系统并列运行，从发电机电压回路通过高压厂用变压器取得高压厂用工作电源已足够可靠。当有发电机电压母线时，即使发电机组停止运行，仍可从电力系统倒送电能供给厂用电源。这种引接方式操作简单、调度方便，投资和运行费用都比较低，常被广泛采用。

高压厂用工作电源（从发电机电压回路引接）的引接方式与主接线形式有密切联系。当主接线具有发电机电压母线时，则高压厂用工作电源（高压厂用变压器）一般直接从发电机电压母线上引接，如图 2-14（a）所示；当发电机和主变压器采用单元接线时，则高压厂用工作电源一般从发电机出口引接，如图 2-14（b）所示。各台高压厂用变压器的容量应满足相对应机组的炉、机、电等厂用负荷容量的需求。

低压厂用工作电源，一般均采用 380/220V 电压等级，直接从高压厂用母线段上引接。另外，厂用工作电源还包括直流工作电源和交流不停电电源。

2. 启动/备用电源

启动电源是为了确保机组安全和可靠启动而设置的电源。备用电源主要用于事故情况失去工作电源时，起后备作用，又称事故备用电源。电厂的主要电气设备在正常运行时由工作电源供电，只有当工作电源消失后，才自动切换到启动电源或备用电源。因此，启动电源实质上也是一个备用电源。对于 200MW 及以上大型机组，启动电源兼作事故备用电源，统称启动/备用电源。

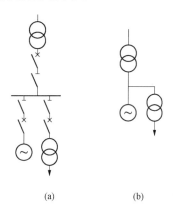

(a)   (b)

图 2-14 高压厂用工作电源的引接方式
(a) 从发电机电压母线上引接；
(b) 从发电机出口引接

启动/备用电源的引接应保证其独立性，并且具有足够的供电容量，最好能与电力系统紧密联系，在全厂停电情况下仍能尽快从系统获得厂用电源。以下是高压启动/备用电源最常见的引接方式：

（1）从发电机电压母线的不同分段上，通过厂用备用变压器（或电抗器）引接。

（2）从与电力系统联系紧密的最低一级电压母线引接。这样，有可能因采用电压等级较高的高压启动/备用变压器，使高压配电装置投资增加，但供电可靠性也相应提高。

（3）从联络变压器的低压绕组引接，但应保证在机组全停情况下，能够获得足够的电源容量。

（4）当技术经济合理时，可由外部电网引接专用线路，经过厂用备用变压器获得独立的备用电源或启动电源。

低压厂用备用电源，一般均从高压厂用母线的不同分段上引接，经低压厂用备用变压器获得低压厂用备用电源。

在火电厂中，高、低压启动/备用电源的数量与火电厂装机台数、单机容量、主接线形式及控制方式等因素有关，一般按表 2-3 原则配置。

表 2-3 火电厂启动/备用变压器台数配置原则

电厂类型	高压启动/备用变压器	低压备用变压器
100MW 及以下机组	6 台机组以下设 1 台 6 台机组及以上设 2 台	8 台机组以下设 1 台 8 台机组及以上设 2 台
100～125MW 机组	5 台机组以下设 1 台 5 台机组及以上设 2 台	8 台机组以下设 1 台 8 台机组及以上设 2 台
200～300MW 机组	每 2 台机组设 1 台	200MW 机组，每 2 台机组设 1 台 300MW 机组，每台机组设 1 台
600～1000MW 机组	每 2 台机组设 1 台或 2 台	每台机组设 1～2 台

火电厂中一般均装设专门的备用电源，称为明备用。此类备用电源在正常情况下不工作或只带少量的公用负荷，而当某一工作电源消失时，它就能自动投入以完全代替之。但在小型火电厂和水电厂中也有不另设专用备用电源，而由两个厂用工作电源相互作为备用，称为暗备用。如图 2-15 所示为厂备用电源的两种备用方式。

3. 其他电源

火电厂在生产过程中，需要 220V 或 110V 的直流电源向动力直流负荷（如润滑油泵、密封油泵、给粉机等）、控制直流负荷（如信号装置、继电保护装置、自动装置、断路器的控制回路等）、直流事故照明负荷以及不停电电源系统等负荷供电；还需要 220V 的交流不停电电源向实时监控的计算机、DCS 系统、通信系统和远动装置等不允许间断供电的负荷供电；需要 380V 的交流事故保安电源向汽轮机盘车电动机、顶轴油泵电动机、交流润滑油泵电动机等负荷供电，以确保在工作电源和备用电源均消失时给机组提供安全停机所必需的交流电源。这几种电源的工作原理将在下面几节中介绍。

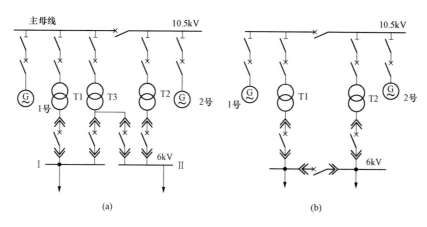

图 2-15　厂备用电源的两种备用方式
（a）明备用；（b）暗备用

四、厂用负荷分类

1. 按负荷的重要性分类

厂用电负荷，根据某用电设备在生产中的作用和突然中断供电时造成危害的程度，可分为五类：

（1）Ⅰ类负荷。指短时（一般指手动切换恢复供电所需的时间）停电将影响人身或设备安全，使机组运转停顿或发电量大幅度下降的负荷。如给水泵、凝结水泵、送风机、引风机等。接有Ⅰ类负荷的高、低压厂用母线，应设置备用电源。当一个电源断电后，另一个电源就立即自动投入。

（2）Ⅱ类负荷。指允许短时停电（几秒至几分钟），但较长时间停电有可能损坏设备或影响机组正常运转的负荷。如输煤设备、工业水泵、疏水泵、冲灰水泵、除尘设备、输灰设备和脱硫设备等。对于接有Ⅱ类负荷的厂用母线，应由两个独立电源供电，一般采用手动切换，对于200MW及以上机组也常采用自动切换。

（3）Ⅲ类负荷。指长时间停电不会直接影响生产的负荷，如试验室和中央修配厂的用电设备等。对于Ⅲ类负荷，一般由一个电源供电，对于200MW及以上机组也常采用两个电源供电。

（4）事故保安负荷。指在事故停机过程中及停机后一段时间内应保证供电的负荷，这类负荷停电将引起主要设备损坏、重要的自动控制失灵或推迟恢复供电。根据对电源的不同要求，事故保安负荷分为两种：①直流事故保安负荷，由蓄电池组供电，如发电机的直流润滑油泵等。②交流事故保安负荷，平时由交流厂用电源供电，失去厂用电源时，交流事故保安电源一般采用快速启动的柴油发电机组自动投入供电，如200MW及以上机组的盘车电动机等。

（5）不间断供电负荷。在机组启动、运行和停机过程中，甚至停机后的一段时间内，需要连续供电并具有恒频恒压特性的负荷，如实时控制用的电子计算机等。不间断供电负荷一般采用由蓄电池组或整流设备经配备静态开关的逆变器供电。

2. 按负荷的运行方式分类

火电厂在生产过程中，每天都要使用的电动设备称为"经常"使用；而只在检修、事故或机组启停期间使用的电动设备称为"不经常"使用。因此，"经常"与"不经常"主要表征该类电动设备的使用机会。而"连续""短时""断续"等则用来区别电动设备每次使用时间的长短。通常，每次带负荷运转 2h 以上者称为"连续"；带负荷运转在10～120min 者称作"短时"；每次使用从带负荷到空载或停止，反复周期性的工作，其每一周期不超过 10min 者称作"断续"。在进行厂用负荷统计时，对于经常连续和不经常连续运行的负荷全部计入；对于经常短时和断续运行的负荷计入一半；对于不经常短时和断续运行的负荷不计入。表 2-4 列出了火电厂主要厂用负荷的名称、类别、控制地点、连锁要求、运行方式等特征，以便在进行厂用电负荷计算、厂用变压器容量选择和厂用电系统设计时参考。

表 2-4　　　　　　　　　　火电厂主要厂用负荷特性表

序号	名称	负荷类别	是否易过负荷	控制地点	有无连锁要求	运行方式	备注
一、锅炉部分							
1	引风机	Ⅰ	易	锅炉控制屏	有	经常连续	
2	送风机	Ⅰ	不易	锅炉控制屏	有	经常连续	
3	排粉机	Ⅰ 或 Ⅱ	易	锅炉控制屏	有	经常连续	用于送粉时为Ⅰ类
4	磨煤机	Ⅰ 或 Ⅱ	易	锅炉控制屏	有	经常连续	无煤粉仓时为Ⅰ类
5	给煤机	Ⅰ 或 Ⅱ	易	锅炉控制屏	有	经常连续	无煤粉仓时为Ⅰ类
6	给粉机	Ⅰ	易	锅炉控制屏	有	经常连续	
7	螺旋输粉机	Ⅱ	易	就地	无	经常连续	
8	炉水循环泵	Ⅰ	不易	锅炉控制屏	有	经常连续	
9	回转式空气预热器、盘车	保安	不易	锅炉控制屏	有	不经常连续	
10	空压机	Ⅱ 或 Ⅲ	不易	就地	无	经常短时或连续	用于控制气源时为Ⅱ类
二、汽机部分							
11	射水泵	Ⅰ	不易	汽轮机控制屏	有	经常连续	
12	凝结水泵	Ⅰ	不易	汽轮机控制屏	有	经常连续	
13	循环水泵	Ⅰ	不易	汽轮机控制屏	有	经常连续	
14	给水泵	Ⅰ	不易	给水除氧控制屏	有	经常连续	
15	给水泵油泵	Ⅰ	不易	给水除氧控制屏	有	经常连续	当给水泵不带主油泵时为Ⅱ类
16	备用给水泵	Ⅰ	不易	给水除氧控制屏	有	不经常连续	

序号	名称	负荷类别	是否易过负荷	控制地点	有无连锁要求	运行方式	备注
17	备用励磁机	I	不易	主单元控制屏	无	不经常连续	
18	生水泵	II	不易	就地	无	经常连续	
19	工业水泵	II	不易	汽轮机控制屏或就地	有	经常连续	
20	采暖回水泵	III	不易	就地	无	经常连续或短时	
三、电气及公用部分							
21	充电机	II	不易	主（单元）控制屏或就地	无	不经常连续	
22	空气压缩机	II	不易	就地	有	经常短时	
23	变压器冷却风机	II	不易	就地	有	经常连续	
24	通信电源	I	不易			经常连续	
25	机炉自动控制电源①	I或保安	不易			经常连续	
26	硅整流装置通风机	I	不易	硅整流装置控制屏		经常连续	
27	远动通信	不间断	不易			经常连续	
28	电动执行机构	不间断	易			经常连续	
29	自动控制和调节装置	不间断	不易			经常连续	
30	热工保护	不间断	不易			不经常短时	
四、输煤部分							
31	输煤皮带	II	易	就地或集中	有	经常连续	
32	碎煤机	II	易	就地或集中	有	经常连续	
33	筛煤机	II	不易	就地或集中	有	经常短时	
34	磁铁分离器	II	不易	就地或集中	有	经常连续	
35	叶轮给煤机	II	不易	就地或集中	有	经常连续	
36	斗链运煤机	II	易	就地或集中	有	经常连续	
37	移动式给煤机	II	易	就地	有	经常连续	
38	煤场抓煤机	II	不易	就地	无	经常断续	
39	移动式皮带机	II	易	就地	无	经常连续	
40	卸煤小车	II	不易	就地	无	经常断续	
五、除灰部分							
41	冲灰水泵	II	不易	就地或除灰操作屏	有	经常连续	
42	灰渣泵	II	易	就地集中	有	经常连续	

续表

序号	名称	负荷类别	是否易过负荷	控制地点	有无连锁要求	运行方式	备注
43	碎渣机	Ⅱ	易	就地集中	有	经常连续	
44	轴封水泵	Ⅱ	不易	就地集中	有	经常连续	
45	除尘水泵	Ⅱ	不易	就地集中	有	经常连续	
46	除灰皮带机	Ⅱ	易	就地	无	经常连续	
47	电除尘器	Ⅱ	不易	就地	无	经常连续	
六、厂外水工部分							
48	中央循环泵	Ⅰ	不易	中央泵房集控	有	经常连续	
49	消防水泵	Ⅰ	不易	就地及控制室	有	不经常短时	
50	生活水泵	Ⅱ或Ⅲ	不易	就地	有	经常短时	与工业水泵合用时，为Ⅱ类
51	冷却塔通风机	Ⅱ	不易	汽轮机或冷却塔控制屏	无	经常连续	
52	真空泵	Ⅱ	不易	就地		经常短时	
53	补给水泵	Ⅱ	不易	就地	无	经常连续	
七、化学水处理部分							
54	清水泵②	Ⅰ或Ⅱ	不易	化水集控台或就地	无	经常连续	
55	中间水泵②	Ⅰ或Ⅱ	不易	化水集控台或就地	无	经常连续	
56	除盐水泵②	Ⅰ或Ⅱ	不易	化水集控台或就地	无	经常连续	
57	自用水泵	Ⅱ	不易	化水集控台	无	经常短时	
58	升压泵	Ⅱ	不易	就地	无	经常短时	
59	空气压缩机	Ⅱ	不易	就地	无	经常短时	
八、废水处理部分							
60	废水处理输送泵	Ⅱ	不易	集控或就地	无	经常连续	
61	pH调整池机械搅拌器		不易	集控或就地	无	经常连续	
62	刮泥泵	Ⅱ	易	集控或就地	无	经常连续	
63	排泥机	Ⅱ	易	集控或就地	无	经常连续	
64	污水泵	Ⅱ	不易	集控或就地	无	经常短时	
九、烟气脱硫部分			Ⅰ				
65	给料机、球磨机	Ⅱ	易	集控或就地	有	经常连续	

序号	名称	负荷类别	是否易过负荷	控制地点	有无连锁要求	运行方式	备注
66	搅拌机、旋流器	Ⅱ	不易	集控或就地	无	经常连续	
67	循环泵、真空泵	Ⅱ	易	集控或就地	无	经常连续	
68	氧化风机、增压风机	Ⅱ	不易	集控或就地	无	经常连续	
69	真空皮带脱水机	Ⅱ	不易	集控或就地	有	经常连续	
十、辅助车间							
70	油处理设备	Ⅲ	不易	就地	无	经常连续	
71	中央修理车间	Ⅲ	不易	就地	无	经常连续	
72	起重机	Ⅲ	不易	就地	无	不经常连续	
73	电气试验室	Ⅲ	不易	就地	无	不经常连续	
74	排水泵	Ⅱ或Ⅲ	不易	就地	有或无	经常短时	
十一、事故保安负荷							
75	顶轴油泵	保安	不易	就地	有	不经常连续	
76	交流润滑泵	保安				不经常连续	
77	热工自动装置电源	保安				经常连续	
78	事故照明	保安				经常连续	

① 当用于 200MW 及以上机组时，才作为允许短时停电的交流保安负荷。

② 热电厂和 300MW 及以上机组为Ⅰ类负荷。

五、厂用电接线基本形式

（1）高、低压厂用母线通常都采用单母线接线形式，并多以成套配电装置接受和分配电能。

（2）火电厂的高压厂用母线一般都采用"按炉分段"，即将厂用电母线按锅炉台数分成若干独立段。其中，锅炉容量为 400t/h 以下时，每炉设一段；锅炉容量为 400t/h 及以上时，每炉的每级高压厂用母线不少于两段，两段母线可由一台高压厂用变压器供电。

（3）低压 380/220V 厂用母线，在大型火电厂中一般按炉分段；在中、小型电厂中，全厂只分为两段或三段。

（4）200MW 及以上大容量机组，如公用负荷较多、容量较大，当采用集中供电方式合理时，可设立高压公用母线段。

（5）大容量机组的低压厂用电系统采用动力中心（PC）和电动机控制中心（MCC）的组合方式，即在一个单元机组中设有若干个动力中心，直接供电给容量为 75～200kW 的电动机和容量较大的静态负荷；由 PC 引接若干个电动机控制中心，供电给容量为 75kW 以下的电动机和容量较小的杂散负荷，其保护、操作设备集中，各 PC 一般均设两段母线，每段母线由一台低压厂用变压器供电，两台低压厂用变压器分别接至厂用高压母线的不同分段上，其备用方式可以是明备用或暗备用。PC 和 MCC 均采用抽屉式开关柜。

（6）对厂用电动机的供电方式有个别供电和成组供电两种。个别供电是指每台电动机经一条馈电线路直接接在相应电压（高压或低压）的厂用母线段上，所有高压厂用电动机及容量大于 75kW 的低压电动机都是采用个别供电方式。成组供电一般只用于低压电动机，由低压厂用母线段经一条馈电线路供电给电动机控制中心，然后将一组较小容量电动机连接在 MCC 母线上，即厂用母线上的一条线路供一组电动机。

（7）容量在 400t/h 及以上的锅炉有两段高、低压厂用母线，其锅炉或汽轮机同一用途的甲、乙辅机，如甲、乙凝结水泵，甲、乙引风机，甲、乙送风机等，应分别接在本机组的两段厂用母线上；工艺上属于同一系统的两台及以上的辅机，如同一制粉系统中的排粉机和磨煤机，应接在本机组的同一段厂用母线上。

图 2-16 表示由发电机出口引接厂用工作电源，并设有启动/备用电源和事故保安电源，是火电厂的厂用电接线基本形式。

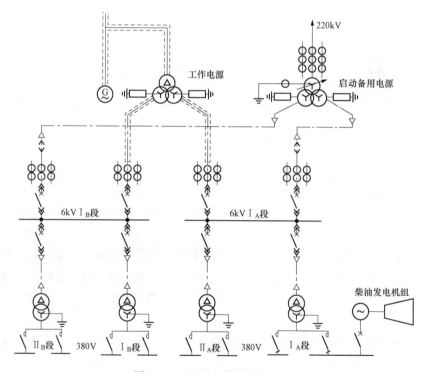

图 2-16　厂用电接线基本形式

六、某大型火电厂 2×1000MW 机组的厂用电接线

如图 2-17 所示为某大型火电厂 2×1000MW 机组的厂用电接线图，该电厂的厂用电接线有如下特点：

每台发电机组设一台高压厂用变压器和一台脱硫兼公用变压器，两台机组共用一台启动/备用变压器。厂用电压共分两级，高压为 6kV，低压为 380/220V。每台发电机 6kV 设 A、B 两个工作段和一个脱硫兼公用段。200kW 及以上的电动机均由 6kV 母线供电，6kV 的中性点采用中值电阻接地，380V 的中性点采用直接接地。低压厂用电系统采用动力中心（PC）和电动机控制中心（MCC）的供电方式。原则上 75～200kW 的电动机和相对较大的静止负荷由动力中心供电，其余负荷由电动机控制中心供电。

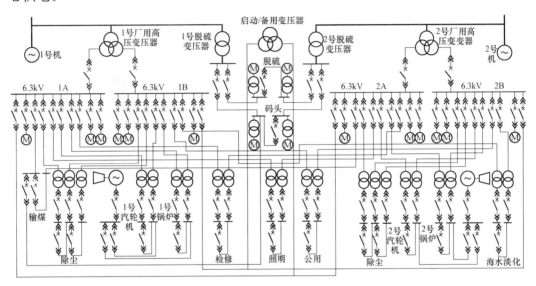

图 2-17　某大型火电厂 2×1000MW 机组的厂用电接线图

为保证机组安全停机及设备、运行人员安全，每台机组设 2 段锅炉保安段、2 段汽轮机保安段、1 段脱硫保安段，根据机组保安负荷统计结果，每台机组需选择 1 台 1600kW 的快速启动的柴油发电机组。锅炉、汽轮机、脱硫保安正常运行时由相应的汽机、锅炉及脱硫工作段供电。当失去厂用电源时，柴油发电机快速启动并自动投带保安负荷。

第四节　火电厂的直流电源

一、直流电源系统概述

为了给火电厂的控制设备、保护设备以及机组的某些重要辅助设备供电，在厂内必须设置专门的直流供电电源。这种电源由蓄电池组和整流充电设备（高频开关直流电源）组成，是火电厂厂用电源的重要组成部分。火电厂的直流电源能在任何情况下可靠地和不间断地向断路器的合跳闸装置、锅炉、汽轮机、发电机的控制盘及光字牌、直流润滑油泵、发电机的直流密封油泵、汽轮机调速器的电动机、发电机磁场回路断路器及励磁控制系统、UPS 电源、保安段柴油发电机组的控制、单元控制室事故照明、通信系统、记录报表的驱动装置、录波器、蒸汽阀门操作装置、电厂其他事故照明等设备供电。因此，直流电源系统在火电厂得到了广泛的应用。

火电厂的直流电源系统一般包括 220V 动力直流电源和 110V 控制直流电源，有时为了简化接线，只设置 220V 一种直流电源向各种直流负荷供电。

二、蓄电池的结构和工作原理

蓄电池是一种独立的直流电源，它在火电厂内发生任何事故时，甚至在交流电源全部停电的情况下，都能保证直流系统的用电设备可靠而连续地工作。另外它还是全厂事故照明的可靠电源。采用蓄电池的直流系统，能够使用任何复杂的继电保护和自动装置，对于各种类型的断路器都可以用直流操作机构进行远距离操作。因此，蓄电池组得到广泛的应用。火电厂的蓄电池组，是由许多蓄电池串联而成，串联的数目取决于直流系统的工作电压。

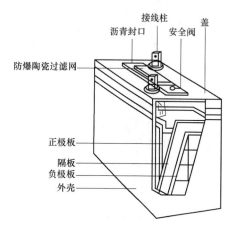

图 2-18 阀控式密封铅酸蓄电池的
基本结构

1. 阀控式密封铅酸蓄电池的结构

目前，在火电厂的直流电源系统中普遍采用阀控式密封铅酸蓄电池，该蓄电池的基本结构如图 2-18 所示。它由正负极板、隔板、安全阀、外壳等部分组成。正极板上的活性物质是二氧化铅（PbO_2），负极板上的活性物质为海绵状纯铅（Pb）。电解液是用纯硫酸和蒸馏水按体积比为 1:3.84、质量比为 1:2.09 配制成密度为 1.21g/cm³（15℃）的稀硫酸溶液。蓄电池槽中装入一定的电解液后，由于电化学反应，正、负极板间会产生约为 2.23V（单体阀控式密封铅酸蓄电池）的浮冲电压。

铅酸蓄电池密封的难点就是充电时水的电解。当充电达到一定电压时（一般在 2.30V/单体以上），在蓄电池的正极上放出氧气，负极上放出氢气。一方面释放气体带出酸雾污染环境，另一方面电解液中水分减少，必须隔一段时间进行补加水维护。而阀控式密封铅酸蓄电池克服了上述缺点，其结构特点为：

（1）极板之间不再采用普通隔板，而是用超细玻璃纤维作为隔膜，电解液全部吸附在隔膜和极板中，蓄电池内部不再有游离的电解液；由于采用多元优质板栅合金，提高气体释放的过电位，从而相对减少了气体释放量。

（2）让负极有多余的容量，即比正极多出 10% 的容量。充电后期正极释放的氧气与负极接触，发生反应，重新生成水，即 $2Pb + O_2 + 2H_2SO_4 \longrightarrow 2PbO + 2H_2SO_4 \longrightarrow 2PbSO_4 + 2H_2O$，使负极由于氧气的作用处于欠充电状态，因而不产生氢气。这种正极的氧气被负极铅吸收，再进一步化合成水的过程，即所谓阴极吸收。

（3）为了让正极释放的氧气尽快流动到负极，必须采用和普通铅酸蓄电池所采用的微孔橡胶隔板不同的新型超细玻璃纤维隔板。其孔率由橡胶隔板的 50% 提高到 90% 以上，从而使氧气易于流通到负极，再化合成水。另外，超细玻璃纤维隔板具有将硫酸电解液吸附的功能，因此即使阀控式密封铅酸蓄电池倾倒，也不会有电解液溢出。

（4）采用密封式阀控滤酸结构，电解液不会泄漏，使酸雾不能逸出，达到安全、保护环境的目的，阀控式密封铅酸蓄电池可以卧式安装，使用方便。

（5）壳体上装有安全排气阀，当阀控式密封铅酸蓄电池内部压力超过阈值时自动开启，保证安全工作。

由于阀控式密封铅酸蓄电池具有上述特点，因此阀控式密封铅酸蓄电池可免除补加水维护，这也是阀控式密封铅酸蓄电池称为"免维护"蓄电池的由来。但是，"免维护"的含义并不是任何维护都不做，恰恰相反，为了提高阀控式密封铅酸蓄电池的使用寿命，阀控式密封铅酸蓄电池除了免除补充水外，其他方面的维护和普通铅酸蓄电池是相同的。只有掌握其正确维护方法，才能使阀控式密封铅酸蓄电池长期、安全、稳定运行。

2. 阀控式密封铅酸蓄电池的工作原理

阀控式密封铅酸蓄电池的工作原理与传统的铅酸蓄电池基本相同，它的正极活性物质是二氧化铅（PbO_2），负极活性物质是海绵状金属铅（Pb），电解液是稀硫酸（H_2SO_4），其电极反应方程式为

$$正极：PbSO_4 + 2H_2O \Longleftrightarrow PbO_2 + HSO_4^- + 3H^+ + 2e$$

$$负极：PbSO_4 + H^+ + 2e \Longleftrightarrow Pb + HSO_4^-$$

整个蓄电池的反应方程式为

$$Pb + PbO_2 + 2H_2SO_4 \underset{充电}{\overset{放电}{\Longleftrightarrow}} 2PbSO_4 + 2H_2O$$

阀控式密封铅酸蓄电池的设计原理是把所需分量的电解液注入极板和隔板中，没有游离的电解液，通过负极板潮湿来提高吸收氧的能力，为防止电解液减少把蓄电池密封，故阀控式密封铅酸蓄电池又称"贫液蓄电池"。

如图 2-19 所示为阀控式密封铅酸蓄电池工作原理示意图，正极板采用铅钙合金或铅镉合金、低锑合金，负极板采用铅钙合金，隔板采用超细玻璃纤维隔板，并使用紧装配和贫液设计工艺技术。整个蓄电池化学反应密封在塑料蓄电池壳内，出气孔上加上单向的安全阀。这种蓄电池结构，在规定充电电压下进行充电时，正极析出的氧气（O_2），可通过隔板通道传送到负极板表面，还原为水（H_2O）。由于蓄电池采用负极板比正极多出 10% 的容量，使氢气析出时电位提高，加上反应区域和反应速度的不同，使正极出现氧气先于负极出现氢气，正极电解水反应式如下

$$2H_2O \longrightarrow O_2 + 4H^+ + 4e^-$$

氧气通过隔板通道或顶部到达负极进行化学反应

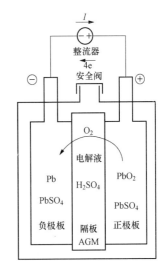

图 2-19 蓄电池工作原理示意图

$$Pb + 1/2O_2 + 2H_2SO_4 \longrightarrow PbSO_4 + H_2O$$

负极被氧化成硫酸铅，经过充电又转变成海绵状铅

$$PbSO_4 + 2e^- + H^+ \longrightarrow Pb + HSO_4^-$$

以上是阀控式密封铅酸蓄电池特有的内部氧循环反应机理。通过这种充电过程，电解液中的水几乎不损失，使阀控式密封铅酸蓄电池在使用过程中不需加水。

阀控式密封铅酸蓄电池的极栅主要采用铅钙合金，以提高其正负极析气（H_2 和 O_2）过电位，达到减少其充电过程中析气量的目的。正极板在充电达到 70% 时，氧气就开始发生，而负极板达到 90% 时才开始发生氢气。在生产工艺上，一般情况下正负极板的厚度之比为 6:4，根据这一正、负极活性物质量比的变化，当负极上绒状 Pb 达到 90% 时，正极上的 PbO_2 接近 90%，再经少许的充电，正、负极上的活性物质分别氧化还原达 95%，接近完全充电，这样可使 H_2、O_2 析出减少。采用超细玻璃纤维（或硅胶）来吸储电解液，并同时为正极上析出的氧气向负极扩散提供通道。这样，氧一旦扩散到负极上，立即被负极吸收，从而抑制了负极上氢气的产生，导致浮充电过程中产生的气体 90% 以上被消除（少量气体通过安全阀排放出去）。

阀控式密封铅酸蓄电池在开路状态下，正负极活性物质 PbO_2 和海绵状金属铅与电解液稀硫酸的反应都趋于稳定，即电极的氧化速率和还原速率相等，此时的电极电动势为平衡电极电动势。当有充放电反应进行时，正负极活性物质 PbO_2 和海绵状金属铅分别通过电解液与其放电态物质硫酸铅来回转化：

（1）放电过程。阀控式密封铅酸蓄电池将化学能转变为电能输出。负极失去电子被氧化，形成硫酸铅；正极得到电子被还原，也形成硫酸铅。反应的净结果是外电路中出现了定向移动的负电荷。由于放电后两极活性物质均转化为硫酸铅，所以也称"双极硫酸盐化"。

（2）充电过程。阀控式密封铅酸蓄电池将外电路提供的电能转化为化学能储存起来。此时，负极硫酸铅被还原为金属铅的速度大于硫酸铅的形成速度，导致硫酸铅转变为金属铅；同样，正极硫酸铅被氧化为 PbO_2 的速度也增大，正极转变为 PbO_2。

阀控式密封铅酸蓄电池在充放电过程中，蓄电池的电压会有很大的变化，这是因为正负极的电极电势离开了其平衡状态，发生了极化。蓄电池的极化是由浓差极化、电化学极化和欧姆极化三种因素造成的，由于这三种极化的存在，才出现了蓄电池使用过程中各种充放电电流和充放电电压的严格设置，以免使用不当，对蓄电池的性能造成较大的影响。

3. 蓄电池的技术参数

某电厂 1000MW 机组采用的阀控式密封铅酸蓄电池的技术参数见表 2-5。

表 2-5　　　　　　　　阀控式密封铅酸蓄电池的技术参数

参数名称	220V 蓄电池	110V 蓄电池
型式	阀控式密封铅酸蓄电池	阀控式密封铅酸蓄电池
电池个数	104	52

续表

参数名称	220V 蓄电池	110V 蓄电池
容量	1200Ah	500Ah
额定电压	220V	110V
浮充电压（单体）	2.23V	2.23V
均衡充电电压（单体）	2.35V	2.35V
终止电压	1.87V	1.87V
蓄电池使用温度范围	−15～+45℃ （推荐使用温度范围 25℃±5℃）	−15～+45℃ （推荐使用温度范围 25℃±5℃）

4. 蓄电池的维护

阀控式密封铅酸蓄电池特性的变化是一个渐进和积累的过程。为了确保蓄电池的正常使用寿命，在对蓄电池日常维护和定期检查的基础上，还应做到"防高温、防过电压、防过放电和及时充电"。

（1）日常维护：

1）在阀控式密封铅酸 VRLA 蓄电池日常维护工作中，要做到日常管理周到、细致和规范，保证蓄电池及充电装置处于良好的运行状况，保证直流母线上的电压和蓄电池电压处于正常运行范围，尽可能地使蓄电池运行在最佳运行温度范围内。这就是蓄电池维护的目的，也是蓄电池运行规程中包括的内容。

2）保持直流电源室和蓄电池本身的清洁，蓄电池的日常维护中需经常检查的项目有：

a）检测蓄电池两端电压。

b）检测蓄电池的工作温度。

c）检查蓄电池连接处有无松动、腐蚀现象，检测连接条的压降。

d）检查蓄电池外观是否完好，有无外壳变形和渗漏。

e）检查极柱、安全阀周围是否有酸雾析出。

f）安装好的蓄电池极柱应涂上中性凡士林，防止腐蚀极柱，定期清洁，以防蓄电池绝缘能力降低。

3）平时每组蓄电池至少应选择几只蓄电池做标示，作为了解全部蓄电池组工作情况的参考，对标示的蓄电池应定期测量并做好记录。

4）当在蓄电池组中发现有电压反极性、压降大、压差大和酸雾泄漏现象时，应及时采取相应的方法恢复或修复，对不能恢复或修复的要更换；对寿命已过期的蓄电池组要及时更换。

（2）定期检查：

1）月度检查和维护项目包括：保持蓄电池室的清洁卫生，测量和记录蓄电池室内环境温度；逐个检查蓄电池的清洁度、端子的损伤痕迹、外壳及壳盖的损坏或过热痕迹；检查壳盖、极柱、安全阀周围是否有渗液和酸雾析出；检查蓄电池外壳和极柱温度；测量单体和蓄电池组的浮充电压，测量蓄电池组的浮充电流。

2）每半年检查蓄电池组中各蓄电池的端电压和内阻，若单个蓄电池的端电压低于其最低临界电压或蓄电池内阻大于 80mΩ 时，应及时更换或进行均衡充电。同时应检查蓄电池连线牢固程度，主要防止由于蓄电池充放电过程中的温度变化导致连线处松动或接触电阻过大。

3）每年以实际负荷做一次核对性放电，放出额定容量的 30%～40%，并作均充；每 3 年做一次容量试验，放电深度为 $80\%C_{10}$（10h 放电容量）。若该组蓄电池实放容量低于额定容量的 80%，则认为该蓄电池组寿命终止。

（3）"三防、一及时"：

1）防高温。在没有空调的使用环境，要设置换气通道并安装防尘和防雨罩。安装在机柜内的蓄电池组在夏季可卸掉机柜侧面板，避免蓄电池单体之间紧密排列，以增加空气流动。

2）防过充电。

a）浮充电压的设定：蓄电池的开路电压可以由近似公式 $E=0.85+d$ 得出（其中 E 为铅酸蓄电池的电动势；d 为电解液的密度；0.85 为铅酸蓄电池的电动势常数），阀控式密封铅酸蓄电池的浮充电压为 2.23V。

b）均、浮充电限流点的设定：可以按 $I=（0.1～0.125）C_{10}$ 进行设定，最大充电电流不能大于 10h 充电电流的 1.5 倍。并要根据环境温度的变化对浮充电压进行补偿。

3）防过放电。过放电电压值的设定：对于阀控式密封铅酸蓄电池组的放电时限为 10h，为了避免蓄电池的深度放电，造成蓄电池活性物质的不能还原和蓄电池壳体破裂，因此设定欠压告警门限为 1.9V 单体。

4）及时充电。在阀控式密封铅酸蓄电池放电后必须尽快进行充电，在充电过程中充电电流 2～3h 不变化即可认为充电完毕，充入的电量应是放出容量的 1.2 倍左右（放出容量可由放电时间和放电电流进行估算），充电未结束或充电过程中不要停止充电。禁止蓄电池组在深放电后长时间不充电（特殊情况下不得超过 24h），否则将会严重降低蓄电池的容量和寿命。

三、高频开关直流电源的组成

如图 2-20 所示为高频开关直流电源组成框图。该电源由尖峰抑制（防止过电压）、EMI（电源滤波器）、全桥整流器、滤波器、高频全桥逆变器、高频变压器、高频整流器、滤波器和防倒灌输出等组成，能实现采样、隔离放大、控制、保护、显示调节等功能。

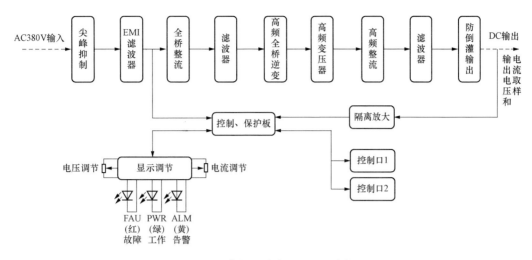

图 2-20 高频开关直流电源组成框图

1. 高频开关电源的功能和特点

（1）系统小型化设计，模块和监控单元在一个托架内，结构简单、安装方便；

（2）系统模块和监控单元均采用带电拔插结构，安装、维护方便；

（3）系统可配置 110、220V 系统，电流可选择 5、10、20、30、40A 五种规格；

（4）整流模块效率高，体积小、重量轻；

（5）监控器内完成控母电压、控母电流、电池充电电流监测，无需外接线和外接传感器；

（6）智能监控模块带 RS485 及 RS232 接口，提供三种通信规约，方便实现远程控制；

（7）点阵 LCD12864 液晶显示，标准四键操作，操作流程简单；

（8）智能化电池充电管理，也可手动均、浮充转换；

（9）系统自动故障检测、报警，实现无人值守；

（10）配有降压硅链控制器单元，可实现可方便组成 5 级或 7 级降压方式，系统只需外配硅链可实现控母自动调压功能；

（11）软件采用双闭环结构设计，自动跟踪系统输出电压及电池限流值，调节快、输出精度高；

（12）系统具有绝缘报警功能，无需外配；

（13）系统抗干扰能力强，可靠性高；

（14）系统具有交流双路自动倒换功能及三相交流电压电流检测，具有交流过压、过流、停电、缺相报警及保护功能；

（15）系统具有电池反接保护功能；

（16）系统具有电压电流自动返较功能；

（17）系统具有故障报警静音选择功能；

（18）系统可根据用户要求选配闪光功能。

2. 高频开关电源的技术参数

某电厂 1000MW 机组采用的高频开关电源的技术参数见表 2-6。

表 2-6　　　　　　　　　　高频开关电源的技术参数

序号	参数名称	技术参数
1	高频开关电源充电装置	集控 110V：GZDW-3×360A/115V
		集控 220V：GZDW-3×400A/230V
		网控 110V：GZDW-3×120A/115V
		输煤 110V：GZDW-100A/115V
1.1	装置额定电流（A）	360/400/120/100
1.2	单个模块额定电流（A）	40/40/30/20
1.3	模块数量（个）	9/10/4/5
1.4	装置输入功率（kVA）	集控 110V：47.4
		集控 220V：105.2
		网控 110V：15.9
		输煤 110V：13.2
1.5	装置稳压精度（%）	≤±0.5
1.6	装置稳流精度（%）	≤±0.5
1.7	装置纹波系数	<±0.1
1.8	装置噪声（dB）	≤50（距装置 1m 处）
1.9	装置效率（%）	≥93
1.10	模块开关频率（kHz）	40
2	直流柜设备规范	防护等级不低于 IP30
2.1	额定电压（V）	110/220/110/110
2.2	额定电流（A）	360/400/120/100
2.3	动力馈线回路数量（个）	510/108/80/80
2.4	控制馈线回路数量（个）	
2.5	短路电流耐受能力（kA）	40/40/10/10
2.6	直流柜尺寸（mm）	2260×800×600（高×宽×深）
2.7	进线开关（熔断器）型式	BM30D 系列
2.8	馈线开关（熔断器）型式	BM30DB 系列/BB2DB 系列
2.9	直流绝缘监测装置型式	ATCWZJ5-HL-Y

四、直流系统的接线

如图 2-21 所示为某火电厂 220V 直流系统接线图。一般一台机组设一套 220V 直流系统。每套直流系统装设一组蓄电池和一台充电设备，采用单母线分段接线。两台机组的 220V 直流系统经过电缆和联络刀闸可以互相联络备用。

机组的蓄电池均采用阀控式密封铅酸蓄电池，充电设备多采用微机控制高频开关直流电源或晶闸管整流电源，正常以浮充电方式运行。

直流系统还配备具有交流配电监测、直流配电监测、绝缘监测、充电模块监测、电池管理、通信、历史记录等功能的集中监控器。

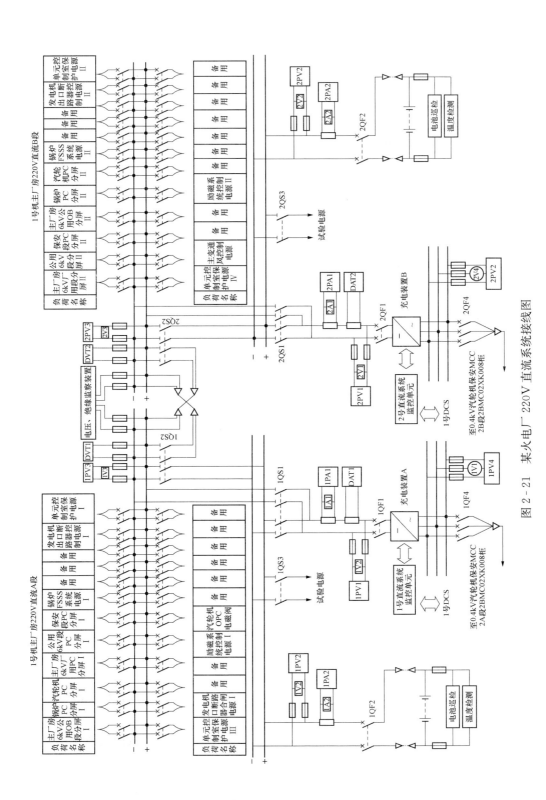

图 2 - 21　某火电厂 220V 直流系统接线图

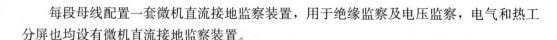

每段母线配置一套微机直流接地监察装置，用于绝缘监察及电压监察，电气和热工分屏也均设有微机直流接地监察装置。

五、直流系统的运行维护

1. 直流系统的运行规定

(1) 当任一母线充电器由于某种原因退出运行时，备用充电器可投入运行，对该母线负荷供电和对该蓄电池组浮充电。

(2) 当两组母线充电器同时退出运行时，备用充电器可同时对两组母线负荷供电和其中一组蓄电池组进行浮充电，另一组蓄电池必须退出运行，此时母联隔离开关应闭合。

(3) 当机组正常运行时，直流系统的任何操作均不应使直流母线瞬时停电。

(4) 一般情况下，不允许充电器单独向直流负荷供电。

(5) 直流母线并列操作前，必须检查两段母线均无接地故障，否则不得并列。

(6) 母线联络隔离开关在断开时，不在同一段上的负荷禁止在负荷侧并环。

(7) 充电器一般应运行在自动稳压方式。

(8) 充电器在运行中进行"手动"与"自动"，"稳压"与"稳流"之间的切换时，应将电位器调零后方可进行。

(9) 当直流系统发生接地时，及时停用主屏，投入分屏直流接地监察装置查找接地。查找结束后停用分屏，投用主屏。

2. 直流系统运行中的检查和维护

(1) 直流母线电压的检查。电池应经常处于浮充电方式，每个蓄电池的电压应为 2.15V，允许在 2.1～2.2V 范围内变动。

(2) 充、放电电流的检查。摸清负荷变化规律，随时注意充电及放电电流的大小，并做好记录。放电后应及时充电，即使有特殊情况，也应在 24h 内充电。

(3) 对蓄电池进行外观检查。外壳是否完好，有无变形和渗漏。

(4) 对标示电池的检查。对指定的标示电池，测量其电压、工作温度，从而观察蓄电池的工作情况。

(5) 极柱和安全阀检查。安装好的蓄电池，应在极柱上涂抹中性凡士林，防止极柱腐蚀。检查极柱和安全阀周围是否有酸雾析出，并及时清除。

(6) 绝缘电阻的检查。应定期检查蓄电池组的绝缘电阻，用电压表法测出的绝缘电阻值应不小于 0.2MΩ（蓄电池组电压为 220V）。

(7) 各接头和连接导线的检查。经常检查各接头与导线连接是否紧固，有无腐蚀现象。

(8) 室温的检查。蓄电池室应保持适当的温度（10～30℃），并保持良好的通风和照明。

六、直流系统的常见故障处理

1. 直流母线电压过高或过低

(1) 现象。控制屏发出"直流母线电压不正常"信号；直流屏母线"电压过高"或

"电压过低"报警灯亮。

（2）处理：检查母线电压值，判断母线绝缘监察装置动作是否正确；调节浮充电设备的输出电流，使母线电压正常。若不能使母线电压正常，可能是浮充电设备故障，停用故障浮充电设备，倒至备用浮充电设备运行。

2. 直流系统接地

（1）现象。控制屏发出"直流接地"报警信号。

（2）处理。利用微机绝缘监测装置检测各支路绝缘情况，判断接地极和接地程度，汇报值长；检查有无动力直流负荷启动，对该动力直流负荷做拉闸试验；如为热工用直流电源接地，通知热工人员处理；如为保护用直流电源接地，通知保护人员处理；若检测各支路绝缘良好，应采用停用蓄电池组、倒换充电电设备或停用母线的方法进一步查找接地，必要时也可以试停接地故障检测装置；严禁使用拉合直流支路的方法查找接地。

3. 运行中浮充电设备跳闸

（1）现象。控制屏发出"直流充电设备故障"信号；浮充电设备电流表指示到零；浮充电设备运行指示灯熄灭。

（2）处理。检查浮充电设备跳闸原因，有无元件过热、冒烟、着火等现象；监视蓄电池及母线电压运行情况，进行必要的调整或倒换；检查交流侧电源熔断器或控制回路熔断器是否熔断，晶闸管整流装置是否有保护动作；若检查浮充电设备无问题，应立即启动，如再次跳闸应查明原因，消除故障后重新投运，恢复原方式运行。

4. 直流母线电压消失

（1）现象：

a）警铃响，控制屏发出"控制回路断线""直流充电设备故障""直流母线电压不正常""蓄电池熔断器熔断""低电压保护回路断线"信号。

b）直流母线电压表指示到零。

c）浮充电流、电压输出到零。

d）直流母线负荷指示灯熄灭。

（2）处理：

a）若故障已自动消失或人工立即能排除，应尽快恢复电压，将浮充电设备投入，恢复各路负荷供电。

b）检查故障发生在哪一段母线上，拉开失压母线上所有负荷开关，检查母线。

c）若母线故障不能立即排除，应将故障母线上的负荷开关拉开，将负荷切换至非故障母线上。

d）停用故障母线浮充电设备和蓄电池，查出故障点，交检修处理。

e）如母线无明显故障，应做如下处理：开启浮充电设备，将失压母线恢复电压；试送各路负荷，恢复送电；投入蓄电池运行；对试送不成的馈线分段试送。

f）未断开故障点，不得试送蓄电池出口负荷开关。

g）直流母线电压消失后，若不能马上恢复供电，应将有关失去保护或拒跳的断路器手动拉开。

5. 蓄电池着火处理

（1）拉开蓄电池出口负荷开关。

（2）调整充电设备，维持母线电压。

（3）通知消防部门。

（4）用二氧化碳或四氯化碳灭火器灭火，灭火时应戴好防毒面具。

第五节 火电厂的交流不停电电源

交流不停电电源（Uninterruptible Power Supply，简称 UPS）用于向火电厂实时监控的计算机、DCS 系统、通信系统和远动装置等负荷提供 220V 交流不间断的电能。这些负荷对供电质量、可靠性和连续性有很高的要求。随着工矿企业用电量日增，非线性负荷越来越多，对电网干扰也越来越多，致使电网波形畸变、电噪声日益严重，有时甚至突然中断供电，将造成计算机停运、各种控制系统失控等一系列严重后果。UPS 装置就是为解决此类问题而发展起来的，其主要功能是提高供电质量，以满足高要求用电设备的需要，一旦电网供电中断，立即由 UPS 的直流电源——蓄电池经逆变器继续维持供电；当 UPS 本身故障或检修时，由旁路（备用）电源供电，以便争取时间妥善处理。

一、UPS 的组成和工作原理

如图 2-22 所示为某火电厂采用的交流不停电电源（UPS）系统原理接线图。UPS 由主机柜（含输入变压器、整流器、逆变器、输出隔离变压器、逆变静态开关和旁路静态开关等）、隔离变压器柜、旁路稳压柜和配电柜等组成。

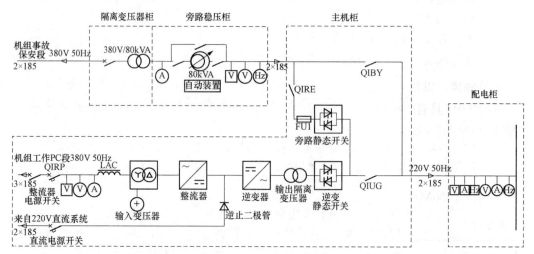

图 2-22 某火电厂交流不停电电源系统原理接线图

UPS 的基本工作原理是：把电网交流电压经整流器整流后送入逆变器，逆变器将输入的直流电压变换成所需合格的交流电压，再经输出隔离变压器、逆变静态开关和输出开关（QIUG），然后送到配电柜，向负载供电。为了达到稳压恒频输出的目的，机内采用了反馈控制系统。此外，UPS 还通过逆止二极管与火电厂的 220V 直流系统相连。一旦交流电源中断供电，可立即自动切换成由 220V 直流电源供电。UPS 装置还设有旁路电源，由机组的事故保安段经旁路断路器、隔离变压器、稳压调压变压器，再经旁路输入开关（QIRE）和旁路静态开关或经手动旁路开关（QIBY）与配电柜相连。正常运行时事故保安段由另一路交流电源供电，交流电源消失后由柴油发电机组供电。这样不仅有利于 UPS 不停电维修，而且当负载启动电流太大时，还可以自动切换至旁路电源供电，启动过程结束后，再自动恢复 UPS 供电。

二、UPS 组件的功能

（1）整流器：将交流电整流成直流电，且当输入电压发生变化或负载电流发生变化时，整流器能提供给逆变器一稳定的直流电源。

（2）逆变器：将整流器或由 220V 直流电源送来的直流电转换成大功率、波形好的交流电提供给负载。

（3）静态开关：在过载或逆变器停机的情况下自动将负载切换到旁路后备电源，并在正常运行状态恢复后自动且快速地将负载由旁路后备电源切换到逆变器。静态开关一般采用晶闸管元件，切换时间 $t_q < 5ms$，实现了对负载的不间断供电。

（4）隔离变压器：当逆变器停止工作，负载由旁路电源供电时，实现电源与负载间的电气隔离。

（5）旁路稳压变压器：当逆变回路故障时能自动地将负荷切换到旁路回路。为确保安全可靠地供电，它不能直接将厂用电系统保安电源直接接到负荷上，而应通过旁路回路中设置的稳压变压器向不允许间断供电负荷供电。这种变压器除采取可靠屏蔽措施外，还具有稳压的功能。

（6）手动旁路开关：UPS 中设有一套手动维修旁路开关，可将静态开关和逆变器完全旁路隔离，以便在安全和不间断向负载供电的条件下对 UPS 进行维护。

同时 UPS 具有输入缺相、反相、欠压、过压保护，完全由微处理器控制，实现保护电路自动控制，并在这些故障消失后自动恢复正常工作状态。

三、UPS 的技术参数

某电厂 1000MW 机组配套的 UPS 电源的技术参数见表 2-7。

表 2-7 **1000MW 机组 UPS 电源技术参数**

参数名称	参数	参数名称	参数
交流输入电压（V）	380±20%（三相）	交流输出电压（V）	220（单相）
直流输入电压（V）	220±20%	额定容量（kVA）	120

续表

参数名称	参数	参数名称	参数
逆变器输入功率（kW）	103	逆变器输出频率（Hz）	50±0.01%
逆变器功率因数	0.9	额定容量输出效率	96%
逆变器输入电压（V）	DC220	无载损耗（W）	1550
逆变器输入电流（A）	576	UPS平均故障间隔时间（h）	400 000
逆变器额定输出功率（kW）	96	UPS平均检修时间（h）	0.2
逆变器输出电压（V）	220	30s过负荷能力	150%
逆变器输出电流（A）	546		

四、逆变器的工作原理

UPS 的技术性能很大程度上取决于逆变器的性能，它对 UPS 装置的输出波形及其谐波含量、装置效率，可靠性，对负载变化的瞬态响应能力、噪声甚至装置的体积重量，均有重要影响。迄今为止，已制造出多种形式的逆变器，其中有代表性的是如图 2-23 所示的有工频变压器的桥式逆变器。

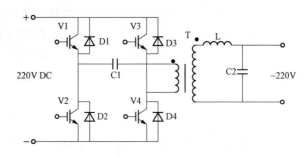

图 2-23 有工频变压器的桥式逆变器主电路

图 2-23 中 V1～V4 为绝缘栅双极晶体管（简称 IGBT 开关管），是实现电源逆变的主要开关器件；D1～D4 分别是开关管 V1～V4 的等效反并联体二极管，对开关管 Tr 起保护作用；C1 为串联耦合电容，防止变压器 T 因单相偏磁而饱和；变压器 T 起隔离和升压作用；C2 为输出滤波电容；L 为输出滤波电感，用于滤除输出交流电压中的高次谐波。

桥式逆变电路由脉冲宽度调制控制器控制，使系统按正弦波调制脉冲工作，使 V1、V4 和 V3、V2 按照图 2-24 所示的正弦波调制脉冲周期性循环工作，即可将直流电逆变成交流电。

五、UPS 的运行方式

（1）正常运行时，三相交流电源（380V）、220V 直流电源和旁路交流电源均应送上。三相交流电源通过整流器整流后，向逆变器供电。当交流电源消失或三相半控桥式

整流器故障时，整流器自动退出运行，自动切换
至 220V 直流电源向逆变器供电。当交流电源及
整流器恢复正常时，又自动恢复到整流器向逆变
器供电。

（2）当三相交流输入电源电压变化或整流器
负载发生变化时（均在允许范围内），整流器输
出电压保持恒定。

（3）逆变器输出电压的频率和相位能与旁路
电源（电网）相跟踪，相位差在 5°～10°之内。
当电网发生故障而引起频率差超过 0.9Hz 时，
逆变器能自动解除跟踪，恢复到逆变器固有的频率 50Hz 运行。

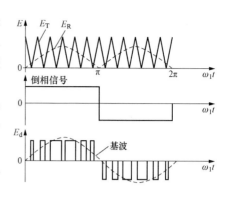

图 2-24　正弦波调制脉冲波形

（4）当逆变器本身故障或逆变器输出方波变坏及隔离变压器输出的正弦波波形变坏
时，静态开关自动切换至旁路电源供电。

（5）当三相交流输入和直流输入电源均失去时，静态开关自动切换至旁路供电。

（6）如果逆变器输出发生过电流，当过电流倍数为额定电流的 120％时（也可整定
为 110％、130％、150％），逆变器将自动切换至旁路电源供电。

（7）当逆变器的输入直流电压低于 210V 时，延时跳开三相交流输入开关和直流输
入开关，逆变器停止工作，并自动切换至旁路电源供电。这一功能是防止逆变器在低直
流情况下运行而损坏逆变器，是对逆变器的一种自我保护。

（8）由于逆变器故障或其他原因，使 UPS 切至旁路供电。若此时逆变器故障已消
除并恢复到正常工作状态，且符合同步条件时，自动返切至逆变器供电。

（9）当逆变器输出与旁路电源输出同步时，可手动由逆变器输出切换至旁路电源输
出。亦可从旁路电源返切至逆变器输出。

（10）当逆变器需要检修时，可将手动旁路开关 QIBY 接通至旁路电源供电，断开
旁路输入开关 QIRE。

（11）当整流器的输出电压高于 230V、逆变器的直流输入电压低于 210V、逆变器
出现故障、旁路电源出现故障及冷却风机故障时，均有报警信号。

六、UPS 的运行维护

（1）调整参数：可根据电源情况和使用要求，在监控器上键入指令密码后，即时修
改参数，包括输入、输出、蓄电池、整流器、逆变器、同步范围等。

（2）充电：充电时采用先恒流再恒压二级充电方式。

（3）故障诊断：UPS 的监控器可进行自测试（诊断），可用人机对话方式通知检修
人员故障在何处及如何排除故障，故障诊断精度为 100％。

（4）维修时，可使用旁路电源对负载继续供电。

第六节 火电厂的交流事故保安电源

火电厂普遍采用柴油发电机组作为单元机组的交流事故保安电源,当因电网发生事故或其他原因致使火电厂厂用电源长时间停电时,它可以给单元机组提供安全停机所必需的交流电源,如汽轮机盘车电动机电源、顶轴油泵电源、交流润滑油泵电源等。

一、交流事故保安电源的接线

火电厂正常运行时事故保安段上的负荷由厂用电源工作段供电,事故状态下则切换由柴油发电机组应急供电。

如图 2-25 所示为某火电厂交流事故保安电源接线图。柴油发电机组经出口断路器 Q 接至出口小母线上,再分两路引至相应机组 380V 保安 A、B 段,图中的 3Q、4Q 为柴油发电机组馈线断路器,1Q、2Q 为事故保安段工作电源开关。

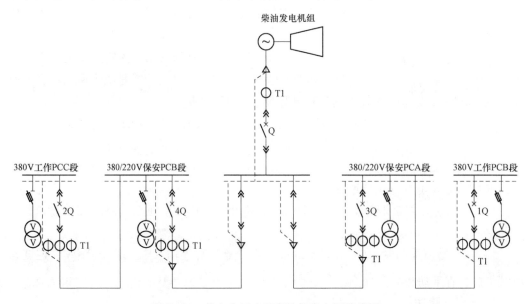

图 2-25 某火电厂交流事故保安电源接线图

根据事故保安负荷统计情况及国内现有的用于应急电源的柴油发电机组的制造情况,大致推荐机组配套柴油发电机组的容量情况如下:

(1) 200MW 机组,一机配一套 250kW 或两机配一套 500kW 柴油发电机组;

(2) 300MW 机组,一机配一套 500kW 柴油发电机组;

(3) 600MW 机组,一机配一套 800~1200kW 柴油发电机组;

(4) 1000MW 机组,一机配一套 1500~2000kW 柴油发电机组。

上述配套均满足相应机组交流事故保安电源容量的要求。

二、柴油发电机组的功能

1. 自启动功能

柴油发电机组可以保证在火电厂全厂停电事故中，快速自启动带负荷运行。在无人值守的情况下，由保安段母线上的 TV 检测到母线电压消失时，通过自动装置发出启动指令，并能在 20s 内一次自启动成功；在 60s 内可实现一个自启动循环（即三次试启动）。机组自启动成功率很高，设计要求不小于 98%。

2. 带负荷稳定运行功能

柴油发电机组自启动成功后，无论是在接带负荷过程中，还是在长期运行中，都可以做到稳定运行。柴油发电机组能满负荷连续运行 6h 以上，1h 过负荷能力为 110%。发电机有 1s、2.5 倍的过电流能力，允许间隔一段时间重复这种运行方式。机组在带 75% 额定负荷的情况下，可启动一台 75kW 的电动机，且发电机出口电压不低于额定电压的 75%。

3. 自动调节功能

机组无论是在启动过程中，还是在运行中，当负荷发生变化时，都可以自动调节电压和频率，以满足负荷对供电质量的要求。

机组随时处于准备启动状态，在接到启动信号 5s 内，能可靠地启动并建立电压，频率达到额定值。当机组建立额定电压和频率后，检查同期条件或无压条件合上发电机出口断路器，首次加负载能力不低于额定功率的 50%（含 60% 的动态负荷）。

4. 自动控制功能

机组自动控制功能很多，可以满足无人值守的要求，主要控制功能如下：

（1）保安段母线电压自动连续监测：当有厂用电断电信号时机组自启动，厂用电断电信号为动合无源触点信号。

（2）程序启动、远方启动、就地手动启动功能。

（3）机组在运行状态下有自动检测、监视、报警、保护功能。

（4）自动远方、就地手动、机房紧急手动停机功能。机组停机时，先将负荷降至零，然后断开发电机出口断路器，原动机延时 2~5min 自动停机或人工手动停机，紧急停机装置设有手动和电动操作。

5. 模拟试验功能

机组在备用状态时，能够模拟保安段母线电压降至 $25\% U_N$ 或失压状态，使机组能快速自启动，但不闭合发电机出口断路器。

6. 保护功能

柴油发电机组设有超速保护、润滑油压低保护、三次自启动失败保护、低电压保护、过电流保护、发电机过负荷保护、冷却水温过高保护、燃油量过低保护、润滑油温度过高保护、冷却水断水保护等，并根据故障性质动作于信号或跳闸。

三、柴油发电机组的技术参数

某大型火电厂 1000MW 机组配套的柴油发电机组的技术参数见表 2-8。

表 2 - 8   某 1000MW 机组配套柴油发电机参数

参数名称		参数值
发电机参数	型号	MX - 1800 - 4
	视在功率	2250kVA
	功率因数	0.8
	有功功率	1800kW
	定子电压	400/234±1.5％ V
	额定定子电流	3248A
	频率	50Hz
	额定转速	1500r/min
	转动惯量	44kg·m²
	接线	Y
	绝缘等级	F
	轴承	管壳型、滚柱轴承
	润滑油脂	黄油（每运行 1000h 加油一次）
	励磁方式	无刷励磁、硅二极管整流
	励磁机	悬臂式交流无刷励磁机
	励磁电压	17V
	励磁电流	6.7A
	冷却形式	靠轴上的轴流风机冷却
	允许过负荷电流及时间	2.5 倍的额定电流 10～12s
	过负荷时的电压瞬时降低	额定电压的 30％
	启动电动机功率	15hp（1hp≈746W）
	启动电动机电压	24V DC
	蓄电池型式	铅 - 酸
	电池组数	4 组（每组 6V）
	电压	24V，最大 30V
	容量	400Ah
柴油机的参数	型号	4016－61TRG3
	连续工作额定功率	1975kW
	气缸冲程	190mm
	气缸有效容积	4.83L
	气缸布置	两排 V 型排列夹角 60°
	压缩比	16：1
	标称转速	1500r/min

参数名称		参数值
柴油机的参数	最大转速	1650r/min
	喷射系统	直接喷射方式，带有分离喷射器的机械泵
	喷射压力	0.122MPa
	供给压力	0.127MPa
	润滑系统	压力润滑（齿轮油泵）
	主泵压力	0.39～0.49MPa
	冷却回路压力	0.34MPa
	运行中气缸之间及气缸组之间温差	$\geqslant 20℃$
发动机出口油温	正常油温	85～95℃
	最大允许油温	110℃
	最小允许油温	70℃
发动机出口水温	正常水温	75～85℃
	最大允许水温	90℃
	最小允许水温	65℃
	发动机出入口水温差	6～10℃
发动机使用的柴油标准	比重	830～660g/L
	闪点	$>66℃$
	低位发热量	$>43.93MJ/kg$
	黏度	$2\times10^{-6}～7\times10^{-6}m^2/s$（40℃时）
	灰分	$<0.01\%$（质量百分数）
	含硫量	$<1.5\%$（质量百分数）
	无机酸	无
液压靠背轮中注入的工作油	比重	860～880g/L
	凝固点	$<-15℃$
	闪点	$<200℃$
燃料消耗	负荷，油耗：	4/4，231g/kWh±5% 3/4，234g/kWh±5% 1/2，240g/kWh±5%
	柴油机燃料油箱容积	约1m³
	燃料重量约为	830～860kg
	柴油机带满负荷能连续运行6h以上（油箱油位按4/5可用考虑）	

四、柴油发电机组的运行维护

1. 柴油发电机组机的启动条件

不论手动或自动启动，柴油机应满足下列条件：

（1）润滑油温在 50℃ 以上。

（2）润滑油位在正常范围内。

（3）冷却水温在 50℃ 以上。

（4）冷却水箱水位在正常水位。

2. 启动前的检查

（1）各气缸、油喷嘴及接管、润滑油管、冷却水管、进风管和排烟管等完整，涡轮增压风机完整，入口滤网清洁。

（2）柴油机机头冷却风扇转子安装完好连接部位牢固。

（3）柴油机空气过滤器清洁无杂物。

（4）机油池的呼吸孔不应有堵塞现象，并检查润滑油位正常应在油标尺"min"线以上。

（5）润滑油压表和转数表均有正确的零位指示，能可靠地使用，油温表和水温表有明确地指示。

（6）排烟管的伸缩节完好。

（7）蓄电池直流电压指示在 24～30V 之间。

（8）油、水加热器开关在投入位置。

（9）机组无漏油漏水等异常，机内清洁，无遗留杂物。

（10）检查调速器中油位应在两线之间。

（11）检查电压调节器控制开关在自动位置。

（12）检查自动电压调节器变阻器在额定电压位置。

3. 启动前的准备工作

（1）检查润滑油过滤器的状态，将切换把手放中间位置，开启均压油门，两个过滤器并列运行。如需一侧过滤器运行时，应将切换把手放停止的过滤器侧位置，关闭均压油门。

（2）对润滑系统进行预压油，用手压油泵打压至 0.1MPa 左右。

（3）检查调速器速度整定值无变动，在要求的定值内。

4. 柴油发电机定期试验及要求

（1）柴油发电机每星期进行手动启动试验一次。

（2）柴油发电机每次启动后，空载运行时间不得小于 5min。

（3）每次定期试验后，对试验中出现的异常应及时汇报值长，并做好记录，如需要可通知有关人员进行处理。

（4）试验完后应检查蓄电池电压在 24V 以上，如低于 24V，整流器应自动对其进行强充电，待到 30V 时，自动返回浮充运行，否则应通知有关人员处理。

（5）在大小修期间如动力中心、公用系统正常运行，而且与机组对应的柴油发电机没有检修工作时，遇有定期试验时，仍需按要求进行试验。

5. 柴油发电机的巡视检查及操作注意事项

（1）巡视检查注意事项：

1）蓄电池电压应在 24～30V 之间，浮充电流正常，一般 1～2A。

2）就地控制盘内的各直流控制电源开关均在合入位置，各继电器无异常现象。

3）就地控制盘上无报警，各信号均在复归状态，"市电正常"指示灯应亮。

4）手/自动选择开关在自动位置。

5）油、水加热在投入状态，水温在正常范围内（35～60℃）。

6）润滑油位，冷却水箱水位均应正常。

7）油箱及油（水）管路、法兰等无漏油（水）现象。

8）各蓄电池导线连接良好，无松动、无腐蚀现象，且涂有凡士林。

9）蓄电池电解液有无漏出容器外。

（2）操作注意事项：

1）遇有柴油发电机检修时（包括机械、热工、电气一次、电气二次等工作），应根据具体情况制定安全措施。

2）当电气一次部分或机械部分检修时，应将动力中心一次电源开关拉至检修位置（开关拉至检修位置应注意将闭锁用常闭接点短接，否则将造成动力中心母线电源开关不能合闸，工作结束后应将短接线取消），并挂标示牌，同时，将直流启动电动机断电。

3）当电气二次有工作（暂时性工作除外）而且柴油发电机不能做备用时，可将控制直流开关断开。

4）检修结束后（包括电气一、二次和机械部分）需要试车时，运行人员应认真验收。

6. 柴油发电机蓄电池及充电装置的自动切换操作

（1）当充电装置给蓄电池充电达 30V 时，能自动切为"浮充"状态，浮充电流约为 1～2A。

（2）当电池电压下降到 24V 时，充电装置自动切为强充状态，强充电流约为 6～10A。

7. 柴油发电机报警及跳闸定值

（1）柴油发电机超速保护的报警值应不小于 1650r/min，跳闸值应不小于 1695r/min（延时 0.5s）。

（2）柴油发电机超频保护的报警值应不小于 55Hz，跳闸值应不小于 56.5Hz（延时 0.5s）。

（3）水温保护的报警值应不小于 90℃，跳闸值应不小于 105℃（延时 1s）。

（4）油压保护的报警值应不大于 1.5kg/cm²（延时 1s），跳闸值应不大于 1.0kg/cm²（延时 0.5s）。

五、柴油发电机组的常见故障处理

1. 柴油发电机紧急停机条件
(1) 整流环着火飞溅出熔化金属。
(2) 发电机本体冒烟。
(3) 发电机无输出电压，经调整后仍无效。
(4) 其他危及人身安全的事故。

2. 柴油发电机组常见故障及处理方法
柴油发电机组的常见故障及处理方法见表 2-9。

表 2-9　　　　　　　　　　柴油发电机组常见故障及处理方法

故障现象	产生原因	处理方法
润滑油压力低	油压表故障	调试或更换
	油槽内油标低	使用正确的清洁油，注满到油标尺的"max"标志位置
	润滑油质量低劣或油标号不对	把油排出，重新更换合乎要求的油
	管道油过滤器或冷却器堵塞，压力释放阀门工作不正常	把油槽及油回路的油排出或清洗、检查管路及连接器检查阀门是否卡涩。注意拆卸前，把组件做记号，保持原来组装式样，拆掉阀门前还应检查其他原因
	油泵磨损或漏油	检查连接部分是否渗漏，拆下油泵并检查是否磨损
	发动机轴承磨损	检查曲轴及轴承磨损
转速及功率低	发动机超负荷（如果冒黑烟）	检查确认发电机负荷不超过额定值
	没有使用合格的燃料	把燃料排出、清洗过滤器及管道，并注入规定的燃料油
	管道及燃料油回路滤口堵微存有空气	拆下管道并拆下滤网进行清洗通风
	喷射泵故障	检查柱塞、柱塞弹簧及阀门
	喷射泵喷嘴脏或粘连	把喷嘴从机器上拆除，清洗并重新组装
	喷射压力低	拆下检查调速器全部元件
转速波动（摆动）	调速器故障	检查调速器全部元件
	燃料喷射泵不正常	检查可能发生的原因
	喷射器喷嘴脏污粘连	拆除、清洗、调试
	燃料系统内有空气	通风

故障现象	产生原因	处理方法
排黑烟	发动机超负荷	减轻发动机负荷，检查调速器负荷，限制器是否保持牢固安全
	燃料不合格，喷射器喷嘴渗漏或粘连	使用规定的燃料油，拆卸、清洗并试验
	燃料泵功能不正常或定时不正确	检查运行情况，调整并重新定时
	空气滤网堵塞	拆卸并冲洗
	进口阀与出口阀挺杆间隙不当	重新调整间隙
	进口阀及排气阀及阀座故障	检查阀门是否卡涩变形，卸掉气缸头并检查阀座
	主轴承或大端轴承部分卡住	检查轴承供油情况，确认曲轴是否找正，更换新的大轴螺栓
排蓝烟（如果发现是蓝灰的烟就说明润滑油已在燃烧室内燃烧这常伴随着压缩不足现象）	使用不适当的润滑油	把油槽内或油管内润滑油的排出并清洗 重新灌注合格的油
	气缸衬套、活塞及环磨损，长在沟槽内	把衬套、活塞及环拆掉并检查
	曲轴箱通风口阻塞	把通风口拆下并清洗
排白烟	燃烧室内有水，可能由于气缸头断裂或头部连接部件故障	拆下汽缸头并检查是否漏水，如果必要，更换新的连接部件
发动机过热	发动机超负荷	检查，不要使负荷超过额定
	水循环缺陷	检查水路，检查是否有障碍物或是空气阻塞通风，重新调整冷却剂阀门，检查水泵及转动装置
	在汽缸内或水冷却器内（散热器或热交换器）有水锈、污垢	检查气缸头及气缸体是否存有水垢，如有应及时清除
	由于自动调温阀门的缺陷，发动机冷却水温过高	检查修理自动调温阀门
	燃料喷射泵定时错误	检查定时
	进口阀及排气阀定时错误	检查定时
发动机不点火	燃料喷射泵功能不正常或定时错误	检查定时
	喷射器喷嘴粘连或脏污	拆下喷嘴并清洗及试验
	进口阀门及排气阀门黏卡或严重磨损	拆下阀门盖，检查阀门及弹簧；拆下气缸头，检查阀门是否磨损

续表

故障现象	产生原因	处理方法
发动机冲击	使用燃料油不合格	把油排出并重新灌注合格的燃料油
	发电机运转时燃料过冷喷射泵功能不正常或定时错误	检查自动调温阀门及油泵定时提前会造成冲击声，重新调整油泵定时
	活塞撞击阀门	检查阀门定时
	弹簧动能不良	检查阀门是否卡涩，检查弹簧情况
	阀门摇杆调整螺丝松弛	调整阀门间隙，并锁紧螺丝
	活塞环破裂	拆下活塞并安装一个新的检查活塞及汽缸衬套是否损伤
	活塞松动	检查汽缸衬套直径
	轴承间隙过大	检查大端螺栓是否松弛，检查大小端轴间隙
	积碳过多	把汽缸头及活塞拆除并使其脱碳
发动机速度过高	燃料喷射泵控制齿轮卡住	检查所有活动部件是否活动自如
	调速器缺陷	检查调速器元件
发动机不转动或转速过慢	承担负荷	去掉负荷
	蓄电池漏电或电气系统运行故障	检查蓄电池，电气设备及接线情况
	用压缩空气启动的发电机其气箱没有全部充气	检查气箱压力，如果必要再进行充气
发动机转动但不点火	缺乏燃料	检查燃料箱含量，检查燃料旋塞位置、检查管道过滤器是否阻塞
	燃料含水	清除全部管道、排除水分，清理燃料过滤器并排除水分
	燃料气孔打开	关闭气孔
	喷射器喷射污垢或粘连	清洁并试验
	燃料喷射泵定时不准确	修正定时
	挺杆间隙不当或阀门故障	重新调整挺杆间隙。取下阀门盖，并检查其是否卡涩，如果阀门卡涩灌注 50∶50 润滑油及燃料油的混合剂，使阀门畅通，检查阀门是否弯曲，更换新阀门。检查弹簧是否折断，更换新弹簧
	汽缸衬套破裂（活塞及环），活塞环与沟槽卡紧	取下活塞并检查环是否破裂或卡涩，检查活塞及衬套是否磨损
	汽缸头连接故障	紧固气缸头螺母，如果无效，把气缸头拆下，对连接处进行检查，装配新接头。并更换气缸头、重新调整闭门间隙
	进气阀门及排气阀门定时不当	检查如果需要应重新定时

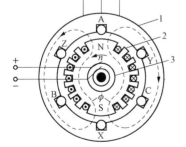

图3-1 汽轮发电机工作原理图
1—定子铁心；2—转子；3—集电环

第三章

汽轮发电机及运行技术

第一节 汽轮发电机的基本知识

一、汽轮发电机的工作原理

导线切割磁力线能产生感应电动势，将导线连成闭合回路，就有电流流过，汽轮发电机就是利用电磁感应原理将机械能转变为电能的。

如图3-1所示为汽轮发电机的工作原理示意图。在汽轮发电机的定子铁心内，对称地安放着 A—X、B—Y、C—Z 三相绕组。所谓对称三相绕组，就是每相绕组匝数相等，三相绕组的轴线在空间互差120°电角度。在汽轮发电机的转子上装有励磁绕组，当直流电通过励磁绕组时会产生主磁场，其磁通如图中虚线所示。磁极的形状决定了气隙磁密在空间基本上按正弦规律分布。所以，当原动机带动转子旋转时，就得到一个在空间按正弦规律分布的旋转磁场。定子三相绕组在空间互差120°电角度。因此，三相感应电动势在时间上也互差120°电角度，发电机发出的就是对称三相交流电。即

$$e_A = E_m \sin\omega t$$
$$e_B = E_m \sin(\omega t - 120°) \tag{3-1}$$
$$e_C = E_m \sin(\omega t - 240°)$$

感应电动势的频率取决于发电机的磁极对数 p 和转子转速 n。当转子为一对磁极时，转子旋转一周，定子绕组中的感应电动势正好交变一次，即一个周期；当转子有 p 对磁极时，转子旋转一周，感应电动势就交变了 p 个周期。设转子的转速为 n（r/min）则感应电动势每秒钟交变 $\dfrac{pn}{60}$ 次，即感应电动势的频率为

$$f = \frac{pn}{60} \text{(Hz)} \tag{3-2}$$

式（3-2）表明，当汽轮发电机的极对数 p、转速 n 一定时，则定子绕组感应电动势的频率一定，即转速与频率保持严格不变的关系，这是汽轮发电机的基本特点之一。

我国电力系统的标准频率规定为50Hz，因此，当 $n=3000$r/min 时，发电机应为一

对极；当 $n=1500r/min$ 时，发电机应为两对极，依此类推。

当汽轮发电机的三相绕组与负载接通时，对称三相绕组中流过对称三相电流，并产生一个旋转磁场，这个旋转磁场的转速 $n_1=60f/p$，即定子电流合成的旋转磁场的转速 n_1 与发电机转子的机械转速 n 相同，故汽轮发电机也称同步发电机。

二、汽轮发电机的基本结构

如图 3-2 所示为汽轮发电机的结构示意图。从发电机的工作原理可知，发电机是由定子、转子两个基本部分组成的。

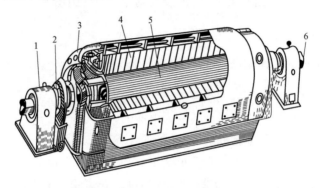

图 3-2　汽轮发电机结构示意图

1—轴承座；2—出水支架；3—端盖；4—定子；5—转子；6—进水口

1. 定子

定子由定子铁心、定子绕组（也叫电枢绕组）、机座、端盖及挡风装置等部件组成。

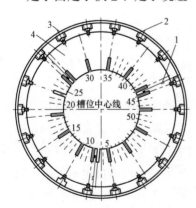

图 3-3　定子铁心拼装图

1—测温元件；2—机座；

3—定位筋；4—扇形硅钢片

（1）定子铁心是发电机磁路的一部分，同时也用来嵌放定子绕组。定子铁心的形状呈圆筒形，在内壁上均匀地分布着槽。为了减小铁心损耗，定子铁心一般采用 0.5mm 厚无方向性冷扎硅钢片叠装制成。如图 3-3 所示，沿轴向分成若干段，段与段之间留有 1cm 宽的径向风道。整个铁心用非磁性的端压板和抱紧螺杆压紧固定于机座上。

（2）定子绕组是定子的电路部分，它是感应电动势、通过电流、实现机电能量转换的重要部件。定子绕组采用铜线制成，整个绕组对地绝缘。汽轮发电机多采用双层叠绕组。为了减小集肤效应引起的附加损耗，绕制定子绕组的导线由许多互相绝缘的多股线并绕而成，在绕组的直线部分还要换位，以减小因漏磁通而引起各股线间的电势差和涡流，如图 3-4 所示，为定子绕组在定子槽内布置示意图。

（3）定子机座应有足够的强度和刚度，一般机座都是用钢板焊接而成，主要用于固定定子铁心，并和其他部件一起形成密闭的冷却系统。

2. 转子

转子由转子铁心、转子绕组（也叫励磁绕组）、滑环、转轴等部件组成。对于汽轮发电机，因其转速高达 3000r/min，因此转子要做得细一些，以减少转子圆周的线速度，避免转子部件由于高速旋转的离心作用而损坏。所以转子形状为隐极式，它的直径小，为一细长的圆柱体，如图 3-5 所示。

（1）转子铁心既是发电机磁路的一部分，又是固定励磁绕组的部件。发电机的转子一般采用导磁性能好、机械强度高的合金钢锻成，并和轴锻成一个整体。沿转子铁心轴向，铁心表面 2/3 的部分对称地铣有凹槽，槽的形状为辐射形排列。占转子表面 1/3 的不开槽部分形成一个大齿，大齿的中心实际为磁极中心。转子铁心结构如图 3-6 所示。

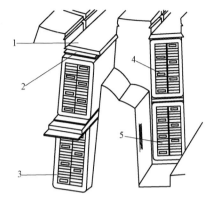

图 3-4　定子绕组在定子槽内布置图

1—槽楔；2—波纹板；3—热弹性绝缘；
4—上层空心绕组；5—下层实心绕组

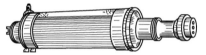

图 3-5　汽轮发电机转子结构示意图

（2）励磁绕组由裸扁铜线绕成同心式绕组，嵌放在铁心槽中，所有绕组串联组成励磁绕组。直流励磁电流一般是通过电刷和集电环引入转子励磁绕组，形成转子的直流电路。励磁绕组各匝间相互绝缘，各匝和铁心间也有可靠的绝缘，如图 3-7 所示。

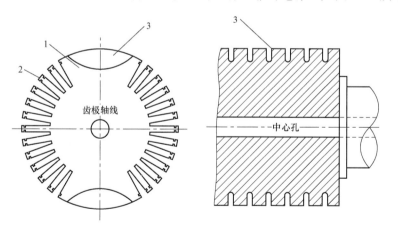

图 3-6　汽轮发电机转子铁心结构

1—大齿；2—小齿；3—月牙槽

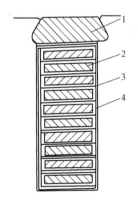

图 3-7　励磁绕组布置
示意图

1—槽楔；2—励磁绕组；
3—匝间绝缘；4—云母绝缘套

三、汽轮发电机的主要技术参数

某 1000MW 汽轮发电机的主要技术参数如表 3-1 所示。

表 3 - 1　　　　　　　　　某 1000MW 汽轮发电机的主要技术参数

序号	名称	单位	设计值	试验值	保证值
1	发电机型号		QFSN－1000－2－27		
2	额定容量 S_N	MVA	1112		1112
3	额定功率 P_N	MW	1000		
4	最大连续输出功率 P_{max}	MW	与汽轮机 TMCR 工况出力相匹配		
5	最大连续视在功率 S_{max}	MVA	与汽轮机 TMCR 工况出力相匹配		
6	额定功率因数 $\cos\varphi_N$		0.9		
7	定子额定电压 U_N	kV	27		
8	定子额定电流 I_N	A	23 778		
9	额定频率 f_N	Hz	50		
10	额定转速 n_N	r/min	3000		
11	额定电压 U_{fN}	V	443		
12	额定电流 I_{fN}	A	5932		
13	空载时励磁电压 U_{f0}	V	144		
14	空载时励磁电流 I_{f0}	A	1952		
15	定子线圈接线方式	YY			
16	冷却方式		水氢氢		
17	励磁方式		静态自并励励磁方式		

四、发电机的电势方程、等值电路和相量图

1. 发电机带负载运行时的电磁量

发电机负载运行时，由于定子三相绕组中有电流通过，也会形成一个磁场，该磁场也是旋转磁场，称之为电枢磁场。电枢磁场以与转子主磁场相同的转速，相同的方向旋转。汽轮发电机运行时，气隙中存在着两个旋转磁场，即转子旋转磁场和电枢旋转磁场。为了分析问题简单方便，可不计磁路饱和的影响，应用叠加原理，认为一个磁通势独立产生一个磁通，并在电枢绕组中感应出相应的电动势。所以负载时定子绕组中感应电动势包括转子磁场感应的空载电动势 $\dot{E}_0$、电枢磁场感应的电动势 $\dot{E}_s$ 和漏磁通感应的电动势 $\dot{E}_\sigma$。上述磁通势、磁通、电动势之间的关系可表示为

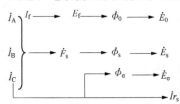

2. 电动势方程

根据基尔霍夫电压定律，参看如图 3-8 所示各电磁量正方向，可得出一相绕组的电动势平衡方程式

$$\dot{E}_0 + \dot{E}_s + \dot{E}_\sigma = \dot{U} + \dot{I}r_s \qquad (3-3)$$

式中　$\dot{U}$——发电机的相电压，V；

　　　$\dot{I}r_s$——电枢一相绕组的电阻压降，V；

　　　$\dot{E}_0$——主磁通 Φ_0 产生的电动势，也称空载电动势，V；

　　　$\dot{E}_s$——电枢反应磁通 Φ_s 感应的电动势，V；

　　　$\dot{E}_\sigma$——漏磁通 Φ_σ 感应的电动势，V。

若忽略电枢绕组的电阻压降，则有

$$\dot{E}_0 + \dot{E}_s + \dot{E}_\sigma = \dot{U} \qquad (3-4)$$

其中，漏电动势与漏磁通是成正比的，而漏磁通又与电枢电流 $\dot{I}_s$ 成正比，因此漏电动势可以用电抗压降来表示，由于漏电动势滞后漏磁通 90°。所以有

$$\dot{E}_\sigma = -j\dot{I}X_\sigma \qquad (3-5)$$

式中　X_σ——漏电抗，Ω。

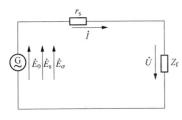

图 3-8　发电机各电磁量正方向示意图

如果不计磁路饱和，则电枢反应电动势、电枢反应磁通、电枢反应磁通势和电枢电流成正比关系。电枢反应磁通 $\dot{\Phi}_s$ 与电枢电流 $\dot{I}$ 同相位，故 $\dot{E}_s$ 滞后 $\dot{I}$ 90°。与漏电动势一样，电枢反应电动势可以用电抗压降来表示，即

$$\dot{E}_s = -j\dot{I}X_s \qquad (3-6)$$

式中　X_s——电枢反应电抗，Ω。

综上，电动势方程可表示为

$$\dot{E}_0 - j\dot{I}X_s - j\dot{I}X_\sigma = \dot{U}$$

或

$$\dot{E}_0 = \dot{U} + j\dot{I}(X_s + X_\sigma) = \dot{U} + j\dot{I}X_d \qquad (3-7)$$

式中　X_d——同步电抗，Ω。

3. 汽轮发电机的等值电路和相量图

由式（3-7）可得汽轮发电机的等值电路如图 3-9 所示。根据图 3-9 的等值电路可以画出如图 3-10 所示的汽轮发电机带感性负载时的相量图。

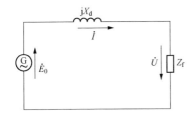

图 3-9　汽轮发电机的等值电路图

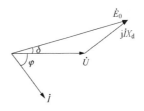

图 3-10　发电机接带感性负载时的相量图

五、汽轮发电机的氢、油、水系统

1. 汽轮发电机的氢气系统

（1）汽轮发电机氢气系统的作用。为冷却大容量汽轮发电机定子铁心和转子绕组，要求建立一套专门的氢气系统。氢气系统一方面通过氢气冷却器将循环冷却氢气中的热量与冷却水交换，另一方面能保证给发电机补氢和补漏气，自动监视和自动维持发电机内的氢压稳定，自动维持氢气的纯度和冷却器端的氢温，实现发电机内的气体置换等功能。如图 3-11 所示为某 1000MW 汽轮发电机的氢气系统图。

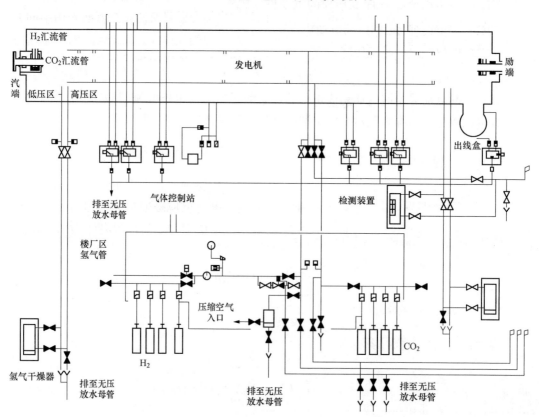

图 3-11　某 1000MW 汽轮发电机的氢气系统图

（2）某 1000MW 汽轮发电机氢气系统的参数如表 3-2 所示。

表 3-2　　　　　　　　某 1000MW 汽轮发电机氢气系统的参数

序号	名称	单位	设计值	试验值	保证值
1	气体冷却器数目	个	4（2×2）		
2	气体冷却器最高进水温度	℃	39		
3	气体冷却器最高出水温度	℃	48		
4	气体冷却器冷却水流量	t/h	860		

续表

序号	名称	单位	设计值	试验值	保证值
5	额定氢压*	MPa	0.52		
6	最高允许氢压*	MPa	0.56		
7	发电机容积	m³	143		
8	发电机漏氢量	m³/24h	≤7		≤7

* 压力值为表压力。

（3）发电机的气体置换。发电机气体置换采用中间介质置换法，充氢前先用中间介质（二氧化碳）排除发电机及系统管路内的空气，当中间气体（二氧化碳）的含量超过95%（容积比）后，才可充入氢气、排除中间气体，最后置换到氢气状态。这一过程所需的中间气体为发电机和管道容积的 $2\sim2.5$ 倍，所需氢气约为其容积的 $2\sim3$ 倍。发电机由充氢状态置换到空气状态时，其过程与上述类似，先向发电机内引入中间气体排除氢气，使中间气体（二氧化碳）含量超过 95% 后，方可引进空气、排除中间气体。当中间气体含量低于 15% 以后，可停止排气。此过程所需的气体为发电机和管道容积的 $1.5\sim2$ 倍。

（4）发电机正常运行的补氢和排氢。正常运行时，由于下述原因发电机需补充氢气：

1）由于存在氢气泄漏，故必须补充氢气以保持压力；

2）由于密封油中溶解有空气，致使机内氢气污染，纯度下降，需排污补氢，以保证氢气纯度。

正常运行时氢气减压器若整定为 0.4MPa；发电机运行时，当机内氢气压力下降到 0.38MPa 时，压力开关动作报警；手动调节氢气减压器补氢，当机内氢压升至 0.42MPa 时，手动调节氢气减压器进口阀门，打开排气阀门使机内氢气压力降低到 0.4MPa。

2. 汽轮发电机的密封油系统

（1）汽轮发电机密封油系统的作用是保证发电机内部氢气的纯度和压力不变。氢冷发电机都采用油封，为此需要一套供油系统称为密封油系统。汽轮发电机转轴与端盖之间的密封装置叫轴封，它的作用是防止外界气体从汽轮发电机转轴和端盖之间进入发电机内部或阻止机内氢气外泄。

采用油进行密封的原理是：在高速旋转的轴与静止的密封瓦之间注入一连续的油流，形成一层油膜来封住气体，使机内的氢气不外泄，外面的空气不能侵入机内。为此，油压必须高于氢压，才能维持连续的油膜，一般只要使密封油压比机内氢压高出 0.015MPa 就可以封住氢气。从运行安全上考虑，一般要求油压比氢压高 $0.03\sim0.08$MPa。为了防止轴电流破坏油膜、烧伤密封瓦和减少定子漏磁通在轴封装置内产生附加损耗，轴封装置与端盖和外部油管法兰盘接触处都需加绝缘垫片。

（2）汽轮发电机密封油系统的组成。发电机的密封油系统是由空侧交流泵、空侧直流泵、氢侧交流泵、氢侧直流泵、空侧过滤器、氢侧过滤器、密封油箱及油位信号器、油－水冷却器、压差阀、平衡阀、氢油分离箱、截止阀、逆止阀、蝶阀、压力表、温度计、变送器及连接管路等部件组成。如图3-12所示为某1000MW汽轮发电机的密封油系统图。

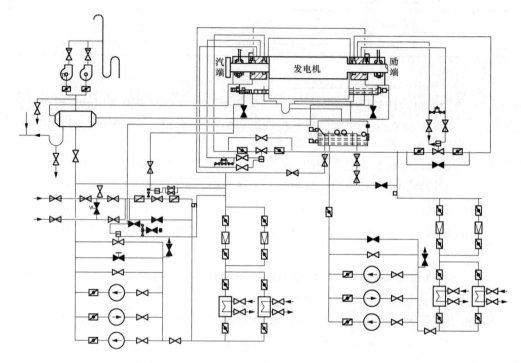

图3-12　某1000MW汽轮发电机的密封油系统图

（3）密封油系统的工作方式。密封油系统正常运行时，空侧和氢侧两路密封油分别通过发电机密封瓦的空、氢侧环形油室循环，形成对机内氢气的密封作用。除此之外，密封油对于密封瓦还具有润滑作用和冷却作用。发电机内正常工作氢压多整定为0.4MPa，事故状态下可降低氢压运行。轴密封供油系统能自动维持氢油压差0.08MPa，并为发电机密封瓦提供连续不断的密封油。

（4）某1000MW汽轮发电机密封油系统的参数如表3-3所示。

表3-3　　　　　　　　某1000MW汽轮发电机密封油系统的参数

序号	名称	单位	设计值	试验值	保证值
1	润滑油及密封牌号		与汽轮机一致		
2	轴承润滑油进口温度	℃	≤46		
3	轴承润滑油出口温度	℃	≤70		
4	轴承润滑油流量	1/s	1700		
5	密封瓦进油温度	℃	≤46		

序号	名称	单位	设计值	试验值	保证值
6	密封瓦出油温度	℃	≤70		
7	密封瓦油量	L/min	230		
8	密封瓦温度	℃	≤90		

（5）汽轮发电机密封油系统的运行：

1）当发电机内充有氢气或主轴正在转动时，必须保持轴密封瓦处的密封油压。

2）当发电机内的氢压变化时，空侧交流密封油泵或空侧直流备用油泵将保持密封油压高于氢压 0.08MPa；氢侧交流密封油泵或氢侧直流备用油泵保持密封油压高于氢压 0.056MPa。

3）密封油冷却器出口油温应保持在 27～49℃之间。

4）发电机充氢后，空侧回油密封箱上的排烟机应连续运行，排出端盖及轴承回油系统中的烟气。

5）发电机能在氢侧密封油泵不供油的紧急情况下继续运行，但发电机的氢气消耗量将有较大的增加。

6）在汽轮机主油箱停止供油前应先置换电机内的氢气。

3. 汽轮发电机的定子冷却水系统

（1）发电机定子冷却水系统的作用。大型汽轮发电机都采用水氢氢冷却方式，即定子绕组为水内冷。发电机定子冷却水系能够不间断地为定子绕组提供冷却水，能够监视、控制定子绕组冷却水的水温、水压、流量和水质，以保证发电机的安全、稳定、可靠运行。

（2）发电机定子绕组冷却水系统的组成。发电机定子绕组冷却水系统是由 1 只水箱、2 台 100％互为备用的冷却水泵、2 只 100％的冷却器、2 只过滤器、1～2 台离子交换树脂混床（除盐混床）、进入定子绕组的冷却水温度调节器以及一些常规阀门和监测仪表等部件组成。如图 3-13 所示为某 1000MW 汽轮发电机的定子绕组冷却水系统图。

（3）发电机定子冷却水系统工作原理。发电机定子冷却水系采用闭式循环方式，使连续的高纯水流通过定子绕组空心导线，带走绕组损耗。进入发电机定子的水是从化学车间直接引来的合格化学除盐水。补入水箱的化学除盐水通过电磁阀、过滤器，最后进入水箱。开机前管道、阀门、水箱、水泵、冷却器、过滤器等设备都要多次冲洗排污，直至水质取样化验合格后方可向发电机定子线圈供给化学除盐水。水箱内的化学除盐水通过耐酸水泵升压后送入管式冷却器、过滤器，然后再进入发电机定子绕组的汇流管，将发电机定子绕组的热量带出来再回到水箱，完成一个闭式循环。为了改善进入发电机定子绕组的水质，将进入发电机总水量的 3％～5％的水不断经过离子交换器进行处理，然后回到水箱。

（4）某 1000MW 汽轮发电机定子冷却水系统的参数如表 3-4 所示。

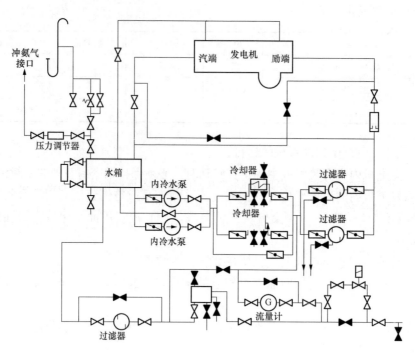

图 3-13　某 1000MW 汽轮发电机的定子绕组冷却水系统图

表 3-4　　　　　某 1000MW 汽轮发电机定子冷却水系统的参数

序号	名称	单位	设计值	试验值	保证值
1	发电机进口风温	℃	≤48		
2	发电机出口风温	℃	≤68		
3	定子冷却水流量	t/h	300		
4	定子冷却水进口水温	℃	45～50		
5	定子线棒冷却水出口水温	℃	67		
6	定子冷却水电导率	μS/cm	<0.5		
7	定子冷却水压力*	MPa	0.31		

* 压力值为表压力。

第二节　汽轮发电机的励磁系统

一、发电机励磁系统的组成和作用

1. 励磁系统的组成

汽轮发电机的励磁系统一般由励磁功率单元和励磁调节器两部分组成，如图 3-14 所示。

励磁功率单元由励磁变压器或交、直流励磁机和可控整流器等组成，用于向汽轮发电机励磁绕组提供励磁电流，建立磁场。励磁调节器由双通道微机组成，根据输入信号和给定值控制励磁功率单元的输出。整个励磁系统是由励磁调节器、励磁功率单元和发电机构成的一个反馈自动控制系统。

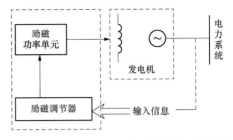

图 3-14　汽轮发电机励磁系统的组成框图

2. 励磁系统的作用

电力系统在正常运行时，发电机励磁电流的变化主要影响电网的电压水平和并联运行机组间无功功率的分配。因此，发电机励磁系统的主要作用有以下几个方面：

（1）在正常运行条件下，向汽轮发电机提供励磁电流，并根据发电机所带负荷的情况，相应地调整励磁电流，以维持发电机机端电压在给定水平。

（2）使并列运行的各汽轮发电机所带的无功功率稳定而合理地分配。

（3）增加并入电网运行的汽轮发电机的阻尼转矩，以提高电力系统静态稳定性及输电线路的有功功率传输能力。

（4）在电力系统发生短路故障造成发电机机端电压严重下降时，实行强行励磁，将励磁电流迅速增到足够的顶值，以提高电力系统的暂态稳定性。

（5）在汽轮发电机突然解列、甩掉负荷时，实行强行减磁，将励磁电流迅速降到安全数值，以防止发电机的机端过电压。

（6）在发电机内部发生短路故障时，实行快速灭磁，将励磁电流迅速减到零值，以减小故障损坏程度。

（7）在不同运行工况下，根据要求对发电机实行过励磁限制和欠励磁限制，以确保汽轮发电机组的安全稳定运行。

二、某 1000MW 汽轮发电机组静态励磁系统的技术参数

某 1000MW 汽轮发电机组静态励磁系统的技术参数如表 3-5 所示。

表 3-5　　　　　　某 1000MW 汽轮发电机组静态励磁系统的技术参数

序号	名称	单位	设计值	试验值	保证值
1	励磁系统				
	额定电压 U_{fN}	V	437		
	额定电流 I_{fN}	A	5887		
	空载时励磁电压 U_{fo}	V	144		
	空载时励磁电流 I_{fo}	A	1952		
	强励电压倍数（发电机机端电压额定时）		2.25		
	强励电流倍数		2		
	允许强励时间	s	10		

续表

序号	名称	单位	设计值	试验值	保证值
	灭磁方式		逆变灭磁＋灭磁开关		
	灭磁时间常数	s	2.5		
2	励磁变压器				
	型式		环氧浇注，干式，铜箔绕组		
	型号		ZLDCB9		
	容量	kVA	3×3300		
	额定电压一次/二次	kV／V	27 /970		
	连接组别		Yd11		
3	晶闸管整流装置				
	型式		三相全控桥式		
	额定电压	V	4200		
	额定电流		3000		
	冷却方式		AF		
	每柜每桥臂串联元件数	只	1		
	每柜每桥臂并联支路数	只	4		
	整流柜噪声	dB	65		
	功率柜数量		4		
4	磁场断路器				
	额定电压	V	2000		
	额定电流	A	8000		
	开断电流	kA	120		
	控制电压（直流）	V	DC110		
5	励磁调节器（AVR）性能				
	自动电压调整范围	％	$5\% \sim 130\% U_{fN}$		
	手动调整范围	％	$5\% I_{f0} \sim 130\% I_{fN}$		
	控制周期	ms	5		
	控制规律		PID＋PSS		
6	起励电源参数				
	起励电压	V	380（AC相）		
	起励电流	A	80		
	起励功耗	kVA	30		
7	转子过压保护				
	灭磁电阻型式		非线性		
	过电压非线性电阻容量	MJ	8		
	过压保护动作电压值	V	2500		

三、发电机静态励磁系统工作原理

如图 3-15 所示为某 1000MW 汽轮发电机组的静态励磁系统原理接线图。发电机的静态励磁系统主要由励磁变压器、晶闸管整流装置、励磁调节器、灭磁开关和灭磁电阻、起励电源、电压、电流互感器和各种变送器等设备组成。

1. 励磁变压器

（1）励磁变压器采用环氧浇注、干式、铜箔绕组，三台单相变压器（带外壳），采用 Yd11 接线，F 级绝缘、3×3300 kVA、电压 27kV/970V；励磁变压器高压绕组与低压绕组之间应有静电屏蔽，且高低压出线端子应能相间封闭绝缘；高压侧应加有机玻璃防护挡板；励磁变压器能满足当发电机端电压降至 80% 时仍有两倍强励的能力，其长期输出电流不小于 1.1 倍的额定励磁电流。

（2）励磁变压器能通过厂用电供电，满足汽轮发电机空载试验时 130% 额定机端电压的要求和发电机短路试验 110% 额定电流的要求。

（3）励磁变压器高、低压侧各装 2 组电压互感器用于保护和测量表计。

（4）励磁变压器容量能满足强励及发电机各种运行工况的要求，在环境温度 -5～+45℃ 下，保证连续运行不超温。

（5）励磁变压器外壳防护等级不低于 IP32，一次绕组绝缘耐受电压为 150kV。

2. 晶闸管整流装置

（1）晶闸管整流装置采用三相全控桥式整流电路，将来自励磁变压器的交流电变换成直流电，向发电机励磁绕组提供励磁电流。晶闸管整流装置有强迫风冷和自然冷却两种冷却方式，可实现两台晶闸管整流装置并列运行，或一台晶闸管整流装置运行、另一台自动跟踪运行。一台晶闸管整流装置能满足励磁系统长期连续运行的需要，过负荷能力强，运行可靠。

（2）晶闸管整流装置的并联支路为 4 个，同一相有 1/4 支路退出运行时，应能满足包括强励在内的所有运行工况的需要；当同一相有 2/4 支路退出运行时，应能提供发电机额定工况所需的励磁电流，此时应闭锁发电机强励。晶闸管整流装置并、串联元件应有均流及均压措施，整流元件的均流系数为 0.95。

（3）晶闸管整流装置交、直流侧设置隔离断开设备、整流柜结构保证安全可靠，并便于测试、维护及检修。

（4）晶闸管整流柜采用强迫空气冷却时选用可靠性高的低噪声风机，并有 100% 的备用容量，在风压或风量不足时备用风机能自动投入。提供 2 路冷却风机电源，2 路电源能够自动切换。晶闸管整流柜噪声小于 65dB。

3. 励磁调节器（AVR）

（1）励磁调节器（AVR）采用双数字微机型，其性能可靠，具有微调节和提高发电机暂态稳定的特性。每个 AVR 具有手动和双自动通道，各通道之间相互独立，可随时停运任一通道进行检修。各备用通道可自动跟踪，保证无扰动切换。AVR 留有与 DCS 的接口，实现控制室内对 AVR 的远方控制。

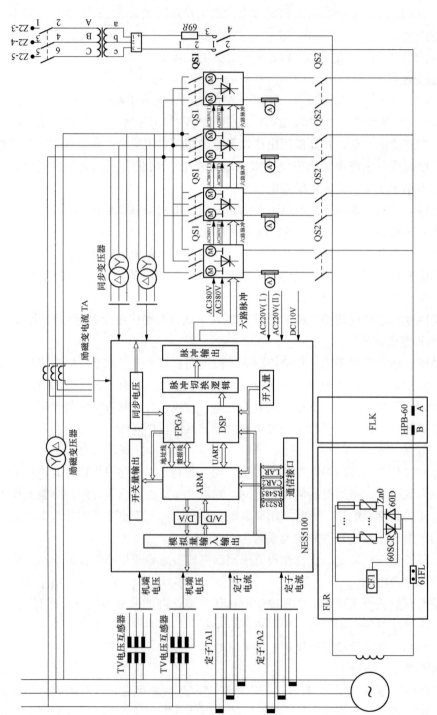

图 3-15 某 1000MW 汽轮发电机组的静态励磁系统原理接线图

（2）AVR 采集发电机的机端电压和电流，经 A/D 转换器传送给中央处理器（CPU），CPU 根据现场的操作信号进行逻辑判断，启动有关控制程序，计算出触发角，送至计数器生成延时脉冲，再经放大后触发晶闸管整流装置，完成一次调节控制，以维持发电机机端电压恒定。

（3）发电机的励磁调差特性。发电机负载电流中的无功分量在电枢反应中起去磁作用，直接影响到发电机的端电压。因此，发电机励磁调节器的测量系统仅反映发电机端电压变化是不够的。发电机电压 U 随无功电流 I_r 变化的特性称为调差特性，也称无功调节特性，即 $U = f(I_r)$。当发电机的励磁电流 I_f 一定时，调差特性是一条直线，如图 3-16 所示。

图中 U_d 为电压给定值，当 U_d 一定时，发电机电压 U 基本维持不变。随着励磁电流的增大（由 I_{f2} 增加到 I_{f1}），发电机输出的无功电流 I_w 也随着增大（由 I_{w2} 增

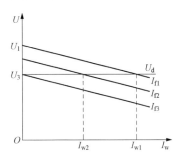

图 3-16　发电机的励磁调差特性

加到 I_{w1}）。当励磁电流 I_f 一定时，随着发电机输出无功电流 I_w 的增大，发电机的机端电压会下降。发电机调节特性的倾斜程度反映了发电机励磁控制系统的运行特性，用调差系数 δ_t 来表征，调差系数 δ_t 是发电机自动调节下的空载电压 U_3 与带额定无功功率时电压 U_1 之差再与发电机额定电压之比，即

$$\delta_t = \frac{U_1 - U_3}{U_N} = \Delta U_* \tag{3-8}$$

式（3-8）表示无功电流从零增加到额定值时，发电机电压的相对变化。调差系数 δ_t 越小，无功电流变化时引起的发电机电压变化越小，表征发电机的励磁控制系统维持发电机电压的能力越强。

（4）AVR 设有远方就地给定装置、过励磁限制、过励磁保护、低励磁限制、PID 控制器（比例-积分-微分控制器）、电力系统稳定器（PSS）、V/Hz 限制及保护、功率因数控制器、恒无功控制器、均流越限发信、误强励检测及保护、丢失脉冲检测、过流保护等附加功能，以保证励磁系统的可靠性。

（5）发电机的 AVR 配备大屏幕真彩液晶显示器，具有可靠性高、操作简单、维护方便、使用灵活等特点。

4. 灭磁和过电压保护

（1）发电机采用逆变灭磁和灭磁开关灭磁两种方式。灭磁系统设有过压保护，在强励状态下灭磁时发电机转子过电压值不超过 4～6 倍额定励磁电压值。

（2）灭磁开关的作用是在发电机内部发生短路故障时，实行快速灭磁，将励磁电流迅速减到零值，以减小发电机的故障损坏程度。灭磁开关在操作电压额定值的 80% 时能可靠合闸，在 30%～65% 之间能可靠分闸。

（3）灭磁电阻的作用是当发电机因某种原因突然解列或甩负荷时，发电机的励磁调节器会实行快速灭磁或强行减磁，此时使灭磁电阻迅速导通，将磁场能量转移到灭磁电

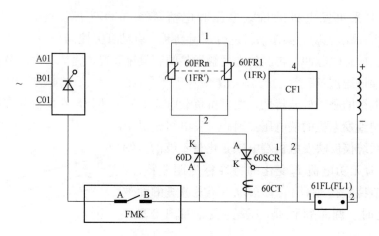

图 3‑17　灭磁和过电压保护装置的电原理图

阻耗能元件中，防止因励磁电流迅速变化引起发电机励磁绕组过电压。

（4）灭磁电阻采用非线性 SiC 电阻，灭磁电阻值可为磁场电阻热态值的 $2\sim3$ 倍。发电机转子过电压保护装置简单可靠，动作电压值高于强励后灭磁和异步运行时的过电压值，同时低于转子绕组出厂工频耐压试验幅值的 70%。

如图 3‑17 所示为灭磁和过电压保护装置的电原理图。图中 FMK 为灭磁开关，60FR1～60FRn 是灭磁电阻。

5. 起励电源

如图 3‑18 所示为发电机的起励电源系统原理接线图，图中 60B 为起励电源变压器，64D 为起励电源硅整流器，62HC 为起励电源开关。发电机的起励电源系统用于给发电机建立起始电压。当发电机启动时，先投入起励电源给发电机励磁；待机端电压升至 $10\%U_N$ 时，投入静态励磁系统与起励电源并列运行；待机端电压升至 $50\%U_N$ 时，起励电源自动退出，整个启动升压控制过程由励磁调节器 AVR 软件实现。

起励电源容量满足发电机电压大于 10% 额定电压的要求，为空载励磁电流的 15%；起励成功后或失败时，起励回路均能自动退出。起励电源从低压厂用电取得。

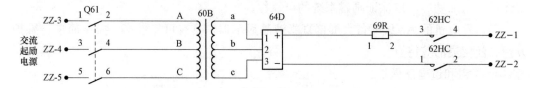

图 3‑18　发电机的起励电源系统原理接线图

第三节　汽轮发电机的运行特性

发电机带对称负载运行时，主要有负载电流 $\dot{I}$、功率因数 $\cos\varphi$、端电压 $\dot{U}$ 和励磁电流 I_f 等几个互相影响的变量，这些物理量每两个量之间的关系，称为汽轮发电机的运行特性。

一、发电机的空载特性

汽轮发电机的空载特性，是指发电机转速等于额定转速 n_N、定子绕组开路（$I=0$）时空载电动势 E_0 与励磁电流 I_f 的关系特性，即 $E_0=f(I_f)$，如图 3-19 所示。由图 3-19 可以看出，发电机的空载特性曲线与发电机磁路的磁化曲线相同。

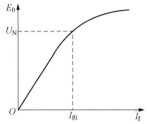

图 3-19　汽轮发电机的空载特性

空载特性是发电机的基本特性之一，它表征了发电机磁路的饱和情况，利用它可以求得汽轮发电机的空载励磁电流 I_{f0}。在实际生产中还可利用该曲线判断发电机三相相间电压是否对称，定子绕组是否有匝间短路，励磁回路是否有故障等。例如，当励磁绕组有匝间短路时，在相同的励磁电流下，励磁磁通势减小、空载电动势减小、曲线会下降。

发电机的空载特性一般在大修后进行测量，实际测量时，一般间隔 10％ 的额定电压读数记录一次。先做上升特性，即从零升至 110％ 的额定电压为止，再做下降特性，并逐步回到零。

二、发电机的短路特性

所谓短路特性，是指发电机在额定转速下，定子三相绕组短路时，定子稳态短路电流 I 与励磁电流 I_f 的关系曲线，即 $I=f(I_f)$，如图 3-20 所示。

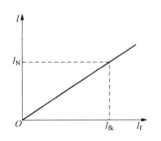

图 3-20　汽轮发电机短路特性曲线

在做短路特性试验时，要先将发电机三相绕组的出线端短路。然后，维持转速不变，增加励磁，读取励磁电流及相应的定子电流值，直到定子电流 I 达额定电流值 I_N 时为止。在试验过程中，调整励磁电流时也不要往返调整。与 I_N 对应的励磁电流 I_{fk} 称作短路励磁电流，发电机的短路比 $K_C=I_{f0}/I_{fk}$。

短路试验测得的短路特性曲线，不但可以用来求取汽轮发电机的饱和同步电抗和短路比，而且也常用它来判断励磁绕组有无匝间短路等故障。显然，励磁绕组存在匝间短路时，因匝数的减少，短路特性曲线会降低。

三、发电机的负载特性

负载特性是当转速、定子电流为额定值，功率因数 $\cos\varphi=$ 常数时，发电机电压与励磁电流之间的关系曲线，即 $U=f(I_f)$。如图 3-21 所示为汽轮发电机带不同功率因数负载时的负载特性曲线。当 $\cos\varphi$ 值不同，我们即可得到不同负荷种类的负载特性曲线。用负载特性曲线、空载特性曲线和短路特性曲线可以测定发电机的基本参数，是发电机设计、制造的主要技术数据。

四、发电机的外特性

汽轮发电机的外特性，是指发电机在额定转速下，保持励磁电流和功率因数不变时，端电压 U 与负载电流 I 之间的关系曲线。图 3 - 22 所示为汽轮发电机带不同功率因数负载时的外特性曲线。

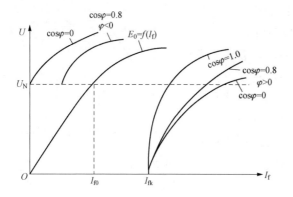

图 3 - 21　汽轮发电机的负载特性曲线

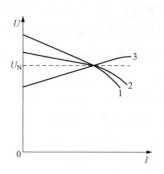

图 3 - 22　汽轮发电机的外特性曲线
1—感性负载；2—电阻性负载；3—容性负载

曲线 1 为感性负载时的外特性曲线，是随 I 增大而下降。这是因为当感性负载电流增加时，由于电枢磁场对转子磁场呈去磁作用，同时漏抗压降随之增大，所以端电压随之下降。曲线 2 是纯电阻负载时的外特性曲线，是一条略有下降的曲线。这是因为当 $\cos\varphi=1$ 时，负载电流 $\dot{I}$ 仍滞后于 $\dot{E}_0$，其电枢磁场也有去磁作用，但去磁程度较小。曲线 3 是容性负载时的外特性曲线，随 I 增大而上升。这是因为容性负载电流增加时，电枢磁场对转子磁场呈助磁作用，电枢磁场的助磁作用随电流增加而增强，感应电动势增大，所以端电压随之上升。

五、发电机的调整特性

调整特性是指汽轮发电机在额定转速下，端电压和负载功率因数不变时，励磁电流 I_f 与负载电流 I 的关系曲线。图 3 - 23 是汽轮发电机带不同功率因数负载时的调整特性曲线。

图中曲线 1 和曲线 2 分别是感性负载和电阻性负载时的调整特性。可见为保持发电机端电压不变，随着负载电流的增加，必须相应地增大励磁电流，以补偿负载电流所产生的电枢磁场的去磁作用，因此这两种情况下的调整特性曲线都是上升的。而容性负载时，为了抵消电枢磁场的助磁作用，保证电压不变，随负载的增加，需要相应的减小励磁电流，因此这种情况下的调整特性是下降的，如曲线 3 所示。

图 3 - 23　汽轮发电机的调整特性曲线
1—感性负载；2—电阻性负载；3—容性负载

六、发电机的功角特性

功角特性是指汽轮发电机接在电网上稳态运行时，发电机的电磁功率与功角 δ 之间的关系特性。所谓功角是指发电机的空载电势 $\dot{E}_0$ 和端电压 $\dot{U}$ 之间的相位角。由发电机的相量图可得

$$P_G = 3UI\cos\varphi = 3\frac{E_0 U}{X_d}\sin\delta \qquad (3\text{-}9)$$

式中　P_G——发电机输出的电磁功率，W；

$\quad\quad U$——发电机的相电压，V；

$\quad\quad I$——发电机的相电流，A；

$\quad\quad E_0$——发电机的空载电势，V；

$\quad\quad X_d$——发电机的同步电抗，Ω；

$\quad\quad \varphi$——功率因数角；

$\quad\quad \delta$——功角。

式（3-9）表明，在发电机的端电压及励磁电流不变时，电磁功率 P_G 的大小决定于功角 δ 的大小。所以称 δ 角为功角。电磁功率随着功角的变化曲线，称为功角特性曲线，如图 3-24 所示。

从功角特性曲线可知，发电机输出电磁功率 P_G 的大小由原动机的输出功率 P_T 决定。随着 P_T 的增大，功角 δ 也随着增大，汽轮发电机的电磁功率 P_G 与功角 δ 成正弦函数关系。当功角 $\delta<90°$ 时，电磁功率 P_G 随着功角 δ 的增加而增加；当 $\delta=90°$ 时，电磁功率达到最大值，即

$$P_{max} = 3\frac{E_0 U}{X_d} \qquad (3\text{-}10)$$

当功角 $\delta>90°$ 时，电磁功率随功角的增加而减小；当 $\delta>180°$ 时，电磁功率由正变负，说明发

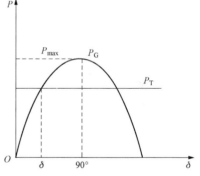

图 3-24　汽轮发电机的功角特性曲线

电机不再向电网输送有功功率，而从电网吸收有功功率，即发电机从发电运行状态变成电动机或调相机运行状态。

功角 δ 是汽轮发电机运行的一个重要变量。它不仅决定了发电机输出功率的大小，而且能表明发电机的运行状态。

第四节　汽轮发电机的启、停操作和运行监视

一、启动前的准备

（1）电气检修工作结束后，拆除有关短接线、接地线及其他安全措施。

（2）检查确认有关一、二次设备回路符合启动要求，清洁场地。

（3）确认发电机、主变压器、高压厂用变压器、封闭母线及励磁系统的一、二次回路无异常。

（4）测量发电机、励磁系统及各种辅助机电设备绝缘良好，符合要求。

（5）确认主变压器、启动/备用变压器、高压厂用变压器的冷却系统正常，各散热器、冷却器进出油门全开。

（6）将发电机置换为氢气运行，冷却水系统、密封油系统及氢气系统投入正常运行。确保氢质、油质、水质合格。

二、启动

采用水氢氢冷却的汽轮发电机只有处于氢气冷却时，才允许投入运行，因此在转子尚处于静止和盘车状态时就应该充氢气。充氢气时应保持轴密封的密封油压力，以免氢气泄漏。

充氢后，当发电机内的氢纯度，定子内冷却水水质、水温、压力、密封油压等均符合规程规定，气体冷却器通水正常，高压顶轴油压大于规定值时，即可启动转子。在转速超过 200r/min 时停止顶轴。应注意，发电机开始转动后，即应认为发电机及其全部电气设备均已带电。发电机启动过程随着原动机的启动同时进行，发电机检查项目也应与原动机的检查项目同时进行。在冲转、升速、闯临界、定速等每一个预定目标转速下，应检查下列项目。

（1）冲转前，检查发电机自动准同期并列装置具备并列条件。

（2）发电机密封油系统、定子冷却水系统和氢气冷却系统运行正常。

（3）轴承振动及回油温度正常。

（4）发电机各部温度指示正常，表计指示正常。

（5）磁场开关和自动励磁调节器按制造厂要求，在规定转速下投入运行。

三、升压

当汽轮发电机升速至规定转速且定子绕组已通水的情况下，就可以加励磁升高发电机定子绕组电压，简称升压。发电机电压的升高速度一般不作规定，可以立即升至规定值，但在接近额定值时，调整不可过急，以免超过额定值。升压时还应注意：

（1）三相定子电流表的指示均应等于或接近于零，如果发现定子电流有指示，说明定子绕组上有短路（如临时接地线未拆除等），这时应减励磁至零，拉开灭磁开关进行检查。

（2）三相电压应平衡，同时也以此检查一次回路和电压互感器回路有无开路。

（3）当发电机定子电压达到额定值，转子电流达到空载值时，核对此指示位置，以检查转子绕组是否有匝间短路。因为有匝间短路时，要达到定子额定电压，转子的励磁电流必须增大，这时该指示位置就会超过上次升压的标记位置。

（4）在定子电压升压过程正常，且三相电压平衡、三相电流近似为零的基础上，将发电机定子电压缓慢升至额定值。

四、并列

当发电机电压升到额定值后，可准备对电网并列。并列是一项非常重要的操作，必须小心谨慎，操作不当将产生很大的冲击电流，严重时会使发电机遭到损坏。发电机的同期并列方法有准同期并列与自同期并列两种，汽轮发电机都采用准同期并列。

发电机准同期并列应满足下列 5 个条件：

（1）待并发电机的电压与系统电压相等。

（2）待并发电机的频率与系统频率相等。

（3）待并发电机的电压相位角与系统的电压相位角一致。

（4）待并发电机的电压相序与系统电压相序相一致。

（5）待并发电机的电压波形与系统电压波形相同。

在上述 5 个并列条件中，条件（4）在机组调试时通过验相序来保证，条件（5）通过合理的设计制造和合理的接线保证。实际上，发电机的准同期并列通过控制条件（1）～（3）实现。

并列操作可以手动进行，称为手动准同期；也可以自动进行，称为自动准同期。

（1）发电机手动准同期操作是否顺利，与运行人员的经验有很大关系，经验不足者往往不易掌握好合闸时机，从而发生非同期并列事故。因此，现在广泛采用自动准同期装置进行自动准同期并列。

（2）自动准同期并列装置一方面根据系统的频率，检查待并发电机的转速，并发出调速脉冲调节待并发电机的转速，使发电机的频率高出系统频率一预整定数值。另一方面根据发电机的电压与系统电压的差值，检查待并发电机的电压，并发出调压脉冲调节待并发电机的电压，使待并发电机的电压与系统的电压差在 $\pm10\%$ 以内，然后自动准同期合闸回路开始工作。当待并发电机以微小的转速差向同期点接近时，它就提前按一个预先整定好的时间发出合闸脉冲，合上主断路器，实现发电机与系统的并列。

五、负荷接带

发电机并入电网后，即可按规程规定接带负荷，其有功负荷的增加速度决定于汽轮机。一般由汽机值班员进行加负荷与调整负荷的操作。

有功负荷的调整通过汽轮机的同步器电动机进行，即调整汽轮机的进汽量。该操作可由汽机值班员或由自动调频装置协调控制。有功负荷的增加速度通常由汽轮机和锅炉的工作条件决定，但无论是带初负荷或正常运行，增加负荷的速度都不能过快。

1. 发电机带初负荷

（1）机组并网后，应立即带 5％负荷。

（2）确认主变压器工作冷却器运行正常。

（3）根据需要增加发电机的无功功率。

（4）全面检查发电机定子铁心、绕组温度、绕组各支路出水温度正常。

2. 发电机升负荷

（1）发电机并入电网以后，发电机的功率总是处于功率曲线的限值之内。

（2）发电机同类水支路定子线棒温度与其平均温度的偏差不得超过 4℃，A、B 类支路出水温度对其平均温度的偏差不超过 3℃，A 类水支路与 B 类水支路出水温度的偏差不大于 6℃。

（3）增加负荷时应监视发电机冷氢温度、铁心温度、绕组温度、出口氢温以及励磁装置的工作情况。

（4）发电机带初负荷后，稳定汽轮机的进汽参数在冲转时的参数，保持初负荷暖机 30min 以上。如果汽轮机的进汽参数发生变化，应根据启动曲线增加初负荷暖机时间。

加负荷过程中上升速度应均匀，增加至额定值的时间应不小于 1h，在增加发电机有功负荷的同时，要相应地增大其无功负荷，以保持一定的功率因数。在加负荷过程中，应特别注意水量、水压和水温的变化，并加强监视定子绕组测温元件温度变化和定子端部有无渗水、漏水现象。

六、运行监视

对运行中的发电机应监视其运行情况，并对其各部分进行系统的检查，以便及时发现不正常现象，及早消除。发电机配电盘上所有仪表指示数值应每 1h 记录一次，在最大负荷时间内，每隔 30min 记录一次功率和电流值。

发电机定子绕组温度、定子铁心温度和进出口冷却水温度、进出口氢气的温度等，必需每 1h 检查一次，每 2h 记录一次。如装有自动记录仪表，其抄表时间可延长。监视定子及励磁回路绝缘的电压表数值，每班测量一次。对全部自动化的机组，仪表读数的抄录应在定期巡查时进行。

发电机的正常检查项目应包括：

（1）对发电机及励磁系统的检查。电刷应完整、不卡塞、不剧烈振动、不过短、无火花，刷架清洁无灰尘，电刷及连线完好，无过热现象。

（2）发电机无异音、无振动、无串轴等现象，并应注意有无焦味。

（3）从窥视孔观察有无异状，端部绕组应无火花，端盖温度应正常。

（4）灭火装置应有正常水压。

（5）励磁开关室内设备正常、清洁，开关触点无过热。

（6）检查发电机空气冷却室的门应关闭严密，冷却阀门应开度正常，如发现冷却风温度不正常时，可通知汽轮机副司机调节。

（7）检查发电机各部温度不应超过规定值。

发电机在运行中除进行上述检查外，对励磁回路的绝缘电阻应进行监视，规定每班要测量一次，测量结果不应低于 0.5MΩ。

七、解列与停机

在接到电网调度员解列命令后，操作人员应按照命令填写操作票，经审核批准后执行解列。发电机出线上带有厂用电时，应先将厂用电切换到备用电源，拉开厂用电的开关，随后将本机组的有功及无功负荷转移到其他发电机上。对于正常停机，应在机组有功负荷降到某一数值后，停用自动调节励磁装置，然后将有功和无功降到最低限值时，才能进行解列。在减有功负荷的同时，注意相应减少无功负荷，保持功率因数约为0.9。

1. 发电机解列时的注意事项

（1）当停用自动调节励磁装置后，由于发电机无自动电压调节功能，应注意降低无功负荷至最低限值，并在主断路器跳闸后及时调整发电机电压在额定值以下，以防止发电机过电压。

（2）待发电机解列后，将发电机励磁调节器输出降至最小。

2. 发电机解列后的操作

（1）发电机解列后需长期停运，应对发电机做如下工作：

1）拉开发电机自动调节励磁装置交流侧断路器。

2）停用发电机封闭母线风扇，保持封闭母线微正压装置运行。

3）停运主变压器冷却装置。

（2）发电机停机后的三种状态。

1）热备用状态。主变压器出口断路器在断开位置，发电机的灭磁开关在断开位置，高压厂用变压器低压分支开关在断开位置，其余与运行状态相同。

2）备用状态。主变压器出口断路器及其出口隔离开关在断开位置，发电机的灭磁开关在断开位置，高压厂用变压器低压分支开关在隔离位置，其余与运行状态相同。

3）检修状态。主变压器出口断路器及其出口隔离开关在断开位置，发电机的灭磁开关、高压厂用变压器低压分支开关在隔离位置，取下发电机出口及厂用分支电压互感器一、二次熔断器。断开发电机中性点接地变压器隔离开关，在发电机各电源侧挂接地线。

3. 发电机停机期间的维护

（1）备用中的发电机及其全部附属设备应同运行中的发电机一样进行监视和维护，使其处于完好状态，以便随时启动。

（2）停机备用的发电机密封油排烟风机和润滑油主油箱的排烟风机应维持运行，以抽去可能逸入油系统的氢气。

（3）发电机第一次停机以及每当外部温度变化在8℃以上时，应维持机内氢气相对湿度在50%以下，可以采用排氢补氢的方法降低机内氢气的湿度。

（4）停机期间密封油冷却器的密封油温度保持在40～49℃。

（5）氢气的纯度不低于90%。

（6）离子交换器出水电导率应维持在0.1～0.4μS/cm。

（7）当发电机长期处于备用状态时，应采取适当的措施防止绕组受潮，并保持绕组温度在5℃以上；可采用内冷水热水循环的方法保温，内冷水水温以20～40℃为宜；冬季停机后，应使发电机各部温度维持在5℃以上，防止冻坏发电机设备。停机期间，厂房室温应保持在 4℃以上，若低于 4℃，应采取防止定子绕组内的冷却水和氢气冷却器内的冷却水冻结的措施。

（8）停机期间发电机内充满空气时，需注意防止结露。

（9）取下充氢管道联管并加堵板，将供氢管道进行隔离，防止氢气进入发电机。

（10）发电机运行两个月以上如遇停机，应对发电机定子水回路进行反冲洗，以确保水回路畅通。

（11）对停用时间较长的发电机，定子绕组和定子端部冷却元件中的水应放净吹干，吹干时应使用仪用气。

第五节　汽轮发电机的正常运行与调整

一、发电机的安全运行极限

在稳定运行条件下，发电机的安全运行极限取决于以下四个条件：

（1）原动机输出功率极限，即原动机的额定功率一般要稍大于或等于发电机的额定功率。为了保证运行安全，发电机的输出功率不能大于原动机的功率，这就是防止原动机过载的安全极限。

（2）发电机的额定兆伏安数，即由定子绕组和定子铁心发热决定的安全运行极限。在一定电压下，取决于定子电流的允许值。

（3）发电机的磁场和励磁绕组的最大励磁电流，通常由转子发热限制决定。

（4）进相运行时的稳定度。当发电机功率因数角 ϕ 小于零而转入进相运行时，E_0 和 U 之间的夹角 δ 不断增大，此时，发电机有功功率输出受到静态稳定条件的限制。

在电力系统中运行的发电机，必须根据系统情况，调节有功功率和无功功率的输出。在一定的电压和电流下，当功率因数下降时，发电机有功功率输出减小，无功功率增大，而功率因数上升时则相反。所以运行人员必须掌握功率因数变化时发电机的允许运行范围。发电机的 $P-Q$ 曲线，就是表示发电机在各种功率因数下，允许的有功功率输出 P 和允许的无功功率输出 Q 的关系曲线，又称为发电机的安全运行极限。

发电机的 $P-Q$ 曲线，可根据其相量图绘制，如图 3-25 所示。

假定发电机的同步电抗 X_d 为常数（即忽略饱和的影响），将电压相量图中各相量除以 X_d，即得到电流相量三角形为 $\triangle OAC$，其中 OA 代表

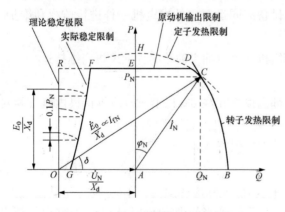

图 3-25　发电机的安全运行极限

$\dfrac{U_N}{X_d}$，即近似等于发电机的短路比 K_c，它正比于空载励磁电流 I_{f0}；AC 代表 $\dfrac{I_N X_d}{X_d}=I_N$，

即定子额定电流；$OC=\dfrac{E_0}{X_d}$ 代表在额定情况下定子的稳态短路电流，它正比于转子额定

电流 I_{fN}。经 A 点作一条垂直于横坐标的线段 AE，表示发电机端电压的方向，电流 I_N 和线段 AE 间的夹角，就是功率因数角 φ。电流的垂直分量表示电流的有功分量，水平分量表示电流的无功分量。如以恒定电压 U 乘以电流的各分量，所得的值分别表示有功功率 P 和无功功率 Q。根据相量图，选取适当比例，不仅可得到定子电流和转子电流的相应关系，还可通过 $\overline{AC}$ 在以 A 点为原点的坐标轴上的投影来求得 P 和 Q，并通过 $\overline{AC}$ 直线的位置来代表 $\cos\varphi$ 的大小。上述图形还可用来表示功率因数 $\cos\varphi$ 变化时发电机出力的影响和限制。

当冷却介质温度为确定值时，定子和转子绕组的允许电流也为确定值，即图中 $\overline{AC}$ 和 $\overline{OC}$ 也为确定长度的线段，相当于以 A 为圆心，$\overline{AC}$ 长度为半径和以 O 为圆心，$\overline{OC}$ 长度为半径分别画圆弧。根据上述安全运行极限的条件，在两个圆弧范围以内才允许运行。由图可见，在两个圆弧交点运行时，定子和转子电流同时达到允许值。$\cos\varphi$ 值降低（φ 角增大）时，由于转子电流的限制，相量端点只能在 CB 弧线上移动，此时定子电流未得到充分利用；$\cos\varphi$ 值增大（φ 角减小）时，由于定子允许电流的限制，相量端点只能在 CD 弧上移动，此时转子电流未得到充分利用；过 D 点后，$\cos\varphi$ 继续增大，由于原动机额定出力的限制，运行范围不能超过 $\overline{RD}$ 直线（图中 $\overline{AE}$ 长度代表原动机的额定输出功率）。当功率因数角 $\varphi<0$ 时，发电机转入进相运行，$\dot{E}_0$ 和 $\dot{U}$ 之间的夹角 δ 不断增大，此时，发电机有功功率的输出受到静态稳定的限制，垂直线 $\overline{OR}$ 是理论上静态稳定运行边界，此时 $\delta=90°$。因为发电机有突然过负荷的可能性，必须留有裕量，以便在不改变励磁的情况下，能承受突然性的过负荷。图中 GF 曲线是考虑了能承受 $0.1P_N$ 过负荷能力的实际静态稳定极限。GF 曲线的作图法为：在理论稳定边界上先取一些点，以 O 点为圆心画弧，然后找出实际功率比理论功率低 $0.1P_N$ 的一些新点，连接这些新点就构成了 GF 曲线。根据上述安全运行的四个允许条件，将 B、C、D、E、F、G 点连成曲线，就构成发电机的安全运行极限。

二、发电机的允许运行方式

1. 允许各部位的温度值

（1）采用水氢氢冷却的汽轮发电机正常运行时，氢气冷却器入口水温不高于 38℃。

（2）发电机入口冷氢温度不高于 48℃。

（3）定子绕组冷却水进口水温在 45～50℃ 之间，出水温度不高于 85℃。

（4）转子绕组允许的极限温度为 110℃（实际温度在夏季带满负荷时不高于 95℃）。

（5）定子各线槽中热电阻所测得的允许极限温度为 120℃（实际不高于 95℃）。

（6）滑环允许极限温度为 120℃（实际不高于 90℃）。

2. 允许电压的变动范围

在发电机各部分温度没有超过限额的情况下、定子电压在额定值的 ±5％ 范围内变

化时，其额定容量不变。但当发电机机端电压在额定电压 95% 运行时，其定子最大电流不允许超过额定定子电流的 105%。发电机的机端电压最高不得大于额定电压的 110%，最低值应根据稳定运行的要求来确定，一般不应低于额定值的 90%。

3. 允许频率的变动范围

发电机正常运行时频率应保持在 50Hz，其变动范围为 49.5～50.5Hz。在发电机各部分温度未超过限额和转子电流不超过限额的情况下，发电机频率变动时，额定容量不变。

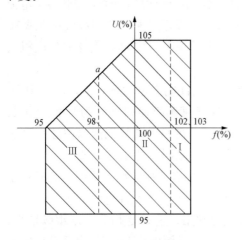

图 3 - 26　发电机组的电压、
频率允许运行范围

4. 允许电压和频率的运行范围

发电机的电压、频率允许运行范围如图 3 - 26 所示，同时规定：

（1）在图中范围 Ⅱ 内，发电机允许连续输出额定功率。

（2）在范围 Ⅰ、Ⅲ 内，也允许发电机输出额定功率，但每年不超过 10 次，每次不超过 8h。

由图 3 - 26 及上述规定可看出，所划定的范围大致是发电机电压运行范围在 105% 与 95% 额定值之间，频率偏差在 102%～98% 额定值之间，最大不超过 103%～95% 额定值。同时，图中直线段 a 实际上是限定了电压与频率的比值。

发电机和与之相连的主变压器，在正常运行过程中，为了充分利用材料、提高经济性，其运行点往往接近于该设备铁心的饱和点。因此在空载、甩负荷、机组启动期间，由于电压升高或频率降低，可能造成发电机与主变的铁心饱和，使空载励磁电流加大，铁心的损耗大大增加，从而造成了设备铁心的过热，危及设备的安全运行。因此，运行人员应做好对电压、频率运行范围及比值的监视，保证有关参数在规定范围内运行，确保设备运行正常。

5. 允许功率因数的变动范围

发电机的功率因数与电网的运行稳定性有关，一般不应超过迟相 0.95 运行。在自动励磁调节装置投入运行的情况下，功率因数在 0.85～1 之间均可长时间带额定有功负荷运行。虽然一般汽轮发电机都允许在 $\cos\varphi=0.95$（超前、进相）情况下运行，但进相运行时要特别注意可导致发电机定子端部构件发热和可能导致电力系统运行稳定性降低的问题。

6. 对绝缘电阻的规定

发电机经电气检修后及每次启动前、停机后，应立即用绝缘电阻表测量定子、转子、励磁变压器的绝缘电阻。

（1）对定子及一次回路，应将集水环到外接水管法兰的跨接线拆开，并将两端集水环连接起来接到 1000V 绝缘电阻表的屏蔽端（定子应通有合格的冷却水）然后测量。测得的电阻值不作规定，但应与历次测得的绝缘电阻进行比较，如较前次降低 2/3 以上，应查明原因并消除。如不能用此法测量，可用万用表测量，测得的绝缘电阻值不应小于 5kΩ，应确认无金属性接地。当分析确定发电机受潮时，则应进行干燥处理。

（2）对转子及其回路绝缘电阻用万用表测量，所测绝缘电阻值应与历次测得的结果进行比较，测得的绝缘电阻值不应小于 2kΩ，应确认无金属性接地。若测得的绝缘电阻值低于 2kΩ 以下，应进行必要的检查，查明原因方可启动。

（3）对励磁回路和励磁变压器，用 1000V 绝缘电阻表测量，测得的绝缘电阻值不应小于 0.5MΩ。

三、发电机的有功调整

增加发电机有功负荷，通常加大汽轮机的进汽门的开度，使原动机转矩增大，转子加速，功角 δ 因而增大。当原动机转矩与发电机转矩相互平衡时，δ 角才能稳定；反之，当有功负荷减小时，δ 角也相应减小。

假定发电机的电动势 E_0 是常数，有功负荷变化时，其轨迹是一个以 O 为圆心、E_0 为半径的圆弧，如图 3 - 27（a）所示。从图上可以看到，设 A_1 点为 $P = P_1$ 的运行点，电压相量三角形为 $\triangle OCA_1$，$OA_1 = E_0$，电压降 $j\dot{I}X_d$ 在纵轴的投影 A_1B_1 正比于 P_1，横轴上的投影 CB_1 正比于无功功率 Q_1。当有功负荷从 P_1 增至 P_2 时，E_0 的端点由 A_1 移至 A_2，功角由 δ_1 增至 δ_2，无功功率由 CB_1 减至 CB_2，相位角由 φ_1 减小至 φ_2。利用相量图或有关公式可以看到，在 E_0 为常数时，有功负荷 P、无功负荷 Q、定子电流 I、功率因数 $\cos\varphi$ 与功角 δ 的关系曲线如图 3 - 27（b）所示。从图上可以看到，在功角 δ 小于最大值 δ_{max} 时，有功功率 P 和定子电流 I 都随功角的增加而增加，无功功率 Q 则减小，功率因数 $\cos\varphi$ 最初增加，以后又减少。

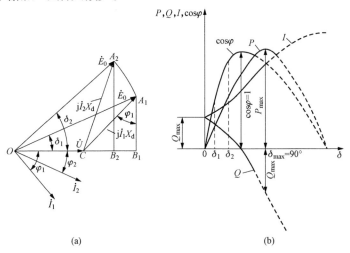

(a) (b)

图 3 - 27 E_0 = 常数，P = 变数时汽轮发电机的工作状态

(a) 相量图；(b) P、Q、I、$\cos\varphi$ 变化曲线

值得指出的是，当 P 增加时，只有当 $\dfrac{\mathrm{d}p}{\mathrm{d}\delta}>0$ 时，发电机才具有稳定的工作点。如果发电机在 $\delta>\delta_{max}$ 情况下运行，有功负荷增加，δ 增加，由于 $\dfrac{\mathrm{d}p}{\mathrm{d}\delta}<0$，电磁转矩下降，使 δ 角继续增加，最后导致发电机失步。当 E_0 为常数时，对应于 δ_{max} 的有功功率最大值 P_{max} 通常称为静态稳定极限。当有功负荷 P 比 P_{max} 显得越小时，静态稳定储备越大。因 P_{max} 和 E_0 成正比，所以在增加有功负荷时，相应地也要增加励磁电流，即增加 P_{max} 以保持一定的静态稳定储备。

除此之外，当功率因数 $\cos\varphi=1$，即 $\varphi=0$ 时，发电机的无功负荷 $Q=0$。从图 3-27（a）相量图中可以看出，此时的电压三角形 $\triangle OCA$ 是直角三角形，此时

$$\cos\delta=\frac{U}{E_0} \tag{3-11}$$

从图 3-27（b）也可以看到，当 $\cos\delta>\dfrac{U}{E_0}$ 时，δ 角显得比较小，发电机向系统输送无功功率；当 $\cos\delta<\dfrac{U}{E_0}$ 时，δ 角显得比较大，发电机从系统吸收无功功率。所以在 E_0 值一定的条件下，增加有功负荷，δ 角也增加，发电机很可能从发出无功功率的运行方式变成吸收无功功率的运行方式。所以在增加有功负荷时，必须相应地增加励磁电流。

四、发电机的励磁电流调整

当发电机输出的有功功率一定时，若励磁电流降低，则电磁转矩随之下降，由于原动机转矩未变，所以发电机加速，如图 3-28（a）所示。此时，功角 δ 由 δ_1 增至 δ_2，OA_1 相量转至 OA_2 位置。由于 P 为常数，所以相量图中 $A_1B_1=A_2B_2$，E_0 端点 A 的轨迹是一条与电压相量相互平行的直线。从图 3-28（a）相量图很容易求出无功功率 Q、定子电流 I、功率因数 $\cos\varphi$、功角 δ 和励磁电流 I_f 的关系曲线，如图 3-28（b）所示。

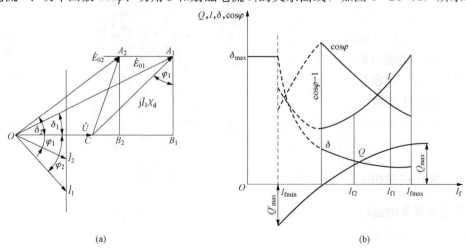

图 3-28 在各种励磁电流情况下发电机的工作状态
（a）相量图；（b）Q、I、δ、$\cos\varphi$ 变化曲线

由式（3-11）可知，当 $I_f = E_0 = \dfrac{U}{\cos\delta}$ 时（用标幺值表示），$Q = 0$。当 $I_f = E_0 > \dfrac{U}{\cos\delta}$ 时，发电机处于过励磁运行（也称迟相运行）状态，向系统输出无功功率，此时，功角 δ 值显得较小。若励磁电流越大，向系统输送的无功 Q 和定子电流 I 也越大，$\cos\varphi$ 则越小，此时最大励磁电流不应超过转子的额定电流。当 $I_f = E_0 < \dfrac{U}{\cos\delta}$ 时，发电机处于欠励磁运行（也称进相运行）状态，从系统吸收无功功率，励磁电流 I_f 越小，从系统吸收的无功功率 Q 越多，定子电流 I 和功角 δ 也越大，$\cos\varphi$ 则越小。最小励磁电流 I_{fmin} 由 $\delta = \delta_{max} \approx 90°$ 决定，它等于（用标幺值表示）

$$I_{fmin} = \frac{PX_d}{U} \tag{3-12}$$

由式（3-12）可知，有功负荷越小，发电机从系统吸收最大无功功率时所需的励磁电流也越小。没有有功负荷时，励磁极限最小电流等于零。发电机在进相运行时，励磁电流应大于最小励磁电流 I_{fmin}。

第六节　汽轮发电机的进相运行

一、发电机进相运行的目的

随着电力系统的扩大、电压等级的提高、输电线路的加长，线路上的电容电流也越来越大。在轻负荷时，可能会出现由充电电流引起的运行电压升高甚至超过上限的情况，这不但破坏了电能质量、影响电网的经济运行，也威胁电气设备特别是磁通密度较高的大型变压器的运行及用电安全。因此，适时将发电机进相运行，既能抑制和改善电网运行电压过高的状况，也能获得显著的经济效益。

在电能质量指标中，电网的频率受有功功率平衡的影响，而电压主要受无功功率平衡的影响，随着电力负荷的波动及电网接线和运行方式的改变，电网的频率和各点的电压也是经常变化的。因此，调整电网有功功率和无功功率的平衡，以保证电网频率和各点电压合格，是电力系统运行的重要任务。在节假日、午夜等低负荷的情况下，利用发电机进相运行，吸收系统过剩的无功功率，是满足电力生产需要而采用的切实可行的运行技术，是扩大发电机运行范围、增加电网调压能力、改善电网电压现状的有效措施，也是改善电能质量经济实用的措施。该方法操作简便，在发电机进相功率限额范围内运行可靠，其平滑无级调节电压的特点，更显示了它调节电压的灵活性。

二、发电机进相运行时的相量图

发电机通常的运行工况是迟相运行，此时定子电流滞后于端电压，发电机处于过励磁运行状态。进相运行是相对于发电机迟相运行而言的，此时定子电流超前于端电压，发电机处于欠励磁运行状态。发电机直接与无限大容量电网并联运行时，保持其有功功率恒定，调节励磁电流可以实现这两种运行状态的相互转换。如图 3-29 所示分别为汽轮发电机迟相和进相运行时的相量图。

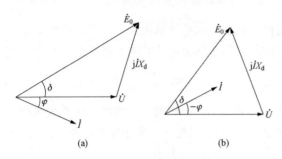

图 3-29 发电机迟相和进相运行相量图

(a) 迟相时；(b) 进相时

实际上，并入电网的发电机是通过变压器、线路与电网相连的。如果计入发电机与电网的联系电抗 $X_{\Sigma s}$，则发电机进相运行的相量关系如图 3-30 所示。此时发电机的功角为 δ，发电机电动势与电网电压相量之间的夹角为 δ_s。

发电机迟相运行时，供给系统有功功率和感性无功功率，其有功功率表和无功功率表的指示均为正值；而进相运行时供给系统有功功率和容性无功功率，其有功功率表指示正值，而无功功率表则指示负值，此时从系统吸收感性无功功率。发电机进相运行时各电磁参数仍然是对称的，并且发电机仍然保持同步转速，因而是属于发电机正常运行方式中功率因数变动时的一种运行工况，只是拓宽了发电机通常的运行范围。同样，在允许的进相运行限额范围内，只要电网需要，可以长时间以这种工况运行。

三、发电机进相运行的特点

发电机进相稳定运行是电网需要时采用的运行技术，其运行能力主要是由发电机本体条件决定的。国标 GB/T 7064—2002 中规定："发电机带额定负荷进相运行范围，按功率因数 $\cos\varphi$ 超前为 0.95 设计，现场运行时再通过试验确定。进相运行的能力决定于发电机端部结构件的发热和在电网中运行的稳定性"。即发电机进相运行时有两个特点：①发电机端部的漏磁较迟相运行时增大，会造成定子端部铁心

(a)

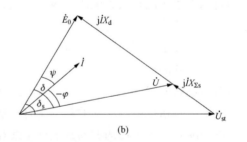

(b)

图 3-30 计及 $X_{\Sigma s}$ 时发电机进相运行相量图

(a) 等值电路；(b) 相量图

和金属结构件的温度升高，甚至超过允许的温度限值；②进相运行的发电机与电网之间并列运行的稳定性较迟相运行时降低，可能在某一进相深度时达到稳定极限而失步。因此，发电机进相运行时允许承担的电网有功功率和相应允许吸收的无功功率值是有限制的。现将产生上述特点的原因分述如下。

1. 发电机进相运行时端部温度升高

（1）端部漏磁是引起发热的内在原因。发电机稳定运行时，在发电机中的磁通有励磁磁通 Φ_0、电枢反应磁通 Φ_s、定子漏磁通 $\Phi_{s\sigma}$ 和转子漏磁通 Φ_σ。其端部的漏磁通 Φ_s 是定子和转子漏磁通的合成，它是引起定子端部铁心和金属结构件发热的内在因素。端部漏磁通的大小与定子绕组的结构型式（节距、连接方式），定子端部结构件和转子护环、中心环、风扇的材质及尺寸与位置，转子绕组端部相对定子绕组端部轴向伸出的长度等

有关，也与发电机的运行参数有关。

发电机运行时，端部漏磁总是通过磁阻最小的路径形成闭路。因此，定子端部铁心、压指、压板以及转子护环等便是端部漏磁最容易通过的部件。由于端部漏磁也是旋转磁场，它在空间与转子同步旋转，并切割定子端部各金属结构件，故在其中感应涡流和产生磁滞损耗，引起发热。特别是直接冷却式大型发电机的线负荷重，其端部漏磁很强，当端部磁密集中于某处而该处的冷却强度不足时，则会出现局部高温区，其温升可能超过限额值。

（2）增加进相深度是温度升高的外在原因。发电机端部漏磁的大小还与发电机的运行工况，即与定子电流值及功率因数有关。在发电机槽部气隙中，由于定子、转子主磁通通过完全相同的磁路，故气隙磁通的相量关系与电势相量关系相互对应，如图 3 - 31（a）所示。但因为定子端部漏磁通与转子端部漏磁通的磁路不一致，它们各自磁路的磁阻（R_s 和 R_r）也就不同。对于定子端部某一点，定子电枢反应磁势引起的端部漏磁通 $\Phi_{s\sigma}$ 易于通过，而转子漏磁通进入该点所遇到的磁阻要大一些，并且离气隙越远的部位越是如此。因此，仅是一部分转子漏磁通 $\Phi_{0\sigma}$ 经过气隙进入定子端部，如图 3 - 31（b）中的 AD，其值 $\Phi_{0\sigma}=\lambda\Phi_0$（一般 $\lambda=0.3\sim0.5$），此时端部合成漏磁通 Φ_σ 如图 3 - 31（b）中的 CD。

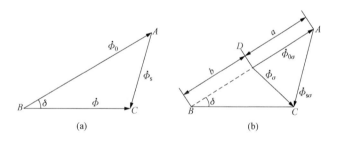

图 3 - 31　发电机迟相运行时的磁通相量图
（a）气隙磁通；（b）端部漏磁通
Φ_s—电枢磁通；Φ_0—主磁通；Φ—气隙合成磁通；$\Phi_{s\sigma}$—定子端部漏磁通；
$\Phi_{0\sigma}$—转子端部漏磁通的一部分；Φ_σ—端部合成漏磁通

保持发电机的容量不变，即保持定子电流不变时，$\Phi_{s\sigma}$ 为一定值，发电机由迟相运行转为进相运行时，定子端部合成漏磁通 Φ_σ 将逐渐增大，其变化如图 3 - 32 所示。图 3 - 32 中 Φ_σ 的末端在以 O 为圆心，以 OD 为半径的半圆上移动。

图 3 - 32 中 CD 表示在 $\cos\varphi=0.8$（迟相）运行时的合成漏磁通；CD_1 表示 $\cos\varphi=1$ 时的合成漏磁通；CD_2 表示进相运行 $\cos\varphi=0.9$（超前）时的合成漏磁通。从图中可看出，在 $\cos\varphi=1$ 附近 Φ_σ 的变化比

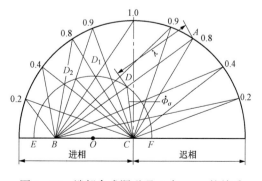

图 3 - 32　端部合成漏磁通 Φ_σ 与 $\cos\varphi$ 的关系

较明显，随着进相深度的增加（进相功率因数降低）吸收的无功功率增多，Φ_s 则越大。

2. 发电机进相运行时静稳定下降

发电机进相运行时处于同步低励磁运行状态，其与电网同步稳定运行的充分必要条件（即静稳定的判据）按功角特性确定，即要求 $\dfrac{\mathrm{d}P_G}{\mathrm{d}\delta}>0$。在发电机的功角特性上 $\delta<90°$ 的范围内，发电机具备静稳定能力；$\delta\approx90°$（因联系电抗 $X_{\Sigma s}\neq0$）时，则达到静稳定的临界状态。

当发电机在某恒定的有功功率进相运行时，由于励磁电流较低，因而其静稳定的功率极限值减小，降低了静稳定储备系数，即发电机静稳定能力降低。当汽轮发电机带有功功率 P_T 值正常运行，此时由励磁电流感应的电势为 E_{01}，其功角特性如图 3-33 所示。

保持发电机有功功率恒定，逐渐降低励磁电流，直至发电机转入进相运行，此时励磁电流降低，对应于该励磁电流的感应电动势为 E_{02}，功角特性相应降低。如果要求发电机吸收更多的无功

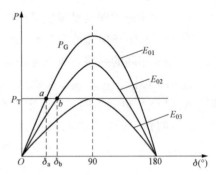

图 3-33　发电机功角 δ 随励磁
电流降低而增大曲线

功率，需增加进相深度，则应继续降低励磁电流，此时感应电势 E_{03} 更低。因此，可获得幅值逐渐降低的一簇功率特性曲线（见图 3-33）。由于保持发电机的有功功率恒定，故运行功角必然由 δ_a 角增大至 δ_b 角。当励磁电流降低时，可能会使发电机的功角增大到静稳定的临界点 $\delta=90°$（若计入与发电机系统的联系电抗，则 $\delta<90°$）。若继续降低励磁电流，则发电机会失去静稳定而出现失步现象。因此，发电机的进相容量应受到限制。

四、发电机进相运行的限制条件

发电机进相运行时，端部温度会升高，静稳定储备会下降。这两方面的影响都和发电机的进相深度和出力密切相关。发电机进相越深和出力越大时，端部发热越严重，静稳定性能越坏。因此，欲保持端部发热为一定值，保持一定的静稳定储备，随着进相深度的增大，发电机的出力应相应降低。

1. 发电机端部温度限值

为了降低发电机进相时引起的端部发热，在制造发电机时常采取如下措施：①将发电机定子铁心端部做成阶梯齿，以减少进入铁心端部的轴向漏磁通；②采用无磁性钢或无磁性铸铁制作压指和齿压板，螺杆、螺帽均采用铝青铜或无磁性不锈钢，以减少漏磁；③在发电机端部可能过热的压圈上安置导电性能好的金属板做成电屏蔽，在发电机定子铁心端部压指与压圈之间装设导磁性很高的硅钢片圆环做成磁屏蔽；④对发电机端部进行通风、通水冷却。

在发电机设计和制造时尽管采取了上述措施，但发电机进相运行时，仍有可能出现

局部高温，发电机定子端部铁心和金属构件的温度限值见表 3-6。

表 3-6 　　　　　　　　　发电机定子端部铁心和金属构件的温度限值

部　　位	允 许 温 度 限 值
定子端部铁心及压指	(1) 有制造厂预埋测温元件，以制造厂规定为准； (2) 后埋测温元件，最高允许温度 130℃； (3) 若发电机使用的绝缘漆允许温度低于 130℃，则以绝缘漆允许温度为准
压圈	200℃
电屏蔽、磁屏蔽	(1) 以造厂规定温度为准； (2) 以不危及绝缘及结构件为准

2. 发电机进相运行时的静稳定限值

发电机进相运行时，为防止失去静稳定，要求功角 $\delta \leqslant 70°$，静稳定储备系数不小于 10%，发电机进相时的容量限额应按制造厂规定执行或通过试验确定。如图 3-34 所示为功率因数变化时，大型发电机的允许有功功率和允许无功功率。

五、发电机进相运行的规定

（1）进相运行时发电机端电压不应低于 $95\%U_N$。

（2）进相运行时，应特别注意控制 6kV 母线电压不低于 5.7kV。进相

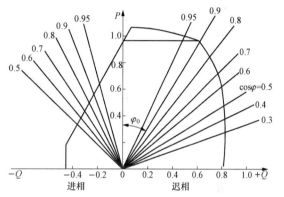

图 3-34　功率因数变化时，发电机的允许有功功率和允许无功功率

运行时如需启动大功率辅机如给水泵、磨煤机、循环水泵等电动机时，应暂时退出发电机进相运行，先调整发电机电压，以使 6kV 母线电压达到额定值再启动设备。待启动正常后，根据当时情况再将发电机调至进相运行。

（3）发电机进相运行时，为了防止在增加有功负荷之前发电机失步，应首先增加发电机励磁，使发电机功率因数 $\cos\varphi \leqslant 0.95$ 后再增加发电机有功功率。当有功功率稳定后，根据当时情况再调整发电机的进相深度。

（4）进相运行时应加强对发电机冷氢温度以及发电机定子铁心温度、定子绕组温度、定子冷却水支路出水温度的监视，使其不超过极限值。

（5）进相运行时应加强对发电机功率因数的监视调整，在满足发电机端电压及 6kV 母线电压的前提下，随着有功功率的减小，发电机吸收的无功功率可相应增大。

（6）发电机进相运行过程中如遇发电机失去同步应立即增加发电机励磁电流将发电机拉入同步，如仍不能拉入同步，应降低发电机有功负荷将发电机拉入同步。如经上述处理仍不能拉入同步，应按发电机失去同步的故障进行处理。

第七节 汽轮发电机的异常运行和事故处理

一、发电机的过负荷运行

发电机正常运行时，不允许过负荷，即发电机的定子电流和转子电流均不能超过由额定值所限定的范围。但是，当系统发生短路故障、发电机失步运行、成组电动机自启动以及强行励磁装置动作等情况时，为保证连续供电，才允许发电机短时间过负荷运行。此时，发电机的电流超过额定值会使绕组温度有超过允许限度的危险，严重时甚至还可能烧毁机组或造成机械损坏。过负荷数值越大，持续时间越长，上述危险性越严重。允许发电机过负荷的数值不仅和持续时间有关，还和发电机的冷却方式有关。

因为绝缘老化需要一定时间的变化过程，绝缘材料变脆、介质损失角增大，击穿电压下降都需要一个高温作用时间，高温时间越短，损害程度越轻。因此发电机短时间过负荷时，对绝缘寿命影响不大。

过负荷的允许数值和过负荷的持续时间应由制造厂规定。大型发电机组的过负荷允许值也可参考表 3-7，且要求每年此运行工况不得超过 2 次，时间间隔不少于 30min。

表 3-7　　　　　　　　　　　　发电机过负荷允许值

发电机过负荷允许时间（s）	10	30	60	120
允许定子电流过负荷倍数	2.20	1.54	1.30	1.16
允许励磁电压过负荷倍数	2.08	1.46	1.25	1.12

当发电机的定子电流超过允许值时，运行人员应当首先检查发电机的功率因数 $\cos\varphi$ 和电压（功率因数不应过高，电压不应过低），同时注意过负荷的时间，按照运行规程的规定，在允许的时间内，用减少励磁电流的方法，减低定子电流到最大允许值，但仍不得使功率因数过高、电压过低。如果减少励磁电流不能使定子电流降低到允许值时，则必须降低发电机的有功功率或切除一部分负荷。

二、发电机的失磁异步运行

汽轮发电机的失磁异步运行，是指发电机失去励磁后，仍输出一定有功功率，以低转差率与电网并联运行。发电机突然失去励磁，是发电机励磁回路常见的故障之一，一般由励磁回路短路或开路造成。当发电机出现失磁故障时，若能允许短时异步运行，电气人员便可借此机会寻找失磁原因，迅速消除失磁故障，恢复励磁实现再同步，恢复发电机正常运行。这对于保障供电的可靠性、提高电力系统安全和稳定运行都具有重要意义。

1. 发电机失磁异步运行时出现的现象

发电机失磁后的异步运行状态与失磁前的同步运行状态相比有许多不同之处，可从表计上看出以下变化：

（1）转子电流表指示值为零或接近于零。当发电机失去励磁后，转子电流迅速按指数规律衰减，其减小的程度与失磁原因、失磁程度有关。当励磁回路开路失磁时，转子电流表的指示值 I_f 为零；当励磁回路直接短路或经小电阻短路失磁时，转子回路有交流电流通过，直流电流表有指示，但 I_f 数值很小或接近于零，如图 3-35 的波形所示。若是由于转子绕组匝间短路引起的失磁，则转子电流不为零。

（2）定子电流表的指示值增大、摆动。发电机失磁异步运行时，由于需要建立工作磁通和漏磁通，故使无功功率的分量增大。同时，定子电流和从电网吸收的无功功率均随转差率 s 的增大而增加，因而使定子电流明显增大。定子电流增大的同时又发生摆动，如图 3-35 中所示为 I 值的包络线。

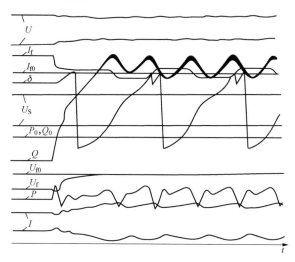

图 3-35 发电机的失磁异步运行录波曲线

I—定子电流；I_f—转子电流；P、Q—定子有功和无功功率；δ—功角；P_0、Q_0、U_{f0}、I_{f0}—定子有功、定子无功、转子电压、转子电流为零时的参照线；U—发电机端电压；U_S—系统电压

（3）有功功率表的指示值减小、摆动。发电机失磁后，由于转矩不平衡，引起转子转速升高，调速器自动关小汽门，使原动机的输入功率减小，发电机的输出功律也相应减小。有功功率摆动是由于转子的正向旋转磁场分量产生 2 倍转差频率的异步转矩所致。

（4）无功功率表指示负值，发电机端电压降低。发电机失磁转入异步运行后，即成了一台转差为 s 的异步发电机。此时，一方面向系统输送有功功率，另一方面也从系统吸收无功功率给转子励磁。因此，无功功率指示为负值，功率因数表则指示进相。同时，由于定子电流增大，线路压降较大，故导致母线电压降低，并随定子电流的摆动而摆动。严重时，将使系统电压大幅度下降，甚至有发生电压崩溃的危险。

（5）定子端部铁心和金属结构件温度升高。发电机失磁异步运行是进相运行的极限情况。发电机进相运行时，定子端部磁场与转子端部磁场的相位发生了变化，两者叠加使定子端部的漏磁增高。该磁场是旋转磁场，与定子以同步转速旋转，因此会在定子端部铁心和金属结构件中，引起磁滞和涡流损耗并使之发热。发电机失磁异步运行时，定子端部的发热比进相运行时严重。对于采用直接冷却的大型发电机，其线负荷通常比间接冷却的发电机高，异步运行时端部的发热问题尤应引起注意。

2. 发电机失磁异步运行与同步运行的主要区别

（1）发电机失磁异步运行时，转子的转速 n 高于定子旋转磁场的同步速 n_1。因此存在转差率 $s = \dfrac{n - n_1}{n_1} \times 100\%$；而发电机同步运行时，转子的转速与定子旋转磁场的同步速相等，即 $n=n_1$，转差率 s 为零。

（2）发电机失磁异步运行时，因有转差，转子各部件要产生感应电流；而同步运行时，因无转差，故无感应电流。

（3）发电机失磁异步运行时，转子绕组中无直流励磁电流，此时的励磁电流为转子铁心中感应的低频电流；而同步运行时转子绕组中为直流励磁电流。

（4）发电机失磁异步运行时，向电力系统输送有功功率，吸收无功功率；而同步运行时可向系统输送有功功率和无功功率，或输送有功功率，吸收无功功率（进相运行时）。

（5）发电机失磁异步运行时，定子和转子的电气量有周期性的摆动；而同步运行时定子和转子的电气量稳定。

3. 发电机的失磁异步运行分析

（1）发电机失磁后转子的转速不会无限制升高。发电机失磁后异步运行时，随着转速升高，转差率增大，但是转子转速的增高将引起调速器动作，调速汽门会关小，减小原动机的输入转矩。此时由调速器的转矩特性 $M_m = f(s)$ 可知，转子的转速不会无限制的升高。这样，可避免因转子超速可能引起的事故。如图 3 - 36 所示为发电机的平均异步转矩特性曲线。

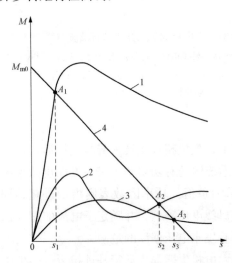

图 3 - 36　发电机的平均异步转矩特性对比

1—汽轮发电机的异步转矩特性；2—有阻尼绕组水轮发电机的异步转矩特性；3—无阻尼绕组水轮发电机的异步转矩特性；4—原动机调速器的转矩特性 $M_m = f(s)$；M_{m0}—原动机失磁前的转矩

（2）发电机有稳定异步运行点。发电机失磁异步运行时，当原动机的输入转矩特性 $M_m = f(s)$ 与发电机的平均异步转矩特性相交时，即输入力矩与平均异步制动力矩相平衡时，发电机就能稳定异步运行。如图 3 - 36 中的 A_1 点就是汽轮发电机的稳定异步运行点，而水轮发电机的 A_2、A_3 点因转差巨大，不能异步运行。

（3）发电机异步运行输出的功率一定小于失磁前的功率。发电机失磁异步运行特点之一是转子的转速高于同步转速，因此调速器必然要动作，汽门关小，使原动机的输入功率减小。所以，发电机异步运行输出的功率一定小于失磁前输出的功率（调速器失灵区来不及动作的除外）。

（4）发电机异步运行时输出的有功功率受相关因素的限制。发电机失磁异步运行时输出有功功率的多少，与原动机调速器的转矩特性和发电机的异步转矩特性有关。研究结果表明，发电机失磁异步运行限制其输出功率的主要因素是定子端部铁心和金属结构件的发热（其发热增长很快）。对于 300MW 发电机组，其定子端部铁心齿端的发热时间常数约为 6min，要求在 60s 以内，将额定有功功率减至 $60\%P_N$，90s 内将有功功率减至 $40\%P_N$，总的失磁运行时间不超过 15min。

对于 600MW 及以上的大容量发电机组，因失磁后要从系统吸收大量的无功功率，对系统影响很大。因此，当大容量发电机失磁时，一般经 0.5～3s 失磁保护动作于跳闸，也就是说大容量发电机不允许失磁后异步运行。

4. 发电机失磁异步运行的限制条件

（1）发电机定子电流不得超过额定值；

（2）发电机定子电压不得低于 0.9 倍额定值；

（3）定子端部铁心和金属结构件的温度不超过表 3-6 中的温度限值；

（4）系统电压不得低于运行电压的下限值。

5. 发电机失磁异步运行的优点

（1）可提高供电的可靠性。应用发电机失磁异步运行技术，可缩小停电面积，提高对用户供电的可靠性，并减少停电损失。

（2）节约能源消耗，延长发电机的使用寿命。发电机失磁异步运行后，可减少因失磁造成的解列或启停机的次数，节省启动消耗的能源，并延长发电机的使用寿命。

（3）有时间恢复励磁和减少因甩负荷可能引起的故障。若发电机失磁时允许异步运行一定的时间（一般为 15～30min），即可在此时间内查找失磁故障，恢复励磁。同时还可避免或减少因失磁突然甩负荷，可能引起的一些事故。

6. 对汽轮发电机失磁保护装置的要求

对发电机失磁保护装置，除要求其工作可靠性要高外，还应要求其具备下列特性：

（1）能正确判断发电机失磁并发出失磁信号；

（2）自动发出降低发电机有功功率的指令，并通过控制设备在规定的时间内，将有功功率降低到允许异步运行时间的限值；

（3）当高压母线电压低于下限值时，发出停机指令；

（4）当厂用电压低于允许值时，能启动厂用电源快速切换装置，将厂用负荷自动切换到厂用备用电源；

（5）对于不属于发电机失磁事故的其他系统事故，如短路、振荡、电压互感器二次回路断线等，不应动作。

三、发电机的不对称运行

发电机的正常工作状态是指三相电压、电流大小相等、相位相差 120°的对称运行状态。不对称运行状态是指三相对称性的任何破坏，如各相阻抗对称性的破坏、负荷对称性的破坏、电压对称性的破坏等所致的运行状态。非全相运行则是不对称运行的特殊情况，即输电线或变压器切除一相或两相的工作状态。

1. 引起不对称运行的主要原因

（1）电力系统发生不对称短路故障。

（2）输电线路或其他电气设备一次回路断线。

（3）并、解列操作后，断路器个别相未拉开或未合上。

（4）用户端单相负荷（照明、电炉、电气机车等）分配不平衡。

无论是何种原因，不对称运行都造成了发电机定子电压和电流的不平衡。分析汽轮发电机的三相不对称运行时，通常利用对称分量法把不对称的三相电压和电流分解成三组对称分量，即正序、负序和零序分量。不同性质的不对称可能产生不同的分量，如两相短路故障或一相断线时，只有正序电流和负序电流分量；单相接地短路和两相接地短路时，则有正序电流、负序电流和零序电流三个分量。

大型发电机组普遍采用发电机 - 变压器组单元接线方式，当主变压器的高压侧系统发生不对称运行时，与之相连的发电机也处于不对称运行状态。此时高压侧如果存在零序电流分量，由于变压器的低压侧绕组通常为三角形接线，则发电机与变压器之间无零序电流分量回路，所以在分析发电机的不对称运行时，只考虑正序和负序电流。正序电流产生的旋转磁场，与转子磁场同速同方向旋转；而负序电流产生的旋转磁场方向，则与转子磁场方向相反，空间转速绝对值相同，这样，对转子的相对速度为两倍同步转速，这一情况的存在对发电机运行产生了严重的影响。

2. 不对称运行对发电机的影响

不对称运行时，负序电流与正序电流叠加使定子绕组相电流可能超过额定值，除了使该相绕组发热超过允许值外，还会引起转子的附加发热和机械振动，后者有时会更为严重，现做简单分析。

当定子三相绕组中流过负序电流时，在发电机定子内出现负序旋转磁场，此磁场以同步速度与转子相反方向旋转，在励磁绕组、阻尼绕组及转子本体中感应出两倍频率的电流，从而引起励磁绕组、阻尼绕组以及转子其他部分的附加发热。由于这个感应电流频率较高（100Hz），集肤效应较大，不容易穿入转子深处，所以这些电流只在转子表面的薄层中流过。汽轮发电机中通常齿部的穿透深度为几毫米，槽楔处约为 1～1.7cm。

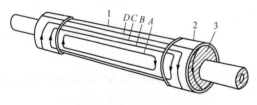

图 3 - 37　发电机转子表面的感应电流分布
1—转子本体；2—护环；3—芯环

因此，感应电流在转子各部分造成的附加发热集中于表面层。而此电流在转子表面沿轴向流动，在转子端部沿圆周方向流动，从而形成环流，如图 3 - 37 所示。这些电流不仅流过转子本体 1（线 A），还流过护环 2（线 B、C 和 D）以及芯环 3（线 D）。这些电流流过转子的槽楔与齿，并流经槽楔和齿与套箍的许多接触面。这些地方的电阻较高，发热尤为严重，可能产生局部高温，以致破坏转子部件的机械强度和绕组绝缘。护环在转子本体上嵌装处的局部发热尤其危险，因为护环是发电机运行中应力最大的部件，其机械强度的稍微减弱就可能引起极严重的后果。

除上述附加发热外，负序电流还将引起机械振动。因为正序磁场对转子是相对静止的，其转矩作用方向恒定。而负序旋转磁场相对转子却是以两倍同步速度旋转，与转子磁场相互作用，产生 100Hz 的交变电磁力矩将同时作用在转子轴和定子机座上，因而使机组产生频率为 100Hz 的振动和噪声，使发电机的各个部件产生附加的机械负荷，增加了额外的机械应力。

3. 发电机不对称运行时的限制条件

负序电流产生的附加发热和振动，对发电机的危害程度与发电机类型和结构有关，汽轮发电机由于转子是隐极式的，磁极与轴是一个整体，绕组置于槽内，散热条件较差，所以负序电流产生的附加发热可能成为限制不对称运行的主要条件。

不同结构、不同冷却方式及容量发电机的负序电流的允许值也不一样。发电机承受负序电流的允许值有长期和瞬时两种。瞬时值一般发生在不对称短路故障的过程中，故障切除后负序电流相应消失。长期值表示在一定时间内持续存在的负序电流 I_2，一般用额定电流为基准的标幺值表示。

发电机不对称运行的限制条件是：当发电机三相负荷不对称时，每相电流均得不超过额定电流，负序电流 I_2 与额定电流 I_N 之比（I_2/I_N）最大允许值为 10%；当发生不对称故障时，发电机的最大负序能力 $(I_2/I_N)^2t$ 的最大允许值为 10s。发电机不平衡负荷能力曲线如图 3 - 38 所示。除此之外，发电机不对称运行时出现的机械振动也不应超过允许范围。

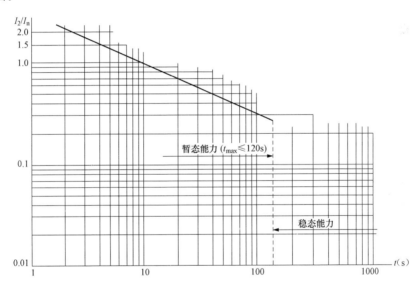

图 3 - 38　发电机不平衡负荷能力曲线

4. 不对称运行的现象及处理

不对称运行时的现象是三相定子电流表指示各不相等，负序信号装置可能动作报警。其处理方法根据以下情况分别考虑：

（1）机组已由继电保护动作跳闸。应在复置后按停机处理，待查明原因并消除故障后重新将机组并网。

（2）发电机运行中负序信号报警或虽未报警但出现定子电流不平衡。实际上，负序电流的大小由其产生的原因决定，一般情况下，发生不对称运行后只要定子电流不平衡值不超过允许值，在稳态情况下发电机仍可继续运行。但当该值已超过允许值时，如确非由于表计故障或表计所在回路故障引起，则应尽快降低定子电流，具体可以降低无功，也可以降低有功，使不平衡值降至允许范围内。在调节过程中应注意机组的功率因数不得超过允许值。

（3）并列操作后定子电流不平衡。产生这种情况，一般是由于主变压器高压侧断路器一相（或两相）未合上，并列初期有功、无功负荷尚未增加时不易被发现，随着定子电流的增加，其不平衡情况越来越明显。此时应立即检查断路器的合闸位置指示，确定为一相断路器未合上时，可重新发出一次合闸脉冲，如无效，则应立即降低发电机的有功、无功负荷至零后将机组解列，待查明故障原因并消除后方可将机组重新并列。如为两相断路器未合上，应尽快将合上的一相断路器拉开。

（4）执行发电机解列操作，拉开主变压器高压侧断路器后，在降低发电机电压时发现定子电流表出现不平衡指示。经对高压侧断路器的位置指示情况的分析，如为两相断路器未断开引起时，可首先调节发电机励磁电流，使定子电压升至正常值，然后合上断开的一相断路器，使定子电流恢复平衡。此时高压侧断路器已不能进行正常解列操作，应在调整高压侧母线的运行方式后用其他断路器，如母联断路器将机组解列。

如果分析结果为一相断路器未断开，由于机组仅通过一相与系统联络，因此机组可能已处于失步（即非同期）状态，必须迅速进行处理。出现这种状态时，绝对禁止采用再发出一次合闸脉冲合其余两相断路器为尽量减少所造成的影响，比较好的处理办法是立即将该机组所在高压母线上除故障断路器外的所有断路器倒换至其他电源，通过母联断路器带此机组运行，最后用母联断路器将机组解列。

此外，断电保护设置已逐步采用通过非全相启动失灵保护的办法来保证非全相运行机组的安全，也就是在发生非全相运行时，由继电保护执行处理任务，以缩短机组非全相运行的时间，从而减少对机组的危害。

四、发电机振荡与失步的事故处理

当系统发生突然和急剧的扰动时，发电机会出现振荡和失去同步。而发电机在正常运行时，如果功率因数过高，也可能引起静态不稳定而失去同步。这是因为发电机功率因数的提高会减小发电机的励磁电流，使发电机的电动势下降、功角增大、发电机输出的功率极限值降低，有可能引起静态不稳定而失去同步。

1. 发电机与系统间发生振荡或失步时的现象

（1）定子电流表的指针超出正常值来回剧烈摆动；

（2）定子电压表的指针周期性剧烈摆动，通常是电压降低；

（3）有功功率和无功功率表发生大幅度摆动；

（4）转子电流表、电压表指针在正常值附近摆动；

（5）过负荷保护装置可能动作并报警；

（6）发电机发出有节奏的轰鸣声，其节奏与上述各表指针的摆动合拍；

（7）励磁系统的交直流电压表及直流电流表来回摆动等。

2. 发电机振荡或失步的原因

（1）系统发生故障引起振荡；

（2）励磁系统故障引起发电机失磁；

（3）发电机功率因数过高或机端电压过低。

3. 发电机振荡或失步时的处理

（1）如失步是由于功率因数过高或系统电压过低引起，可适当减少发电机有功负荷，增加励磁电流，将发电机拖入同步。汽轮发电机的强励动作时间不允许超过 20s。

（2）如失步是由系统故障引起，频率表在 50Hz 以上摆动，则应降低发电机有功出力，直至振荡消失，使系统频率恢复正常。当系统振荡时，如果频率表在 48.5Hz 以下摆动，则应迅速增加有功出力以提高频率。当机组已达最大出力而振荡仍未衰减时，应按紧急减负荷程序拉闸限电，直至振荡消除或频率恢复正常。

（3）振荡 2～3min 仍未消失，则应在预先设定的解列点解列，待振荡消失后恢复系统正常接线。

五、发电机出口断路器跳闸的事故处理

1. 发电机出口断路器跳闸的现象

（1）发电机出口断路器、灭磁开关跳闸；

（2）发电机出口断路器跳闸、灭磁开关未跳闸；

（3）发出事故声响及有关掉牌信号等。

2. 发电机出口断路器跳闸的处理

（1）复位跳闸断路器，若灭磁开关未跳，应立即手动拉开灭磁开关。发电机出口断路器跳闸对厂用电、系统潮流分布、频率、电压都会产生影响，应及时作出必要的调整处理。

（2）如确系人为误碰断路器机构或误动二次保护而引起的断路器跳闸，可不作其他检查立即将发电机并入电网。

（3）如系继电保护误动作跳闸，需经电气试验人员对该保护作检查、处理，或经有关领导批准将误动保护暂时退出，以及对该保护所保护范围内一次设备进行详细检查无问题后，方可将发电机并入电网。

（4）根据不同保护动作进行检查处理：

1）差动保护动作后的检查处理：①发电机本体有无异常响声，端部线圈及差动保护范围内一次设备有无电弧烧坏痕迹、焦味；②检查发电机一次回路进行绝缘；③经上述检查未发现异常问题，经有关领导同意，使用发电机升压按钮从零升压作阶段检查，升压正常则将发电机并网，如发现异常情况立即拉开灭磁开关灭磁，以待处理。

2）转子两点接地保护动作后的检查处理：①测量励磁回路绝缘合格；②检查氢冷室内有无焦味、有无漏水；③经上述检查未发现异常情况，用发电机升压按钮从零升压，并检查转子在升压过程中发电机本体是否有异常振动。特别注意核对空载参数是否正常，发现异常情况立即拉开灭磁开关灭磁，如升压正常无异常情况则将发电机并入电网。

3）定子接地及匝间保护动作后的检查处理：①检查发电机的转速至零，测量发电机定子绝缘，应大于 5～10MΩ；②检查发电机端部线圈有无放电痕迹、焦味，有无漏水及检漏计所发的信号；③经上述检查未发现异常情况，用发电机升压按钮零起升压，

同时检查端部线圈有无放电、焦味及发电机本体有无异常振动。此时零序电压表无指示，发现异常情况立即拉开灭磁开关灭磁，如升压正常将发电机并入电网。

4）失磁及负序保护动作后的检查处理：①确认断路器跳闸时无失磁现象；②确认断路器跳闸时未出现定子电流不平衡及系统短路的事故特征；③确认励磁回路及微机励磁调节装置无异常情况；④发电机升压正常并入电网。

5）低压闭锁过流保护动作后的检查处理：低压闭锁过流保护误动可能性小，如正确动作时，应先检查主变压器保护是否有拒动，如误动，做外部检查无异常情况，升压正常将发电机并入电网。

6）无保护掉牌：①拉开发电机出线隔离开关后，做断路器、灭磁开关跳、合闸试验，合闸时注意检查断路器跳闸铁心是否动作，判断故障是由断路器操动机构还是由二次回路问题引起的，并将故障排除；②检查是否有人误启动保护或误碰断路器操动机构；③发电机及一次回路外部进行检查无异常情况，升压正常将发电机并入电网。

六、发电机的其他事故处理

1. 发电机起火

（1）发电机起火的现象：

1）发电机外壳温度急剧升高。

2）定子窥视窗或定子引出线小室等处冒出烟气、火星。

3）氢冷室内有烟雾或从发电机两端轴封处冒烟、焦臭味。

4）有时有爆炸声。

5）发电机表计指针可能发生强烈摆动。

6）发出"主控掉牌未复归"等声光预告、事故信号，发电机断路器、灭磁开关跳闸或未跳闸等。

（2）发电机起火的处理：

1）立即拉开已着火发电机断路器、灭磁开关，如已跳闸则将其复位，退出微机励磁调节装置及断水保护。对因发电机跳闸而造成对系统潮流分布、频率、电压和厂用电影响应作必要的调整处理。

2）通知汽轮机值班人员开启灭火装置，发电机保持 $200\sim300r/min$ 低速运转，关闭各通风门，但不得关闭内冷水，冷却水系统继续运行，用灭火装置设法尽快灭火，严禁使用泡沫灭火器或沙子对发电机进行灭火。

3）将故障发电机由热备用转为检修。

2. 发电机断水

（1）发电机断水的现象：

1）内冷水泵跳闸未能联动自投，且未及时发现并启动备用水泵，或水路堵塞引起发电机定子断水；定子进水压力下降或至零，或者不正常升高。

2）发电机本体振动增大。

3）发电机控制盘上出现"断水"光字牌信号和掉牌事故信号。

4）发电机出口断路器、灭磁开关跳闸等。

（2）发电机断水的处理：

1）断水保护投入或投入信号时，出现断水信号，且确系发电机断水情况，30s内立即拉开发电机断路器和灭磁开关。

2）复归已跳闸断路器，退出微机励磁调节装置。

3）断水保护跳闸后，应对发电机组进行全面检查，待内冷水恢复，断水信号消失将发电机并入电网。

3. 发电机转子一点接地

（1）发电机转子一点接地的现象：

1）发电机控制盘上出现"转子一点接地"信号。

2）励磁回路绝缘检查电压表正对地或负对地电压较正常高或全接地等。

（2）发电机转子一点接地的处理：

1）全面检查励磁回路，有无明显接地现象，是否因杂物受潮、不清洁等原因引起的绝缘下降或接地。

2）化验水质，检查导电率是否超过标准。

3）检查励磁回路是否发生接地。

4）测量转子绝缘电阻，若确认为转子一点接地，应尽快安排停机处理。

4. 发电机定子接地

（1）发电机定子接地的现象。

1）发电机控制盘上出现"定子接地"报警信号。

2）发电机出口断路器、灭磁开关和高压厂用变压器低压侧断路器跳闸。

（2）发电机定子接地的处理：

1）测量发电机零序电压及定子三相对地电压，如果对地电压没有升高现象，可能是由电压互感器熔丝熔断引起，应检查更换。如有单相对地电压升高，确定为接地，应详细检查发电机一次回路。

2）如确定接地点在发电机内部，应立即减负荷停机，如接地点在发电机外部应尽快安排停机消除。

3）检查厂用电切换情况，若厂用电未自动切换或切换未成功，应手动切换一次。

5. 电刷冒火

（1）电刷冒火的现象：

1）滑环或部分电刷发生火花；

2）一个极或几个极下的电刷发生强烈长线状火花，有环火危险。

（2）电刷冒火的处理：

1）一般的火花，检查与调整电刷的压力，更换过短、摇摆、上下跳动的碳刷。

2）用干净的白布蘸纯酒精擦净电刷及滑环。

3）经上述处理无效时，应降低无功负荷使火花减少到允许情况，但应注意功率因数不宜超过0.95（滞后）。

第四章

电力变压器及运行技术

电力变压器是火电厂的重要电气设备之一，它不仅能实现电压转换（升压或降压），利于远距离输电和方便用户使用；而且能实现电流转换、阻抗变换、系统联络等功能，改善网络结构、合理分布系统潮流、提高电力系统运行的稳定性、可靠性和经济性等。随着电力系统的发展，电压等级越来越高，在电能输送过程中，升压和降压的层次就必须增多，系统中变压器的总容量也大大增加。目前，在电力系统中变压器的总容量已增至 8～10 倍的发电机总容量。尽管电力变压器是一种运行可靠性和效率都很高的静止电器，但其在电力系统中所占的故障比例和能耗总量仍十分可观。因此，设法尽量减少变压层次，经济而合理地利用变压器的容量，改善系统网络结构，提高变压器的可靠性和运行的经济性，仍是当前电力变压器运行中的主要课题。

第一节 电力变压器的基本知识

一、变压器的基本工作原理

变压器是利用电磁感应原理制成的一种静止电器。如图 4-1 所示为变压器的原理图。它有一个闭合铁心，铁心上有两个绕组，其中一个绕组接至交流电源，称为一次绕组；另一个绕组接负载，称为二次绕组。

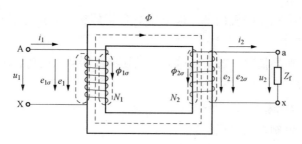

图 4-1 变压器的原理图

当一次绕组接入交流电压 u_1 时，一次绕组中有交变电流 i_1 通过，并在铁心中产生交变主磁通 ϕ，其频率与电源电压频率相同。铁心中的交变主磁通同时交链一次、二次绕组，根据电磁感应定律，分别在一次、二次绕组中产生交变的感应电动势 e_1 和 e_2。当感应电动势的正方向与磁通的正方向符合右手螺旋关系时，它们之间的关系为

$$e_1 = -N_1 \frac{\mathrm{d}\phi}{\mathrm{d}t} \tag{4-1}$$

$$e_2 = -N_2 \frac{\mathrm{d}\phi}{\mathrm{d}t} \tag{4-2}$$

式中　N_1——一次绕组匝数；

　　　N_2——二次绕组匝数。

上式表明，交变主磁通在绕组中的感应电动势与绕组的匝数成正比。一般情况下，$N_1 \neq N_2$，所以 $e_1 \neq e_2$。如果忽略一些次要因素，可以认为 $e_1 \approx u_1$，$e_2 \approx u_2$。因此可得 $u_1 \neq u_2$，这就实现了变换电压的目的。当变压器二次侧空载时，一次侧仅流过产生主磁通的空载电流 i_0，这个电流也称为励磁电流。当二次侧接通负载后，二次侧流过负载电流 i_2，该电流也在铁心中产生磁通，并对主磁通起去磁作用。当一次电压不变时，主磁通也不变。此时一次侧就要流过两部分电流，一部分为励磁电流 i_0，另一部分为用来平衡 i_2 的负荷电流，所以这部分电流随着 i_2 的变化而变化。当电流乘以匝数时就是磁通势，则上述的电流平衡作用实质上就是磁通势平衡（$i_1 N_1 = i_0 N_1 + i_2 N_2$），变压器就是通过磁通势平衡作用实现了一、二次侧的能量传递。

二、变压器的分类和型号

1. 分类

变压器的种类很多，按用途可分为电力变压器和特殊用途变压器两大类。

（1）电电力变压器是指电力系统中专门用于电能输送的普通变压器。按用途分为升压变压器、降压变压器、联络变压器，按结构分为双绕组变压器、三绕组变压器、分裂绕组变压器、自耦变压器，按相数分为单相变压器、三相变压器，按冷却方式分为干式空冷变压器、油浸自冷变压器、油浸风冷变压器、强迫油循环风冷变压器和强迫油导向循环风冷或水冷变压器等。

（2）特殊用途变压器是根据不同用户的具体要求而设计制造的专用变压器。它主要包括整流变压器、电炉变压器、试验变压器、矿用变压器、船用变压器、中频变压器、测量变压器和控制变压器等。

2. 型号

电力变压器的型号组成按标准 JB/T 3837—2010《变压器类产品型号编制方法》的规定，变压器型号采用汉语拼音大写字母表示，或其他合适字母来表示产品的主要特征，用阿拉伯数字表示产品性能水平代号或设计序号和规格代号，其型号的含义如下

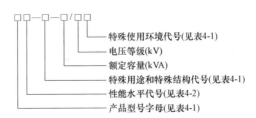

（1）产品型号。型号中的第 1 个方块表示产品型号，变压器型号采用汉语拼音大写字母表示，各字母的含义见表 4-1。

表 4-1　　　　　　　　　　　电力变压器产品型号字母排列顺序及含义

序号	分类	含义	代表的字母	序号	分类	含义	代表的字母
1	绕组耦合方式	独立	—	8	绕组导线材质	铜	—
		自耦	O			铜箔	B
2	相数	单相	D			铝	L
		三相	S			铝箔	LB
3	绕组外绝缘介质	变压器油	—	9	铁心材质	电工钢片	—
		空气（干式）	G			非晶合金	H
		气体	Q	10	特殊用途或特殊结构	密封式	M
		成型固体	C			串联用	C
		浇注式	C			启动用	Q
		包绕式	CR			防雷保护用	B
		难燃液体	R			调容用	T
4	冷却装置种类	自然循环	—			高阻抗	K
		风冷却器	F			地面站牵引用	QY
		水冷却器	S			低噪声用	Z
5	油循环方式	自然循环	—			电缆引出	L
		强迫油循环	P			隔离用	G
6	绕组数	双绕组	—			电容补偿用	RB
		三绕组	S			油田动力照明用	Y
		双分裂绕组	F			厂用变压器	CY
7	调压方式	无励磁调压	—			全绝缘	J
		有载调压	Z			同步电机励磁用	LC

（2）变压器的性能水平。型号中的第 2 个方块表示变压器的性能水平，变压器的性能水平应符合 GB/T 6451—1999《三相油浸式电力变压器技术参数和要求》、GB/T 16274—1996《油浸式电力变压器技术参数和要求 500kV 级》和 GB/T 10228—1997《干式电力变压器技术参数和要求》。按标准 JB/T 3837—1996《变压器类产品型号编制方法》的规定，电力变压器产品的性能水平代号的规定见表 4-2。

表 4 - 2　　　　　　　　　　　三相油浸式电力变压器性能水平代号

性能水平	电压等级	性 能 参 数	
代号	（kV）	空载损耗	负载损耗
7	6，10	符合 GB/T 6451 组 I	符合 GB/T 6451
	≥35	符合 GB/T 6451	
8	6，10	符合 GB/T 6451 组 I	
	≥35	比 GB/T 6451 平均下降 10%	
9	6，10	比 GB/T 6451 组 I 平均下降 10%	比 GB/T 6451 平均下降 10%
	≥35	比 GB/T 6451 平均下降 20%	
10	6，10	比 GB/T 6451 组 I 平均下降 20%	比 GB/T 6451 平均下降 15%
	≥35	比 GB/T 6451 平均下降 30%	
11	6，10	比 GB/T 6451 组 I 平均下降 30%	
	≥35	比 GB/T 6451 平均下降 40%	

例：变压器型号为 SFPZ9—360000/220，这是一台三相双绕组变压器，绕组的外绝缘介质是变压器油，使用风冷却装置，采用强迫油循环和有载调压方式；数字 9 表示变压器性能水平符合 GB/T 6451 中 9 型产品的要求。变压器的容量为 360000kVA，高压电压为 220kV。

三、变压器的主要技术参数

1. 额定容量 S_N

变压器额定容量是指变压器额定情况下的视在功率，单位用 VA、kVA 或 MVA 表示，并采用 R_8 或 R_{10} 容量系列。

2. 额定电压 U_{1N}/U_{2N}

U_{1N} 是一次侧额定电压；U_{2N} 是二次侧额定电压，即当一次侧施加额定电压 U_{1N} 时，二次侧开路时的电压。对三相变压器，额定电压均指线电压，单位用 V 或 kV 表示。

3. 额定电流 I_{1N}/I_{2N}

由发热条件决定的允许变压器一、二次绕组长期通过的最大电流。对三相变压器，额定电流均指线电流，单位用 A 或 kA。

对单相变压器，有
$$I_{1N} = S_N/U_{1N}$$
$$I_{2N} = S_N/U_{2N}$$
　　　　（4 - 3）

对三相变压器，有
$$I_{1N} = S_N/\sqrt{3}U_{1N}$$
$$I_{2N} = S_N/\sqrt{3}U_{2N}$$
　　　　（4 - 4）

4. 空载电流和空载损耗

变压器的一个绕组施加额定电压，其他绕组开路时，流经该绕组的电流即为空载电流。通常以变压器额定容量下绕组的额定电流的百分值表示。此时变压器从电网吸取的功率定义为空载损耗。

5. 短路阻抗和负载损耗

在额定频率及参考温度下，给变压器的一对绕组施加一短路电压（即使得该绕组电流达到额定值时的电压），将另一个绕组短路，其他绕组开路，此时所求得的该绕组端子之间的等效阻抗就是变压器的短路阻抗。此时，变压器从电网汲取的功率就是变压器的负载损耗。

6. 变压器的温升

变压器顶部油温与外部冷却介质温度之差为变压器油的温升。变压器绕组以电阻法确定的平均温度与外部冷却介质温度之差为变压器绕组的温升。

7. 变压器的效率

在变压器转换电能的过程中，产生了损耗，致使输出功率小于输入功率。输出功率与输入功率之比，称为变压器的效率，有如下定义式

$$\eta = \frac{P_2}{P_1} \times 100\% \tag{4-5}$$

式中 P_1——变压器的输入功率；

P_2——变压器的输出功率。

P_1 与 P_2 之间有如下关系：

$$P_1 = P_2 + \Delta P_{Fe} + \Delta P_{Cu} \tag{4-6}$$

式中 ΔP_{Fe}、ΔP_{Cu}——变压器的铁损和铜损。

在式（4-6）中，$P_2 = \sqrt{3} U_2 I_2 \cos\varphi_2$。因此，变压器的效率与负载阻抗和功率因数有关，也与变压器本身的损耗有关。由于变压器铁损与变压器铁心材料品质及铁心饱和程度有关，而与负载情况关系不大。因此，近似认为变压器工作电压不变时，铁损也不变。变压器的铜损与负载电流密切相关，与负载电流的平方成正比。因此，变压器的效率是随负载情况而变化的。一般变压器的最大效率发生在负载率为 50%～60%、变压器的铜损与铁损比在 3～4 的情况下。

见表 4-3 为某电厂 1000MW 发电机组采用的各类变压器的主要技术参数。

表 4-3　　某电厂 1000MW 发电机组采用的各类变压器的主要技术参数

序号	名称	型号	额定容量 (kVA)	额定电压 (kV)	额定电流 (A)	短路阻抗 (%)	连接组别	冷却方式
1	主变压器	SFP6－1170000/550	1170000	525±×2.5%/27	1287/25018	18	YNd11	ODAF
2	启/备变压器	SFFZ10－72000/220	72000/42000－42000	525±8×1.25%/10.5－10.5	79.2/2309－2309	19.5	YNyn0－yn0d	ONAN/ONAF
3	高压厂用变压器	SFF2－72000/27	72000/42000－42000	27±2×2.5%/10.5－10.5	1540/2309	19	Dyn1－yn1	ONAN/ONAF

序号	名称	型号	额定容量 (kVA)	额定电压 (kV)	额定电流 (A)	短路阻抗 (%)	连接组别	冷却 方式
4	低压厂用 变压器	SCB10－2500 /10.5	2500	10±2×2.5% /0.4	144/3608	10	Dyn11	AN
5	输煤 变压器	SCB10－2500 /10.5	2500	10±2×2.5% /0.4	144/3608	10	Dyn11	AN
6	除尘输灰 变压器	SCB10－2000 /10.5	2000	10±2×2.5% /0.4	115/2887	8.0	Dyn11	AN
7	脱硫 变压器	SCB10－2500 /10.5	2500	10±2×2.5% /0.4	144/3608	10	Dyn11	AN
8	化学 变压器	SCB10－1600 /6.3	1600	10±2×2.5% /0.4	92/2309	6.0	Dyn11	AN
9	照明检修 变压器	SCB10－1000 /6.3	1000	10±2×2.5% /0.4	58/1443	6.0	Dyn11	AN

四、变压器的连接组别

1. 三相绕组的连接方法

在三相变压器中，常用大写字母 A、B、C 表示高压绕组的首端，用 X、Y、Z 表示其末端；用小写字母 a、b、c 表示低压绕组的首端，用 x、y、z 表示其末端，星形连接的中性点用 N 或 n 表示。

在三相变压器中，不论是一次绕组或二次绕组，我国最常用的有两种连接方法。

（1）星形连接法。将三个绕组的末端 X、Y、Z 连接在一起，而把它们的三个首端 A、B、C 引出，便构成星形连接，用 Y 表示，如图 4-2（a）所示。

（2）三角形连接。将一个绕组的末端与另一个绕组的首端连接在一起，顺次构成一个闭合回路，便是三角形连接，用 D 表示，如图 4-2（b）和图 4-2（c）所示。三角形连接可以按 AX—BY—CZ 的顺序连接，称为顺序三角形连接；也可以按 AX—CZ—BY 的顺序连接，称为逆序三角形连接。

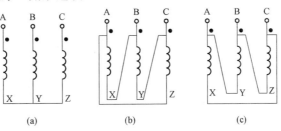

图 4-2　三相绕组的连接方法
（a）星形连接；（b）顺序三角形连接，（c）逆序三角形连接

2. 三相变压器的连接组别

变压器高、低压绕组都可以接成星形、三角形，分别用 Y（y）、D（d）符号表示。如 Yd11 表示高压绕组接为星形，低压绕组接为三角形，连接组别号是 11，即高、低压绕组线电压相位差为 330°。下面举例说明我国采用的两种标准连接组。

（1）Yy0 接线组。图 4-3（a）所示为 Yy0 连接组的三相变压器绕组接线图。图中高、低压绕组的首端为同极性端，因此高、低压绕组的相电压同相位，由相量图可判断其线电压也同相位。将高压侧线电压 $\dot{U}_{AB}$ 固定在时钟"12"的位置上，由于 $\dot{U}_{ab}$ 与 $\dot{U}_{AB}$ 同相，因此 $\dot{U}_{ab}$ 也指向"12"，其连接组别为 Yy0。

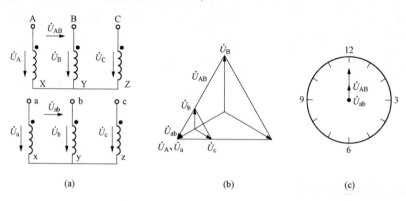

(a)   (b)   (c)

图 4-3 Yy0 连接组

(a) 变压器接线；(b) 相量图；(c) 钟面图

如果在星形接线中，一次侧和二次侧用不同极性的端子作为各自的首端，就会构成 Yy6 连接组。如果按相序方向依次移动 a、b、c 标志，可以得到钟面上所有偶数连接组。

（2）Yd11 连接组。图 4-4（a）所示为 Yd11 连接组三相变压器绕组的连接图，图中低压绕组按 ax→cz→by→a 连接成逆序三角形，因为高、低压绕组的首端为同极性端，高、低压绕组的相电压同相位，由相量图 4-4（b）可知 $\dot{U}_{ab}$ 超前 $\dot{U}_{AB}$ 30°，其连接组别为 Yd11。如果高压绕组和低压绕组用不同极性的端头作为各自的首端，就会构成 Yd5 连接组。顺序移动 a、b、c 标志，可得所有奇数连接组。

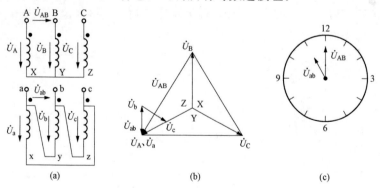

(a)   (b)   (c)

图 4-4 Yd11 连接图

(a) 绕组接线图；(b) 相量图；(c) 钟面图

3. 标准连接组

单相和三相变压器有很多连接组别，为了避免使用时造成混乱，国家标准规定，单相双绕组电力变压器只有一种标准连接组别为 II0；三相双绕组电力变压器的标准连接组别有 YNy0、Yd11、YNd11、Yy0、Dyn1 和 Dyn11 六种。

五、变压器的冷却方式

变压器的冷却方式有以下类型。

1. 自然冷却（AN）

在火电厂中大部分低压厂用变压器为环氧浇注绝缘干式，采用 F 级绝缘，且容量较小，其绕组和铁心的热量先传给空气，通过自然冷却就能满足要求。

2. 自然油循环自然冷却（ONAN）

对于小型油浸式变压器，可依靠变压器油自然循环冷却，油受热后比重小而上升，冷却后比重大而下降，这种冷热油不断对流的冷却方式为自然油循环自然冷却方式。

3. 自然油循环风冷（ONAF）

对于较大型变压器，为了提高变压器的功率而不影响使用寿命，必须加强变压器的冷却，在变压器的散热器上装设风扇实行吹风冷却。此类变压器一般都在铭牌上标有不使用风冷和使用风冷的额定容量，前者容量为后者的 60%～80%。

为降低厂用电，一般规定上层油温超过 55℃时启动风冷，低于 45℃时停止风冷。运行时应注意不要将风扇装反或转向弄反，否则将失去风冷作用。油浸风冷变压器冷却装置如图 4-5 所示。

4. 强迫油循环风冷（ODAF）

大型变压器仅靠表面冷却是远远不够的，因为表面冷却只能降低油的温度，而当油温降到一定程度时，油的黏度增加以致降低油的流速，使变压器绕组和油的温升增大，起不到冷却作用。为了克服变压器表面冷却的这一缺点，采用强迫油循环风冷，以加快油的流速起到冷却作用。如图 4-6 所示为强迫油循环风冷变压器冷却系统图，为了防止漏油或漏气，油泵采用埋入油中的潜油泵，潜油泵故障时可发出信号和投入备用冷却器，一台变压器往往装有多台风冷却器，有的作为备用。

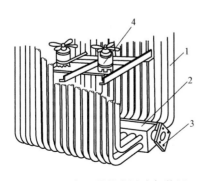

图 4-5　变压器的吹风冷却装置

1—圆管形散热器；2—联箱；

3—与箱壳连接的法兰；4—冷却风扇

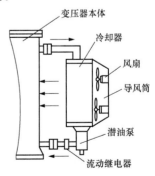

图 4-6　强迫油循环风冷变压器冷却系统图

另外，变压器还有强迫油导向循环风冷或水冷等多种冷却方式。

第二节　电力变压器的结构及特点

电力变压器的基本结构部件是铁心和绕组，将这两部分装配在一起就构成变压器的器身。以油浸式变压器为例，通常其器身安放在充满变压器油的油箱里，油箱外还有冷却装置、出线装置和保护装置等。现以油浸式电力变压器为例，将变压器各部分结构的作用和特点介绍如下。

一、铁心

铁心是电力变压器的基本部件，由铁心叠片、绝缘件和铁心结构件等组成。铁心本体由磁导率很高的磁性钢带组成。为使不同绕组能感应出和匝数成正比的电压，需要两个绕组链合的磁通量相等，这就需要绕组内有磁导率很高的材料制造的铁心，尽量使全部磁通在铁心内和两个绕组链合，并且使只和一个绕组链合的漏磁通尽量少。为减小励磁电流，铁心做成一个封闭的磁路。

铁心是安装绕组的骨架，对于变压器的电磁性能、机械强度和变压器噪声是极为重要的部件。

变压器铁心一般分为两大类，即壳式铁心和心式铁心，每类又分为叠铁心和卷铁心两种。其中由片状电工钢带逐片叠积而成的称为叠铁心；用带状材料在卷绕机上使用适当形状模具连续绕制而成的称为卷铁心。另外，还有双框铁心，即大小框结构，但现在由于均采用优质冷轧电工磁性钢带，钢带的宽度已能满足心柱和铁轭宽度的要求，故很少采用双框（大小框）铁心。此外，还有新型的双框和多框结构，如单相双框及三相四框结构等。

若按变压器的相数分，单相变压器的铁心统称为单相铁心，三相变压器的铁心统称为三相铁心。此外，还可按变压器铁心的柱数、框数等进行分类。

1. 三相心式变压器铁心叠片

三相变压器是生产和使用最多的变压器，因为一台三相变压器比三台单相变压器组成的三相组的价格要低，且三相变压器比三台单相变压器组成的三相组所需的安装面积要小，所以一般情况下，都使用三相变压器，只有在运输条件限制或有特殊要求时才使用由三台单相变压器组成的变压器组。三相心式变压器铁心叠片如图 4-7 所示。

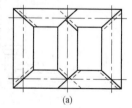　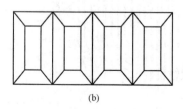

(a)　　　　　　　　　　　　(b)

图 4-7　三相心式变压器铁心叠片

（a）三相三柱式；（b）三相五柱式

2. 心式变压器铁心

心式变压器铁心的特点是铁心是垂直的。绝大多数情况下铁心柱由多级铁心片组成，内接于圆，在圆形面积内有尽可能大的铁心截面积。绕组是圆形的，套装在铁心柱上。

心式变压器铁心包括铁心叠片（这是铁心的最基本部分）和使铁心成为一个整体的夹件、铁心绑扎带、拉螺杆（大型变压器是拉板）、铁心绝缘件、铁心接地用的接地片等部分。图4-8示出典型的大容量心式变压器铁心，铁心片是45°斜接缝，铁心柱用钢拉板和环氧绑扎带压紧铁心柱，铁轭用环氧拉带及垫脚或撑板夹紧铁轭。

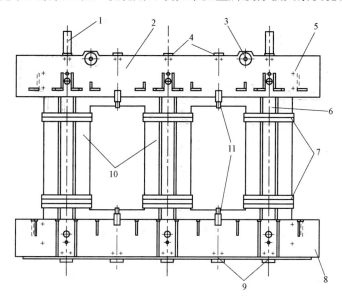

图4-8 大容量心式变压器铁心

1—上夹件定位件；2—上夹件；3—上夹件吊轴；4—撑板；5—夹紧螺杆；
6—拉板；7—环氧绑扎带；8—下夹件；9—垫脚；10—铁心叠片；11—夹紧绑带

3. 三相壳式变压器铁心叠片

三相壳式变压器铁心叠片分为两种结构：一种是普通三相，类似于心式变压器的三相三柱式铁心；另一种是三相七柱式铁心。前者适用于容量比较小的壳式变压器，后者用于容量特别大的壳式变压器，如图4-9所示。

由图4-9可以看出，普通三相壳式变压器的铁心柱在三个相内是串联的，而三相七柱式变压器的铁心柱在三个相内是并联的。

二、绕组

1. 导体的物理性能

在变压器中使电流流过的材料称为导体。导体要求导电性能要好，有合适的机械强度，有较为稳定的化学特性，有良好的工艺加工性。从这些要求来看，银、铜、铝等材料都可以作为导体，其中以银为最佳。但由于银的矿藏储量有限，价格昂贵，故实际中难以采用，在电力变压器中，常用的导体是铜。电工用铜、铝导体的物理性能见表4-4。

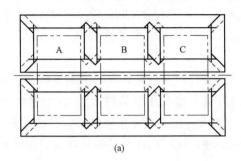

(a)

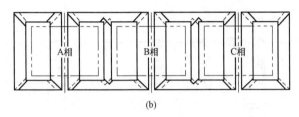

(b)

图4-9　三相壳式变压器铁心叠片

（a）普通三相铁心；（b）三相七柱铁心

表4-4　　　　　　　　　　　　　铜和铝的物理性能

物理性能		单位	铜（Cu）	铝（Al）
密度（20℃）		kg/dm³	8.96	2.698
电导率	硬	m·S/mm²	55	33
	半硬	m·S/mm²	56	35
	软	m·S/mm²	57	37
电阻温度系数		/℃	0.00393	0.00377
线膨胀系数		/℃	1.62×10^{-6}	23.9×10^{-6}
抗拉强度（软/硬）		N/mm²	200/350	70/150
断裂伸长率（软/硬）		％	30/20	22/2
弹性模量		N/mm²	125000	72000
布氏硬度（软/硬）		HBS	35/95	15/25
热导率		W/（m·℃）	338000	231000
比热容		J/（kg·℃）	385	920
熔点		℃	1083	659
沸点		℃	2300	2270
熔化热		J/kg	20900	335000
电化学位		V	+0.35	—1.28

2. 绕组的结构

变压器绕组的结构一般可分为层式和饼式。层式绕组又包括圆筒式和箔式，饼式绕组又包括连续式、纠结式、内屏蔽式、螺旋式和交错式。表 4-5 列出了不同型式绕组的适用范围。

表 4-5　　　　　　　　　　　　不同型式绕组的适用范围

三相容量（kVA）	电压等级（kV）	绕组型式		适用范围	说明
10～500	≤1	单、双层圆筒式		内绕组	导线并绕根数 1～6 根（不超过 8 根）
10～500	3～10	多层圆筒式		高压绕组	圆线或扁线，并绕根数为 1 根（不超过 2 根）
50～630	35				
630～2000	66	分段圆筒式			
1000～4000	110				
800～1250	0.4	螺旋式	双	低压绕组	（1）单、单半螺旋，并绕根数一般为 10～20 根（不超过 24 根）；（2）60 匝以上采用双、四螺旋，60～100 匝以下采用单螺旋，100～150 匝以下采用单半螺旋
1600～2000	0.4		四		
4000～8000	3		单半		
10000～16000	3		单		
12500～16000	6		单半		
20000～50000	6		单		
25000～50000	10		单半		
63000～80000	10		单		
100000 及以上	10		双		
630～3150	3	连续式		高、低（中）压绕组	（1）导线并绕根数为 1～4 根；（2）绕组匝数在 150 匝以上，高压导线并绕根数超过 4 根时，可采用中部进线，容量可增大
630～10000	6				
630～20000	10				
800～31500	35				
100000 及以上	66	纠结连续式		高、中压绕组	220kV 及以上采用插入电容连续式
	110				
	154	插入电容连续式			
	220				
	330	插入电容连续式			
	500				

如图 4-10 所示为变压器常采用的几种绕组结构。

3. 绕组的连接

图 4-11 为变压器绕组不同出线方式的连接图。

图 4-12 为三相变压器的星形连接图，其中：

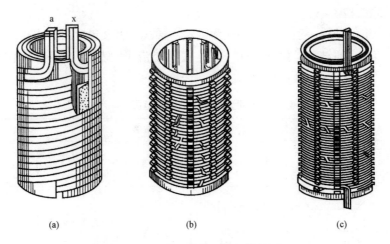

图 4 - 10　变压器绕组典型结构图

（a）双层圆筒式绕组；（b）连续式绕组；（c）单螺旋式绕组

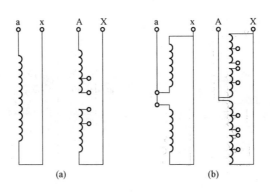

图 4 - 11　绕组出线不同的连接图

（a）端部出线；（b）中部出线

（1）图 4 - 12（a）为圆筒式绕组的连接图，绕组的电压等级不超过 35kV。这种连接图的优点是只用一个分接开关即可调压。圆筒式绕组的分接头多从外层线匝上引出，这样可将相间绝缘距离减小，以缩小变压器的体积和质量。

（2）图 4 - 12（b）是连续式绕组的连接图，绕组的电压等级也不超过 35kV。图中的连接方式又称为"反接法"，是把调压线段放到绕组的中部。这种接法与把调压线段放到绕组的端部的接法相比在运行中的漏磁要小，从而减小轴向机械力。但由于调压线段在绕组的中部，它和相邻的非调压线段之间的电位差约为正常工作电压的一半，特别是在冲击试验时，它们两者之间会出现冲击试验耐压值的 $75\%\sim100\%$ 的电压。因此，这种"反接法"对该处绝缘的考核十分严格，所以"反接法"只能在电压等级低的变压器上应用。

（3）图 4 - 12（c）表示高压绕组（饼式）中部有调压分接线段（无励磁）的星形连接图，这种连接方法又称"顺接法"，所用分接开关相间绝缘按试验时的电压考虑，其中断点电位差较低，其油道按该处的冲击梯度大小来定。

（4）图4-12（d）表示低压绕组（饼式）中部没有调压分接线段的星形连接图。

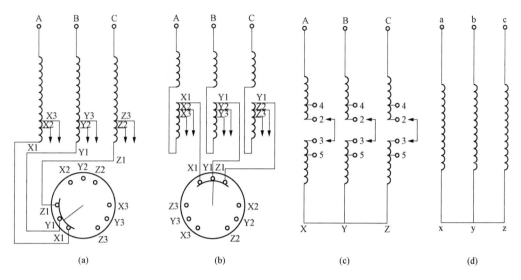

图4-12　三相变压器星形连接图

（a）圆筒式绕组；（b）连续式绕组；（c）高电压绕组；（d）无分接低压绕组

三、油箱

油浸式变压器的油箱是保护变压器器身的外壳和盛油的容器，又是装配变压器外部结构件的骨架，同时通过变压器油将器身损耗所产生的热量以对流和辐射方式散至大气中。

作为盛油容器（不是静止的冷油，而是运动中的热油），油箱应当密封，不漏油、不渗油。密封既是指所有钢板材料和所有焊线均不得渗漏，这决定于钢板材质、焊接工艺规范和焊接结构设计；又是指机械连接的密封处不得漏油，这取决于密封材料的性能和密封结构的合理性。

作为外壳和骨架，油箱应具备一定的机械强度，包括：①承受变压器器身和油的质量以及总体的起吊质量；②承载变压器所有附件（如套管、储油柜、散热器或冷却器等）；③在运输中承受冲击加速度的作用和运行条件下地震力或风力载荷的作用；④对大型变压器而言，器身在油箱内要真空注油，或在安装现场修理时，要利用油箱对器身进行干燥处理，这都要求油箱能承受抽真空时大气压力的作用；⑤除承受内部油压的作用外，还要保证在变压器内部事故时油箱不得爆裂。

作为散热部件，油箱结构形式随变压器容量的增大而不同。小型变压器的发热量较少，仅靠油箱表面散热即可满足变压器规定温升的要求。容量增大后，由于电磁损耗与容量的3/4次方成正比，而外表面积的增加却与容量的1/2次方成正比，即损耗的增加速度超过了油箱自然冷却表面积的增加速度。换言之，要使大容量变压器和小容量变压器具有同一水平的绕组温升和油温升，必须在结构上采取措施来增大油箱散热面积（如增加散热扁管或将箱壁做成瓦棱状等）。变压器容量再增大时，必须加装专用的外部连接的散热器或冷却器，并增设风冷却装置和加速油流循环散热的冷却器和油泵，同时油箱结构也要适于导向冷却的要求。

1. 油箱分类

变压器油箱按冷却方式分为：

（1）瓦棱形（波纹式）箱壁油箱。瓦棱形油箱的外形结构简图如图 4 - 13 所示，它用于中小型变压器，其截面多为矩形或椭圆形，套管一般安装在油箱盖上。瓦棱形油箱壁用薄钢板压制而成，箱壁本身具有较高的机械强度和弹性变形能力，因此，不必要在油箱盖上再安装储油柜（俗称油枕），由温度变化所引起的变压器油体积的胀缩可以通过油箱壁上瓦棱的变形进行补偿。

（2）管式（散热器）变压器油箱。管式变压器油箱的外形结构简图如图 4 - 14 所示，它是由变压器油箱平壁上加焊上下连通的弯管而得名。这些弯管的作用是增加变压器的散热面积，而为保证在相同散热面积的情况下减少变压器油的使用量，弯管的截面多采用"扁管"。随着变压器容量的增加，需要布置多层扁管散热，但不能超过三排，以免内层排管的散热效果受到太大的影响。

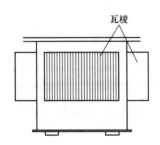

图 4 - 13　瓦棱形（波纹式）油箱外形简图

图 4 - 14　管式（散热器）油箱的外形简图

（3）片式（散热器）变压器油箱。片式变压器油箱的外形结构简图如图 4 - 15 所示，它利用散热片增加变压器的传热面积，其外形美观，是一种新式变压器油箱结构。该种油箱先将散热片焊接在圆管上，再将圆管焊接在变压器油箱壁上，保证散热片内部空腔中的油与变压器油箱中的油相通，可适用于较大容量范围的变压器。当变压器容量达到 800kVA 及以上时，应安装压力释放装置，并在油箱通往储油柜的管路上安装气体继电器。也有制造厂家在较小容量的变压器上采用面积较大的散热片，其作用一是满足散热的要求，二是利用较大的散热片组补偿变压器油随温度变化所产生的胀缩。

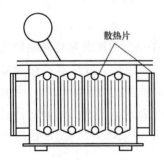

图 4 - 15　片式（散热器）变压器外形简图

（4）带冷却器式油箱。对于巨型变压器油箱，单靠在油箱壁上加挂带风冷却装置的片式散热器已不能满足散热性能的要求，必须在油箱壁上安置高效风冷却器，同时借助于潜油泵来加速油的流动，带走变压器损耗所产生的热量。该油箱的外形结构简图如图

4-16所示。带冷却器的巨型变压器油箱常采用钟罩式油箱结构，即油箱由上、下两节构成，当将上节油箱（俗称钟罩）吊开之后，变压器器身的绝大部分将暴露出来，这给现场检修带来了极大方便。

2. 油箱外形结构

大型变压器油箱的容积很大，在箱底上要放置几十吨甚至上百吨重的器身，连同变压器油及其油箱本身和相应附件的质量有时可达数百吨。在运输中，油箱就是变压器的"包装箱"。高电压大容量变压器要求真空注油，在安装和检修现场又要求利用油箱本身作为密封耐压容器进行器身的真空干燥处理。因此，大型变压器油箱的机械强度有着很严格的要求。

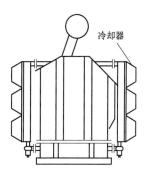

图4-16 带冷却器式
变压器外形简图

如图4-17所示为大型三相无励磁调压升压主变压器外形结构图。其上节油箱为梯形顶钟罩式，箱底为盆式，油箱横截面为矩形截面，高压出线处为适形折边油箱结构。上节油箱箱壁用竖槽形钢进行加强，高压出线用油-空气套管从高压侧盖引出，低压套管从低压侧盖垂直引出与封闭母线连接，冷却器布置在变压器两端，八件吊杆布置在高低压侧，储油柜横卧在油箱上方。

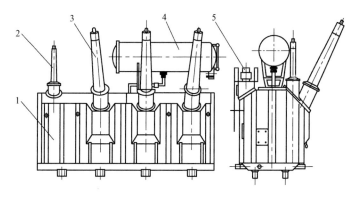

图4-17 大型三相无励磁主调压升压主变压器外形结构图
1—油箱；2—高压中性点套管；3—高压套管；4—储油柜；5—低压套管

四、变压器油

变压器油是天然石油在炼油过程中的一个馏分经精制和添加适当的稳定剂调制而成的。它的主要成分是环烷烃、烷烃和芳香烃。变压器油在变压器油箱中充满整个空间，起着绝缘和传导热量的双重作用。因此，对于变压器油的化学特性、物理特性和电气特性有多项要求。表4-6为GB/T 7595—2008《运行中变压器油质量的相关要求》中对变压器油质量的相关要求。

表 4 - 6 　　　　　　　　　　　　运行中变压器油质量的相关要求

序号	项目	设备电压等级/kV	质量指标		试验方法
			投入运行前的油	运行油	
1	外观		透明，无悬浮物和机械杂质		外观目测
2	水溶性酸（pH 值）		＞5.4	≥4.2	GB/T 7598—2008《运行中变压器油水溶性酸测定法》
3	酸值/（mgKOH/g）		≤0.03	≤0.1	GB/T 7599—1987《运行中变压器油、汽轮机油酸值测定法（BTB 法）》或 GB/T 264—1983《石油产品酸值测定法》
4	闪点（闭口）/℃		≥140（10 号、25 号油）≥135（45 号油）	与新油原始测定值相比不低于 10	GB/T 261—2008《闪点的测定 宾斯基 - 马丁闭口杯法》
5	水分/（mg/L）	330～500	≤10	≤15	GB/T 7600—1987《运行中变压器油水分含量测定法（库伦法）》或 GB/T 7601—2008《运行中变压器油、汽轮机油的水分测定法（气相色谱法）》
		220	≤15	≤25	
		≤110 及以下	≤20	≤35	
6	界面张力（25℃）/（mN/m）		≥35	≥19	GB/T 6541—1986《石油产品 油对水界面张力测定法（圆环法）》
7	介质损耗角正切（90℃）	500	≤0.007	≤0.020	GB/T 5654—2007《液面绝缘材料 相对电容率 介质损耗因数和直流电阻率的测量》
		≤330	≤0.010	≤0.040	
8	击穿电压/kV	500	≥60	≥50	GB/T 507—2002《绝缘油击穿电压测定法》或 DL/T 429.9—1991《电力系统油质试验方法 - 绝缘油介电强度测定法》
		330	≥50	≥45	
		66～220	≥40	≥35	
		35 及以下	≥35	≥30	
9	体积电阻率（90℃）/Ω·m	500	≥6×10^{10}	≥1×10^{10}	DL/T 421—2009《电力用油体积电阻测定法》
		≤330	≥6×10^{10}	≥5×10^{9}	
10	油中含气量（%）（体积分数）	330～500	≤1	≤3	DL/T 423—2009《绝缘油中含气量测定方法 真空压差法》或 DL/T 450—1991《绝缘油中含气量测定方法 二氧化碳洗脱法》
11	油泥与沉淀物（%）（质量分数）		<0.02（以下可忽略不计）		GB/T 511—2010《石油和石油产品及添加剂机械杂质测定法》
12	油中溶解气体组分含量色谱分析		按 DL/T 596—1996《电力设备预防性试验规程》中检验周期和要求		GB/T 17623—1998《绝缘油中溶解气体组分含量的气相色谱测定法》和 GB/T 7252—2001《变压器油中溶解气体分析和判断导则》

五、套管

变压器需要通过套管将各个不同电压等级的绕组连接到线路中，需要使用不同电压等级的套管对油箱进行绝缘。根据使用条件，套管需要满足使用的绝缘（内绝缘和外绝缘）、载流（额定和过载）、机械强度（稳定和地震）等各方面的要求。

1. 套管分类

根据套管的结构、使用地点、运行状态和安装方式的分类见表 4-7。

表 4-7 套管分类

序号	分类特征	类别	
1	主绝缘结构	电容式	胶粘纸、胶浸纸、油浸纸、浇注树脂 其他绝缘气体或液体
		非电容式	气体绝缘、液体绝缘 浇注树脂、复合绝缘
2	使用场所	变压器、电抗器、断路器 气体绝缘金属封闭开关设备、变压器-气体绝缘金属封闭开关设备、变压器-电缆终端、穿过墙或楼板	
3	运行状态	户外、户外-户内 户外-浸入式	一般地区（外绝缘污秽等级Ⅰ级） 污秽地区（外绝缘污秽等级Ⅱ-Ⅳ级）
		户内、户内-浸入式 完全浸入式	
4	安装方式	垂直、倾斜、水平	

2. 套管结构

（1）单体瓷绝缘导杆式套管。如图 4-18 所示为 BD-10、20/（300～3000）、BDW-20/（800～3000）型套管。其额定电压等级为 10、20kV。额定通过电流为 300～3000A。使用环境温度为 -40～+40℃（海拔≤1000m）；当海拔＞1000m 时，可将 20kV 套管当做 10kV 的使用。封闭母线中使用的电流应为套管额定电流的 53%。在瓷套中部有固定平台，安装时用四个或六个压钉卡装在变压器箱盖上。600A 及以上套管的头部有放气孔，安装时需要放出气体，使套管内部充满变压器油。

（2）60～550kV 电容式套管。60kV 及以上电压等级目前毫无例外均使用电容式套管。60～550kV 电容式套管又可分为油-空气套管、油-SF$_6$ 套管、SF$_6$-SF$_6$ 套管和 SF$_6$-空气套管。油-空气套管和油-SF$_6$ 套管用于油浸式变压器，而 SF$_6$-SF$_6$ 套管和 SF$_6$-空气套管用于 SF$_6$ 气体变压器。典型的油浸式电容套管如图 4-19 所示。

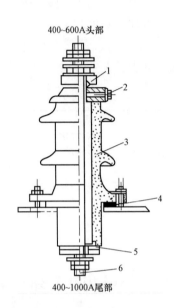

图 4 - 18　BD - 10、20/（300～3000）、
BDW - 20/（800～3000）型套管
1—瓷压盖；2—放气塞；3—瓷套；
4—密封垫圈；5—衬垫；6—导电杆

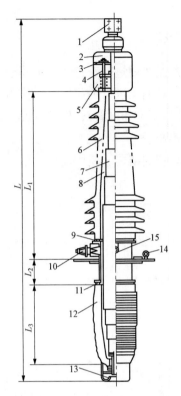

图 4 - 19　典型油浸式电容套管
1—接线头；2—均压罩；3—压圈；4—螺栓及弹簧；
5—储油柜；6—上节瓷套；7—电容芯子；8—变压器油；
9—密封垫圈；10—量端子；11—密封垫圈；12—下节瓷套；
13—均压罩；14—吊环；15—放油塞

在图 4 - 19 中，L 是套管的总高度，与套管的额定电压等级、全部结构以及套管的外绝缘有关；L_1 是上部外绝缘高度；L_2 是中间接地法兰高度，与套管上安装的套管电流互感器数量和型号有关；L_3 是下部绝缘高度。通常套管的上部和下部都用瓷绝缘。

大容量变压器都需要电流互感器向测量仪表和保护设备供电。将电流互感器安放在高压瓷套管的接地法兰处，互感器对地的绝缘由高压套管承受，使电流互感器的结构和绝缘大大简化，不需要按照标准规定对电流互感器进行耐受雷电冲击、操作冲击、介质损耗和局部放电等试验，只需对二次绕组进行规定的试验。

另外，套管电流互感器的动稳定性能主要由套管承担，一般没有动稳定性问题。因此，套管式电流互感器作为高压套管的一种特殊形式在大型变压器中得到广泛采用。

六、分接开关

1. 无励磁分接开关

无励磁分接开关可以在变压器不施加电压的条件下变换变压器的分接头，可用来改变变压器的电压比。

如图 4-20 所示为变压器使用的鼓形结构无励磁调压分接开关。鼓形分接开关通常是单相结构，开关的静触头柱为圆柱形，动触头是圆环形。在圆环形的动触头内装有盘形弹簧，在开关转换时，允许动触头相对中心轴有位移，触头压力由动触头相对中心轴的位移大小决定。转换结束后，动触头处于稳定位置。

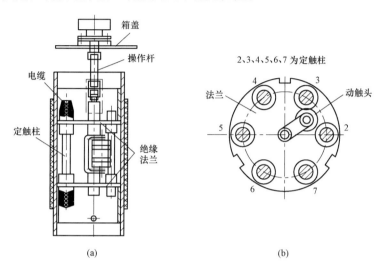

图 4-20 鼓形无励磁分接开关
(a) 鼓形分接开关；(b) 触头系统

鼓形无励磁分接开关一般用于绕组中部调压，其对地绝缘由开关的绝缘操作杆承受，电压范围为 35～220kV，电流范围为 300～1000A。分接之间的纵绝缘由绝缘板及绝缘套承受。

2. 有载分接开关

有载分接开关能在变压器励磁或负载状态下进行操作，是转换绕组分接位置的一种电压调节装置。通常它由一个带过渡阻抗的切换开关和一个能带或不带转换选择器的分接选择器所组成，整个开关通过驱动机构操作。

有载分接开关可以在变压器有励磁和带有负载电流条件下改变变压器的电压比，因此，有载分接开关必须有可以切断电流的触头。其工作原理如图 4-21 所示。

图 4-21 中开关工作位置在绕组的第 2 分接，变压器的负载电流通过分接选择器 S2 的分接 2，准备转换到第 1 分接。转换过程如下：

(1) 分接选择器 S1 从分接 3 转到分接 1，分接选择器的动触头由位置 3 移到位置 1，由于分接 3 中不通过电流，分接选择器 S1 的触头 3 不需要切断电流。

(2) 切换开关动触头动作，原来接触触头 3 和 4，动触头运动，断开静触头 4，动触头断开电流 I，变为只接触静触头 3，电流 I 通过静触头 3 和过渡电阻器 R。

(3) 切换开关动触头继续动作，动触头同时接触静触头 2 和 3，电流 I 通过静触头 2 和 3。此外分接选择器 S1 和分接选择器 S2 的分接 1 和 2 的触头将分接绕组一部分通过过渡电阻器短路，在分接绕组中除有变压器负载电流 I 外，还有分接电压和过渡电阻

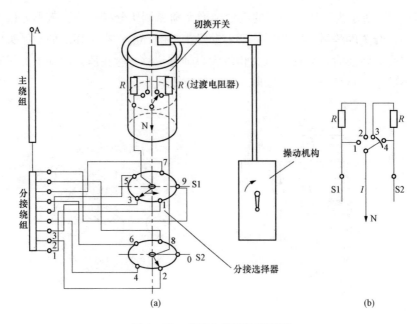

图 4-21 有载分接开关原理图

(a) 分接开关的结构组成；(b) 切换开关的工作原理

器的循环电流 I_c。

（4）切换开关动触头继续动作，动触头断开触头 3 而只接触触头 2，动触头断开电流 $I/2$ 和循环电流 I_c，电流 I 通过触头 2；此时变压器负载电流已转到分接 1，分接选择器 S2 不再通过电流。

（5）切换开关动触头继续动作，动触头同时接触静触头 1 和 2，负载电流通过触头 1，过渡电阻器不再通过电流，分接转换结束。

（6）电流通过分接选择器 S1，完成一个分接的转换。

七、风冷却器

变压器的风冷却器由风扇、油泵、冷却管、油流指示器等部件组成。如图 4-22 所示为风冷却器结构图。在图 4-22 的冷却器中垂直布置多根由钢材或铝制造的冷却管。为提高每根冷却器的冷却效率，通常在冷却管的外表面上增加翅片，以加强空气侧的换热。

变压器冷却器的技术要求如下：

（1）冷却器的辅机损耗率应小于冷却容量的 3%。

（2）冷却器一般应具有 5% 的储备裕度。

（3）冷却器的额定冷却容量为 125kW 及以下时的油流速应不大于 2.5m/s；额定冷却容量为 160kW 及以上时的油流速应不大于 2.0m/s。

（4）冷却器的内表面必须进行防锈处理，与空气接触的表面按防腐类型涂漆。

（5）冷却器的整体结构应能承受真空试验，绝对压力小于 65Pa，持续时间为

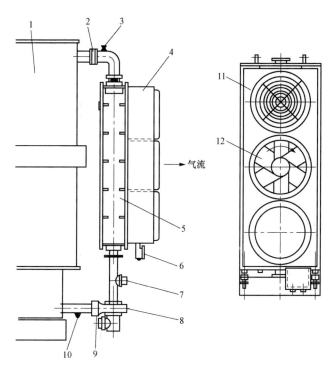

图 4 - 22　风冷却器的结构图

1—变压器油箱；2—上蝶阀；3—放气塞；4—风扇箱；5—冷却管；6—端子箱；
7—油流指示器；8—油泵；9—下蝶阀；10—排污阀；11—风扇保护网；12—风扇

10min，不得有永久变形和损伤。

（6）冷却器的主电源回路必须装设油泵及风扇的过载、短路和缺相保护装置。油泵、风扇、油流指示器、控制箱等电气设备的金属外壳均须可靠接地。油泵、风扇及电缆的供电回路相间及对地，应能承受 1600V 的工频耐压试验 1min。

（7）冷却器的本体须经 0.5MPa 油压试验。初始油温为 80～90℃，持续时间 6h，应无渗漏。

（8）冷却器在竖直状态下，用不低于 70℃的变压器热油（耐压值不低于 35kV）进行清洗，每隔 2h 检查一次，直到过滤网中没有异物为止。运行试验时，应保证风扇和油泵转向正确，运转平稳。流量指示器发出的信号应正确、可靠。热继电器不应误动作，运行时间应不小于 1h。

（9）冷却器的额定冷却容量为 125kW 及以下时声级水平为 72dB，160kW 及以上时为 74dB。

（10）冷却器进出油管路和连接法兰尺寸应符合有关规定。

八、片式散热器

当变压器的容量逐渐增加时，为保证变压器的热寿命，需要增加变压器的散热面积。片式散热器是变压器目前已取代管式散热器，是广泛采用的散热器，片式散热器由

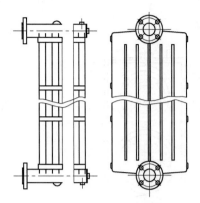

图 4-23 片式散热器

薄钢板压成有槽形油道后，两片组焊成一片散热片，再组焊而成，如图 4-23 所示。

小型变压器上，可直接将片式散热器焊在变压器油箱上，片的中心距为 375～1000mm。大中型变压器上，用有法兰的管接头，通过螺栓将片式散热器固定在变压器油箱上，片的中心距为 1200～4000mm，散热器片宽度范围为 310～535mm。

九、储油柜

油浸式变压器的器身需要浸在变压器油中，以保证变压器的绝缘强度，并传递变压器运行时器身所产生的热量，减缓绝缘的老化。变压器运行时，散出器身产生的热量需要存在温度梯度，所以运行时变压器油的温度要比环境温度高。并且由于环境温度变化和变压器负载的变化，变压器油的温度是在一定范围内变化的，而当变压器油的温度变化时，变压器油的体积也发生变化。储油柜就是满足变压器油体积变化，减少或防止水分和空气进入变压器，延缓变压器油和绝缘老化的保护装置。常用储油柜有以下几种。

1. 敞开式储油柜

敞开式储油柜内，变压器油通过吸湿器与大气相通。它主要由柜体、注油塞、放油塞、油位计、吸湿器和油面线标志组成，能满足变压器油随温度的变化而引起的体积膨胀和收缩，并通过吸湿器可将空气中水分吸收，起到保护油的作用。其结构如图 4-24 所示。

2. 隔膜式储油柜

隔膜式储油柜使用橡胶密封件作为隔膜将储油柜分为上半部和下半部，使变压器油与空气隔绝，使空气中的水分和氧气不接触变压器油，从而防止空气中的氧气和水分的浸入，可以延长变压器油的使用寿命，具有良好的防油老化作用。其结构如图 4-25 所示。

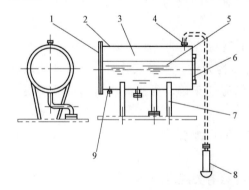

图 4-24 敞开式储油柜结构示意图
1—端盖；2—柜体；3—空气；4—塞子；
5—变压器油；6—油位计；7—柜脚；
8—吸湿器；9—放油塞

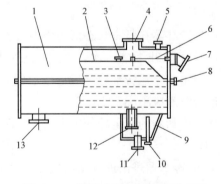

图 4-25 隔膜式储油柜结构示意图
1—柜体；2—橡胶隔膜；3—放气塞；4—视察窗；5—管接头；
6—油位计拉杆；7—磁力式油位计；8—放水塞；9—集气盒；
10—放气管接头；11—管接头；12—注放油管；13—集污盒

3. 胶囊式储油柜

如图 4-26 所示为胶囊式储油柜的结构示意图，其工作原理与隔膜式储油柜相同，不同之处是用胶囊使变压器油和空气隔绝。胶囊式储油柜使用的油位计接触于油侧，油位检测杆端部有浮球，检测杆长度不变，浮球位置随油面变化而变化。

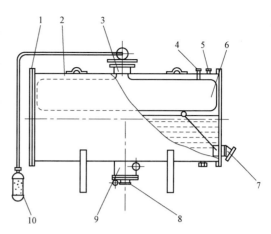

图 4-26 胶囊式储油柜结构示意图

1—端盖；2—柜体；3—罩；4—胶囊吊装器；5—塞子；
6—胶囊；7—油位计；8—蝶阀；9—集气室；10—吸湿器

十、气体继电器

气体继电器是变压器的一种保护用组件，当变压器内部有故障而使油分解产生气体或造成油流冲击时，继电器的接点动作，给出信号或自动切除变压器。

按照 GB/T 6451—1999 标准规定，容量为 800kVA 及以上的变压器应装有气体继电器，安装在变压器油箱和储油柜之间的管路中，如图 4-27 所示。

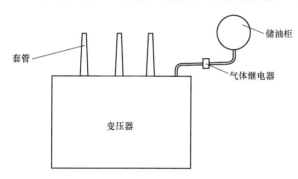

图 4-27 气体继电器的安装

气体继电器主要由外壳、视察窗、引出接线装置和内部测量信号装置组成。如图 4-28 所示为具有产气和流速保护的气体继电器的内部结构。

（1）当变压器内部出现过热故障时，绝缘材料会因温度过高而分解产生少量气体，当气体上升到油箱上部并通过连管进入到继电器时，继电器的上浮子位置会逐渐下降。当液面下降到对应继电器整定的容积时，上浮子上的磁铁向下移动，使继电器内的轻瓦斯干簧接点动作，继电器给出信号。

（2）当变压器邮箱出现渗漏油或其他轻微放电故障时，会引起变压器油位逐渐下降或产生少量气体，上浮子也会向下移动，使轻瓦斯触电动作给出信号。如果故障没有及时处理，油位继续下降，挡板的位置也逐渐下降。当挡板位置达到设定的位置时，挡板上的磁铁使继电器内的干簧接点动作，继电器给出变压器应分闸的信号。

（3）当变压器内部有严重短路故障时，电弧会引起油大量分解，产生的气体在储油柜连管内产生很高的流速，油流推动气体继电器内的挡板，挡板带动磁铁移动使重瓦斯触点动作，气体继电器给出变压器分闸的信号。

十一、压力释放阀

压力释放阀是变压器的一种压力保护装置。当变压器内部有严重故障时，油分解会

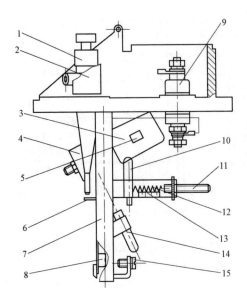

图 4-28 气体继电器的内部结构

1—气塞；2—探针；3—上浮子；4—重锤；5—磁铁；

6—挡板；7—支架；8—磁铁；9—接线端子；

10—轻瓦斯干簧接点；11—调节杆；12—弹簧；

13—标尺；14—重瓦斯干簧接点；15—调节螺钉

产生大量气体。由于变压器基本是密闭的物体，连通储油柜的连管直径比较小，仅靠连通储油柜的连管不能有效迅速地降低压力，会造成油箱内压力急剧升高，导致变压器油箱破裂。压力释放阀将可以及时打开，排出部分变压器油，降低油箱内的压力。待油箱内的压力降低后，压力释放阀将自动闭合，保持油箱密封。

按照 GB/T 6451—1999 标准规定，对于容量为 800kVA 及以上的变压器，应装有压力保护装置，并安装在变压器油箱的上部，如图 4-29 所示。大容量变压器的压力释放阀有时安装于变压器油箱上部的侧面，为排油方便，有的变压器在压力释放阀出口布置排油管。

典型的变压器压力释放阀的结构如图 4-30 所示。可见，压力释放阀由螺栓 12 固定在变压器油箱盖上，由密封垫圈 2 密封。释放阀的盖 6 由螺栓 11 固定在法兰 1 上，盖 6 通过两个弹簧 7 对膜盘 3 施加压力，膜盘 3 通过两个密封垫圈 4 和 5 密封。当变压器油对密封垫圈 4 限定的膜盘 3 的面积上的压力大于弹簧 7 的压力时，膜盘 3 开始向上移动，变压器油的压力就作用在密封垫圈 5 上。由于作用面积增加，膜盘 3 上的压力快速增加，膜盘 3 移动到弹簧 7 限定的位置，变压器油排出。变压器内的压力迅速降低到正常值，膜盘 3 受弹簧的作用，回复到原来位置，释放阀重新密封。

膜盘 3 向上移动时，机械指示

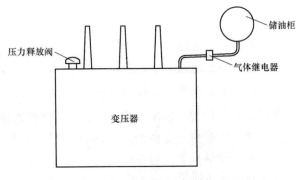

图 4-29 压力释放阀的安装

销 8 受膜盘 3 的推动，也向上移动，并由销的导向套 13 保持在向上位置，不随膜盘 3 回复到原位置而下落，带颜色的销 8 向上突出，可以从远处看到，给运行人员明显指示表明释放阀已经动作。销 8 只能用手动方式向下推，使其返回到原来接触膜盘 3 的位置。释放阀也可以提供长臂的信号杆 15，以便可以在更远的距离就可以观察到释放阀已经动作。

释放阀有信号开关 9 安装在盖上，开关是单级双投开关，用三芯电缆连接，用于远距离信号或报警。开关动作后就自己闭锁，必须用杆 10 手动返回。

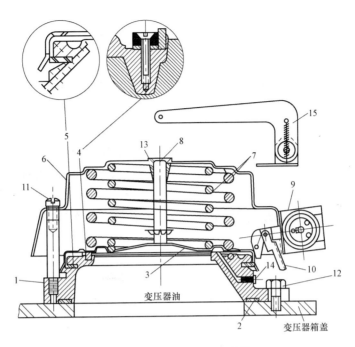

图 4 - 30 压力释放阀的结构

1—法兰；2、4、5—密封垫圈；3—膜盘；6—盖；7—弹簧；8—机械指示销；9—信号开关；
10—杆；11、12、14—螺栓；13—导向套；15—信号杆

十二、变压器温度计

变压器温度计用于测量变压器油顶层温度和变压器绕组温度。由于变压器的安全运行和使用寿命与运行温度密切相关的，在变压器的标准中规定了变压器运行时油顶层的温度和绕组的平均温度。因此，变压器使用单位要按标准要求，监视变压器运行时油顶层温度，在可能的条件下监视绕组温度，并以这些数据和变压器运行导则来确定变压器允许的负荷。

通常使用压力式温度计测量变压器油顶层温度，使用变压器绕组温度计测量变压器绕组温度。

1. 压力式温度计

变压器压力式温度计主要由指示仪表、温包和毛细管等组成，典型的压力式温度计结构如图 4 - 31 所示。温包放置在和变压器油温相同的温度计座内，内部充有感温液体。当变压器油温变化时，感温液体的体积也随之变化，这一体积变

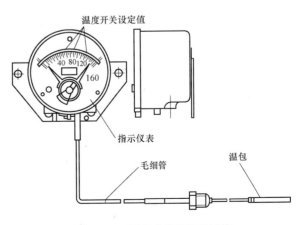

图 4 31 压力式温度计的结构

化通过毛细管传递到指示仪表。在指示仪表内有弹性元件，将体积变化转变成机械位移，通过机械放大后，带动仪表指示，显示变压器的油温。

为满足大型变压器使用单位远距离采集温度数据的需要，也有将温包做成复合结构的，即能输出 Pt100 铂电阻的信号，与 XMT 数显温控仪配合使用，可以远距离地传输温度信号。

2. 变压器绕组温度计

变压器绕组温度计利用"热模拟"原理进行变压器绕组温度测量，而不是直接测量绕组温度。根据标准 JB/T 8450—1996《变压器绕组温度计》，符合此标准的温度计适用于油浸式变压器。

根据《油浸式电力变压器负载导则》，近似地有油浸式变压器的热分布如图 4-32 所示。

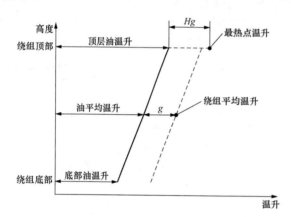

图 4-32　油浸式变压器热分布图

图 4-32 中假定绕组和绕组中的变压器油的温度都是随高度线性增加的，g 表示绕组和油的平均温差，Hg 表示绕组热点温度和绕组顶部油的最大温差。其中 H 是热点系数，表示热点温升比绕组顶部平均温升要高，H 的值与变压器的容量大小和短路阻抗有关。

变压器绕组温度计利用这一理论基础，使用压力式温度计测量顶层油温升，在此基础上增加一个对应 Hg 或 g 的增量，也就是绕组对油的温差，即铜油温差，就可以得到对应变压器绕组热点温度或绕组顶层平均温度。

铜油温差是绕组对油的温升，这一温升和绕组中的损耗和通过的电流大小有关。因此，需要通过电流互感器的二次电流加热仪表的电热元件得到这一增量，从而得到绕组的温度。在变压器绕组温度计中产生铜油温差的方法有两种，如图 4-33 中（a）和（b）所示。图 4-33（a）中将电热元件置于指示仪表中，当对应变压器负载的电流通过电热元件时，电热元件产生热量，使仪表内部的弹性元件的变形量增大，此增加量对应铜油温差。因此，在变压器带有负载时，仪表指示对应变压器绕组的温度。图 4-33（b）的方法是将电热元件和温包置于复合变送器中，将复合变送器置于变压器的温度计座中。因此，复合变送器可以送出数据，对应变压器绕组温度，仪表指示出变压器绕组的温度。

图 4-33（a）中可以在仪表内装设和仪表指针一起运动的电位器，此电位器是电桥的一个桥臂，将电位器电阻的变化传送到远方，提供远方指示。图 4-33（b）的复合变送器中装有 Pt100 电阻，从 Pt100 电阻输出与变压器绕组温度对应的 Pt100 信号或 4～20mA 信号供远方显示。

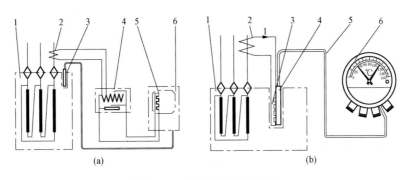

图 4-33　绕组温度计原理图

（a）电热元件在仪表中

1—变压器；2—电流互感器；3—温包；4—匹配器；5—电热元件；6—仪表

（b）电热元件在复合变送器中

1—变压器；2—电流互感器；3—电热元件；4—温包；5—毛细管；6—仪表

第三节　电力变压器的运行分析

一、单相变压器空载运行分析

变压器的空载运行指变压器的一次侧接在额定频率、额定电压的交流电源上，而二次侧开路时的运行状态。图 4-34 是单相变压器空载运行时的原理图。

1. 空载运行时的电磁物理过程

变压器空载运行时，二次绕组开路，一次绕组中的电流 $\dot{I}_0$ 称为空载电流。空载电流产生空载磁通势 $\dot{F}_0 = \dot{I}_0 N_1$，并建立空载时的磁通。其中绝大部分磁通沿铁心形成闭合磁路，并与变压器一、二次绕组交链，这部分磁通称为主磁通（即互感磁通），用

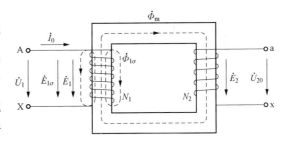

图 4-34　变压器空载运行时的原理图

$\dot{\Phi}_m$ 表示，是变压器进行能量传递的媒介。另一小部分磁通仅与一次绕组交链，主要沿非铁磁材料构成闭合磁路，这部分磁通称一次绕组的漏磁通，用 $\dot{\Phi}_{1\sigma}$ 表示。

主磁通 $\dot{\Phi}_m$ 在一、二次绕组中感应电动势 $\dot{E}_1$、$\dot{E}_2$，一次绕组漏磁通 $\dot{\Phi}_{1\sigma}$ 在一次绕组中感应漏电动势 $\dot{E}_{1\sigma}$。此外，空载电流 $\dot{I}_0$ 通过一次绕组时，还在一次绕组电阻 R_1 上产生电压降 $I_0 R_1$。

2. 感应电动势及电势方程

设主磁通按正弦规律变化，即

$$\varphi(t) = \Phi_m \sin\omega t \tag{4-7}$$

式中　Φ_{m}——主磁通的最大值。

则由上述物理量的正方向得感应电动势的瞬时值为

$$e_1 = -N_1\frac{\mathrm{d}\varphi}{\mathrm{d}t} = -N_1\omega\Phi_{\mathrm{m}}\cos\omega t = N_1\omega\Phi_{\mathrm{m}}\sin(\omega t - 90°)$$

$$e_2 = -N_2\frac{\mathrm{d}\varphi}{\mathrm{d}t} = -N_2\omega\Phi_{\mathrm{m}}\cos\omega t = N_2\omega\Phi_{\mathrm{m}}\sin(\omega t - 90°)$$

(4 - 8)

感应电动势的有效值

$$E_1 = \frac{E_{1\mathrm{m}}}{\sqrt{2}} = \frac{N_1\omega\Phi_{\mathrm{m}}}{\sqrt{2}} = 4.44fN_1\Phi_{\mathrm{m}}$$

$$E_2 = \frac{E_{2\mathrm{m}}}{\sqrt{2}} = \frac{N_2\omega\Phi_{\mathrm{m}}}{\sqrt{2}} = 4.44fN_2\Phi_{\mathrm{m}}$$

(4 - 9)

感应电动势的相量值

$$\dot{E}_1 = -\mathrm{j}4.44fN_1\dot{\Phi}_{\mathrm{m}}$$

$$\dot{E}_2 = -\mathrm{j}4.44fN_2\dot{\Phi}_{\mathrm{m}}$$

(4 - 10)

$\dot{I}_0$ 建立主磁通时会在铁心中引起铁心损耗 P_{Fe}（包括磁滞损耗和涡流损耗），所以其感应电动势 $\dot{E}_1$ 可用 $\dot{I}_0$ 在励磁阻抗 Z_{m} 上的压降表示，即

$$\dot{E}_1 = -\dot{I}_0 Z_{\mathrm{m}}$$

(4 - 11)

$$Z_{\mathrm{m}} = R_{\mathrm{m}} + \mathrm{j}X_{\mathrm{m}}$$

(4 - 12)

式中　Z_{m}——励磁阻抗；

　　　R_{m}——励磁电阻，反应铁心损耗的等效电阻；

　　　X_{m}——励磁电抗，与主磁通相对应。

由于主磁通与励磁电流是非线性的关系，所以 R_{m}、X_{m} 大小都随铁心饱和度而变化，也即随外加电压大小而变化。因为变压器正常工作时外加的电压是额定电压，所以 R_{m}、X_{m} 取对应于额定电压时的值。

同理，可以得到一次绕组的漏磁通在一次绕组中的感应电动势为

$$e_{1\sigma} = \omega N_1\Phi_{1\sigma\mathrm{m}}\sin(\omega t - 90°)$$

(4 - 13)

有效值为

$$E_{1\sigma} = \frac{E_{1\sigma\mathrm{m}}}{\sqrt{2}} = \frac{\omega N_1\Phi_{1\sigma\mathrm{m}}}{\sqrt{2}} = 4.44fN_1\Phi_{1\sigma\mathrm{m}}$$

(4 - 14)

相量值为

$$\dot{E}_{1\sigma} = -\mathrm{j}4.44fN_1\dot{\Phi}_{1\sigma\mathrm{m}}$$

(4 - 15)

由于漏磁通 $\Phi_{1\sigma}$ 的路径中主要是非铁磁材料，达不到饱和，可认为 $\dot{\Phi}_{1\sigma}$ 与 $\dot{I}_0$ 成正比，所以与漏磁通对应的电感为常量，即

$$L_1 = \frac{\psi_{1\sigma}}{I_0} = \frac{N_1\Phi_{1\sigma}}{I_0} = \frac{N_1\Phi_{1\sigma\mathrm{m}}}{\sqrt{2}I_0}$$

(4 - 16)

式中　$\psi_{1\sigma}$——一次绕组的漏磁链。

将式（4 - 16）代入式（4 - 15）得

$$\dot{E}_{1\sigma} = -j\dot{I}_0\omega L_1 = -j\dot{I}_0 X_1$$

式中 X_1——一次绕组的漏磁电抗,简称漏抗。

$X_1 = \omega L_1$ 对应于一次绕组漏磁通。由于 L_1 为常量,所以频率一定时,X_1 是常量。

3. 电压平衡方程式

参照图 4-34 所规定的各物理量的正方向,可列出变压器一、二次侧的电压方程式为

$$
\begin{aligned}
\dot{U}_1 &= -\dot{E}_1 + \dot{I}_0 R_1 + (-\dot{E}_{1\sigma}) \\
&= -\dot{E}_1 + \dot{I}_0 R_1 + j\dot{I}_0 X_1 \\
&= -\dot{E}_1 + \dot{I}_0(R_1 + jX_1) \\
&= -\dot{E}_1 + I_0 Z_1
\end{aligned}
\tag{4-17}
$$

式中 Z_1——一次绕组的漏阻抗。

由于在工程计算中 $\dot{I}_0 Z_1$ 很小,当忽略不计时,则有

$$\dot{U}_1 \approx -\dot{E}_1 \quad 或 \quad U_1 \approx E_1$$

同理,变压器空载运行时,二次侧电势方程为

$$\dot{U}_2 = -\dot{E}_2$$

4. 变比 K

变压器一、二次绕组感应电动势之比,称作变比 K。

$$K = \frac{E_1}{E_2} = \frac{4.44 N_1 f \Phi_m}{4.44 N_2 f \Phi_m} = \frac{N_1}{N_2} \tag{4-18}$$

上式表明,变压器的变比等于一、二次侧绕组匝数之比。习惯上用高压绕组的电动势与低压绕组的电动势之比来表示此其变比。变压器空载运行时,$E_1 \approx U_1 = U_{1N}$,$E_2 = U_2 = U_{2N}$,所以

$$K = \frac{E_1}{E_2} \approx \frac{U_{1N}}{U_{2N}} \tag{4-19}$$

对于三相变压器,变比指一、二次侧相电压之比。

二、单相变压器负载运行分析

变压器的负载运行是指变压器的一次侧接在额定频率、额定电压的交流电源上,二次侧接上负载的运行状态。如图 4-35 所示。

1. 负载运行时的电磁物理过程

当变压器二次侧接上负载时,在电动势 $\dot{E}_2$ 的作用下,由负载阻抗 Z_f 和二次绕组构成的二次侧电路中流过负载电流 $\dot{I}_2$。$\dot{I}_2$ 建立二次绕组磁通势 $\dot{F}_2 = \dot{I}_0 N_3$,也作用在铁心磁路上。一次侧的电流也由空

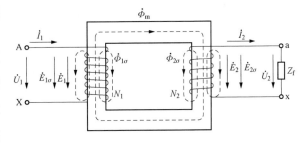

图 4-35 变压器负载运行时的原理图

载时的 $\dot{I}_0$ 变化为负载时的 $\dot{I}_1$，$\dot{I}_1$ 建立一次绕组磁通势 $\dot{F}_1 = \dot{I}_1 N_1$。$\dot{F}_1$、$\dot{F}_2$ 共同建立主磁通 $\dot{\Phi}_m$。

主磁通在一、二次绕组中感应电动势 $\dot{E}_1$、$\dot{E}_2$；一、二次绕组漏磁通分别在一、二次绕组中感应漏磁电动势 $\dot{E}_{1\sigma}$、$\dot{E}_{2\sigma}$。$\dot{E}_{2\sigma}$ 也可用二次绕组的漏抗压降来表示，即

$$\dot{E}_{2\sigma} = j\dot{I}_2 X_2 \tag{4-20}$$

2. 变压器负载时的磁通势平衡

空载时，作用在变压器主磁路上只有一次绕组的空载磁通势 $\dot{F}_0$。负载时，作用于磁路上有一次绕组磁通势 $\dot{F}_1$ 和二次绕组磁通势 $\dot{F}_2$。由于空载与负载时电源电压不变，因此主磁通 $\dot{\Phi}_m$ 不变，即空载磁通势 $\dot{F}_0$ 与负载运行时的合成磁通势 $\dot{F}_1 - \dot{F}_2$ 相等，即

$$\dot{F}_1 - \dot{F}_2 = \dot{F}_0 \tag{4-21}$$

或

$$\dot{I}_1 N_1 - \dot{I}_2 N_2 = \dot{I}_0 N_1 \tag{4-22}$$

式（4-21）称为磁通势平衡方程式。

3. 负载时的电压方程式及电流方程式

（1）电压方程式。如图 4-35 所示，根据基尔霍夫第二定律，得到一次、二次侧的电压方程式为

$$\dot{U}_1 = -\dot{E}_1 + \dot{I}_1 R_1 + j\dot{I}_1 X_1 = -\dot{E}_1 + \dot{I}_1 Z_1$$
$$\dot{U}_2 = -\dot{E}_2 - \dot{I}_2 R_2 - j\dot{I}_2 X_2 = -\dot{E}_2 - \dot{I}_2 Z_2 \tag{4-23}$$

式中 Z_2——二次绕组的漏阻抗。

在输出端我们又可将 $\dot{U}_2$ 表示为电流 $\dot{I}_2$ 在负载 Z_f 上的压降，即

$$\dot{U}_2 = Z_f \dot{I}_2 \tag{4-24}$$

（2）电流方程式。由式（4-22）得

$$\dot{I}_1 = \dot{I}_0 + \left(\dot{I}_2 \frac{N_2}{N_1}\right)$$
$$= \dot{I}_0 + \left(\dot{I}_2 \frac{1}{K}\right) \tag{4-25}$$
$$= \dot{I}_0 + \dot{I}_2'$$

式中 $\dot{I}_2'$——折算到一次侧的负载电流分量。

式（4-25）表明，变压器负载运行时，一次侧电流由两个分量组成。其中 $\dot{I}_0$ 用来产生主磁通 $\dot{\Phi}_m$，称为励磁分量；另一部分 $\dot{I}_2' = \dot{I}_2 \frac{1}{K}$ 用来补偿二次侧电流的去磁作用，称为负载分量。所以当二次侧电流变化时，必将引起一次侧电流变化，即变压器一次侧的电流和功率将随二次侧电流和功率的变化而变化。变压器就这样通过电磁感应关系和磁通势平衡来实现功率的传递。

综上所述，变压器负载运行时，各物理量之间的关系可用下面六个方程式来描述

$$
\left.\begin{array}{l}
\dot{U}_1 = -\dot{E}_1 + \dot{I}_1 R_1 + \mathrm{j}\dot{I}_1 X_1 \\[4pt]
\dot{U}_2 = -\dot{E}_2 - \dot{I}_2 R_2 - \mathrm{j}\dot{I}_2 X_2 \\[4pt]
K = E_1/E_2 \\[4pt]
\dot{I}_1 = \dot{I}_0 + \left(\dfrac{N_2}{N_1}\dot{I}_2\right) \\[4pt]
\dot{E}_1 = -(\dot{I}_0 R_{\mathrm{m}} + \mathrm{j}\dot{I}_0 X_{\mathrm{m}}) \\[4pt]
\dot{U}_2 = \dot{I}_2 Z_{\mathrm{f}}
\end{array}\right\}
\tag{4-26}
$$

这是变压器稳态运行的基本方程式，式（4−26）既适用于单相变压器负载运行的情况，也适用于三相变压器对称负载运行时其中某一相的情况。只是在分析三相变压器时，各物理量要选取一相的数值。

4. 变压器的折算关系

在不影响变压器的内部电磁关系（即折算前后的磁势、功率、损耗均不发生变化）的条件下，把变压器一侧绕组匝数变换成另一侧绕组的匝数的方法称作折算法。例如，把二次绕组的匝数 N_2，换成一次绕组的匝数 N_1，叫做二次绕组折算到一次绕组。换算以后的物理量称为折算量，在原来各物理量的右上角加"′"来表示。二次侧折算后与折算前各物理量的换算关系如下。

（1）电流折算关系。二次侧绕组匝数 N_2 用一次绕组匝数 N_1 来替代，即 $N'_2 = N_1$，根据折算前后磁通势不变的原则，有

$$
I'_2 N'_2 = I_2 N_2 \tag{4-27}
$$

由此得

$$
I'_2 = I_2 \frac{N_2}{N'_2} = I_2 \frac{N_2}{N_1} = \frac{1}{K} I_2 \tag{4-28}
$$

（2）电动势或电压的折算。由于折算前后磁通势不变，所以磁通也不变，即

$$
\frac{E'_2}{E_2} = \frac{4.44 f \Phi_{\mathrm{m}} N'_2}{4.44 f \Phi_{\mathrm{m}} N_2} = \frac{N_1}{N_2} = K \tag{4-29}
$$

由此得
$$
E'_2 = K E_2 \tag{4-30}
$$

根据折算前后功率不变的原则，有

$$
I'_2 U'_2 = U_2 I_2 \tag{4-31}
$$

得
$$
U'_2 = \frac{I_2}{I'_2} U_2 = K U_2 \tag{4-32}
$$

（3）阻抗的折算。根据折算前后铜损耗不变的原则，有

$$
I'^2_2 R'_2 = I^2_2 R_2 \tag{4-33}
$$

得
$$
R'_2 = \frac{I^2_2}{I'^2_2} R_2 = K^2 R_2 \tag{4-34}
$$

根据折算前后无功功率不变的原则，有

$$
I'^2_2 X'_2 = I^2_2 X_2 \tag{4-35}
$$

得
$$
X'_2 = \frac{I^2_2}{I'^2_2} = K^2 X_2 \tag{4-36}
$$

$$Z'_2 = K^2 Z_2 \qquad\qquad (4\text{-}37)$$

同理得
$$Z'_f = K^2 Z_f \qquad\qquad (4\text{-}38)$$

（4）折算后的基本方程式为

$$\left.\begin{aligned}
\dot{U}_1 &= -\dot{E}_1 + \dot{I}_1(R_1 + jX_1) = -\dot{E}_1 + \dot{I}_1 Z_1 \\
\dot{U}'_2 &= -\dot{E}'_2 - \dot{I}'_2(R'_2 + jX'_2) = -E'_2 - \dot{I}'_2 \dot{Z}'_2 \\
\dot{I}_1 &= \dot{I}_0 + \dot{I}'_2 \\
\dot{E}_1 &= -\dot{I}_0 Z_m \\
\dot{U}'_2 &= \dot{I}'_2 Z'_f
\end{aligned}\right\} \qquad (4\text{-}39)$$

5. 变压器负载运行时的等值电路及相量图

（1）T形等值电路。由式（4-39）可推导出变压器的等值电路。变压器的负载运行可分别用具有阻抗 Z_1、Z_m 和 $Z'_2 + Z'_f$ 的三条支路进行复联的"T"形等值电路来表示，如图4-36所示。

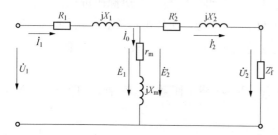

图 4-36 变压器的 T 形等值电路

（2）简化等值电路和相量图。由于空载电流很小，对于电力变压器通常可以忽略 $\dot{I}_0$，认为 T 形等值电路中的 $R_m + jX_m$ 为无穷大，即励磁电路为断开状态。这时变压器的等值电路成为简单的串联电路，相对应的电压方程式为

$$\dot{U}_1 = \dot{U}'_2 + \dot{I}_1 R_K + j\dot{I}_1 X_K$$

$$(4\text{-}40)$$

如图4-37所示为变压器带感性负载时的简化等值电路和相量图。

三、变压器的运行性能

1. 变压器的外特性

变压器的外特性是指当变压器一次绕组端电压为额定值、负载功率因数为一定值时，二次绕组端电压随负载电流变化的关系。即 $U_2 = f(I_2)$。如图4-38所示为变压器不同负载时的外特性。

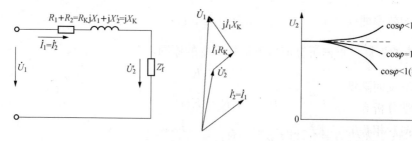

图 4-37 变压器的简化等值电路和相量图
R_K—短路电阻；X_K—短路电抗

图 4-38 变压器的外特性曲线

由外特性曲线可以看出，当负荷为电阻性负载或电感性负载时，随着负载电流 I_2 的

增大，变压器二次侧电压逐渐降低，即变压器具有下降的外特性。当负荷为容性负载时，随着负荷电流 I_2 的增大，变压器二次侧电压逐渐升高，即变压器具有上升的外特性。

2. 电压调整率

电压调整率是指变压器的一次侧接在额定频率、频定电压的电源上，其空载时的二次侧电压 U_{2N} 与带一定负载时的二次侧电压 U_2 的算术差的百分值。一般电压调整率用百分数表示，即

$$\Delta U = \frac{U_{2N} - U_2}{U_{2N}} \times 100\% \tag{4-41}$$

变压器额定负载时的电压调整率，称为额定电压调整率。它的大小标志着电压的稳定程度，是变压器运行性能的一个重要指标。

如果变压器的二次侧电压 U_2 偏离额定值 U_{2N} 过大，就要进行调压。电力变压器调压的方式有两种：一种是无励磁调压，即需切断电源后改变高压绕组的分接头调压；另一种是有载调压，就是在不断开电源和负载的情况下用有载分接开关调压。

3. 损耗与效率

（1）变压器的损耗。变压器在传递能量的过程中产生损耗，致使输出功率小于输入功率。变压器的总损耗 $\Sigma\Delta P$ 包括铁损 ΔP_{Fe} 和铜损 ΔP_{Cu} 两部分，即

$$\Sigma\Delta P = \Delta P_{Fe} + \Delta P_{Cu} \tag{4-42}$$

铁损 ΔP_{Fe} 与 B_m^2 或 U_1^2 成正比。由于变压器空载和负载时，电源电压基本不变，因此空载和负载时的铁损基本相同，故铁损又称不变损耗。

铜损 ΔP_{Cu} 是电流在一、二次绕组电阻上产生的有功功率损耗，它与电流的平方成正比，随负载变化而变化，故称为可变损耗。

（2）变压器的效率。变压器输出的有功功率 P_2 与输入的有功功率 P_1 之比，称为变压器的效率，即

$$\eta = \frac{P_2}{P_1} \times 100\% = \frac{P_1 - \sum\Delta P}{P_1} \times 100\%$$

$$= \left(1 - \frac{\sum\Delta P}{P_2 + \sum\Delta P}\right) \times 100\% \tag{4-43}$$

变压器的效率曲线如图 4-39 所示。由效率曲线可知，负载较小时，效率很低；负载增加时，则效率随之增加；当负载增加到某一数值时效率达到最大值，而后随着负载的增加，效率反而降低。

通过数学分析和计算表明，当可变损耗（铜损）与不变损耗（铁损）相等时，变压器出现最高效率 η_{max}。由于变压器负载是变化的，一般不会长期在额定负载下运行，为了使变压器平均效率高，通常负载的大小在 $0.5 \sim 0.6$ 倍的额定负载之间。

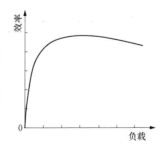

图 4-39　变压器的效率曲线

第四节 电力变压器的运行方式

一、允许温度与允许温升

变压器在运行中绕组和铁心都要发热，若温度长时间超过允许值会使绝缘渐渐失去机械强度而变脆，这就是绝缘老化。当绝缘老化到一定程度时，由于变压器在运行中受到振动和机械力的作用，绝缘开始破裂，结果造成绝缘的电气击穿，而使变压器损坏。

1. 允许温度

变压器在运行中绝缘所受的温度越高，绝缘的老化也越快，所以必须规定绝缘的允许温度。一般认为油浸式变压器绕组绝缘最热点温度为98℃时，变压器具有正常使用寿命，约30年。

变压器大都是油浸式变压器，这种变压器在运行中各部分的温度是不同的，绕组的温度最高，其次是铁心的温度。而绝缘油的温度低于绕组和铁心的温度，变压器的上部油温又高于下部油温。所以规定油浸式电力变压器运行中的允许温度按上层油温来检验。上层油温的允许值应遵守制造厂的规定：对自然油循环自冷、风冷的变压器最高不得超过95℃，为了防止变压器油劣化过速，上层油温不宜经常超过85℃；对强迫油循环导向风冷式变压器上层油温最高不得超过80℃；对强迫油循环水冷变压器上层油温最高不得超过75℃。

变压器在规定的冷却方式和冷却条件下可按铭牌规定的负荷运行：空气冷却的变压器，冷却空气最高允许温度为40℃；水冷却的变压器，冷却水最高允许温度为30℃。冷却介质在规定温度或在其以下时，变压器可以带满负荷，而各部温度不会超过其限额。当冷却介质温度超过规定值时，不允许变压器带满负荷运行。因为这时散热困难，带到满负荷时会使绕组过热。但是，仅仅规定允许温度是不够的，例如当冷却空气温度低于最高允许值较多时，变压器外壳的散热能力则提高的很大，在同样的负荷下，变压器外壳的温度比上层油温要低得多，但这时变压器内部本体的散热能力则提高的很少，因而不能相应地增大负荷。

2. 允许温升

为了真实反映出绕组的温度，不但要规定上层油温的最高允许值，还要规定绕组或油的允许温升值。实际上，由于变压器的发热很不均匀，各部分的温升通常都平均温升和最大温升来表示。绕组或油的最大温升是指最热处的温升；而绕组或油的平均温升，则是指整个绕组或全部油的平均温升。国家标准规定，变压器的额定使用条件为最高气温＋40℃、最高日平均气温＋30℃、最高年平均气温＋20℃、最低气温－30℃。而且各部分的温升，不得超过表4-8中所列数值。

为了使绕组对空气的平均温升不致超过极限值，在最高气温为＋40℃时，自然油循环自冷和风冷变压器的顶层油最高温度不得超过95℃，强迫油循环风冷变压器的其顶层油的最高温度不得超过80℃。在运行中，油温可用温度计进行测量。

表 4 - 8   变压器的允许温升极限值

冷却方式	自然油循环自冷、风冷的变压器	强迫油循环风冷的变压器
绕组对空气的温升 τ_{r-k}（℃）	65（平均值）	65（平均值）
绕组对油的温升 τ_{r-y}（℃）	21（平均值）	30（平均值）
油对空气的温升 τ_{y-k}（℃）	44（平均值） 55（最大值）	35（平均值） 40（最大值）

绕组最热点的温升，大约比平均温升高 13℃，即为 65＋13＝78（℃）。如果变压器在额定负荷和环境温度为＋20℃ 的情况下长期运行，则绕组最热点的温度为 98℃。运行经验和研究结果表明，当变压器绕组的绝缘（电缆纸）在 98℃ 以下使用时，变压器的正常寿命约为 20～30 年。所以，自然油循环自冷、风冷变压器规定油的温升为 55℃，而强迫油循环风冷变压器规定油的温升为 40℃。

有些变压器还装有绕组温度计，运行中也要检查绕组的温度。一般规定绕组最热点温度不得超过 105℃。但如果在此温度下长期运行，则变压器使用年限将大为缩短，所以此规定仅限于当冷却空气温度达到最大允许值且变压器满载时才许可。因为这种情况一年中很少碰到，即使碰到为时也不长，所以这样规定不会影响变压器正常寿命。

火电厂的主变压器、启动/备用变压器、高压厂用变压器的上层油面最高允许温度一般为 85℃，且油的温升一般不得超过 55℃。

火电厂的励磁变压器和低压厂用变压器的最高允许温度和最高允许温升由制造厂规定。如表 4 - 9 所示为各种机电设备的绝缘等级和允许温度、允许温升的关系。

表 4 - 9   各种机电设备的绝缘等级和允许温度、允许温升的关系

绝缘等级	O	A	E	B	F	H	C
绕组最热点允许温度（℃）	90	105	120	130	155	180	＞180
绕组最热点允许温升（℃）	55	70	85	95	120	145	＞145

二、允许电压变化范围

因系统运行方式改变、负荷变动，电网电压是变动的。因此，运行中的变压器原绕组侧受到的电压也是变化的。

为保证系统的电压水平，从而保证供电的电能质量，对系统中每一个火电厂都规定有调压要求。此调压要求如不能满足，则整个系统的电压水平将受到影响。如果电源电压变化超出规定范围，则电能质量就会下降，所以必须对电源电压做一定限制：①电源电压过低，则电网的有功损耗会增大，电力系统的稳定性会降低，各种用电设备的工作效率会下降。②电源电压过高，将对变压器本身及系统运行产生不良影响。首先，电源电压过高使铁损增加，温度上升；其次，由于铁心饱和而引起激磁电流增加，无功损失增大，影响变压器出力；特别是电压的增高使铁心过度饱和后，将引起电势波形的变化，并带来一定的危害。

165

对电压过高引起变压器电势波形变化带来的危害，可做以下说明。当变压器一次侧加以正弦电压后，若电压在允许范围内，铁心饱和并不严重，则励磁电流 I_0 与磁通 Φ 均为正弦波，二次侧电势亦为正弦波。当电源电压超出一定范围后，铁心饱和严重，磁通 Φ 呈现为平顶波，它所产生的电势为尖顶波，尖顶波电势中含有较大的三次谐波，严重威胁变压器的绝缘，使中性点电压位移，对通信产生电磁干扰等。

因此，规程规定变压器电源电压变动范围应在其额定电压的 ±5% 范围内，其额定容量可保持不变。即当电压升高 5% 时，额定电流应降低 5%；当电压降低 5% 时，额定电流许可升高 5%。变压器电源电压最高不得超过额定电压的 10%。

三、允许绕组的绝缘电阻值

变压器在安装或检修后投入运行之前均应测量绕组的绝缘电阻。使用绝缘电阻表测量绝缘电阻是检查变压器绕组绝缘状态的最基本和最简便的方法，对于 35kV 以上的高压绕组可采用 5000V 的绝缘电阻表进行测量。按 GB 6451—2006 规定，20℃时绝缘电阻应大于 1000MΩ；对于 1kV 以下的低压绕组可采用 500V 的绝缘电阻表进行测量，其绝缘电阻应大于 1MΩ；对于 3～35kV 绕组可采用 2500V 的绝缘电阻表进行测量，测得的绝缘的电阻值应不低于表 4 - 10 所列的最低允许值。

表 4 - 10　　　　　　　电力变压器绝缘电阻 1min 测量值　　　　　（MΩ）

绕圈电压	判断标准	10℃	20℃	30℃	40℃	50℃	60℃	70℃	80℃	90℃
3～10（kV）	要求值	900	450	225	120	64	36	19	12	8
	最低允许值	600	800	150	80	45	24	13	8	5
20～35（kV）	要求值	1200	600	800	155	83	50	27	15	9
	最低允许值	800	400	200	105	55	33	18	10	6

在变压器运行时所测得的绝缘电阻值与变压器在安装或大修干燥后投入运行前测得的数值之比，是判断变压器运行中绝缘状态的主要依据。绝缘电阻的测量应尽可能在相同的温度、使用相同的电压进行测量。变压器使用期间所测得的绝缘电阻不应低于初次值的 5%。每次测量的绝缘电阻值应与以往的数值进行比较，如有明显的降低现象应分析原因并及时处理。

主变低压侧和高压厂用变压器高压侧的绝缘测定应与发电机定子绕组的绝缘测定一起进行，在发电机中性点处测量时应将发电机出口三相 TV 拉出，用 500V 绝缘电阻表测量，并以发电机定子绝缘规定为准。

如果变压器的绝缘电阻剧烈降低至初次值的 50% 或更低时，则应测量变压器的介质损失角、吸收比及电容比，并对变压器油进行耐压试验。

变压器绝缘状况的最后结论应综合全部试验数据并与以前运行中的数据比较分析后得出。

四、变压器的正常过负荷

变压器的使用寿命与温度有密切关系。当变压器采用 A 级绝缘材料时，绕组最热点温度为 98℃时，使用年限约为 30 年；温度为 104℃时，使用年限约为 15 年；温度为 110℃时，使用年限约为 7.5 年。即变压器的绝缘老化遵循 6℃ 法则，绕组最热点温度每升高 6℃，变压器的使用寿命就会缩短一半。所以变压器不允许随意过负荷。

实际上变压器在正常运行中有两种具体情况，一种是在一昼夜中负荷有变动，并不是全部时间满负荷运行；另一种是在全年中冬季与夏季的负荷不同，一般是夏季负荷小，变压器在夏季没有达到满负荷运行。根据这两种情况可以考虑变压器在正常条件下，根据等值老化原则，在一部分时间内，使变压器的负荷大于额定负荷，而在另一部分时间内，使变压器的负荷小于额定负荷，只要在过负荷期间多损耗的寿命和在低负荷期间少损耗的寿命能相互补偿，则仍可获得规定的使用年限。变压器的正常过负荷能力就是以不牺牲其正常寿命为原则而制定的。换句话说，在整个时间间隔内，只要做到变压器绝缘老化率小于或等于 1 即可。同时还规定：

（1）过负荷期间，绕组最热点的温度不得超过 140℃，上层油温不得超过 95℃；

（2）变压器的最大过负荷不得超过额定负荷的 50%。

为了简化计算，国际电工委员会（IEC）根据上述原则，制定了各种类型变压器的正常允许过负荷曲线，如图 4-40 所示。

图中（a）和（b）分别表示自然油循环风冷和强迫油循环风冷变压器在日平均气温为 +20℃ 时过负荷曲线。图中 K_1 表示低负荷期间的负荷系数，即低负荷倍数 $K_1 = \dfrac{S_1}{S_N} < 1$；$K_2$ 为高负荷时的负荷系数，即过负荷倍数 $K_2 = \dfrac{S_2}{S_N} > 1$；$t$ 为过负荷的允许持续时间。

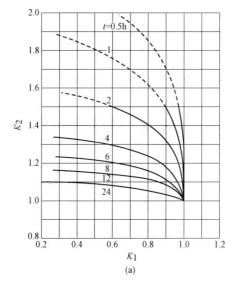
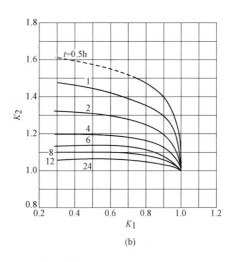

图 4-40　正常过负荷曲线图（日平均气温为 +20℃）

(a) 自然油循环风冷变压器；(b) 强迫油循环风冷变压器

自然冷却或通风冷却的油浸式电力变压器，其正常过负荷的允许数值和允许时间规定如表 4-11 所示。

表 4-11　　　　　　　　　　　油浸式变压器的过负荷倍数与允许持续时间

过负荷倍数	允许过负荷持续时间						
	过负荷前上层油的温升（℃）						
	18	24	30	36	42	48	54
1.00							
1.05	5h50min	5h25min	4h50min	4h	3h		
1.10	3h50min	3h25min	2h50min	2h10min	1h25min	1h30min	—
1.15	2h50min	2h25min	1h50min	1h20min	35min	10min	—
1.20	2h5min	1h40min	1h15min	45min			
1.25	1h35min	1h15min	50min	25min			
1.30	1h10min	50min	30min	—	—	—	
1.35	55min	35min	15min				
1.40	40min	25min	—				
1.45	25min	10min					
1.50	15min	—					

（1）如果变压器的昼夜负荷率小于 1，在高峰负荷期间变压器的允许过负荷倍数和允许的持续时间则可按年等值环境温度、变压器的冷却方式和容量等因素确定。若事先不知道负荷率，则可按表 4-11 的规定确定过负荷倍数和允许持续时间。

（2）如果在夏季（6、7、8 三个月），根据变压器的典型负荷曲线，其最高负荷低于变压器的额定容量时，若每低 1%，可在冬季过负荷 1%，但以 15% 为限。

以上两种正常过负荷的规定，可以迭加使用，但过负荷总数对油浸自冷和油浸风冷变压器不超过 30%；对强迫油循环风冷变压器不超过 20%。

通风冷却油浸式电力变压器在风扇停止工作时的允许负荷和持续时间应遵守制造厂的规定。无制造厂的规定时，在额定冷却空气温度下风扇停止工作时允许带额定负荷的 70% 连续运行，此时变压器的允许负荷倍数和持续时间可参照表 4-12 执行。

表 4-12　　　　　　油浸式变压器风扇停止工作时的允许负荷倍数和持续时间

过负荷倍数	允许持续时间						
	风扇停止时变压器上层油的温升（℃）						
	18	24	30	36	42	48	54
0.70							
0.75	12h20min	11h40min	10h55min	10h	8h40min	7h	4h
0.80	7h40min	7h	6h20min	5h25min	4h20min	3h	50min

过负荷倍数	允许持续时间						
	风扇停止时变压器上层油的温升（℃）						
	18	24	30	36	42	48	54
0.85	5h30min	5h	4h20min	3h25min	2h40min	1h30min	
0.90	4h20min	3h50min	3h15min	2h35min	1h45min	45min	
0.95	3h25min	2h55min	2h25min	1h45min	1h8min	15min	
1.00	2h45min	2h20min	1h50min	1h20min	40min		
1.05	2h15min	1h50min	1h25min	55min	20min		
1.10	1h50min	1h25min	1h	35min	6min		
1.15	1h30min	1h10min	45min	20min			
1.20	1h10min	50min	30min	8min			
1.25	50min	35min	15min				
1.30	35min	20min					

五、变压器的事故过负荷

当系统发生故障时，首先应设法保证不间断供电。所以事故过负荷是以牺牲变压器的寿命为代价的，绝缘老化率允许比正常过负荷时高得多。但是，在确定变压器事故过负荷的允许值时，同样要考虑到绕组最热点的温度不应过高，以避免引起事故的扩大。和正常过负荷时一样，事故过负荷时绕组最热点的温度不得超过 140℃，负荷电流不得超过额定值的两倍。

事故过负荷是在较短的时间内，让变压器多带一些负荷，以作急用，所以通常又叫急救过负荷。变压器事故过负荷的允许值应遵守制造厂的规定；如无制造厂规定时，自然油循环风冷的油浸式电力变压器可参照表 4-13 执行，强迫油循环风冷的变压器参照表 4-14 执行。

表 4-13　　自然油循环风冷变压器事故过负荷倍数及允许持续时间

过负荷倍数	允许持续时间				
	环境温度（℃）				
	0	10	20	30	40
1.1	24h	24h	24h	19h	7h
1.2	24h	24h	13h	5h50min	2h45min
1.3	23h	10h	5h30min	3h	1h30min
1.4	8h	5h10min	3h10min	1h45min	55min
1.5	4h	3h10min	2h10min	1h10min	35min
1.6	3h	2h5min	1h20min	45min	18min

过负荷倍数	允许持续时间				
	环境温度（℃）				
	0	10	20	30	40
1.7	2h5min	1h25min	55min	25min	9min
1.8	1h30min	1h	30min	13min	6min
1.9	1h	35min	18min	9min	5min
2.0	40min	22min	11min	6min	

表 4 - 14　　　　强迫油循环风冷变压器事故过负荷倍数及允许持续时间

过负荷倍数	允许持续时间				
	环境温度（℃）				
	0	10	20	30	40
1.1	24h	24h	24h	14h30min	5h10min
1.2	24h	21h	8h	3h30min	1h35min
1.3	11h	5h10min	2h45min	1h30min	45min
1.4	3h40min	2h10min	1h20min	45min	15min
1.5	1h50min	1h10min	40min	16min	7min
1.6	1h	35min	16min	8min	5min
1.7	35min	15min	9min	5min	

火电厂主变压器事故过负荷限额按发电机允许的过负荷限额而定，见表 4 - 15。

表 4 - 15　　　　　　主变压器事故过负荷倍数及允许持续时间

事故过负荷倍数	1.2	1.3	1.45	1.6	1.75	2.0
允许持续时间（min）	480	120	60	45	20	10

火电厂的启动/备用变压器和高压厂用变压器的事故过负荷限额见表 4 - 16。

表 4 - 16　　启动/备用变压器和高压厂用变压器的事故过负荷倍数及允许持续时间

事故过负荷倍数	1.3	1.45	1.6	1.75	2.0
允许持续时间（min）	120	60	30	20	10

火电厂的低压厂用变压器的事故过负荷限额见表 4 - 17。

表 4 - 17　　　　低压厂用变压器的事故过负荷倍数及允许持续时间

过负荷倍数	1.2	1.3	1.4	1.5	1.6
允许运行时间（min）	60	45	32	18	5

六、变压器并列运行

两台或数台变压器并列运行与一台大容量变压器单独运行相比,具有下列优点:

(1) 提高供电可靠性。当一台退出运行时,其他变压器仍可照常供电。

(2) 提高运行经济性。在低负荷时,可停运部分变压器,从而减少能量损耗,提高系统的运行效率,并改善系统的功率因数,保证经济运行。

(3) 减小备用容量。为了保证供电,备用容量是必需的,变压器并列运用可使单台变压器容量较小,从而做到减小备用容量。

以上几点说明了变压器并列运行的必要性和优越性,但并列运行的台数也不宜过多。变压器并列运行时,通常希望它们之间无平衡电流;负荷分配与额定容量成正比,与短路阻抗成反比;负荷电流的相位相互一致。要做到上述几点,并列运行的变压器就必须满足以下条件:

(1) 各绕组的额定电压应分别相等,即变比应相等;

(2) 额定短路电压百分数应相等,即阻抗应相等;

(3) 绕组连接组别必须相同。

上述三个条件中,第一条和第二条往往不要求做到绝对相等,一般规定变比的偏差不得超过±0.5%,额定短路电压百分数的偏差不得超过±10%。

第五节　电力变压器的运行维护

一、变压器投入运行前的检查和交接试验

1. 投运前的检查

(1) 接地线已拆除。

(2) 测量各绕组的绝缘电阻均合格。

(3) 主变压器、启动/备用变压器高压侧中性点接地刀闸合入。

(4) 一、二次回路正常,配线无脱落、无松动。

(5) 变压器外壳接地良好、外观清洁,无渗油、无漏油,油温、油位正常。

(6) 冷却器上下部的阀门、油枕、器身的阀门及油净化器的阀门均应打开,并检查瓦斯继电器内应无气体。

(7) 冷却器控制箱内无异物、各操作开关位置符合运行要求。

(8) 油位计、温度计、吸湿器等附件正常,硅胶不变色。

(9) 电压分接头的位置在运行位置。

(10) 电流互感器接线完好,不接负载的电流互感器已短接(不允许开路运行)。

(11) 避雷器与变压器间的距离应符合规定。

(12) 外部空气绝缘距离、各电压等级套管之间及套管对地之间的空气绝缘距离应不小于表 4-18 中的规定。

表 4-18　　　　　　　　　　　空气绝缘距离　　　　　　　　　　　（mm）

电压等级（kV）			3～6	10	15	20	35	66	110	220
套管之间	海拔高度（km）	≤1	80	110	150	180	300	570	840	1700
		＞1且≤2.5	95	130	180	200	350	680	990	1960
套管对地		≤1	80	110	150	190	315	590	880	1750
		＞1且≤2.5	95	130	180	210	370	700	1050	2020

2. 交接试验前的检测

（1）接地系统的检查：

1）油箱接地是否良好。若下节油箱有接地螺栓，则通过接地螺栓应可靠接地；若上节油箱上有接地套管引出，则此接地套管必须有效接地。

2）若上节油箱上部有定位装置，而且未与油箱绝缘起来时，必须把上部定位钉拆除，使得定位钉离开夹件。

3）下述组件的接地是否正确可靠：66kV 等级及以上电容式套管法兰部位的接地套管、自耦变压器的公共中性点、有载调压变压器的中性点（在变压器铭牌上对中性点的绝缘水平已有规定的除外）。

4）接地件必须保证一点接地，即铁心、压板、上下夹件及油箱等接地件连接后不能成回路。

（2）各保护装置和断路器的动作，应良好可靠。

（3）测量各绕组的直流电阻，并与出厂数据进行比较。

（4）测量各分接开关位置的变压比。

（5）取变压器的油样进行试验，其性能应符合标准的规定。

（6）测量变压器的绝缘性能：

1）绝缘电阻值不得小于出厂数值的 70%；

2）吸收比（R_{60}/R_{15}）应大于 1.3；

3）整台变压器的绝缘介质损耗率应不大于出厂值的 1.3 倍。

（7）气体继电器、信号温度计、电阻温度计及套管型电流互感器的测量回路、保护回路与控制回路的接线应正确。

（8）冷却器和控制箱的运行及控制系统应正确可靠。检查冷却器时，将冷却器运转一定的时间，并将所有放气塞打开，待气体放净后将放气塞拧紧，冷却器再停止运转。

（9）吸湿器已装有合格的吸附剂，呼吸应畅通。

（10）安全气道的爆破膜应良好。

（11）强迫油循环的油流方向应正确，以潜油泵的转向为准，并检查所有油、水管路应畅通。

3. 空载试验和空载冲击合闸试验

（1）因为电源侧装有保护装置，变压器应由电源侧接入电压，以保证在非正常情况时切断电源。

（2）将变压器的气体继电器的信号触点接至变压器电源的跳闸回路。

（3）过电流保护（时限）整定为瞬时动作。

（4）变压器接入电压时应从零开始，缓缓上升至额定电压并保持 20min，测量额定状态下的空载损耗和空载电流并与出厂值进行比较。

（5）进行空载冲击合闸试验。首先检查 110kV 及 220kV 中性点接地必须牢固可靠，保证断路器合闸时三相同步时差不大于 0.01s，冲击合闸电压为系统额定电压，其合闸次数最多为 5 次。在冲击合闸过程中，如果电压值有 1 次达到最大值（2 倍左右的额定电压），则不再继续作合闸试验而视为合格；如果冲击合闸 5 次电压尚未出现最大值，则视为不合格。

4. 耐压试验

如果具备条件，则应进行耐压试验，试验电压值为出厂试验值的 85%。试验结束后，将气体继电器的信号触点接至报警回路，跳闸触点接到继电保护的跳闸回路，调整好过电流保护的时限值，并拆除变压器的临时接地线，最后对有关部位再进行放气。

二、变压器运行中的监视与检查

1. 对变压器的巡视内容

（1）油位是否正常，各阀门、法兰是否渗油、漏油。

（2）高压套管完整，有无放电现象。

（3）变压器声音有无异常，油温和绕组温度正常。

（4）冷却装置包括油泵、风扇、冷却器，散热管应正常。

（5）高压厂用变压器压力释放阀应无渗油现象，其他变压器的防爆管隔膜应完整。

（6）检查呼吸器中的硅胶是否受潮变色，一般硅胶自下部起有全盘的 2/3 变色时应予以更换。

（7）检查主变冷却系统一次电源、电缆接头有无过热现象。

（8）变压器本体接地线完好。

（9）室内变压器检查门、窗完整，照明完好，室内温度适宜。

（10）对启动/备用变压器还应检查高压套管顶部油位计中的油位。

2. 变压器运行中的监视

（1）应根据控制盘上的仪表监视火电厂内的变压器的运行，指示仪表应每 1h 记录一次，如变压器在满负荷下运行时，至少每 30min 记录一次。如变压器的表计不在控制室，则可酌量减少记录次数，但每班至少记录两次。

（2）变压器运行中，除负荷外，温度也是维护变压器运行的重点监视工作内容。对于有远方测温装置的变压器，每小时应记录油温一次，其他变压器可在每次巡视时记录。检查变压器的温度时应注意：上层油温或温升是否超过了规定值；在变压器负荷不变时，油温是否升高；当运行情况与以前相同，油温较以前有显著升高时，应进行详细检查分析，找出油温升高的原因并设法消除。

（3）对变压器进行不停电的外部检查能够及时发现变压器的异常运行现象，以防止事故的发生。安装在火电厂内的变压器，每天至少检查一次，每星期应有一次夜间检查。

（4）在夜间检查时，要注意绝缘套管是否有电晕放电，还要检查母线结合处是否有过热现象。

上述检查是最少的次数，如有可能或在气候激变时或特殊情况下，均应增加检查次数，特别是对主变压器和高压厂用变压器的检查。

3．变压器运行中的检查

（1）检查变压器外部。首先应注意油位计和套管储油器内的油位高度和油的颜色；检查变压器各部是否有漏油现象，如顶盖、套管、切换器下面、散热器和油门下面及其他部分；检查套管瓷面是否清洁，瓷套管有无裂纹和破损，是否有放电痕迹以及是否有渗漏油及缺陷。仔细倾听变压器的声音是否有变化，嗡嗡声是否加重或发生了新的声响，用以判断变压器内的某些异常现象。检查变压器冷却装置是否正常。另外还要检查电缆和母线有无异常情况，对室内变压器同时应检查门、窗是否完整，房屋是否漏雨，照明和通风是否适宜，防爆管的隔膜是否完好等。

（2）除了值班人员按以上项目检查外，负责运行的技术人员还应定期检查下列各项：①变压器外壳的接地情况；②击穿式保护间隙的状态；③油的再生装置和过滤器的工作情况；④储油柜的集泥器有无水或脏物，如有水或脏物应开启底部塞子将其放出；⑤利用控制油门检查油面计是否有堵塞的现象；⑥吸湿器内的干燥剂是否已吸潮至饱和状态；⑦各种标示牌和变色漆是否清楚明显等。

三、变压器的运行维护

（1）变压器投运前，应先开启冷却系统。对强迫油循环水冷系统，须先开潜油泵而后开启水泵，待冷却器运转正常后，再投入变压器运行。变压器退出运行时，应先停运变压器，而后断开冷却器电源。

（2）强迫油循环冷却系统应有两个电源互为备用，如果两个电源全部停止供电，切除全部冷却器时，在额定负载下允许运行 20min。若负载低于额定值且上层油面温度尚未达到 75℃时，允许上升到 75℃时再停运变压器，但切除冷却器后的最长运行时间不得超过 1h。如果铭牌中有规定时，按铭牌的规定处理。

（3）如果风扇停止运转，只有潜油泵运行时，变压器允许运行时间由上层油面温升控制。

（4）当变压器处于低负载运行时，可以按照有关规定切除部分冷却器。

（5）水冷却器系统应置于室内，在环境温度低于 0℃时，应有防寒措施。如果水冷却器停止运转，须将其中的水全部放出，以防冻坏水管。

（6）对储油柜及压力释放装置的运行维护应遵照制造厂规定的要求执行。

（7）对运行中变压器应定期取油样进行气相色谱分析，分析油中所溶解的气体的成分及其含量，根据其成分和含量来判断变压器的故障性质。如果故障不会危及变压器的安全运行，应加强监视；故障情况严重时，必须迅速采取措施，作出处理决定。

（8）应经常监视变压器的油位变化，当油位超出或低于规定值时，应及时进行放油或加油。

四、变压器冷却装置的运行

1. 主变压器冷却装置的运行

主变压器冷却方式多为强迫油循环风冷，共有五组冷却器，正常运行时投入4组，即第1、3、4、5组运行，第2组备用，一般情况下避免一侧一组、另一侧3组的运行方式。

在冬季启动时，如油温低于+10℃可暂不投入油泵和风扇的（因设备本身原因需连续投运除外），等待油温达到+25℃后逐步投入油泵和风扇。在冬季如油温低于+25℃时可适当停用冷却器的组数，如采用两组对角形式运行，另外还可以对停运的两组采取只开油泵的方法控制油温，对角运行方式可人为掌握定期轮换。

主变压器冷却系统为两路电源供电，正常时应为分开运行，两路电源禁止并列运行。

与某1000MW发电机组配套的1170MVA主变压器的冷却器组数变化时连续运行出力参照表4-19规定。主变压器冷却系统全停时，允许的负荷及运行时间参照表4-20规定。

表4-19 冷却器组数变化时允许连续运行的出力表

冷却器运行组数	5	4	3	2	1
允许主变压器的连续出力	100%	97%	88%	74%	34%

表4-20 主变冷却系统全停时的允许负荷及运行时间表

主变冷却器全停时允许负荷	满负荷	空载
热态启动时允许运行时间（min）	15	120
冷态启动时允许运行时间（min）	—	600

除以上表中的时间限制外，还应注意油的温度及温升不应超过88℃和58℃。

2. 高压厂用变压器冷却风扇的运行

高压厂用变压器冷却风扇的运行应视环境温度来掌握。冬天冷时，如油温低于25℃时可全停风扇，随环境温度升高，可采取只开一半风扇运行。夏天或热天时，风扇应全部投入运行。启动/备用变压器只带公用负荷时风扇可以不开，但作为厂用电的启动和备用电源供电时，应按高压厂用变压器要求投入风扇的运行。

五、变压器的事故预防

（1）变压器投运前，应逐一试启一次所有的冷却设备，发现问题及时处理。并将备用电源投入，控制箱门关好。

（2）防爆膜有裂纹时应查找原因。吸湿器确保畅通，失效干燥剂应及时更换。

（3）气体继电器或集气室内有气体时应取气化验、以判明成分。

（4）强迫油循环变压器在油系统检修完毕投运前，启动全部油泵循环，使残留气体逸出。

（5）变压器油位不能过高或过低，油的温升应在规定范围内。

（6）定期进行油质取样化验，油质不合格时应注意跟踪监测和巡视检查。

（7）变压器不允许无保护运行。保护退出需履行手续，并由主管领导批准。

（8）当变压器出现下列现象之一时应停止变压器的运行：

1）内部声音很大、不正常，很不均匀或有爆炸声。

2）油温不正常，并不断上升，与正常情况相比有明显的升高。

3）防爆管喷油。

4）漏油严重，致使油位计看不到油位。

5）套管有破损及严重的放电现象。

6）变压器着火。

六、变压器的异常判断及事故处理

1. 变压器过负荷

当变压器过负荷时（包括正常及事故过负荷），应按变压器正常及事故过负荷的有关规定执行。除此之外、还应监视变压器的油温，并设法调整变压器负荷到允许范围内。

2. 变压器温升和油位异常

（1）变压器油温超过允许值时，运行人员应查明原因，并采取相应的措施。①检查变压器的负荷，在相同冷却温度下对油温进行校对。②检查核对温度表。③检查冷却装置。④若不能判断温度表指示错误时，应适当降低负荷，使之温度到达允许的范围。

（2）变压器的油位异常降低（或升高）。如变压器长期漏油引起的油位低，应及时补油并监视泄漏情况和安排检修。如变压器大量漏油时，引起油位迅速下降，必须迅速采取措施，设法制止漏油，并立即加油，将重瓦斯改接信号，必要时，将变压器停用以消除缺陷。变压器油位过高时，应通知检修人员放油。

3. 变压器因保护动作跳闸

（1）当变压器因瓦斯保护、差动保护、按地保护（启动/备用变压器 6kV 接地保护另有规定）动作跳闸，运行人员应复归信号，并做有关的信号及事故情况记录。在未查明原因、消除故障之前，变压器不可重新合闸送电。

（2）变压器如因过流保护动作跳闸，则对变压器进行外部检查。如无异常现象，外部电路的故障已消除，可将变压器重新送电投入运行。

4. 变压器着火

（1）立即切断各侧电源，如有备用变压器的应及时将其投入运行。

（2）停用冷却器。

（3）若变压器油溢在变压器的顶盖上时，则对变压器进行事故放油，使油位低于着火处。若是变压器内部故障引起着火时，则不能放油，以防变压器发生严重爆炸。

（4）用灭火器或消防水进行灭火。

（5）通知消防队灭火。

5. 变压器轻瓦斯动作后处理

（1）检查变压器外部有无异常现象，油位是否正常。

（2）用专用工具在瓦斯继电器管处收取气体，进行试验，并根据试验气体的性质，参照表 4-21 分析判断动作原因。

表 4-21　　　　　　根据气体性质判断瓦斯继电器动作原因

气体颜色和气味	可否燃烧	故障性质
无色无味	不可燃	空气
黄色	不易燃	木质故障
淡灰色有臭味	可燃	绝缘材料故障
深灰色或黑色	易燃	油分解

（3）点燃气体时，火源应距放气小孔 5～6cm。

（4）如经试验分析，发现轻瓦斯保护信号动作原因为油内混入空气，则应放出空气，变压器可继续运行。

（5）如经试验分析变压器内部故障产生气体引起动作，则应报告值长，停止变压器运行。

6. 启动/备用变压器调压分接头切换失步跳闸的处理

（1）现象：

1）启动/备用变所带 6kV 厂用母线失电，相应失电的母线低电压报警，启动/备用变压器分接头切换不良报警。

2）如果 380V 厂用 PC A 母线失电，PC B 母线电源不能自动投入，柴油发电机将自动启动供电至 PC A 母线。

（2）处理：

1）启动/备用变压器跳闸后应进行全面检查。

2）复归报警，做相应记录。

3）将启动/备用变压器停电做安全措施。

4）检查气体继电器内有无气体，并取样化验。

5）用电动驱动机构来调整分接头进行升降操作，检查传动机构及控制回路是否有问题。

6）通知检修人员检查变压器内过渡电阻及分接头是否有问题。

7）待故障处理完毕，对分接头调整机构进行传动试验，分别在就地、远方进行电动升、降操作。确认动作正常后，且测量直流电阻及绝缘电阻合格后，方可将启动/备用变压器接入电网，然后将 6kV 电压调整到正常值，将 6kV 厂用电系统切换到正常方式运行。

7. 变压器喷淋装置手动使用方法

当发现变压器着火时，应立即将喷淋装置雨淋阀前后蝶阀打开，将雨淋阀的事故泄压手动门打开。此时雨淋阀动作喷淋装置开始喷淋，如水压低应及时联系消防泵房启动消防泵。

8. 变压器油氧化变质的处理

为了保证变压器安全可靠运行，对在运行中已经改变性质的油，必须进行滤油处理，使其恢复到标准值。油的处理可以在变压器运行中进行，也可以在变压器停用后处理。为了防止变压器油氧化变质，通常采用的具体方法如下：

（1）热虹吸滤油法。热虹吸滤油器构造如图4-41所示。由于变压器上、下油温之差，油便自动循环流经热虹吸滤油器，其流动方向如图中箭头所示。油与硅胶接触，油中所含的过氧化物、水、硫化物、树脂、纤维杂质以及游离酸被硅胶渐渐吸收，使油的酸价逐渐下降，保持在较低的值。

（2）变压器充氮保护法。氮气为惰性气体，变压器油枕上部缓冲空间充氮后，可减少油与空气的接触，从而在一定程度上防止了油因外界因素被氧化。但由于氮气比空气略轻，因此要考虑密封还要留出油体积膨胀到最大时所需的缓冲空间。

变压器充氮的大致情况可用图4-42表示。在变压器近旁放置一只气袋保护柜，气柜内的氮气袋1与油枕的上部缓冲空间相连，使油枕上部充满氮气。当油的体积变化时，气袋内的压力也随之改变，保证了油面与空气的隔离。

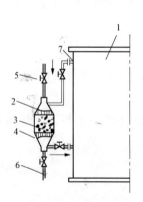

图4-41 热虹吸滤油器与变压器的连接

1—变压器；2—热虹吸滤油器；3—硅胶；

4—金属网圆盘；5—排气门；6—取样门；7—法兰

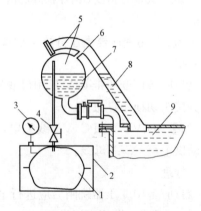

图4-42 变压器充氮示意图

1—氮气袋；2—气袋保护柜；3—气压表；

4—截止阀；5—充氮空间；6—连通管；

7—油枕；8—防爆管；9—变压器

厂用电动机及运行技术

电动机是将电能转变为机械能的电气设备，火电厂的风机、水泵、油泵、灰浆泵、空压机等均使用电动机作为原动机。在火电厂生产中应用的电动机按电源分为直流电动机和交流电动机。

直流电动机具有良好的启动特性和调速性能，但因其构造较为复杂，价格较贵（约为异步电动机的 3 倍），其使用、维护不便，还要求有直流电源，因此在火电厂中有特殊要求时（如润滑油泵、密封油泵等）才使用。

交流电动机又分为同步电动机和异步电动机。同步电动机要求转速恒定，火电厂很少采用。异步电动机有较高的运行效率和较好的工作特性，能满足火电厂中各种机械的传动要求。所以火电厂广泛采用的是交流三相异步电动机。以下主要介绍交流三相异步电动机的相关知识。

第一节 三相异步电动机的基本知识

一、三相异步电动机的工作原理

在三相异步电动机中，对应着定子铁心的槽中安放着在空间上互差 120°角的三相绕组。当给电动机的三相绕组施加对称的三相交流电压时，在三相绕组中通过对称的三相交变电流，其波形如图 5-1 所示。该电流在定子铁心上会合成一个与永久磁铁转动时一样的旋转磁场，如图 5-2 所示。该旋转磁场的旋转方向与三相定子绕组在铁心中的安放顺序相同，旋转磁场的转速为同步速 n_1，其计算公式为

$$n_1 = \frac{60f}{p} \tag{5-1}$$

式中　n_1——同步转速，r/min；

f——电源频率，Hz；

p——定子电流合成的旋转磁场极对数，与定子绕组的并联或串联分支有关。

由于旋转磁场与转子绕组之间有相对运动，在转子绕组中就会产生感应电流。该电流与旋转磁场相互作用，在转子绕组上产生转矩，从而使电动机产生旋转运动，并将交流电能转换成旋转机械能。

虽然转子与旋转磁场同方向旋转，但转子的转速 n 始终会小于同步速 n_1。如果转子转速等于同步速，那么旋转磁场与转子绕组之间就没有相对运动，也就不会产生感应电

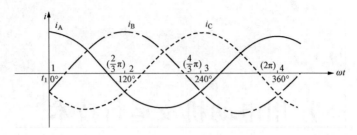

图 5-1 三相定子电流瞬时值波形图

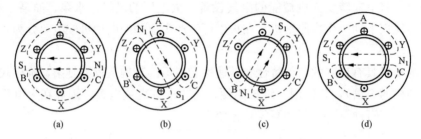

图 5-2 三相异步电动机的旋转磁场

(a) $\omega t=0°$；(b) $\omega t=120°$；(c) $\omega t=240°$；(d) $\omega t=360°$

流，则转子绕组上也就不会产生转矩，这就是异步电动机"异步"的由来。电动机的异步转速 n 按下式计算

$$n = (1 - s) \cdot n_1 \tag{5-2}$$

$$s = \frac{n_1 - n}{n_1} \times 100\%$$

式中 s——转差率。

二、三相异步电动机的基本结构

三相异步电动机主要由定子和转子两大部分组成。定子、转子间有很小的间隙，称为气隙。如图 5-3 所示为笼型式三相异步电动机结构图，它由端盖、定子铁心、定子绕组、转子铁心、转子绕组、转轴、风扇、风扇罩、接线盒、轴承、机座等组成。如图 5-4 所示为绕线式异步电动机结构图，其组成与笼型式基本相同，区别在于其转子绕组采用绝缘导线绕制而成，且有滑环和电刷装置。

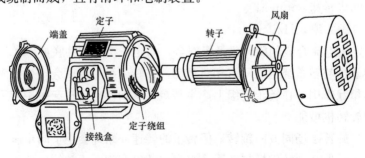

图 5-3 中、小型笼型式异步电动机的结构

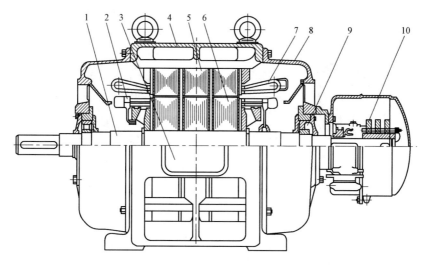

图 5-4 绕线式异步电动机的结构

1—转轴；2—转子绕组；3—接线盒；4—机座；5—定子铁心；

6—转子铁心；7—定子绕组；8—端盖；9—轴承；10—滑环

1. 定子

定子由通过三相电流的定子绕组、通过磁通的铁心、固定和支撑铁心的机座组成。

（1）定子铁心。由于定子电流产生的旋转磁场对确定位置的铁心来说，其大小方向都在改变，所以在定子铁心中会产生感应电流并形成磁滞和涡流损耗，故定子铁心都是以硅钢片叠成，并在硅钢片上涂以绝缘漆。在中型、大型电动机中为了更好地散热，在铁心中设有通风沟，并在铁心沿轴向被分成数段，以减少损耗。

（2）定子绕组。沿定子铁心内圆均匀地分布着许多形状相同的槽，用以放置定子绕组。小型电动机采用梨型槽，如图 5-5（a）所示；500V 以下中型电动机采用半开口槽，如图 5-5（b）所示；高压中、大型异步机为方便于下线都采用开口槽，如图 5-5（c）所示。绕组用高强度漆包扁铝线或扁铜线，或者玻璃丝包扁铜线或漆包圆铜线绕成，并安置在定子槽内，小型电动机为单层结构，大中型电动机为双层结构。

2. 转子

三相异步电动机的转子主要由铁心及绕组组成。转子铁心一般都由 0.5mm 厚的

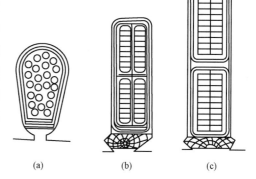

图 5-5 异步电动机常用定子槽形图

硅钢片叠成。根据转子绕组型式不同，转子可分为笼型式和绕线式两类。

（1）笼型式转子。笼型式转子的铁心也均匀地分布着槽，每个槽中都有一根导条，在伸出铁心槽的两端处，用两个端环分别把所有导条联接起来。如去掉铁心，整个绕组外形好像一个"笼型"。导条与端环的材料可以用铜或铝。用铜时，导条与端环之间用

铜焊或银焊焊接。中小型电动机一般多采用铸铝转子，铸铝转子导条、端环及风叶可一次铸出。如图 5-6 所示为中小型电动机的笼型式转子。

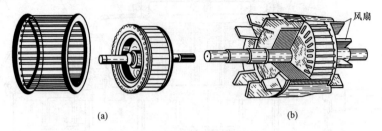

图 5-6　中小型笼型式转子结构
(a) 铜条绕组；(b) 铸铝绕组

对于大中型笼型式电动机，为改善其启动特性（提高启动转矩、降低启动电流），通常将笼型式转子做成深槽式和双笼型式，如图 5-7 所示。

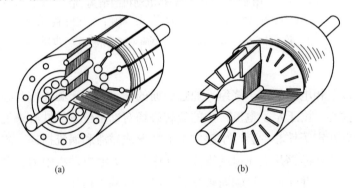

图 5-7　大中型笼型式转子结构
(a) 双笼型式转子；(b) 深槽式转子

(2) 绕线式转子。绕线式转子的绕组和定子绕组相似，是用绝缘导线嵌入转子铁心槽内，连成星形的三相对称绕组，然后把三个出线端分别接到转子轴上的三个滑环上，再通过电刷与外面的附加电阻相接，用以改善电动机的启动性能或调节电动机的转速。绕线式转子结构如图 5-8 所示。

有的绕线式电动机的转子上还装有举刷短路装置，当电动机启动完毕而又不需要调节转速时，移动手柄，使电刷举起而与滑环脱离接触，同时使三只滑环彼此短接。这样可以减少电刷的磨损和附加电阻的损耗，提高运行的可靠性。

三、三相异步电动机的额定参数

(1) 额定功率 P_N。是指电动机在额定情况下运行时，由轴端输出的机械功率，单位为 W、kW。

(2) 额定电压 U_N。是指电动机在额定情况下运行时，施加在定子绕组上的线电压，单位为 V、kV。

(3) 额定频率 f_N。我国电网频率为 50Hz。

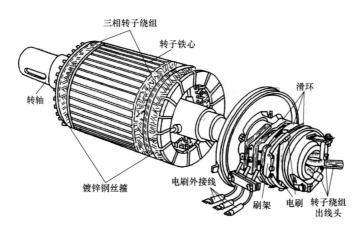

图 5 - 8　绕线式转子结构

（4）额定电流 I_N 是指电动机在额定电压、额定频率下轴端输出额定功率时，定子绕组允许长期通过的线电流，单位为 A。

（5）额定转速 n_N 是指电动机在额定电压、额定频率、轴端输出额定功率时，转子的转速，单位为 r/min。

对于三相异步电动机，额定功率

$$P_N = \sqrt{3}U_N I_N \cos\varphi_N \cdot \eta \qquad (5 - 3)$$

式中　η——电动机额定运行时的效率，%；

$\cos\varphi_N$——电动机额定运行时的功率因数。

四、三相异步电动机的型号和分类

1. 型号

我国的三相异步电动机型号由产品代号和规格代号组成。一般采用大写印刷体的汉语拼音字母和阿拉伯数字组成。其中汉语拼音字母是根据电动机全名称选择有代表意义的汉字，再用该汉字的第一个字母组成。它表明了电动机的类型、规格、结构特征和使用范围。

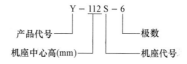

产品代号包括 Y 表示一般用途的笼型全封闭自冷式三相异步电动机；YR 表示三相绕线式异步电动机；YB 表示隔爆三相异步电动机；YD 表示封闭式多速三相异步电动机；YDT 表示通风机用多速三相异步电动机；YK 表示高速笼型异步电动机；YQ 表示高启动转矩的三相异步电动机；YH 表示封闭式高滑率三相异步电动机；YTD 表示电梯用多速三相异步电动机；YZ 和 YZR 表示起重和冶金用三相异步电动机。其他类型的异步电动机可参阅有关产品目录。

机座代号包括：S 表示短机座；M 表示中机座；L 表示长机座。

如 Y—112S—6 表示 6 极小型一般用途的笼型全封闭自冷式三相异步电动机。

2. 分类

三相异步电动机的主要分类见表 5-1。

表 5-1　　　　　　　　　　　　三相异步电动机的主要分类

分类方式	类　　别			
转子绕组型式	笼型、绕线型			
电动机尺寸	型式	大型	中型	小型
	中心高 H（mm）	＞630	315～630	80～315
	定子铁心外径 D_1（mm）	＞1000	500～1000	120～500
防护型式	开启式（IP11）	防护式（IP22、IP23）		封闭式（IP44、IP54）
通风冷却方式	自冷式、自扇冷式、他扇冷式，管道通风式			
安装结构型式	卧式（IMB3、IMB5）、立式（IMV1、IMV3、IMV5）、带底脚、带凸缘			
绝缘等级	E 级、B 级、F 级、H 级			
工作制	连续（S1）、短时（S2）、断续（S3、S4、S5）			

五、三相异步电动机的等值电路和相量图

1. 转子静止时的等值电路

当电动机的转子静止时，其等值电路与变压器相似。如图 5-9 所示为三相异步电动机在转子静止时的等值电路，此时定子和转子绕组中电动势和电流的频率相等，即 $f_1 = f_2$。

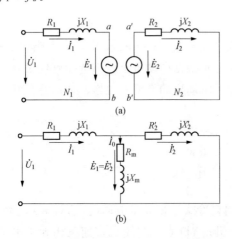

在图 5-9（a）中，U_1 是给电动机定子绕组施加的电压，I_1、I_2 是电动机定子、转子绕组中通过的电流，E_1、E_2 是电动机定子、转子绕组中感应的电动势，R_1、R_2 是电动机定子、转子绕组的电阻，X_1、X_2 是电动机定子、转子绕组的漏电抗，N_1、N_2 是电动机定子、转子绕组的匝数。设电动机的匝比 $K = \dfrac{N_1}{N_2}$，按匝比折算关系式为

图 5-9　三相异步电动机转子静止时的等值电路

（a）折算前的等值电路；（b）折算后的等值电路

$$E_2' = KE_2 、 I_2' = \frac{1}{K} I_2 、 R_2' = K^2 R_2 、 X_2' = K^2 X_2$$

$$\tag{5-4}$$

如图 5-9（b）所示为电动机折算后的等值电路。图中 I_0 是励磁电流，R_m 是励磁电阻，X_m 是励磁电抗。

2. 转子旋转时的等值电路

当电动机的转子旋转时，转子绕组的电动势、电流的频率决定于气隙中的旋转磁场

和转子的相对转速。设转子转速为 n，气隙中旋转磁场与转子相对转速为 $n_2 = n_1 - n$，故转子绕组中电动势和电流的频率为

$$f_2 = \frac{p(n_1 - n)}{60} = \frac{n_1 - n}{n_1} \cdot \frac{pn_1}{60} = sf_1 \tag{5-5}$$

当三相异步电动机在额定转速下运行时，s 值很小，一般在 $0.01 \sim 0.04$ 范围内变化。

当 $f_1 = 50\text{Hz}$ 时，$f_2 = 0.5 \sim 2\text{Hz}$，可见此时转子铁心中主磁通交变的频率很低，转子铁耗很小，可以忽略不计。

转子旋转时，转子绕组每相电动势 E_{2s} 为

$$E_{2s} = \sqrt{2}\pi N_2 f_2 \Phi_m = sE_2 \tag{5-6}$$

式中　E_2——对应于定子频率 f_1 的转子绕组每相电动势；

　　　N_2——转子绕组匝数；

　　　f_2——转子绕组中电动势的频率；

　　　Φ_m——电动机的主磁通；

　　　s——电动机的转差率。

对应于转子电流频率 f_2 的转子绕组漏电抗 X_{2s} 为

$$X_{2s} = s \cdot X_2 \tag{5-7}$$

式中　X_2——对应于定子频率 f_1 的转子绕组漏电抗。

对应于转子电流频率 f_2 的转子绕组电阻 R_{2s} 为

$$R_{2s} = R_2 \tag{5-8}$$

式中　R_2——对应于定子频率 f_1 的转子绕组电阻，即转子绕组电阻不受频率影响。

对应于转子电流频率 f_2 的转子绕组中的电流 I_{2s} 为

$$\dot{I}_{2s} = \frac{\dot{E}_{2s}}{R_{2s} + jX_{2s}} = \frac{s \cdot \dot{E}_2}{R_2 + js \cdot X_2} = \frac{\dot{E}_2}{\dfrac{R_2}{s} + jX_2} = \dot{I}_2 \tag{5-9}$$

电动机转子旋转时的等值电路如图 5-10（a）所示。在进行匝比和频率折算时，为了保证磁通势 F_2 不变，首先要保证 $\dot{I}_2 = \dot{I}_{2s}$。由式（5-9）可知，经频率折算后的转子绕组电阻变为 $\dfrac{R_2}{s} = R_2 + \dfrac{1-s}{s}R_2$；再参照式（5-4）进行匝比折算，就可得到图 5-10（b）所示的等值电路。

3. 异步电动机的相量图

根据电动机图 5-10（b）的等值电路，由 $\dot{U}_1 = -\dot{E}_1 + \dot{I}_1(R_1 + jX_1)$、

$\dot{E}'_2 = -\dot{I}'_2\left(\dfrac{R'_2}{s} + jX'_2\right)$ 和 $\dot{I}_1 = \dot{I}_0 +$

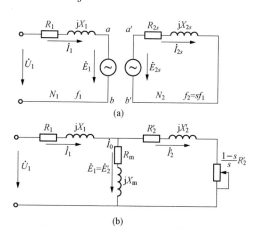

图 5-10　三相异步电动机转子旋转时的等值电路
（a）折算前的等值电路；（b）折算后的等值电路

185

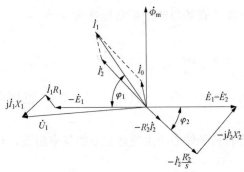

图 5-11 三相异步电动机异步运行时的相量图

$\dot{I}'_2$，可以画出电动机异步运行时的相量图如图 5-11 所示。

六、三相异步电动机的转矩特性

1. 电动机的电磁转矩特性

异步电动机的电磁转矩公式为

$$M_M = C_M \cdot \frac{U_1^2}{f_1} \cdot \frac{sR_2}{R_2^2 + (sX_{20})^2}$$

$$(5-10)$$

式中 M_M——电动机的电磁转矩，N·m；

C_M——与电动机结构有关的常数；

U_1——定子绕组相电压有效值，V；

f_1——系统频率，Hz；

R_2——转子绕组电阻，Ω；

X_{20}——转速为零时转子绕组的电抗，Ω；

s——转差率。

由式（5-10）可知，R_2、X_{20} 是异步电动机的结构参数，基本为常数。当电源电压 U_1 和系统频率 f_1 不变时，异步电动机的电磁转矩 M_M 仅是转差率 s 的函数。如图 5-12（a）所示为 $M_M = f(s)$ 的关系曲线，因为电动机的转速 $n = (1-s)n_1$，所以电动机的电磁转矩也可表示为 $M_M = f(n)$，如图 5-12（b）所示。

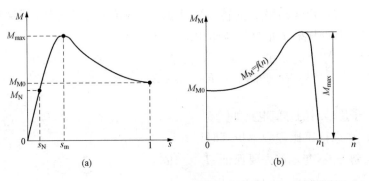

图 5-12 三相异步电动机的电磁转矩特性

(a) $M_M = f(s)$；(b) $M_M = f(n)$

当 $s=1$（$n=0$）时，由式（5-10）可得电动机的启动转矩公式为

$$M_{M0} = C_M \cdot \frac{U_1^2}{f_1} \cdot \frac{R_2}{R_2^2 + X_{20}^2}$$

$$(5-11)$$

由式（5-11）可知：

（1）启动转矩与电源电压的平方成正比；

（2）对于绕线式异步电动机，转子回路串入电阻 R' 后，可使 M_{M0} 改变。当 $R_2 + R' = X_{20}$ 时，可得 $M_{M0} = M_{max}$。

对式（5-10）求导，并令 $\dfrac{\mathrm{d}M_M}{\mathrm{d}s}=0$，可得电动机的最大转矩公式为

$$M_{max} = C_M \cdot \frac{U_1^2}{f_1} \cdot \frac{1}{2X_{20}} \qquad (5-12)$$

由式（5-12）可知：

（1）最大电磁转矩的大小与转子电阻无关，与转子电抗成反比；

（2）临界转差率 $s_M = \dfrac{R_2}{X_{20}}$（$M_M = M_{max}$ 时）；

（3）电动机的过载倍数 $K_M = \dfrac{M_{max}}{M_N}$。

2. 厂用机械的负载转矩特性

火电厂中使用着多种电动厂用机械设备，这些机械设备的转矩特性，即它的阻转矩（或称负载转矩）M_L 与转速 n 的关系 $M_L = f(n)$，直接影响着电动机的选择。厂用设备的机械特性可归纳为两种类型：①恒转矩特性，指转矩 M_L 与转速 n 无关，M_L 是个定值，如图5-13中曲线1所示。如火电厂中的磨煤机、碎煤机、输煤皮带、起重机、绞车等属于这类机械。②具有非线性上升的转矩机械特性，它们的阻转矩与转速的二次方或高次方成比例，如图5-13中曲线2所示。如火电厂的引、送风机、油泵以及工作时没有静压头的离心式水泵等均属这一类。非线性负载转矩可用下式标幺值表示

$$M_{*L} = M_{*L0} + (1 - M_{*L0})n_*^2 \qquad (5-13)$$

3. 电力拖动运动方程

由厂用电动机的电磁转矩 $M_M = f(n)$ 和厂用机械设备的负载转矩 $M_L = f(n)$ 组成的电力拖动系统与转速 n 的关系如图5-14所示。在拖动系统中曲线 $M_M = f(n)$ 与曲线 $M_L = f(n)$ 相交于点2或1。电动机初始时的启动转矩 M_{M0} 必须大于被拖动机械在 $n=0$ 时的起始阻转矩 M_{L0}，即保持 $M_M > M_L$，使剩余转矩为正时，才能顺利地把设备拖到稳定运行状态。图5-14中以阴影表示电动机的电磁转矩 M_M 对于 M_L 为定值时的剩余转矩。

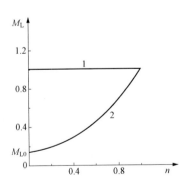
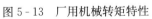
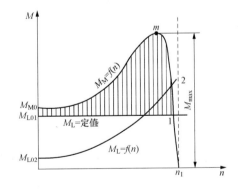

图5-13 厂用机械转矩特性　　图5-14 异步电动机和机械设备的转矩特性曲线

电动机产生的电磁拖动转矩 M_M，用以克服机械负载的阻转矩 M_L 后的剩余转矩，就会使机械传动系统作加速运动，其电力拖动运动方程为

$$M_{\mathrm{M}} - M_{\mathrm{L}} = J \frac{\mathrm{d}\omega}{\mathrm{d}t} \qquad\qquad (5\text{-}14)$$

$$J = \frac{GD^2}{4g}$$

$$\omega = \frac{2\pi n}{60}$$

式中 M_{M}——电动机产生的电磁拖动转矩，N·m；

M_{L}——厂用机械的负载阻转矩，N·m；

$J\dfrac{\mathrm{d}\omega}{\mathrm{d}t}$——惯性转矩（或称加速转矩），N·m；

J——包括电动机在内的整个机组的转动惯量，kg·m²；

ω——机组旋转角速度，rad/s；

G——机组旋转部分所受的重力，$G=mg$，N；

m——机组旋转部分质量，kg；

D——惯性直径，m；

g——重力加速度，m/s²；

GD^2——飞轮惯量，kg·m²。

将 $J = \dfrac{GD^2}{4g}$ 及 $\omega = \dfrac{2\pi n}{60}$ 代入式（5-14）即可得到

$$M_{\mathrm{M}} - M_{\mathrm{L}} = \frac{GD^2}{375} \times \frac{\mathrm{d}n}{\mathrm{d}t} \qquad\qquad (5\text{-}15)$$

由式（5-15）可分析电动机的工作状态：①当 $M_{\mathrm{M}}=M_{\mathrm{L}}$ 时，$\dfrac{\mathrm{d}n}{\mathrm{d}t}=0$，则 $n=0$ 或 n 为常数，即电动机静止或等速旋转，拖动系统处于稳定运行状态；②当 $M_{\mathrm{M}}>M_{\mathrm{L}}$ 时，$\dfrac{\mathrm{d}n}{\mathrm{d}t}>0$，拖动系统处于加速状态；③当 $M_{\mathrm{M}}<M_{\mathrm{L}}$ 时，$\dfrac{\mathrm{d}n}{\mathrm{d}t}<0$，拖动系统处于减速状态。

第二节　三相异步电动机的启动和自启动

一、三相异步电动机的启动

1. 电动机的启动特性

电动机从接通电源开始转动到正常运行转速为止的过程，称为电动机的启动过程。在启动过程中，电动机定子和转子绕组中的电流是变化的。在电动机刚刚接通电源的瞬间，转子是静止的，定子产生的旋转磁场对静止的转子有着很高的相对运动速度。转子绕组中感应出的电动势很大，转子电流也很大，这样就使启动时的定子电流相应很大。当转差率 $s=1$ 时，定子绕组中流过的电流称为电动机的启动电流，一般用它与电动机的额定定子电流的倍数来表示。电动机启动电流倍数约为 4～7 倍。笼型异步电动机的启动特性见表 5-2。

表 5 - 2 笼型异步电动机的启动特性

启动方法		启动转矩/额定转矩	最大转矩/额定转矩	启动电流/额定电流
全压启动	笼型	0.8～1.7	1.8～2	6～7
	双笼型	1～3	1.8～2.7	3～5
	深槽型	1.2～1.6	1.8～2.7	3.5～4.5
星/三角启动	笼型	0.27～0.5	2～2.35	2～2.3
	双笼型	0.33～1	1～1.67	1～1.7

2. 电动机启动前的检查

（1）电动机周围应清洁、无杂物、无漏水、漏气且无人工作；

（2）电动机及其控制箱座无异常现象，外壳接地良好，电动机引线已接好；

（3）机械部分应完好，外露旋转部分应装有完好的防护罩；

（4）如电动机的停运时间超过规定时间或电动机受潮时，应由电气运行人员测定其绝缘电阻合格；

（5）电动机底座螺栓应牢固不松动，轴承油的油位和油色正常；

（6）用手盘动机械部分，应无卡涩、无摩擦现象；

（7）检查传动装置应正常，例如传动皮带不应过紧或过松、不断裂，联轴器应完好等；

（8）有关各部测温元件显示或指示正常；

（9）冷却装置完好，水冷却器水源应投入，且无漏水情况，压力、流量正常。

3. 电动机启动注意事项

（1）大、中容量的电动机启动前应通知单元长和值长，并采取必要的措施，以保证电动机能顺利启动。

（2）电动机的启动电流很大，但随着电动机的转速上升，在一定时间内电流表的指示应逐渐返回到额定值以下。如果在预定时间内不能返回，则应立即停用该电动机并查明原因，否则不允许再次启动。

（3）电动机启动时，应监视从启动至升速的全过程直至转速正常。如果启动过程中发生振动、异常声响、着火等情况应立即停用。

（4）对新投运或检修后的电动机初次启动时，应注意旋转方向的一致性，方向相反时应停运倒换相序。

4. 电动机启动次数的规定

电动机直接启动时，启动电流可达到额定电流的 4～7 倍，启动次数增多会导致电动机内部热量的累积，促使电动机的绝缘老化，减短其寿命，而且电动机的启动将使电力线路产生较大的线路压降，而影响负载端的电压，特别是大容量的电动机更是如此。因此电动机应避免频繁启动。

正常情况下，笼型式电动机的启动次数应遵照制造厂规定执行，无规定时，一般允许在冷态下启动两次，每次间隔不少于 5min，允许在热态下启动一次。大容量电动机的启动间隔不小于 0.5～1h；在事故处理及电动机的启动时间不超过 2～3s 时，允许比正常情况下多启动一次。

对电动机启动次数所做的限制，是考虑到频繁启动时，原来的热量还来不及散发，而下一次启动时的启动电流将在电动机原有温升的基础上再次产生热量，对绕组的威胁比冷态下更为严重。因为绕组的绝缘损坏不仅与温度高低有关，还与温度作用的时间长短有关，作用的时间越长，影响也越大。另外，启动电流的电动力对绕组特别是绕组端部的威胁也不能忽视。

5. 电动机的启动方法

（1）直接启动，也称全压启动。启动时将电动机的定子绕组直接接通额定电压的电源。这种启动方法的特点是设备简单、操作方便，但启动电流大。一般情况下，若电动机容量较小，且启动时对母线电压影响较小，则应优先采用直接启动。

（2）定子串电抗降压启动。凡是不允许直接启动的笼型异步电动机，启动时在定子回路中串联电抗，对电动机起分压的作用，从而使实际加在电动机上的电压减小，降低启动电流。定子串联电抗启动的线路图如图 5-15 所示，X_{st} 为启动电抗。启动时，先使接触器的主触点 KM1 接通，使电动机串入 X_{st} 启动；当转速上升到一定值时，将接触器的主触点 KM2 接通，KM1 断开，使电动机定子绕组加全电压正常运行。

（3）自耦变压器降压启动。这种启动方法就是利用自耦变压器降低加在电动机定子绕组上的启动电压。其接线如图 5-16 所示。

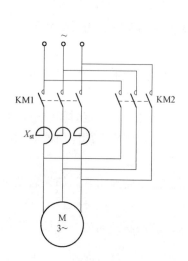

图 5-15　定子串电抗降压启动接线

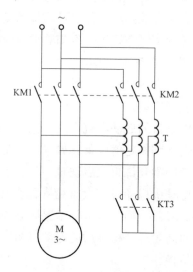

图 5-16　自耦变压器降压启动接线

自耦变压器又称启动补偿器，降压启动由一台三相星形连接的自耦变压器和切换开关组成。电动机容量较大时，启动补偿器由三相自耦变压器和接触器加上适当的控制线路组成。启动时，先使接触器的主触点 KM2 和 KM3 闭合，将自耦变压器一次侧接电源，二次侧抽头接电动机使电动机降压启动。当转速升到一定值时，将 KM2 和 KM3 断开，KM1 闭合，使电动机全压运行，同时自耦变压器脱离电源。

这种启动方法的特点是它能将启动电流减小到直接启动时的 $\dfrac{1}{K^2}$ 倍（$K=U_1/U_2$），

但启动转矩也减小到 $\dfrac{1}{K^2}$ 倍。一般产品将自耦变压器做成有不同变比的抽头，变比有 $K=$ 2.5、1.67、1.25 三个抽头，电压 U_2 分别是电源电压的 40%、60%、80%，以适应不同大小启动转矩的要求，这也是这种启动方法的一大优点。

（4）星/三角启动。对正常运行时采用三角形连接且又有首尾 6 个出线端的电动机，可在启动时将三相定子绕组连接成星形，正常运行时再改成三角形连接，从而实现降压启动。因正常运行接成三角形时，加在每相绕组上的电压是线电压，而接成星形启动时加在每相绕组上的电压只有线电压的 $1/\sqrt{3}$，此时的启动电流和启动转矩降为直接启动的 1/3。如图 5-17 所示是星/三角启动电路接线图。启动时，使 KM1 和 KM3 闭合，转速上升至稳定转速时，将 KM3 断开，KM2 闭合，电动机作三角形连接稳定运行。因为先按星形连接进行降压启动，然后按三角形连接加全电压运行，所以称为星/三角启动。星/三角启动方法设备简单、价格便宜，应优先采用。

（5）延边三角形启动。电动机三相定子绕组的每一相除首、尾端外，还有一个中间抽头，整个电动机有 9 个出线端。如图 5-18（a）所示，启动时接线将各相中间抽头的后半段接成三角形，再将三个首端接电源。这样，从整体看像是一个三个边都有一段延长的三角形，故称延边三角形启动。

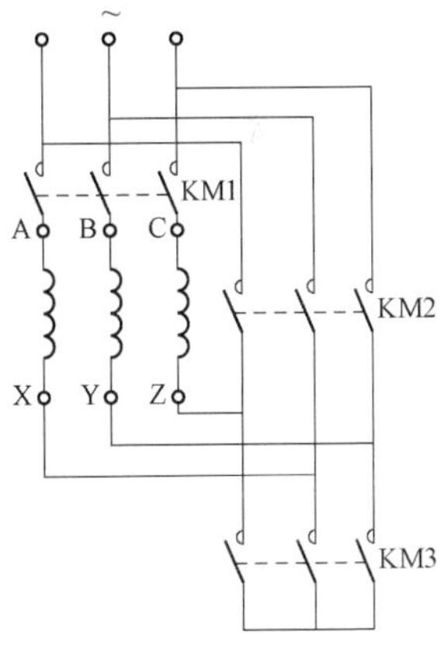

当转速升到接近稳定转速时，再通过开关使三相绕组首尾相连接成三角形，如图 5-18（b）所示，实现三角形连接稳定运行。由于启动时相绕组承受电压低于三角形连接时的线电压，但大于星形连接时的相电压，所以启动电流和启动转矩介于直接启动和星/三角启动之间。

图 5-17　星/三角启动电路接线

设每相前一段绕组（星形连接部分）的短路阻抗为 Z_{k1}，后一段绕组（三角形连接部分）的短路阻抗为 Z_{k2}，令它们的比值为 $Z_{k1}/Z_{k2}=a$，则此时的启动电流和启动转矩降为直接启动的 $\dfrac{a+1}{3a+1}$。

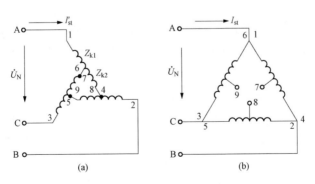

图 5-18　延边三角形启动的接线

(a) 延边三角形接法启动；(b) 三角形接法运行

每相电压的大小随中间抽头的位置而变,接成三角形部分的匝数越少,每相绕组的电压越低,启动电流和启动转矩就越小,这就能使它适应不同负载启动时的要求。

(6) 绕线转子串对称电阻启动。如图 5 - 19 (a) 所示,启动时三相转子串接对称电阻(即三相电阻相等),然后将定子接通电源使电动机启动。随着电动机转速上升,均匀减小电阻,直至电阻被完全切除。待转速稳定后再将滑环短接而稳定运行。如图 5 - 19 (b) 所示为电动机转子串接三级电阻时的启动特性。电动机启动时,转子接入全部电阻使特性变软;当启动后,分段减小电阻使特性逐级变硬,电动机由 h 点开始升速,当电阻全部切除时,则电动机在固有特性上 a 点处稳定运行。

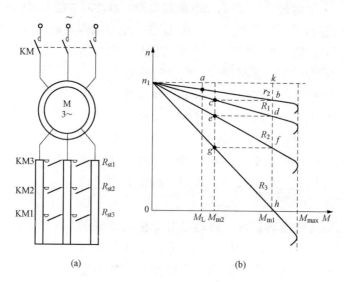

图 5 - 19　绕线转子串电阻启动接线及特性
(a) 转子串电阻启动接线;(b) 启动特性

(7) 绕线转子串频敏变阻器启动。绕线式异步电动机转子回路串联电阻启动,虽然能够限制启动电流并增大启动转矩,但每级都要同时切除一段三相电阻,切除启动电阻时引起转矩大幅度波动,使启动不够平滑。如果采用频敏变阻器启动,则能够随着转速升高而连续减小转子串联电阻,从而使启动过程中升速平滑。

频敏变阻器的特点是阻抗能随频率的下降而自动地减小,其结构如图 5 - 20 所示,外形与一台三相变压器相似,相当于没有二次绕组的三相变压器。三相绕组分别套在 3 个铁心柱上,Y 形连接,3 个出线端与绕线式异步电动机转子绕组的 3 根引出线对接。不同点是为了增大电阻成分,铁心用厚钢板叠成。这种铁心的涡流损耗很大,使线圈阻抗主要呈现出电阻性质。在频率等于 50Hz 和低于 50Hz 的很大范围内,涡流都有明显的集肤效应。频率越低,集肤效应越弱,涡流等效路径的截面积越大,涡流的等效电阻越小。频率的变化表现为涡流损耗的等效电阻变化,使线圈阻抗主要表现为

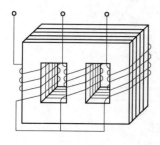

图 5 - 20　频敏变阻器结构示意图

192

随频率而变的电阻，所以称为频敏变阻器。

转子串频敏变阻器的等效电路与变压器空载运行时相似，如果忽略绕组的漏阻抗，则等效由励磁电阻 R_{px} 和励磁电抗 X_{px} 串联组成，这时每相转子电路的等效电路如图 5-21 所示。由于铁心采用厚钢板，磁通密度又设计得高，因铁心饱和，励磁电抗 X_{px} 较小；而铁损耗设计得高，励磁电阻 R_{px} 较大。

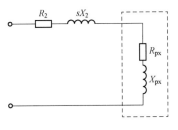

绕线式异步电动机转子串频敏变阻器启动时，$s=1$，转子回路感应电流的频率 $f_2 = s \cdot f_1 = f_1$ 为最高，频敏变阻器的铁心损耗近似与频率的平方成正比，故为最大，反映铁损大小的励磁电阻 R_{px} 为最大。一般 $R_{px} \gg R_2$，因而转子串联较大电阻启动，既能提高启动转矩，又能降低启动电流。随着转速上升，s 下降，转子回路感应电流的频率降低，铁损下降，R_{px} 和 X_{px} 均随之自动变小。正常运行时 f_2 很低，R_{px} 和 X_{px} 均很小。启动结束

图 5-21 转子串频敏变阻器时的等效电路

时用接触器等使转子绕组引出线短接，亦即将频敏变阻器切除，使电动机在固有机械特性上稳定运行。

频敏变阻器的参数可以通过改变绕组抽头位置亦即改变绕组匝数作粗调，匝数越多，阻抗越大；也可以通过改变铁心的气隙作细调，气隙越大，阻抗越小。

绕线式异步电动机转子串频敏变阻器启动，控制线路简单、初投资少、启动性能好、运行可靠、维护简便，所以应用较多，但频敏变阻器不能兼作调速用途。

二、三相异步电动机的自启动

当断开电源时，电动机转速就会下降，这一过程称为惰行。若电动机失去电源后，不与厂用供电母线断开，经过很短时间（一般在 0.1～1.5s），厂用供电母线通过自动转换装置使备用电源投入，此时，电动机惰行尚未结束，又自动启动恢复到稳态运行，这一过程称为电动机的自启动。

自启动过程中可能会出现厂用供电系统电压下降和电动机本身发热。因为参加自启动的电动机较多，往往同时成组电动机启动时，很大的启动电流在厂用变压器和线路等元件中引起电压降，使厂用母线电压降低；同时启动时间较长，使电动机绕组发热。电压下降和电动机绕组发热的数值如超过允许指标，将危及厂用电系统的稳定运行和电动机的安全与寿命。因而，要保证厂用电动机自启动和安全必须满足相应的条件。

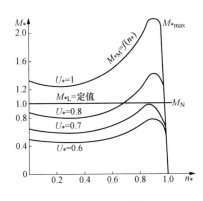

图 5-22 电动机转矩与电压、转速的关系

1. 电动机自启动时厂用母线电压最低限值

异步电动机的转矩与电压平方成正比。通常电动机在额定电压下运行时，其最大转矩约为额定转矩的两倍，如图 5-22 所示（为便于说明问题，假定

阻转矩 M_{*L} 为定值)。

随着电压下降，电动机转矩将急剧下降。当电压下降到某一数值，如 $0.7U_N$ 时，电动机最大转矩应为 $2×0.7^2×M_N=0.98M_N<M_N$。若电动机已带有额定阻转矩的负载，此时，剩余转矩变为负值，电动机受到制动而开始惰行，最终可能停止运转，出现惰行的电压称为临界电压 U_{cr}。这时，电动机的最大转矩 M_{max} 恰好等于阻转矩 M_L，根据 $M_M ∝ U^2$ 关系可得

$$U_{*cr} = \frac{1}{\sqrt{M_{*max}}} \tag{5-16}$$

式中 M_{*max}——电动机在额定电压（$U_*=1$）下的最大转矩标幺值；

U_{*cr}——临界电压标幺值（$U_{*cr}=\dfrac{U_{cr}}{U_N}$）。

通常，异步电动机的 $M_{*max}=1.8～2.4$，所以 $U_{*cr}=0.65～0.75$，即电压降低到额定值的 $65\%～75\%$，电动机开始惰行。为了系统能稳定运行，规定电动机正常启动时，厂用母线电压的最低允许值为额定电压的 80%，电动机端电压最低值为额定电压的 70%。但是，自启动时，有成组电动机的被拖动设备的飞轮转动惯量 GD^2 很大，当电压降低后，电磁转矩虽立即下降，而机械转速在较短时间内却降低很少。为了保证厂用 I 类负荷自启动且考虑到惯性因素，规定厂用母线电压在电动机自启动时，应不低于表 5-3 所示的数值。这就是保证厂用电动机自启动的厂用母线电压条件。

表 5-3 自启动要求的最低母线电压

名　称	类　型	自启动电压为额定电压的百分值（%）
高压厂用母线	高温高压电厂	65～70
	中压电厂	60～65
低压厂用母线	由低压母线单独供电电动机自启动	60
	由低压母线与高压母线串接供电电动机自启动	55

注　对于高压厂用母线，失压或空载自启动时取上限值；带负荷自启动时取下限值。

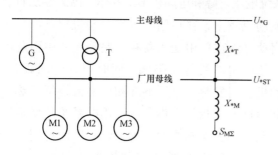

图 5-23　电动机自启动等值电路

2. 自启动电动机允许容量的确定

如图 5-23 所示为一组电动机经厂用高压变压器自启动的等值电路。一般假设成组电动机在电压消失或下降后全部处于制动状态，当恢复供电后同时开始启动，且忽略电阻，向厂用高压变压器供电的电源电压不变，即 $U_{*G}=1$。

现以该变压器额定容量 S_T 为基准，各值均用标幺值表示，由图 5-23 可知，在成组电动机自启动时，厂用高压变压器上的电压降为 $U_{*G}-U_{*sr}=U_{*sr}I_{*sa}X_{*T}\dfrac{S_{M\Sigma}}{S_T}$，从而可得

194

$$S_{M\Sigma} = \frac{U_{*G} - U_{*sr}}{U_{*sr} I_{*sa} X_{*T}} S_T \qquad (5 - 17)$$

式中　S_T——厂用变压器的额定容量；

$\quad\quad U_{*G}$——发电动机电源电压的标幺值，一般为 1；

$\quad\quad X_{*T}$——厂用变压器电杭标幺值；

$\quad\quad S_{M\Sigma}$——参加自启动电动机的总容量；

$\quad\quad I_{*sa}$——以额定电流为基准的所有自启动电动机的平均自启动电流倍数，备用电源
快速切换时取 2.5，慢速切换时取 5。

在式（5-17）中，当电动机自启动时，将厂用母线最低允许电压值作为已知值代

入 U_{*sr} 项，则可计算出自启动电动机的最大允许总容量 $S_{M\Sigma}$。由于 $S_{M\Sigma} = \dfrac{P_{M\Sigma}}{\eta\cos\varphi}$，因而可

得

$$P_{M\Sigma} = \frac{(U_{*G} - U_{*sr})\eta\cos\varphi}{U_{*sr} I_{*sa} X_{*T}} S_T \qquad (5 - 18)$$

这就是厂用电动机自启动时的允许容量条件。

将式（5-18）稍加变换，可计算电动机群自启动开始瞬间厂用母线电压为

$$U_{*sr} = \frac{U_{*G}}{1 + I_{*sa} X_{*T} S_{M\Sigma}/S_T} \qquad (5 - 19)$$

只要计算所得厂用母线电压 U_{*sr} 大于表 5-3 中厂用母线电压最低限值，就认为满
足自启动的电压条件。

3. 保证电动机自启动成功的措施

（1）限制自启动的电动机数量。对不重要设备用的电动机加装低电压保护装置，当
厂用母线电压低于临界值时，从母线上自动断开，不参加自启动。

（2）阻转矩为定值的重要设备用的电动机，因它只能在接近额定电压下启动，也不
应参加自启动，对这种机械设备及一部分大容量重要设备，电动机均可采用低电压保护
和自动重合闸装置。当厂用母线电压低于临界值时，把它们从母线上断开，而在母线电
压恢复后又自动投入。这样，不仅保证该部分电动机的逐级自启动，而且改善了未曾断
开的重要电动机的自启动条件。

（3）对重要的厂用机械设备，应选用具有较高启动转矩和允许过载倍数较大的电动
机与它们配套。

（4）在不得已的情况下，或增大厂用变压器容量，或适当减小厂用变压器的阻抗值
（结合限制短路电流问题一起考虑）。

第三节　三相异步电动机的调速方法

三相异步电动机具有结构简单、价格便宜、运行可靠、维护方便等优点，但在调速
性能上比直流电动机稍差。目前人们已研制出各种各样的三相异步电动机的调速方法，
并广泛应用于各个领域。根据三相异步电动机的转速公式

$$n = (1-s)n_1 = (1-s)\frac{60f_1}{p} \qquad (5-20)$$

可知三相异步电动机的基本调速方法有变极调速、变频调速、变转差率调速三种。另外，在不改变电动机转速的前提下，利用电磁转差离合器、减速机、链轮等设备也能改变被拖动设备的转速。

一、电动机的变极调速

为了得到两种不同极对数的磁通势，三相异步电动机定子可采用两套绕组。为了提高材料利用率，一般采用单绕组变极，即通过改变一套绕组的联接方式而得到不同极对数的磁通势，以实现变极调速。至于转子，一般采用笼型绕组，它不具有固定的极对数，它的极对数自动与定子绕组一致。

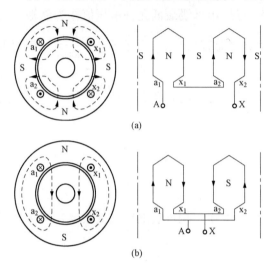

图 5-24 变极原理图

(a) $2p=4$；(b) $2p=2$

1. 变极原理

如图 5-24（a）所示是一个四极电动机的 A 相绕组示意图，在图示的电流方向 $a_1 \rightarrow x_1 \rightarrow a_2 \rightarrow x_2$ 下，它产生磁通势基波极数 $2p=4$。

如果按图 5-24（b）改接，即 a_1 与 x_2 联接作为首端 A，x_1 与 a_2 相联接作为尾端 X，则它产生的磁通势基波极数 $2p=2$，

这样就实现了单绕组变极。

2. 变极绕组的联接方法

下面介绍两种典型的变极绕组联接方法，分别如图 5-25、图 5-26 所示。

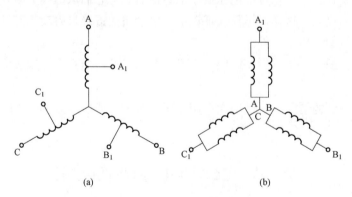

图 5-25 星形/双星形变极绕组连接方法

(a) 星形连接，$p=2$，A、B、C 接电源；(b) 双星形连接，$p=1$，A、B、C 短接，A_1、B_1、C_1 接电源

变极调速方法简单、运行可靠、机械特性较硬，但只能实现有极调速。单绕组三速

196

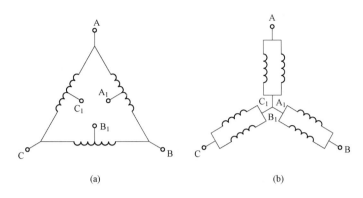

图 5-26　三角形/双星形变极绕组连接方法

（a）三角形连接，$p=2$，A、B、C 接电源；（b）双星形连接，$p=1$，A_1、B_1、C_1 短接，A、B、C 接电源

电动机绕组接线已相当复杂，故变极调速不宜超过三种速度。

二、电动机的变频调速

由 $n_1 = \dfrac{60 f_1}{p}$ 可知，当极对数不变时，同步转速 n_1 和电源频率 f_1 成正比。因此若连续改变三相异步电动机电源的频率 f_1，就可以连续改变同步转速 n_1，从而可平滑连续地改变电动机转速。

1. 变频调速时的转矩特性

为了保持电动机的负载能力，应保持气隙主磁通 Φ 不变。这就要求在改变供电频率的同时，也改变感应电动势的大小，使 E_1 / f_1 保持常数，即保持电动势与频率之比为常数进行调速，这种调速控制称为恒磁通变频调速，其转矩特性如图 5-27 所示。

2. 变频调速电源

实现变频调速的关键是如何获得一个单独向异步电动机可靠供电的变频电源，目前在变频调速系统中广泛采用的是静止变频装置。它是利用大功率半导体器件，先将 50Hz 的工频电源整流成直流，然后再经逆变器转换成频率与电压均可调节的变频电压输出给异步电动机，这种系统称交-直-交变频调速系统。如图 5-28（a）所示为交-直-交变频调速系统组成框图，如图 5-28（b）所示为交-直-交变频调速系统原理接线图。

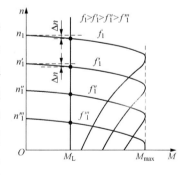

图 5-27　变频调速时的转矩特性

图 5-28 所示的交-直-交变频调速系统属电流型调速系统，它是在直流回路中串入大电感 L 来吸收无功功率，直流电源内阻抗较大，呈恒流源特性。在电流型逆变器中，不论异步电动机是工作在电动运行状态还是反馈制动运行状态，直流侧的电流方向不变，因此只要改变直流侧电压极性，就可以很方便地改变电动机的运行状态。异步电动机变频调速时既可以从基频向上调，也可以从基频向下调，这种调速控制转速能平滑地

调节，调速范围广、效率高、使用方便、可靠性高并且经济效益显著，所以逐步得到推广应用。

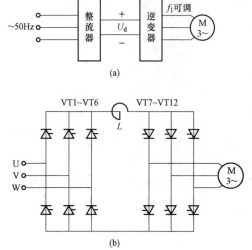

图 5-28　交-直-交变频调速系统

三、电动机的变转差调速

1. 移相调压调速

由三相异步电动机的机械特性参数表达式可知：三相异步电动机的电磁转矩与定子电压的平方成正比。因此，改变异步电动机的定子电压也就可改变电动机的转矩及机械特性，从而实现调速，这是一种比较简单而方便的方法。随着电力电子技术的发展，目前已广泛采用晶闸管来实现交流移相调压调速。

（1）调压调速电路。将三对反向并联的晶闸管（或三个双向晶闸管）分别接至三相异步电动机和电源之间，就构成了一个典型的三相交流移相调压调速电路，如图 5-29 所示。

为保证输出电压对称并具有一定的调节范围，阳极接电源的 3 只晶闸管 VT1、VT3、VT5 的触发脉冲在相位上应依次相差 120°并与电源电压同步。同一相电路中两只反向并联晶闸管的触发脉冲相位差应为 180°，以保证 6 只晶闸管的触发脉冲相位按 VT1→VT2→VT3→VT4→VT5→VT6 的顺序依次相差 60°，使 6 只晶闸管在一个电源周期中各被触发一次。由于电路无中性线，一相电流必须

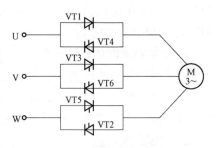

图 5-29　三相交流移相调压调速电路

通过另一相电路构成通路。因此每瞬间至少应有两相电路同时导通，为保证调压电路能处于正常工作状态，和三相桥式可控整流电路一样，每只晶闸管触发脉冲宽度不能小于 60°（一般为 120°）。

（2）调压调速特性。三相异步电动机的降压调速特性如图 5-30 所示。对于普通异步电动机，改变定子电压 U_1，能得到不同的转矩特性曲线，若轴上带的是恒转矩负载 M_L，则系统将稳定工作于如图 5-30 中的 A、B、C 三点不同的转速。

由图可看出，对于不同的定子电压，电动机转速变化范围不大。电动机在低速段运行（如图中的 C 点）时，拖动系统承受负载波动的能力变差，且转速降低后转子电流会相应增大，会引起电动机过热。因此，为使电动机能在低速下稳定运行又不致过热，就要求加大电动机转子回路电阻，但增大电阻又会使电动机的转矩特性变软，导致系统稳定性变差，需引入闭环负反馈控制。因此调压调速的应用范围受到了限制。

2. 绕线转子回路串电阻调速

绕线转子异步电动机转子回路串电阻调速的原理接线图如图 5-19（a）所示，其调

速特性如图 5 - 19（b）所示。由图可见，绕线转子异步电动机转子回路串联电阻不仅能改变电动机的转矩特性，也能实现在一定范围内的调速。

这种调速方法的优点是设备简单、初投资少，其调速电阻还可兼作启动电阻和制动电阻使用。因此，这种方法多用于对调速性能要求不高且断续工作的生产机械上，如桥式起重机、通风机、轧钢辅助机械等。

这种调速方法的缺点一是在低速下机械特性很软，负载转矩稍有变化即会引起很大的转速波动，系统稳

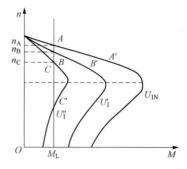

图 5 - 30　电动机的调压调速特性

定性不好，调速范围也就不可能太宽；二是转子要分级外串联电阻，体积大、笨重；三是这种方法为有级调速，低速时能量损耗太大，不宜长期低速运行。

3. 绕线转子串级调速

绕线转子异步电动机转子串电阻调速，实质上是设法将一部分本来要转换为机械功率的电磁功率消耗在转子电阻上，使实际的输出功率减小，迫使一定负载转矩下电动机的运行速度下降。这里考虑到：这部分功率只能在转子电阻上白白消耗掉，还是可以设法将它转移到电网中去，达到与转子串电阻相同的效果，但拖动系统的运行效率将会大大提高。串级调速就是根据这个思路设计的。

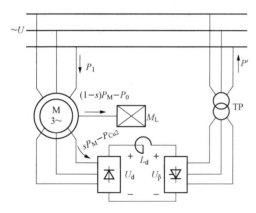

图 5 - 31　晶闸管串级调速系统原理图

（1）串级调速电路。绕线转子异步电动机串级调速系统原理图如图 5 - 31 所示，绕线转子异步电动机转子回路先接三相不可控的整流器，将转子电动势整流成直流电压 U_d，经滤波电抗器 L_d 滤波后加到晶闸管组成的逆变器上，然后由逆变器将直流逆变成交流，经专用的逆变变压器 TP 与电网相接。改变逆变器的逆变角 β，就可以改变逆变器两端电压 U_β，也就改变了直流电动势 E_f 的大小。由于 E_f 的相位总是和转子电动势 E_{2s} 相反，所以可以实现异步电动

机的低同步串级调速。

在上述串级调速过程中，由电动机定子传送到转子的电磁功率 P_M，一部分转变为机械功率 $P_T =（1-s）P_M$，另一部分为转子回路的转差功率 $P'_s = sP_M$，P'_s 中的一部分消耗在转子绕组的电阻上，另一部分送入整流器。如果不考虑整流器、逆变器和变压器的损耗，则这部分功率反馈回电网，从而节约了电能，提高了调速系统的效率。

（2）串级调速特性。绕线转子异步电动机串级调速转矩特性与绕线转子异步电动机转子串电阻调速转矩特性相似，如图 5 - 32 所示。从图中可以看出，随着 E_f 增大，转移到电网的功率也增大，迫使电磁转矩特性向下移动，电动机转速逐渐降低，从而达到调速目的。

绕线转子异步电动机串级调速具有效率高、节能效果好、机械特性硬、可实现无级调速等明显优点。因此串级调速方法适用于调速范围不大、中型以上容量的拖动系统中，例如大型水泵、风机、矿井提升机械等。其缺点是设备较复杂、成本较高、低速时过载能力差、系统的功率因数较低。

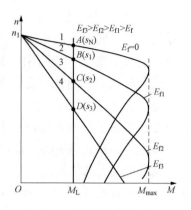

图 5-32　串级调速特性

四、电磁转差离合器调速

电磁调速异步电动机，又称滑差电动机，由三相笼型异步电动机和电磁转差离合器组成。电磁转差离合器的输入转速为笼型异步电动机的转速，基本不变。调节转差离合器的励磁电流，即可调节转差离合器的输出转速，亦即可以调节负载机械的转速。

1. 工作原理

如图 5-33 所示为电磁转差离合器调速系统示意图。图中 M 是笼型异步电动机，电动机 M 与负载 4 之间用电磁转差离合器联系，离合器分主动和从动两部分，可分别旋转。主动部分是电枢 5，与 M 同轴连接，其上有笼型绕组，也可以只是实心铸钢，此时涡流的通路起笼型导条的作用。从动部分是磁极 1，绕有励磁绕组，由滑环 2 引入直流励磁电流 I_f。两部分在机械上是分开的，当中有气隙，如无励磁电流，则两部分互不相干；只要通入励磁电流，两者就因电磁作用互相联系起来，所以叫电磁离合器。

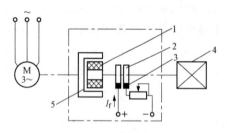

图 5-33　电磁转差离合器调速系统示意图

1—磁极；2—滑环；

3—电刷；4—负载；5—电枢

电磁转差离合器的工作原理和异步电动机的原理很相似：在磁极励磁的条件下，电动机 M 带动离合器的电枢逆时针旋转，电枢切割磁场而感应电动势。由于电枢绕组是闭合的，故电枢绕组中有电流通过，该电流与磁场相互作用产生电磁转矩，使磁极随电枢同方向异步旋转。电枢与磁极之间的转速差 Δn 为

$$\Delta n = n - n_2 \tag{5-21}$$

式中　　n——电枢转速即电动机轴上的转速；

　　　　n_2——磁极转速，即机械负载的转速。

2. 转矩特性

当电磁转差离合器的转矩 $M_M = 0$ 时，其理想空载转速就是异步电动机的转速 n。励磁电流 I_f 一定时，负载越大，Δn 也越大，因而感应电动势、电流、电磁转矩随之增大，所以特性曲线一定是向下倾斜的。改变励磁电流时，I_f 越大，磁场越强，因而转矩越大。电磁转差离合器的转矩特性如图 5-34 所示。为了满足生产需有较为恒定转速的要求，电磁调速异步电动机中一般都配有根据负载变化而自动调节励磁电流的控制装

置，它主要由测速发电机和速度负反馈系统组成。当负载向上波动使转速降低时，它自动增加励磁电流，从而保持转速的相对稳定。采用转速反馈的闭环系统，不但使调速特性变硬，且可使调速范围扩大。

电磁转差离合器调速系统设备简单、控制方便、可以平滑调速（平滑调节励磁电流时），适用于调速范围不大的通风机负载。

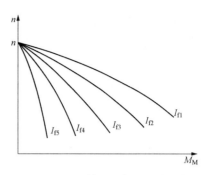

图 5-34　电磁转差离合器的转矩特性

第四节　三相异步电动机的控制

一、电动机的直接启动控制

直接启动又称全压启动，它是通过空气开关或接触器将额定电源电压直接加在电动机的定子绕组上，使电动机由静止状态逐渐加速到稳定运行状态。这种启动方法的优点足所需控制设备少、线路简单，缺点是电动机启动电流大。

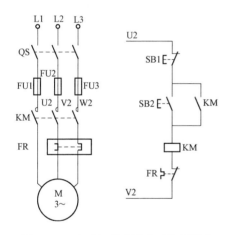

图 5-35　电动机的直接启动控制线路

判断一台笼型异步电动机能否采用直接启动，取决于电动机电源的变压器容量。如果电动机的额定功率不超过电源变压器容量的 15％～20％时，一般都允许直接启动。7.5kW 及以下的小容量笼型异步电动机一般都可以直接启动。

1. 启动控制线路的组成

采用交流接触器直接启动电动机的控制线路如图 5-35 所示。整个控制线路由主电路和控制电路两部分组成。主电路是从电源 L1、L2、L3 经电源开关 QS、熔断器 FU、接触器 KM 的主触点和热继电器 FR 的主触点到电动机 M 的电路，其中流过的电流较大；控制电路由停机按钮 SB1、启动按钮 SB2、接触器 KM 的线圈、接触器 KM 的动合辅助触点和热继电器 FR 的动断触点组成。

2. 控制线路的工作原理

合上电源开关 QS，当按下启动按钮 SB2 时，接触器 KM 线圈通电吸合，接触器 KM 主触点和动合辅助触点闭合。主触点闭合使电动机 M 开始启动；动合辅助触点闭合使启动按钮松开后仍保持接触器 KM 线圈继续通电，从而使电动机继续启动，并最后进入稳定运行状态。这时，接触器的动合辅助触点在控制电路里起自保持的作用，因此常把该动合辅助触点称为自保持触点，称这种线路为具有自保持功能的控制线路。当按下停止按钮 SB1 时，接触器 KM 因线圈断电而释放，接触器 KM 主触点和动合辅助触点断开，电动机 M 断电而停止转动。

3. 过载保护功能

电动机在运行过程中，如果负载过大，电动机的电流将超过额定值，若持续时间较长，电动机的温升就会超过允许的温升值，将使电动机的绝缘损坏，甚至烧坏电动机。所以，应对电动机过载需要采取保护措施。当电动机过载时，熔断器一般不会熔断的，因为接于电动机主回路的熔断器主要用于电动机的短路保护，熔断器允许流过的电流值是电动机额定电流的好几倍。若熔断器容量选小了，电动机启动时就会经常使熔断器烧断。因此电动机过载保护需要采取另外的措施，最常用的是采用热继电器进行过载保护。其工作原理是：如果电动机过载或其他原因使电流超过额定值，经过一定时间，串接在主电路中的热继电器 FR 的发热元件受热弯曲，使得串接在控制电路的 FR 动断触点断开，切断控制电路，接触器 KM 的线圈断电，KM 的自保持触点与主触点断开，电动机 M 停转。由于热继电器的发热元件有热惯性，即使瞬间流过它的电流超过额定电流数倍，它也不会瞬时动作，因此热继电器只能实现过载保护功能。

4. 欠压保护和失压保护功能

当电动机带额定负载运行时，若电源电压下降较多（例如降到额定电压的85%以下），将导致电动机的电流显著增大，可能会烧坏电动机。而此时接触器线圈的电磁吸力不足，动触头的铁心在弹簧反作用力的作用下释放，使主触点和自保持触点断开，控制电路失去自保持，电动机停止运转，从而保护了电动机。如果电动机运行过程中突然断电，那么主触点和自锁触点会同时断开，电动机停止运转。当电网恢复供电时，若电动机自行启动容易造成设备与人身事故。而该控制线路能防止电动机自行启动，因为恢复供电后，若没有再按下启动按钮，电动机就不会自行启动，所以说该控制线路还具有失压保护的功能。

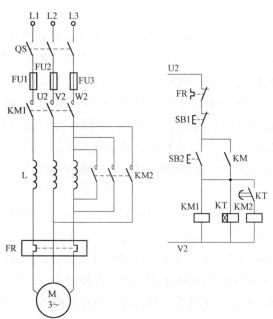

图 5-36　定子绕阻串电抗器降压启动控制线路

二、电动机的降压启动控制

对于容量较大的笼型异步电动机，因直接启动电流大，对供电系统有较大影响，所以一般都采用降压启动。降压启动就是将电源电压适当降低后，再加到电动机的定子绕组上进行启动，待电动机启动结束或将要结束时，再使电动机的电压恢复到额定值。常用的降压启动方法有以下两种。

1. 定子绕组串电抗器降压启动控制

电动机启动时，在三相定子电路中串入电抗器，使电动机定子绕组电压降低，限制了启动电流，待电动机转速上升到一定值时，将电抗器切除，使电动机在额定电压下稳定运行。电动机定子绕组串电抗器降压启动控制线路如图 5-36 所示。

其工作原理是：合上电源开关 QS，按下启动按钮 SB2，接触器 KM1 的线圈通电，接触器 KM1 的自保持触点和主触点闭合，电动机串电抗器 L 启动。在接触器 KM1 的线圈通电的同时，时间继电器 KT 的线圈也通电，经过所整定延时时间后，时间继电器 KT 的动合触点闭合，接触器 KM2 的线圈通电，接触器 KM2 的主触点闭合，将串接电抗器 L 短接，电动机接入正常电压，并进入正常稳定运行。

电动机定子绕组串电抗器降压启动虽然降低了启动电流，但也降低了启动转矩，这种启动方法只适用于空载或轻载启动。

2. 星/三角降压启动控制

额定运行为三角形接法且容量较大的电动机可以采用星/三角降压启动。电动机启动时，定子绕组按星形连接，每相绕组的电压降为三角形连接时的 $1/\sqrt{3}$，待转速升高到一定值时，改为三角形连接，直到稳定运行。星/三角降压启动控制线路如图 5-37 所示。

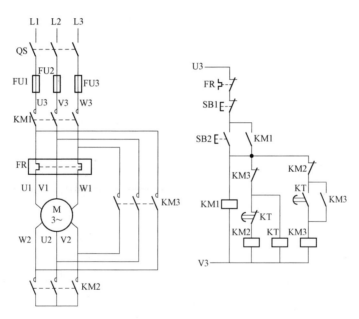

图 5-37 星/三角降压启动控制线路

从图中可以看到主电路中有三组主触点，其中接触器 KM2 和 KM3 主触点一定不能同时闭合。因为开关 QS 合上电源，接触器 KM1 主触点闭合后，接触器 KM2 和 KM3 如同时闭合，意味着电源将被短路。所以，控制线路的设计必须保证一个接触器吸合时，另一个接触器不能吸合，这叫做互锁，也就是说 KM2 和 KM3 两个接触器需要互锁。常用的互锁方法是在控制线路中，接触器 KM2 与 KM3 线圈的支路里分别串联对方的一个动断辅助触点。这样，每个接触器线圈能否被接通，将取决于另一个接触器是否处于释放状态，如接触器 KM2 已接通，它的动断辅助触点把 KM3 线圈的电路断开，从而保证 KM2 和 KM3 两个接触器不会同时吸合。这一对动断触点就叫做互锁触点。

星/三角降压启动控制线路的工作原理是：合上电源开关 QS，按下启动按钮 SB2，这时，接触器 KM1、KM2、时间继电器 KT 线圈通电，接触器 KM1 主触点和自保持触点闭合。KM2 的主触点闭合、KM2 的互锁触点断开，电动机按星形接法启动，经过所整定延时时间后，时间继电器 KT 的动合触点闭合和动断触点断开，接触器 KM2 线圈断电，接触器 KM2 主触点断开，电动机暂时断电，同时接触器 KM2 的互锁触点闭合，接触器 KM3 线圈通电。接触器 KM3 主触点和自保持触点闭合，电动机改为三角形连接，然后进入稳定运行，同时接触器 KM3 的互锁触点断开，使时间继电器 KT 线圈断电。

星形接法的启动电流仅为三角形接法的 1/3，从而限制了启动电流，但是星形接法的启动转矩为三角形接法的 1/3，所以星/三角启动只适用空载或轻载启动。

三、电动机转子绕组串电阻启动控制

绕线式异步电动机的转子绕组一般都采用星形连接。启动开始时，启动电阻全部接入，以减少启动电流。随着电动机转速的上升，启动电阻逐段切除。启动结束时，启动电阻全部切除，电动机进入稳态运行。

绕线式异步电动机转子串电阻启动控制可以采用时间继电器控制，如图 5-38 所示是转子绕组串电阻启动控制线路。其工作原理是：合上电源开关 QS，按下启动按钮 SB2，接触器 KM1 线圈通电，接触器 KM1 的主触点、自保持触点和其他动合触点闭合，电动机 M 在启动电阻全部接入情况下启动。时间继电器 KT1 线圈通电，经过一段时间，KT1 的延时动合触点闭合，使接触器 KM2 线圈通电，接触器 KM2 主触点闭合，切除电阻 R1。因接触器 KM2 动合触点闭合，时间继电器 KT2 线圈通电，经一定延时后，时间继电器 KT2 的延时动合触点闭合，接触器 KM3 线圈通电，接触器 KM3 主触点闭合，切除电阻 R2。因接触器 KM3 动合触点闭合，时间继电器 KT3 线圈通电，经一定延时，时间继电器 KT3 的延时动合触点闭合，接触器 KM4 线圈通电，接触器 KM4 主触点和自保持触点闭合，切除全部串接电阻。因 KM4 的动断触点断开，时间继电器 KT1、接触器 KM2、时间继电器 KT2、接触器 KM3、时间继电器 KT3 等都断电与释放，为下次启动做好准备。而接触器 KM1、KM4 仍保持通电与吸合，使电动机保持稳态运行。当按下停止按钮 SB1 时，所有接触器均释放，电动机停转。

四、电动机的正反转控制

有的生产机械往往要求运动部件实现正反两个方向运动，这就要求拖动生产机械的电动机能够实现正反转控制。根据电动机的工作原理，只要把接到三相异步电动机的三相电源线中任意两相对调，即可实现反转。

如图 5-39 所示是具有双重互锁的电动机正反转控制线路。图中主电路采用了两个接触器，其中接触器 KM1 用于正转，接触器 KM2 用于反转。当接触器 KM1 主触点闭合时，电动机的接线端 U、V、W 与三相电源的 L1、L2、L3 连接；而当接触器 KM2 主触点闭合时，电动机的接线端 U、V、W 与三相电源的 L3、L2、L1 连接，其中 L1 和 L3 两相实现了对调，所以，电动机旋转方向相反。从线路可以看出，用于正反转的

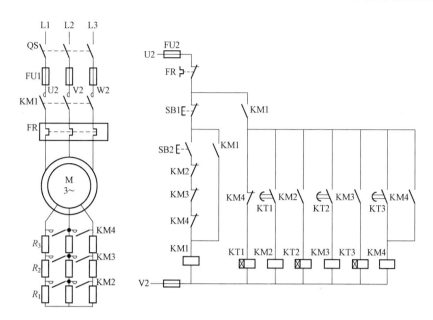

图 5-38 转子绕组串电阻启动控制线路

两个接触器 KM1 和 KM2 不能同时通电，否则会造成 L1 和 L3 两相电源短路。所以，正反转的两个接触器需要互锁。

具有双重互锁的正反转控制线路的工作原理是：合上 QS，按下正转启动按钮 SB2，其动断触点先断开，把接触器 KM2 线圈电路切断，再将动合触点闭合，使接触器 KM1 的线圈通电，接触器 KM1 的主触点闭合，电动机 M 正转，同时接触器 KM1 的动合辅助触点闭合

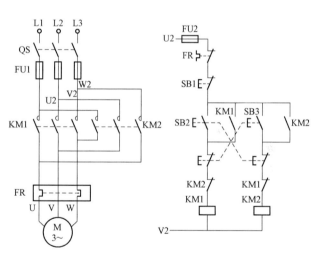

图 5-39 具有双重互锁的正反转控制线路

实现自保持，其动断辅助触点（互锁触点）断开，再次把接触器 KM2 线圈电路切断，使接触器 KM2 不能同时吸合。要使电动机反转，按下反转启动按钮 SB3，其动断触点先使接触器 KM1 断电，KM1 主触点断开，电动机停转。当 SB3 的动合触点和 KM1 的动断辅助触点均闭合后，接触器 KM2 通电吸合，其主触点和自锁触点闭合，电动机反转，其互锁触点断开，再次切断接触器 KM1 线圈电路，使接触器 KM1 不会吸合，从而实现双重互锁。

具有双重互锁的电动机正反转控制线路操作方便，当需要改变电动机转向时，不用先按停止按钮，且接触器 KM1 和接触器 KM2 实现互锁，正转按钮 SB2 和反转按钮 SB3 实现互锁，双重互锁能保障主电路不会造成两相电源短路。因此，这种控制线路安全可靠。

五、电动机的变极调速控制

1. 双速异步电动机控制

单绕组双速异步电动机多采用双星星/三角形接线，其出线接头有 6 根，如图 5-40 所示。其中如图 5-40（a）所示为电动机定子绕组的三角形接法，运行时 U1、V1、W1 接电源，每相绕组的中间接线端 U2、V2、W2 空着不接，此时电动机低速运转；而当 U1、V1、W1 连接在一起，中间接线端 U2、V2、W2 接电源时，就变成双星形接法，如图 5-40（b）所示，此时电动机为高速运转。为保证电动机旋转方向不变，从一种接法变为另一种接法时，应改变电源的相序。

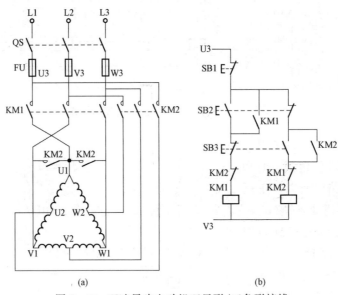

图 5-40 双速异步电动机双星形/三角形接线
（a）三角形接法（低速）；（b）双星形接法（高速）

双速电动机的控制线路如图 5-41 所示。其工作原理是：合电源开关 QS，按下低速启动按钮 SB2，接触器 KM1 通电吸合并自锁，电动机以三角形接法做低速运转。按下高速启动按钮 SB3，接触器 KM1 断电释放，接触器 KM2 通电吸合并自锁，电动机以双星形接法做高速运转，因电源相序已改变，电动机转向相同。若要回到低速运行，则再按 SB2，接触器 KM2 断电释放，而接触器 KM1 通电吸合并自锁，电动机又以三角形接法做低速运转，电源相序已变换，电动机转向一致。若按下按钮 SB1，接触器断电释放，电动机停转。

2. 三速异步电动机控制

单绕组三速异步电动机多采用双星形/双星形/双星形接线，其出线头为 9 根。如图 5-42 所示为双星形/双星形/双星形接法时的引出线接线图。当电动机接成第一种双星形时，引出线 U22、V22、W22 短接，电源线 L1、L2、L3 分别接通引出线 U11-U12、V11-V12、W11-W12；当电动机接成第二种双星形时，引出线 U11、V11、W11 短接，电源线 L1、L2、L3 分别接通引出线 U12-U22、V12-V22、W12-W22；当电动

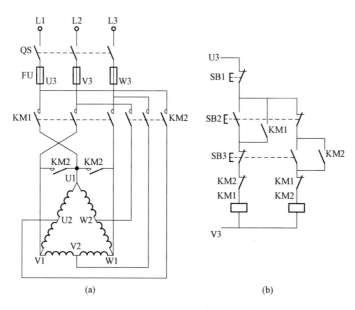

图 5-41　双速异步电动机控制线路

机接成第三种双星形时，引出线 U12、V12、W12 短接，电源线 L1、L2、L3 分别接通引出线 U11-U22、V11-V22、W11-W22。

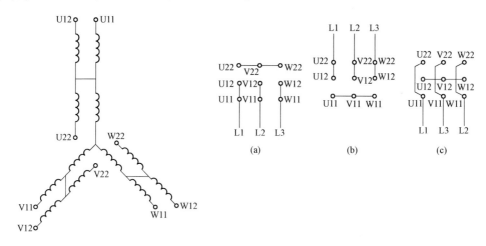

图 5-42　三速异步电动机的双星形/双星形/双星形接线图

（a）第一种双星形接法；（b）第二种双星形接法；（c）第三种双星形接法

　　三速电动机控制线路如图 5-43 所示。其工作原理是：合上电源开关 QS，按下高速启动按钮 SB2，接触器 KM1、KM2、KM3 通电吸合，这时电动机定子绕组引出线按第一种双星形连接方法与电源接通，电动机启动并以高转速（如 4 极）运行。当需要降低电动机的转速时，先按下按钮 SB1，接触器 KM1、KM2、KM3 断电释放，再按下中速启动按钮 SB3，接触器 KM4、KM5、KM6 通电吸合，电动机定子绕组引出线按第二种双星形连接方法与电源接通，电动机以中速（如 6 极）运行。当需要再降低电动机的转速时，也应先按下按钮 SB1，使接触器 KM4、KM5、KM6 断电释放，然后按下低速启动按钮 SB4，使接触器 KM7、KM8、KM9 通电吸合，电动机定子绕组引出线按第三种双星形连接方法与电源接通，电动机以低速（如 8 极）运行。

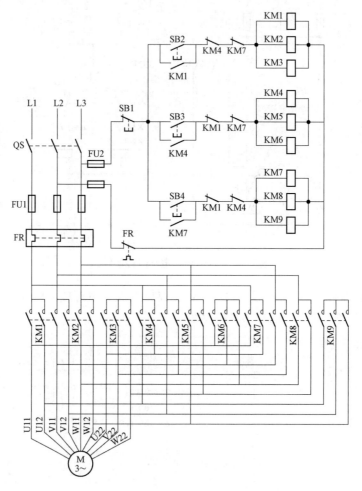

图 5-43　三速异步电动机控制线路

依据上述三速控制原理，转速转换时均需先按下按钮 SB1，使工作接触器断电释放后才能转换，使电动机的调速操作既复杂有不连续。只要将 SB2、SB3、SB4 这三个普通按钮改为复合按钮，每个按钮增加两个动断触点，均串联在另外两个需闭锁的回路中，则三种转速之间可任意相互转换，转换时无需先按 BS1，使调速操作方便、连续。

六、电动机的制动控制

电动机的制动控制是指切断电动机电源后，使电动机迅速停转的一种控制，有机械制动控制和电气制动控制两大类。

1. 机械制动控制

切断电动机电源后，利用机械装置使电动机迅速停止转动的方法称为机械制动。常用的机械制动控制为电磁抱闸断电制动控制。

如图 5-44 所示是电磁抱闸的外形图。电磁抱闸主要包括电磁铁和闸瓦制动器两部分。电磁铁由铁心、衔铁和线圈组成，闸瓦制动器由闸轮、闸瓦、杠杆、弹簧和支座组成。当电磁抱闸线圈通电时，吸合衔铁动作，克服弹簧力推动杠杆，闸瓦松开闸轮，电动机能正常运转。当电磁抱闸线圈断电时，衔铁与铁心分离，在弹簧的作用下，闸瓦与闸轮紧紧抱住，电动机被迅速制动而停转。

如图 5-45 所示为电磁抱闸断电制动的控制线路，其中 YA 为电磁抱闸电磁铁的线圈。电磁抱闸断电制动的工作原理是：合上电源开关 QS，按下启动按钮 SB2，接触器 KM 线圈通电吸合，电磁抱闸线圈 YA 通电吸合，闸瓦松开闸轮，电动机启动。制动时按下停机按钮 SB1，接触器 KM 断电释放，电动机和电磁抱闸线圈 YA 同时断电，电磁抱闸在弹簧作用下，使闸瓦与闸轮紧紧抱住，电动机被迅速制动而停转。

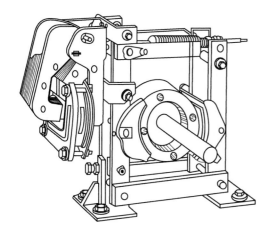

图 5-44 电磁抱闸的外形图

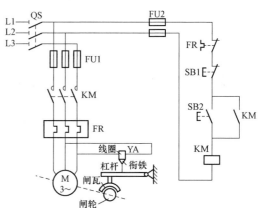

图 5-45 电磁抱闸断电制动控制线路

电磁抱闸断电制动控制安全可靠，能实现准确停车，不会因突然停电或电气故障而造成事故，因此被广泛应用在起重设备上。

2. 电气制动控制

通过改变电动机电磁转矩的方向，使电动机迅速停止转动的方法称为电气制动。常用的电气制动控制为能耗制动控制。

如图 5-46 所示为电动机能耗制动控制线路。其工作原理是：合上电源开关 QS，按下启动按钮 SB2，接触器 KM1 通电吸合，电动机启动后稳定运转。停机制动时，按下停机按钮 SB1，接触器 KM1 断电释放，接触器 KM2 通电吸合并自保持，电动机定子绕组通入直流电，直流电流流过定子两相绕组，在电动机气隙中建立起一个位置固定、大小不变的恒定磁场。电动机转子由于惯性作用继续旋转，转子导体切割这个磁场而产生感应电动势和电流，该电流和磁场相互作用产生制动转矩，使电动机转速迅速下降。同时因时间继电器 KT 线圈通电，经过一段延时时间，时间继电器 KT 的延时动断触点断开，接触器 KM2 断电释放，切断直流电源，电动机制动结束。

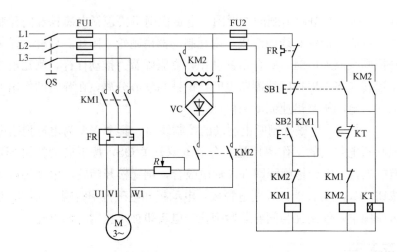

图 5-46　电动机能耗制动控制线路

电动机的能耗制动实质上是电动机不断吸收系统储存的机械能，并把它转换成电能消耗在转子回路的电阻上，其控制准确可靠、能量消耗小、冲击小，但需附加整流设备。

第五节　三相异步电动机的运行维护

一、电动机的允许运行条件

1. 允许温度与允许温升

电动机的损坏大多是由于过热引起的。为了正常监视电动机的温度，必须根据电动机的绝缘等级和测量方法规定其允许的温度与温升。在正常条件下运行用的电动机、特别是小容量的电动机，大部分采用 A 级绝缘材料，而供特殊条件下运行用的大型及高压电动机，通常采用 E、B、F 级绝缘材料。

（1）电动机绕组和铁心的最高监视温度，应根据制造厂的规定，在任何运行条件下均不得超出此温度。

（2）电动机的允许温升是指各部最高允许温度与额定冷却空气温度之差，额定冷却空气温度一般为＋35℃。

（3）电动机如无制造厂的规定资料，可参考表 5-4 监视各部温度与温升。

表 5-4　　　　　　　　　　　　电动机各部允许温度与温升　　　　　　　　　　（℃）

允许温度与温升	绝缘等级										测定方法
	A 级		E 级		B 级		F 级		H 级		
	θ	τ	θ	τ	θ	τ	θ	τ	θ	τ	
定子绕组	105	70	120	85	130	95	155	120	180	145	电阻法
转子绕组	105	70	120	85	130	95	155	120	180	145	

允许温度与温升	绝缘等级										测定方法
	A 级		E 级		B 级		F 级		H 级		
	θ	τ	θ	τ	θ	τ	θ	τ	θ	τ	
定子铁心	105	70	120	85	130	95	155	120	180	145	温度计法
滑环	$\theta=105$　　$\tau=70$										温度计法
轴承　滚动 滑动	$\theta=100$　　$\tau=65$ $\theta=80$　　$\tau=45$										温度计法

注 1. 绕阻温度用电阻法测量。利用金属导体电阻随温度变化而变化的原理可以反推绕组温度。

2. 铁心用酒精温度计测量，以免影响磁场，温度计应紧贴在铁心上。

3. θ 为允许温度，τ 为允许温升（即允许温度与额定冷却空气温度之差）。

表 5-4 中电动机各部温度的测量，对定子和转子绕组是采用电阻法测量，其他部分采用温度计法测量，如定子和转子绕组也采用温度计法测量，则其允许值应相应低些。

2. 冷却空气对电动机出力的影响

当冷却空气在额定温度时，电动机可以在额定频率、额定电压下带满负荷长期运行，当冷却空气温度高于额定温度时，电动机的功率就应该降低；低于额定温度时，其功率允许升高。

一般电动机，其冷却空气的额定温度为+35℃，假如周围空气温度超过+35℃，电动机额定电流可按表 5-5 降低。如周围空气温度低于+35℃，电动机额定电流可按表 5-6 增大。

表 5-5　　　　　　　　　　电动机额定电流的降低值

周围空气温度（℃）	电流降低（%）	周围空气温度（℃）	电流降低（%）
35	0	45	10
40	5	50	15

表 5-6　　　　　　　　　　电动机额定电流的增大值

周围空气温度（℃）	电流增大（%）
30	5
25 以下	8

冷却空气温度低于+25℃时，由于此时电动机绕组的散热能力并不与冷却空气温度呈正比上升。如仍增大电流，则绕组发热将超过允许值，故冷却空气温度在+25℃以下时定子电流增加不得大于额定电流的 8%。

上述规定适用于大部分的情况，但不太适合有些电动机，所以在上述规定执行时，要密切注意电动机的温度与温升，如有超过规定值的现象，则应降低负荷。

装有空气冷却器的电动机，冷却水的调整以空气冷却器不结霜为准，一般入口温度在 25~35℃ 之间，最高不超过 40℃。大型电动机冷却器入口风温不得低于 5℃。

3. 电动机电压的允许变化范围

（1）电动机可以在额定电压变动 -5%~+10% 的范围内运行，其额定功率不变。

（2）电动机在电压较额定值高时的运行情况，比在电压较额定值低时的运行情况好。

（3）如在满负荷下运行时，当电压降低 10% 时，转矩减小 19%，转差率增大 27.5%，转子电流增加 14%，定子电流约增加 10%，由于转矩大量减少，使电动机运行出力下降。当电压降低 30%~40% 以上时，经 1s 多电动机转矩会崩溃，惰行至停转，可能使电动机烧毁。

（4）当电压高 10% 时，转矩增加 21%，转差率减少 20%，转子电流减少 18%，定子电流减少约 10%，定子铁损增加，铁心发热但由于线圈电流减少，使线圈温度降低，而铁心温度稍高影响不大，电压提高 10% 对电动机绝缘也没有影响。

（5）当电动机三相电压不对称时，三相电流也不对称，此时产生负序分量，使电动机总合成转矩降低、转差率增大、效率降低，而使个别相可能过热。因此在运行中应检查电源电压的不平衡，并设法消除。

（6）规程规定，电动机在额定功率运行时，相间电压的不平衡不得超过 5%，定子各相不平衡电流不得超过额定电流的 10%，其最大一相不得超过额定电流。

4. 电动机的振动限值

不同转速的电动机，允许的振动范围不同。振动过大会损坏电动机的机械部分和绝缘，引起电动机事故。电动机运行时的振动，不应超过表 5-7 的数值。

表 5-7   电动机的振动限值

同步转速（r/min）	3000	1500	1000	750 以下
振动值（双振幅）（mm）	0.05	0.085	0.10	0.12

5. 绕组绝缘电阻的允许值

电动机启动前应使用兆欧表测量定子绕组的绝缘电阻，备用中的电动机也应定期测量绕组的绝缘电阻，经常开停的电动机可以减少绝缘电阻测量的次数，但每月至少测量两次。3~6kV 的电动机用 1000~2500V 兆欧表测量，380V 及以下电动机用 500V 兆欧表测量。

电动机绝缘电阻的标准：一般高压电动机定子绕组绝缘电阻按每千伏工作电压不低于 1MΩ；低压电动机的定子绕组和绕线电动机的转子绕组绝缘电阻应不低于 0.5MΩ，或者和以前记录数值相比较，当高压电动机的绝缘电阻值在相同条件下（温度、气候相同并使用同一兆欧表）降低 1/3~1/5 以上时，则认为不合格。

二、电动机的运行维护

1. 电动机启动前的检查与启动

新投入运行或检修后的电动机，启动前应收回全部工作票，拆除一切安全措施，测

212

量绝缘电阻。在合闸前应进行外部检查,检查工作应由负责电动机启动和运行的人员进行。

外部检查的项目如下:

(1)电动机外壳接地线及各部螺栓应牢固完整,电缆接引良好,对轮、安全罩、端线盒牢固。

(2)电动机上或其附近应无杂物,无工作人员工作。

(3)检查电动机所带的机械应已准备好。

(4)检查轴承中和启动装置中应有油,油色应透明,油盖应坚固,并检查油面;如系强油循环润滑,则应使油系统投入运行;轴承用水冷却时,则应开启冷却水;装有通风机的电动机应将通风机投入运行。

(5)检查启动装置。对于绕线式电动机,应特别注意滑环的接触面和电刷在滑环上应紧密,检查启动电阻器状态(应该将全部电阻接入回路内,且无卡涩现象)和滑环短接用具的状态(应该是断开的)。

(6)通风道应无杂物,有冷却器的电动机应检查冷却器不漏水,出入口风门开启良好。

(7)如有可能,最好设法转动转子,以证实转子与定子无摩擦,并且被它所带动的机械也没有故障。

电动机送电前应进行开关拉合闸及事故按钮跳闸试验,检修调试后的二次回路还应做保护跳闸及联动试验。

如电动机是远方操作合闸时,则由负责电动机运行的人员进行现场外部检查后,通过远方操作,证明电动机已准备好,方可启动。负责电动机运行的人员,应在电动机旁监视电动机,直到电动机升至额定转速为止。

双速电动机不允许将高、低速开关同时合入,正常启动方式为低速启动。

由于笼型电动机的启动电流很大,虽然启动时间很短,但在短时间内会产生很多热量,使线圈温度升得很高,同时启动电流使线圈的导线产生电动力,压挤绝缘。因此,一般中小型电动机在正常运行时,允许在冷态下连续启动 2～3 次;在热态下只允许启动一次;在发生事故时,以及启动时间不超过 2～3s 的机组可以多启动一次。对于大型电动机,当电动机的功率小于 200kW 时,其正常启动的时间间隔不应小于 0.5h;电动机的功率为 200～500kW 时,启动时间间隔不应小于 1h;电动机的功率为 500kW 以上时,启动时间间隔不应小于 2h。

启动电动机时,机组运行人员应按电流表监视启动过程。启动结束后,应按电流表检查电动机的电流是否超过额定值,并在必要时根据具体情况对电动机本身进行检查。

2. 电动机运行中监视与检查

电动机运行中的监视应由使用该电动机所带动机械的值班人员担任。当机组值班人员发现有异常现象时,应迅速报告值班班长,必要时应同时通知电气值班人员。除机组值班人员进行外部检查外,重要的厂用电动机也应由电气值班人员每班检查一次。如电气值班人员发现电动机的运行不正常时,只有通过该机组的值班人员和该机组所属部门的值班长，才能更改电动机的运行方式。

电动机运行时，值班人员应监视与检查下列各项：

（1）监视电动机的电流是否超过允许值，如超过时，则应报告值班长，并根据其指示采取措施。

（2）注意轴承的润滑是否正常，使用油环式润滑时，应注意油环是否转动，油腔内的油是否充满到油位计所指示的位置。同时注意检查轴承温度，使其不超过允许值，一般滑动轴承不得超过 80℃，滚动轴承不得超过 100℃。如发现有不正常的升高时，应查明原因，并设法将其消除。

（3）注意电动机的声响有无异常，有无振动。

（4）电刷经常压在滑环上面运行的绕线式电动机，应观察滑环上是否有火花；电刷引线应完整，接触严密，无接地现象；电刷及滑环表面清洁光滑。

（5）注意电动机及其周围的温度，保持电动机周围清洁（不应有煤灰、水、金属导线、棉纱头等），并应定期清扫擦拭电动机。

（6）由外部引入空气冷却的电动机，应保持空气管路清洁，不发生阻塞，注意各连接处是否严密，空气管路中闸门的位置是否正常。

（7）按现场规定的时间记录电动机表计的指示，记录电动机启动和停止的时间及其原因，并应记录发现的一切异常现象。

（8）电缆头无渗漏油、过热现象。接地线应牢固，无脱落及断裂现象。

3. 滑环及电刷的维护

对于绕线式电动机来说，重点在于检查、维护滑环及电刷。

滑环与电刷的维护工作要注意安全，要穿绝缘鞋及站在绝缘垫上进行。工作时应注意服装整齐，扣好纽扣，女同志应将发辫挽起，戴好帽子，以免被旋转部分卷入。

定期检查的内容应包括下列各项：

（1）滑环上的电刷是否冒火花，如火花较大，应请检修人员进行处理。

（2）电刷上的压力应适当；电刷在刷握内无晃动和卡住现象。

（3）电刷软导线应完整，接触应紧密，没有和外壳短路的现象。

（4）电刷边丝应无磨坏的现象。

（5）检查电刷磨得过短时应及时更换。更换电刷时，应换同一型号的电刷。

（6）检查电刷是否由于滑环磨损、电刷固定太松、电动机振动等原因而引起振动，如发现有不正常现象，应设法消除。

值班人员还应注意检查滑环、电刷等的防尘罩应封闭严密；刷握和刷架上应无积灰，若有积灰应进行清扫或用吹风机吹净。

三、电动机的事故预防与事故处理

（1）发生下列情况时，应立即将电动机开关拉开：

1）发生需要立即停用电动机的人身事故或危及人身安全时。

2）电动机及所带动的机械损坏至危险程度时。

3）电动机强烈振动或电动机所带动的机械部分强烈振动时。

4）发生需要立即停用电动机的重大事故，如轴承冒烟等时。

（2）发生下列情况时，可先启动备动电动机、然后再停运行中的电动机：

1）发现电动机有不正常的声响或绝缘有烧焦的气味。

2）电动机内或启动装置内出现火花或冒烟。

3）电动机电流超过正常运行数值。

4）电动机振动超过允许值。

5）轴冷却水系统发生故障且影响或危及电动机的安全运行。

6）轴承温度不正常的升高、采取措施无效时。

（3）自动跳闸的电动机。只有确认是由于人员误碰、误停或电压瞬间消失而引起电动机自动跳闸时，允许重新启动电动机运行。重要的厂用电动机在没有备用机组或不能迅速启动备用机组的情况下，允许将已跳闸的电动机进行一次重合。但下列情况除外：

1）电动机启动装置上有明显的短路或损坏现象。

2）发生需要立即停机的人身事故。

3）电动机所带动的机械损坏。

（4）厂用电压下降或消失。当厂用电动机电压下降或消失时，禁止值班运行人员立即手动拉开电动机开关，应等 1min 后，电源电压仍未恢复，再拉开电动机开关、待电压恢复并得到值长通知方可重新启动。

（5）电动机着火。扑灭电动机火灾时，应先将电动机的电源切断才可灭火。灭火时应使用二氧化碳灭火器，禁止使用酸碱或泡沫灭火器。用水灭火时，应使用喷射呈雾状的细水珠来灭火，禁止用浇水冷却或将大量水注入电动机内。

（6）合上开关后电动机不转且发出鸣声，电流表指示"0"或达到满刻度。

发生这一事故的原因为二相运行，转子回路开路，或机械负荷太重或卡住。

处理方法为：

1）立即拉开关切断电源。

2）有条件的应人为盘车，以证实是否有问题。

3）若机械正常，应检查开关是否一次触头有问题或电动机接线有问题。

4）对于低压电动机还应检查接触器是否有问题，电动机接线盒是否有问题。

（7）电动机轴承及本体温度升高。

发生这一事故的原因为：

1）二相运行。

2）轴承油槽被杂物堵塞或者被磨平。

3）润滑不良，油少、油多或不清洁油中有水等。

4）电动机轴承倾斜。

5）中心不正，弹性靠背轮凸齿，工作不均匀。

6）定子回路接线错误，如大修后的电动机误将三角形接线连接成星形接线。

7）系统电压下降定子电流增大。

处理方法为：应停机检修，排除故障后再投入运行。

（8）电动机有下列情况之一者，可先启动备用电动机，然后再停运行中的电动机：

1）在电动机中发现有不正常的声音或绝缘有烧焦的气味；

2）电动机内或启动调节装置内出现火花或冒烟；

3）电动机定子电流超过正常运行的数值；

4）电动机振动超过允许值；

5）大型密闭冷却电机的冷却水系统发生故障；

6）出现电动机轴承和线圈温度不允许的升高；

7）电动机轴承油位低。

（9）电动机运行中跳闸。

发生这一事故的原因为：

1）过负荷热偶保护动作，熔断器熔断；

2）电动机定于线圈相间或匝间短路；

3）轴承温度高或机械故障；

4）保护误动。

处理方法为：

1）检查备用电动机是否联动成功，如果备用电动机没有联动应强合备用电动机一次。

2）检查跳闸开关确认保护动作情况并记录，复归保护。

3）就地检查跳闸电动机本体与所带机械部分是否正常。

4）测量跳闸电动机绝缘电阻值。

5）若检查跳闸的电机和转机均无异常可试启动一次。

6）电动机着火时先将电动机的电源全部切断，灭火时使用电气设备专用灭火器（二氧化碳、四氯化碳和干粉灭火器）。

7）确认是由于人员误碰开关、误停、保护误动或电压瞬间消失而引起，可重新启动运行。

（10）三相异步电动机缺相的原因和特点。

1）造成电动机缺相运行的原因包括：

a）保险丝选择不当或压合不好，使熔丝一相熔断。

b）开关发触器的触头接触不良。

c）导线接头松动或断一根线。

d）有一相绕组开路。

2）电动机缺相启动时，在定子绕组中产生两个大小相等方向相反的旋转磁场，它们与转子作用产生的转矩也是大小相等方向相反的，因此启动转矩为零电动机不转。此时电动机会发出异常声音，且启动电流大，启动时间长时，会烧毁电动机。

3）电动机在运转中缺相时，定子绕组中也产生两个大小相等方向相反的旋转磁场，但正向旋转磁场与转子之间的相对转速较小（$\Delta n = s \cdot n_1$），而反向旋转磁场与转子之间的相对转速很大（$\Delta n = 2n_1 - s \cdot n_1$）。故正向旋转磁场在转子中产生的感抗远小于反向旋转磁场，所以反向转矩远小于正向转矩，因此电动机能继续运行。此时电动机也会发出异常声音，电动机的电磁转矩和转速会下降；且另两相电流会增大，继续长时间运转时，也会烧毁电动机。

第六章

火电厂高压配电设备

第一节　绝缘子、母线、电缆和架空线

一、绝缘子

绝缘子广泛应用在火电厂的配电装置、变压器、开关电器及输电线路上，用来支持和固定裸载流导体，并使裸载流导体与地绝缘，或使处于不同电位的载流导体之间绝缘。因此，绝缘子应具有足够的绝缘强度、机械强度、耐热性和防潮性。

绝缘子按其额定电压可分为高压绝缘子（500V 以上）和低压绝缘子（500V 及以下）两种，按安装地点可分为户内式和户外式两种，按结构形式和用途可分为支柱式、套管式及盘形悬式三种。

1. 高压绝缘子

高压绝缘子主要由绝缘件和金属附件两部分组成。绝缘件通常用电工瓷制成，电工瓷具有结构紧密均匀、绝缘性能稳定、机械强度高和不吸水等优点。金属附件的作用是将绝缘子固定在支架上和将载流导体固定在绝缘子上，装在绝缘件的两端，两者通常用水泥胶合剂胶合在一起。绝缘瓷件的外表面涂有一层棕色或白色的硬质瓷釉，以提高其绝缘、机械和防水性能；金属附件皆作镀锌处理，以防其锈蚀；胶合剂的外露表面涂有防潮剂，以防止水分侵入。

高压绝缘子应能在超过其额定电压 15% 的电压下可靠地运行。

下面介绍几种常见绝缘子。

2. 支柱绝缘子

户内式支柱绝缘子分内胶装、外胶装、联合胶装 3 种，户外式支柱绝缘子分针式和棒式 2 种。

（1）户内式支柱绝缘子。户内式支柱绝缘子主要应用在 3～35kV 的屋内配电装置。

1）ZA‐10Y 型外胶装式支柱绝缘子的结构如图 6‐1（a）所示。Z 表示该绝缘子为户内外胶装式，A 代表机械破坏负荷为 3.75kN，10 代表额定电压为 10kV，Y 表示底座为圆形。它主要由绝缘瓷件 2、铸铁帽 1 和铸铁底座 3 组成。绝缘瓷件为上小、下大的空心瓷体，起对地绝缘作用；铸铁帽上有螺孔，用于固定母线或其他导体；铸铁底座上有螺孔，用于将绝缘子固定在架构或墙壁上。铸铁帽 1 和铸铁底座 3 用水泥胶合剂 4 与瓷件 2 胶合在一起。这种绝缘子的结构特点是金属附件胶装在瓷件的外表面，使绝缘

子的有效高度减少，电气绝缘性能降低，或在一定的有效高度下使绝缘子的总高度增加，尺寸、质量增大，但其机械强度较高。

2）内胶装式支柱绝缘子的结构如图 6-1（b）所示。它主要由绝缘瓷件 2 和上、下铸铁配件 5 组成。上、下铸铁配件均有螺孔，分别用于导体和绝缘子的固定。这种绝缘子的结构特点是金属附件胶装在瓷件的孔内，相应地增加了绝缘距离，提高了电气性能，在有效高度相同的情况下，其总高度约比外胶装式绝缘子低 40%；同时，由于所用的金属配件和胶合剂的质量减少，其总质量约比外胶装式绝缘子减少 50%。所以，内胶装式支柱绝缘子具有体积小、质量轻、电气性能好等优点，但机械强度较低。

3）联合胶装式支柱绝缘子的结构如图 6-2 所示。这种绝缘子的结构特点是上金属附件采用内胶装，下金属附件采用外胶装，而且一般为多棱型实心不可击穿结构。它兼有内、外胶装式支柱绝缘子之优点，尺寸小、泄漏距离大、电气性能好、机械强度高，适用于潮湿和湿热带地区。

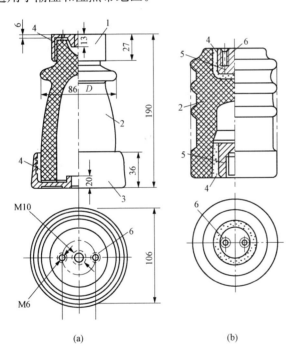

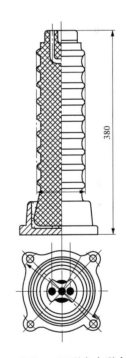

图 6-1　户内式支柱绝缘子结构示意图
（a）外胶装式；（b）内胶装式

图 6-2　ZLB-35F 型户内联合胶装式
支柱绝缘子结构示意图

1—铸铁帽；2—绝缘瓷件；3—铸铁底座；4—水泥胶合剂；
5—铸铁配件；6—铸铁配件螺孔

（2）户外式支柱绝缘子。户外式支柱绝缘子主要应用在 6kV 及以上屋外配电装置。由于工作环境条件的要求，户外式支柱绝缘子有较大的伞裙，用以增大沿面放电距离，并能阻断水流，保证绝缘子在恶劣的雨、雾气候下可靠地工作。

1）ZPC1-35 型户外针式支柱绝缘子的结构如图 6-3 所示。它主要由绝缘瓷件 2、

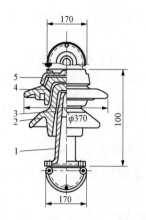

图 6-3 ZPC1-35 型户外针式
支柱绝缘子结构示意图

1—法兰盘装脚；2、4—绝缘瓷件；
3—水泥胶合剂；5—铸铁帽

4，铸铁帽 5 和法兰盘装脚 1 组成，属空心可击穿结构，较笨重、易老化。

2）ZS-35/8 型户外棒式支柱绝缘子的外形如图 6-4 所示。棒式绝缘子为实心不可击穿结构，一般不会沿瓷件内部放电，运行中不必担心瓷体被击穿。与同级电压的针式绝缘子相比，具有尺寸小、质量轻、便于制造和维护等优点，因此，它将逐步取代针式绝缘子。

3. 盘形悬式绝缘子

悬式绝缘子主要应用在 35kV 及以上屋外配电装置和架空线路上。按其帽及脚的连接方式，分为球形和槽形两种。

如图 6-5 所示为几种悬式绝缘子的结构示意图。它们都是由绝缘件（瓷件或钢化玻璃）、铁帽、铁脚组成。钟罩形防污绝缘子的污闪电压比普通型绝缘子高 20%～50%；双层伞形防污绝缘子具有泄漏距离大、伞形开放、裙内光滑、积灰率低、自洁性能好等优点；草帽形防污绝缘子也具有积污率低、自洁性能好等优点。

在实际应用中，悬式绝缘子根据装置电压的高低组成绝缘子串。这时，一片绝缘子的脚 3 的粗头穿入另一片绝缘子的帽 2 内，并用特制的弹簧锁锁住。每串绝缘子的数目为 35kV 不少于 3 片，110kV 不少于 7 片，220kV 不少于 13 片，330kV 不少于 19 片，500kV 不少于 24 片。对于容易受到严重污染的装置，应选用防污悬式绝缘子。

4. 套管绝缘子

套管绝缘子用于母线在屋内穿过墙壁或天花板，以及从屋内向屋外引出，或用于使有封闭外壳的电器（如断路器、变压器等）的载流部分引出壳外。套管绝缘子也称穿墙套管，简称套管。

穿墙套管按安装地点可分为户内式和户外式两种，按结构型式可分为带导体型和母线型两种。带导体型套管，其载流导体与绝缘部分制成一个整体，导体材料有铜和铝两种，导体截面有矩形和圆形两种；母线型套管本身不带载流导体，安装使用时，将载流母线装于套管的窗口内。

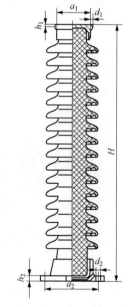

图 6-4 ZS-35/8 型户外棒式
支柱绝缘子外形示意图

（1）户内式穿墙套管。户内式穿墙套管额定电压为 6～35kV，其中带导体型的额定电流为 200～2000A。

1）CA-6/400 型户内带导体型穿墙套管结构如图 6-6 所示。6/400 表示该型套管额定电压为 6kV，额定电流为 400A，C 表示导体为铜导体，A 表示机械破坏负荷为

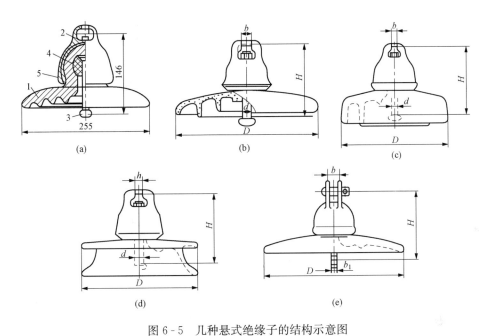

图 6-5 几种悬式绝缘子的结构示意图

（a）XP-10 型球形连接悬式绝缘子；（b）LXP 型钢化玻璃悬式绝缘子；（c）XHP1 型钟罩形防
污悬式绝缘子；（d）XWP5 型双伞形防污悬式绝缘子；（e）XMP 型草帽形防污悬式绝缘子
1—瓷件；2—镀锌铁帽；3—铁脚；4、5—水泥胶合剂

3.75kN。它主要由空心瓷套 1、椭圆形法兰盘 2、载流导体 5 及金属圈 4 组成。空心瓷套与法兰盘用水泥胶合剂胶合在一起；法兰盘上有两个安装孔 3，用于将套管固定在墙壁或架构上；矩形载流导体从空心瓷套中穿过，导体两端用有矩形孔（与截面相适应）的金属圈固定，金属圈嵌入瓷套端部的凹口内；导体两端均有圆孔，以便用螺栓将配电装置的母线或其他电器的载流导体与它连接。其他户内式穿墙套管结构与 CA-6/400 型基本相同。

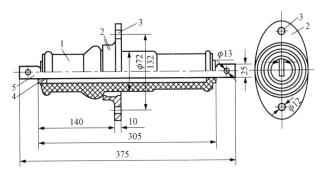

图 6-6 CA-6/400 型户内式穿墙套管结构示意图
1—空心瓷套；2—法兰盘；3—安装孔；4—金属圈；5—载流导体

2）额定电压为 20kV 及以下的屋内配电装置中，当负荷电流超过 1000A 时，广泛采用母线型穿墙套管。CME-10 型户内母线型穿墙套管结构如图 6-7 所示。该型套管

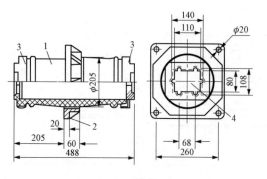

额定电压为 10kV，机械破坏负荷为 30kN，它主要由瓷壳 1、法兰盘 2 及金属帽 3 组成。金属帽 3 上有矩形窗口，以便母线穿过。矩形窗口的尺寸决定于穿过套管的母线的尺寸和数目。该型套管可以穿过两条矩形母线，条间垫以衬垫，其厚度与母线厚度相同。

图 6-7　CME-10 型户内母线式穿墙套管结构示意图
1—瓷壳；2—法兰盘；3—金属帽；4—矩形窗口

（2）户外式穿墙套管。户外式穿墙套管用于将配电装置中的屋内载流导体与屋外载流导体的连接，以及屋外电器的载流导体由壳内向壳外引出。因此，户外式穿墙套管的特点是其两端的绝缘瓷套分别按户内、外两种要求设计，户外部分有较大的表面（较多的伞裙或棱边）和较大的尺寸。

CWC-10/1000 型户外带导体型穿墙套管结构如图 6-8 所示。该型套管额定电压为 10kV，额定电流为 1000A，导体为铜导体，机械破坏负荷为 12.5kN。其右端为户内部分，表面平滑，无伞裙（也有带较少伞裙的）；其左端为户外部分，表面有较多伞裙。

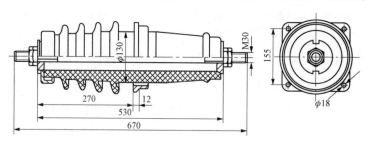

图 6-8　CWC-10/1000 型户外式穿墙套管结构示意图

二、母线

火电厂和变电所中各种电压等级配电装置的主母线，发电机、变压器与相应配电装置之间的连接导体，统称为母线，其中主母线起汇集和分配电能的作用。

1. 母线材料

常用的母线材料有铜、铝和铝合金。

铜的电阻率低、机械强度大、抗腐蚀性强，是很好的母线材料。但铜在工业上有很多重要用途，而且我国铜的储量不多，价格高。因此，铜母线只用在持续工作电流较大，且位置特别狭窄的发电机、变压器出口处，以及污秽对铝有严重腐蚀而对铜腐蚀较轻的场所（例如沿海、化工厂附近等）。

铝的电阻率为铜的 1.7～2 倍，但密度只有铜的 30%，在相同负荷及同一发热温度下，所耗铝的质量仅为铜的 40%～50%，而且我国铝的储量丰富，价格低。因此，铝母线广泛用于屋内、外配电装置。铝的不足之处是：①机械强度较低；②在常温下其表面会迅速生成一层电阻率很大（达 $10^{10}\Omega \cdot m$）的氧化铝薄膜，且不易清除；③抗腐蚀性较差，铝、铜连接时，会形成电位差（铜正、铝负），当接触面之间渗入含有溶解盐的水分（即电解液）时，可生成引起电解反应的局部电流，铝会被强烈腐蚀，使接触电阻更大，造成运行中温度增高，高温下腐蚀更会加快，这样的恶性循环致使接触处温度更高。所以，在铜、铝连接时，需要采用铜、铝过渡接头，或在铜、铝的接触表面镀锡。

2. 敞露母线

母线的截面形状应保证集肤效应系数低、散热良好、机械强度高、安装简便和连接方便。常用硬母线的截面形状有矩形、槽形、管形。母线与地之间的绝缘靠绝缘子维持，相间绝缘靠空气维持。敞露矩形和槽形母线结构如图 6 - 9 所示。

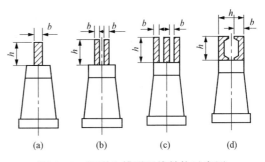

图 6 - 9 矩形和槽形母线结构示意图
(a) 每相 1 条矩形母线；(b) 每相 2 条矩形母线；
(c) 每相 3 条矩形母线；(d) 槽形母线

（1）矩形母线。一般用于 35kV 及以下、持续工作电流在 4000A 及以下的配电装置中。矩形母线散热条件较好，便于固定和连接，但集肤效应较大。为增加散热面，减少集肤效应，并兼顾机械强度，其短边与长边之比通常为 1/12～1/5，单条截面积最大不超过 1250mm^2。当电路的工作电流超过最大截面的单条母线的允许载流量时，每相可用 2～4 条并列使用，条间净距离一般为一条的厚度，以保证较好地散热。每相条数增加时，因散热条件差及集肤效应和邻近效应影响，允许载流量并不成正比增加，当每相有 3 条及以上时，电流并不在条间平均分配（例如每相有 3 条时，电流分配为中间条约占 20%，两边条约各占 40%），所以，每相不宜超过 4 条。矩形母线平放较竖放允许载流量低 5%～8%。

（2）槽形母线。一般用于 35kV 及以下、持续工作电流为 4000～8000A 的配电装置中。槽形母线是将铜材或铝材轧制成槽形截面，使用时，每相一般由两根槽形母线相对地固定在同一绝缘子上。其集肤效应系数较小、机械强度高、散热条件较好。与利用几条矩形母线比较，在相同截面下允许载流量大得多。

（3）管形母线。一般用于 110kV 及以上、持续工作电流在 8000A 以上的配电装置中。管形母线一般采用铝材。管形母线的集肤效应系数小，机械强度高；管内可通风或通水改善散热条件，其载流能力随通入冷却介质的速度而变；由于其表面圆滑，电晕放电电压高（即不容易发生电晕），与采用软母线相比，具有占地少、节省钢材和基础工程量、布置清晰、运行维护方便等优点。

管形母线形状如图 6 - 10 所示，有圆形、异形和分裂型 3 种。圆形管母线的制造、安装简单，造价较低，但机械强度、刚度相对较低，对跨度的限制较大。异形管母线有较高的刚度，能节省材料，在其筋板上适当开孔可防止微风振动，但制造工艺复杂、造价高。分裂结构管母线的截面可按载流量选择，不受机械强度、刚度的控制，能提高电晕放电电压，减少对通信的干扰，其造价比圆形管母线贵，而比异形管母线便宜得多，但加工工作量大、对焊接工艺要求高。

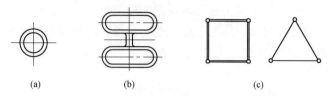

图 6-10 不同截面形状的管形母线示意图
(a) 圆形管母线；(b) 异形管母线；(c) 三、四分裂结构管母线

管形母线的支持结构如图 6-11 所示，分支持式和悬吊式两种。前者是将母线固定在支柱绝缘子上；后者是将母线悬吊在悬式绝缘子下。

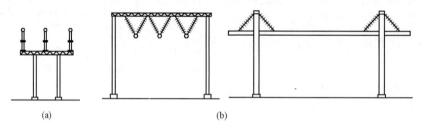

图 6-11 管形母线的支持结构示意图
(a) 支持式；(b) 悬吊式

（4）绞线圆形软母线。常用的绞线圆形软母线有钢芯铝绞线、组合导线。钢芯铝绞线由多股铝线绕在单股或多股钢线的外层构成，一般用于 35kV 及以上屋外配电装置；组合导线由多根铝绞线固定在套环上组合而成，常用于发电机与屋内配电装置或屋外主变压器之间的连接。软母线一般为三相水平布置，用悬式绝缘子悬挂。

3. 封闭母线

（1）共箱式封闭母线。共箱式封闭母线结构如图 6-12 所示。其三相母线分别装设在支柱绝缘子上，并共用一个金属薄板（一般是铝）制成的箱罩保护，有三相母线之间不设金属隔板和设金属隔板两种型式。在安装方式上，有支持式和悬吊式 2 种。图 6-12 所示为支持式，悬吊式可由将图 6-12 翻转 180°得见。

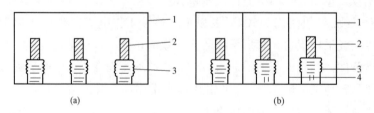

图 6-12 共箱式封闭母线结构示意图
(a) 无隔板共箱式；(b) 有隔板共箱式
1—外壳；2—母线；3—绝缘子；4—金属隔板

共箱式封闭母线主要用于单机容量为 100MW 及以上的火电厂的厂用电回路，用于厂用高压变压器低压侧至厂用高压配电装置之间的连接，也可用作交流主励磁机出线端

至整流柜的交流母线和励磁开关至发电机转子滑环的直流母线。

（2）全连式分相封闭母线。与敞露母线相比，全连式分相封闭母线具有以下优点：①供电可靠。封闭母线有效地防止了绝缘遭受灰尘、潮气等污秽和外物造成的短路。②运行安全。由于母线封闭在外壳中，且外壳接地，使工作人员不会触及带电导体。③由于外壳的屏蔽作用，母线电动力大大减少，而且基本消除了母线周围钢构件的发热。④运行维护工作量小。

分相封闭母线支持结构如图 6-13 所示。母线导体用支柱绝缘子支持，一般有单个、两个、三个和四个绝缘子 4 种方案。国内设计的封闭母线几乎都采用三个绝缘子方案，三个绝缘子在空间彼此相差 120°。绝缘子顶部有橡胶弹力块和蘑菇形铸铝合金金具，对母线导体可实施活动支持或固定支持。作活动支持时，母线导体不需作任何加工，只夹在三个绝缘子的蘑菇形金具之间；作固定支持时，需在母线导体上钻孔并改用顶部有球状突起的蘑菇形金具，将该突起部分插入钻孔内。

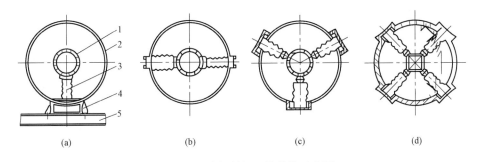

图 6-13　分相封闭母线结构示意图

(a) 单个绝缘子支持；(b) 两个绝缘子支持；(c) 三个绝缘子支持；(d) 四个绝缘子支持

1—母线；2—外壳；3—绝缘子；4—支座；5—三相支持槽钢

在运行时，主要应监视母线有无明显的松动或振动，支持绝缘子有无放电和脱落现象，各接头有无发热现象。在雨、雪天，要观察屋顶有无漏水，以防漏水破坏绝缘，引起接地或短路。

正常运行中，母线的允许温度为：

（1）裸母线及其接头为 70℃；

（2）分相封闭母线外壳温度为 65℃，母线为 85℃。

某电厂 1000MW 火电机组分相封闭母线的技术参数见表 6-1。

表 6-1　　　　某电厂 1000MW 火电机组分相封闭母线的技术参数

项目名称	主回路	厂用分支	互感器和励磁变分支
额定工作电压（kV）	27	27	27
最高工作电压（kV）	35	35	35
额定电流（A）	27000	1600	1600
相数	三相	三相	三相
额定频率（Hz）	50	50	50

续表

项目名称		主回路	厂用分支	互感器和励磁变分支
相间距离（mm）		2000	2000	2000
冷却方式		自冷	自冷	自冷
泄漏比距（mm/kV）		31	31	31
封闭母线尺寸	外壳尺寸（mm）	φ1580×10	φ830×7	φ830×7
	导体尺寸（mm）	φ950×18	φ200×10	φ200×10
母线材质	外壳	铝（防锈）	铝（防锈）	铝（防锈）
	导体	铝	铝	铝
防护等级		IP55	IP55	IP55

三、电力电缆

电力电缆线路是传输和分配电能的一种特殊电力线路，它可以直接埋在地下或敷设在电缆沟、电缆隧道中，也可以敷设在水中或海底。与架空线路相比，虽然具有投资多、敷设麻烦、维修困难、难于发现和排除故障等缺点，但它具有防潮、防腐、防损伤、运行可靠、不占地面、不妨碍观瞻等优点，所以应用广泛。特别是在有腐蚀性气体和易燃、易爆的场所及不宜架设架空线路的场所（如厂区内城市中），只能敷设电缆线路。

1. 电缆分类

常用的电力电缆，按其绝缘和保护层的不同，有以下几类：

（1）油浸纸绝缘电缆，适用于 35kV 及以下的输配电线路。

（2）聚氯乙烯绝缘电缆（简称塑力电缆），适用于 6kV 及以下的输配电线路。

（3）交联聚乙烯绝缘电缆（简称交联电缆），适用于 1～110kV 的输配电线路。

（4）橡皮绝缘电缆，适用于 6kV 及以下的输配电线路，多用于厂矿车间的动力干线和移动式装置。

（5）高压充油电缆，主要用于 110～330kV 变、配电装置至高压架空线及城市输电系统之间的连接线。

2. 型号含义

电力电缆型号的含义如下：

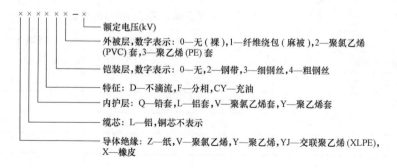

例如，ZQ20 表示铜芯黏性油浸纸绝缘铅套裸钢带铠装电力电缆，ZLQFD23 表示铝芯不滴流油浸纸绝缘分相铅套钢带铠装聚乙烯护套电力电缆，VV32 表示铜芯聚氯乙烯绝缘细钢丝铠装聚氯乙烯护套电力电缆。

3. 结构及性能

按电力电缆的分类分别介绍如下：

（1）油浸纸绝缘电缆。ZQ20 型三芯油浸纸绝缘电缆的结构如图 6 - 14 所示，其结构最为复杂：①载流导体通常用多股铜（铝）绞线，以增加电缆的柔性，据导体芯数的不同分为单芯、三芯和四芯；②绝缘层用来使各导体之间及导体与铅（铝）套之间绝缘；③内护层用来保护绝缘不受损伤，防止浸渍剂的外溢和水分侵入；④外护层包括铠装层和外被层，用来保护电缆，防止其受外界的机械损伤及化学腐蚀。

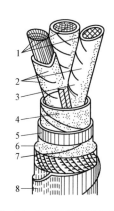

图 6 - 14 ZQ20 型三芯油浸纸绝缘电缆结构图

1—载流导体；2—电缆纸（相绝缘）；
3—黄麻填料；4—油浸纸（统包绝缘）；
5—铅套；6—纸带；7—黄麻护层；8—钢铠

油浸纸绝缘电缆的主绝缘是用经过处理的纸浸透电缆油制成，具有绝缘性能好、耐热能力强、承受电压高、使用寿命长等优点。按绝缘纸浸渍剂的浸渍情况，它又分黏性浸渍电缆和不滴流电缆。①黏性浸渍电缆是将电缆以松香和矿物油组成的黏性浸渍剂充分浸渍，即普通油浸纸绝缘电缆，其额定电压为 1～35kV；②不滴流电缆采用与黏性浸渍电缆完全相同的结构尺寸，但是以不滴流浸渍剂的方法制造，敷设时不受高差限制。

（2）聚氯乙烯绝缘电缆。其主绝缘采用聚氯乙烯，内护套大多也是采用聚氯乙烯，具有电气性能好、耐水、耐酸碱盐、防腐蚀、机械强度较好、敷设不受高差限制等优点，并可逐步取代常规的纸绝缘电缆。其缺点主要是绝缘易老化。

（3）交联聚乙烯绝缘电缆。交联聚乙烯是利用化学或物理方法，使聚乙烯分子由直链状线型分子结构变为三度空间网状结构。该型电缆具有结构简单、外径小、质量小、耐热性能好、线芯允许工作温度高（长期 90℃，短路时 250℃）、载流量大、可制成较高电压级、机械性能好、敷设不受高差限制等优点，并可逐步取代常规的纸绝缘电缆。交联聚乙烯绝缘电缆比纸绝缘电缆结构简单，例如 YJV22 型电缆结构，由内到外依次为：铜芯、交联聚乙烯绝缘层、聚氯乙烯内护层、钢带铠装层及聚氯乙烯外被层。

图 6 - 15 单芯充油电缆结构图

1—油道；2—载流导体

（4）橡皮绝缘电缆。其主绝缘是橡皮，优点是性质柔软、弯曲方便，缺点是耐压强度不高、遇油变质、绝缘易老化、易受机械损伤等。

（5）高压单芯充油电缆。其结构如图 6 - 15 所示。充油电缆在结构上的主要特点是铅套内部有油道，油道由缆芯导线或扁铜线绕制成的螺旋管构成。

在单芯电缆中，油道就直接放在线芯的中央，在三芯电缆中，油道放在芯与芯之间的填充物处。

充油电缆的纸绝缘用黏度很低的变压器油浸渍，油道中也充满这种油。在连接盒和终端盒处装有压力油箱，以保证油道始终充满油，并保持恒定的油压。当电缆温度下降时，油的体积收缩时，油道中的油不足时，由油箱补充；当电缆温度上升时，油的体积膨胀时，油道中多余的油流回油箱内。

四、架空线

1. 架空线的组成和类型

架空线路主要由导线、避雷线、杆塔、绝缘子及金具等组成，是实现远距离传输电能的载体，要求架空线具备足够的机械强度、抗腐蚀性能和导电性能。架空线的材料有铝（L）、铜（T）、钢（G）等。常用的架空线为钢心铝绞线，铝线在外层起导电作用，钢线在里面承担机械载荷。其结构型式主要包括以下几类：

（1）普通的铝绞线（LJ）和铜绞线（TJ）；

（2）普通钢芯铝绞线，LGJ，铝/钢＝5.3～6.0；

（3）加强型钢芯铝绞线，LGJJ，铝/钢＝4.3～4.4；

（4）轻型钢心铝绞线，LGJQ，铝/钢＝8.0～8.1。

如图 6-16 所示为各种架空线断面结构示意图。

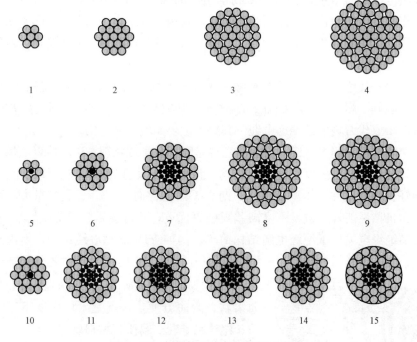

图 6-16　各种架空线断面结构示意图

1—3 为铝绞线、铝合金绞线、钢绞线、铝包钢绞线示意图；4 为铝绞线、铝合金绞线、铝包钢绞线示意图；

5—9 为钢芯铝绞线、钢芯铝合金绞线、铝包钢芯铝绞线、铝包钢芯铝合金绞线示意图；

10—11 为铝合金芯铝绞线示意图；12—15 为防腐型钢芯铝绞线示意图

2. 架空线允许载流量

各种架空线的允许载流量如表 6-2 所示。另外，为提高架空线的载流量，也采用间隔棒各种架空线制作成分裂导线，常见的有双分裂、四分裂和六分裂导线。如 2×LGJ-400/50，是指双分裂普通钢心铝绞线，铝导线断面积 400mm²，钢心断面积 50mm²，其长期连续负荷允许载流量为 2×800A。

表 6-2　　　　　　　　　　　各种架空线的允许载流量

截面 mm²	导线型号				
	TJ 型（M）	LJ 型（A）	LGJ 型（AC）	LGJQ 型（ACO）	LGJJ 型（ACY）
	长期连续负荷允许载流量（A）				
16	130	105	105		
25	180	135	135		
35	220	170	170		
50	270	215	220		
70	340	265	275		
95	415	325	335		
120	485	370	380		
150	570	440	445		465
185	640	500	515	510	543
240	770	585	610	610	629
300	890	680	700	710	710
400	1085	830	800	845	865
500		980		966	
600		1100		1090	

第二节　隔离开关、熔断器和负荷开关

一、隔离开关

1. 隔离开关的作用

隔离开关的作用是：①在检修电气设备时用来隔离电源，使检修的设备与带电部分之间有明显可见的断口。②在改变设备状态（运行、备用、检修）时用来配合断路器协同完成倒闸操作。③用来分、合小电流。例如分、合电压互感器、避雷器和空载母线，分、合励磁电流不超过 2A 的空载变压器，关合电容电流不超过 5A 的空载线路。④隔离开关的接地开关可代替接地线，保证检修工作安全。隔离开关没有灭弧装置，不能用来接通和断开负荷电流和短路电流，一般只能在电路断开的情况下操作。

2. 隔离开关的种类和型号

隔离开关的种类很多，按装设地点可分为户内式和户外式，按产品组装极数可分为单极式（每相单独装于一个底座上）和三极式（三相装于同一底座上），按每极绝缘支柱数目可分为单柱式、双柱式、三柱式等。

隔离开关的型号含义如下：

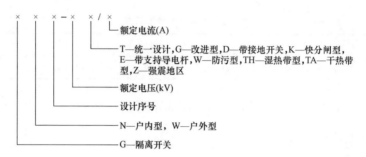

某电厂1000MW机组配套的500kV的隔离开关技术参数如表6-3所示。

表6-3　　　　　　　　　某电厂500kV的隔离开关技术参数

序号	参数名称	技术参数
1	双侧带接地开关	双侧带接地开关
2	操动机构的型式	电动并可手动
	三相联动或分相操作	三相联动
3	额定电压（kV）	500kV
4	最高运行电压（kV）	550kV
5	额定频率（Hz）	50Hz
6	额定电流（A）	4000A
7	额定峰值耐受电流（kA）	160kA
8	额定短时耐受电流和持续时间（kA，s）	63kA，3s
9	开断电容电流值（A）	3A
10	开断小电感电流值（A）	2A

3. 户内型隔离开关

如图6-17所示为户内型隔离开关的典型结构图，它由导电部分、支持绝缘子4、操作绝缘子2（或称拉杆绝缘子）及底座5组成。

导电部分包括可由操作绝缘子带动而转动的动触头，以及固定在支持绝缘上的静触头3。动触头及静触头采用铜导体制成，一般额定电流为3000A及以下的隔离开关采用矩形截面铜导体，额定电流为3000A以上则采用槽形截面铜导体，以提高铜的利用率。动触头由两片平行刀片组成，电流平均流过两刀片且方向相同，产生相互吸引的电动力，使接触压力增加。支持绝缘子4固定在角钢底座5上，承担导电部分的对地绝缘。

操作绝缘子2与动触头1及轴7上对应的拐臂铰接，操动机构则与轴端拐臂6连接，各拐臂均与轴硬性连接。操动机构动作时，带动转轴转动，从而驱动动触头转动而实现分、合闸。

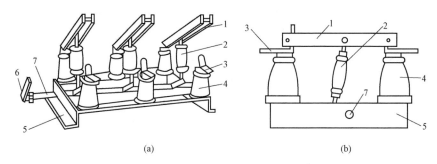

(a)   (b)

图 6‑17　户内型隔离开关典型结构图

（a）三极式；（b）单极式

1—动触头；2—操作绝缘子；3—静触头；4—支持绝缘子；5—底座；6—拐臂；7—转轴

4. 户外型隔离开关

与户内型隔离开关比较，户外型隔离开关的工作条件较恶劣，并承受母线或线路拉力，因而对其绝缘及机械强度要求较高，要求其触头制造成在操作时有破冰作用，并且不致使支持绝缘子损坏。户外型隔离开关一般均制成单极式。如图 6‑18 所示为 GW6‑220GD 型单柱式户外隔离开关（一相），如图 6‑19 所示为 GW4‑110 型双柱式户外隔离开关（一相）。

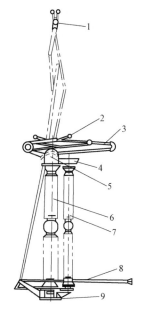

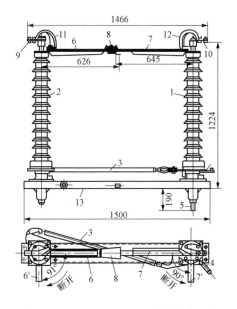

图 6‑18　GW6‑220GD 型单柱式隔离开关

1—静触头；2—动触头；3—导电折架；
4—传动装置；5—接线板；6—支持瓷柱；
7—操作瓷柱，8—接地开关；9—底座

图 6‑19　GW4‑110 型双柱式隔离开关

1、2—支持瓷柱；3—交叉连杆；4—操动机构牵引杆；
5—瓷柱的轴；6、7—刀闸；8—触头；
9、10—接线端子；11、12—挠性连接导体；13—底座

（1）单柱式隔离开关可单相或三相联动操作，分相直接布置在母线的正下方，大大节省占地面积。每相有一个支持瓷柱 6 和一个较细的操作瓷柱 7；静触头 1 固定在架空硬母线或悬挂在架空软母线上，动触头 2 固定在导电折架 3 上。操作时，操动机构使操作瓷柱 7 转动，通过传动装置 4 使导电折架 3 像剪刀一样上下运动，使动触头夹住或释放静触头，实现合、分闸，所以俗称剪刀式隔离开关。动触头 2 和导电折架 3 的实线位置为分闸位置，直接将垂直空间作为断口的电气绝缘；虚线位置为合闸位置。主开关与接地开关之间设有机械连锁装置。

（2）双柱式隔离开关为水平开启式结构，每相有两个瓷柱 1、2，它们既是支持瓷柱又是操作瓷柱，分别装在底座 13 两端的滚珠轴承上，并用交叉连杆 3 连接，可水平转动。导电部分分成两半（刀闸 6、7，触头 8，连接端子 9、10，挠性连接导体 11、12），分别固定在瓷柱上端，触头的接触位于两个瓷柱的中间，触头上有防护罩。图中为合闸位置，分闸操作时，操动机构带动瓷柱 1 逆时针转动 90°，瓷柱 2 由交叉连杆 3 传动，同时顺时针转动 90°，于是刀闸 6、7 便向同一侧方向分闸。合闸操作方向相反。为了使引出线不因瓷柱的转动而扭曲，在刀闸与出线座之间装有滚珠轴承和挠性连接导体。

二、熔断器

1. 熔断器的作用

熔断器是结构最简单和使用最早的一种保护电器，用来保护电路中的电气设备，使它们免受过载和短路电流的危害。熔断器不能用来正常地切断和接通电路，必须与其他电器（隔离开关、接触器、负荷开关等）配合使用，广泛使用在电压为 1000V 及以下的低压配电装置中。熔断器具有结构简单、价格低廉、维护方便、使用灵活等优点，但其容量小，保护特性不稳定。在电压为 3～110kV 高压配电装置中，它主要作为小功率电力线路、配电变压器、电力电容器、电压互感器等设备的保护。

2. 熔断器的型号

熔断器的型号含义如下：

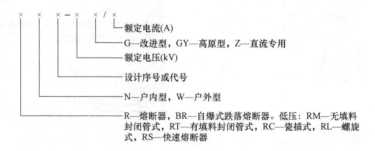

3. 结构和工作原理

熔断器结构如图 6-20 所示。它主要由熔管 1、金属熔体 6、支持熔体的触刀 4 及绝缘支持件等组成。熔管为纤维或瓷质绝缘管。熔体是熔断器的核心部件，是一个易于熔断的导体。在 500V 及以下的低压熔断器中，熔体往往采用铅、锌等材料，这些材料的熔点较低而电阻率较大，所制成的熔体截面较大；在高压熔断器中，熔体往往采用铜、银等材料，这些材料的熔点较高而电阻率较小，所制成的熔体截面较小。

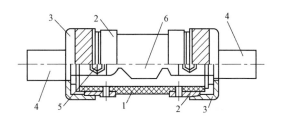

图 6-20　熔断器（RM 型）结构
1—熔管；2—管夹；3—管帽；4—触刀；5—螺栓；6—熔体

熔断器的工作原理是：熔断器串联接入被保护电路中，在正常工作情况下，由于电流较小，通过熔体时熔体温度虽然上升，但不致熔化，电路可靠接通；一旦电路发生过负荷或短路，电流增大，熔体由于自身温度超过熔点而熔化，将电路切断。

当电路发生短路故障时，其短路电流增长到最大值有一定时限。如果熔断器的熔断时间（包括熄弧时间）小于短路电流达到最大值的时间，即可认为熔断器限制了短路电流的发展，此种熔断器称为限流熔断器，否则为不限流熔断器。用限流熔断器保护的电气设备，遭受短路损害程度可大为减轻，且可不用校验热稳定性和动稳定性。

4. 主要技术参数

熔断器的主要技术参数包括：

（1）熔断器的额定电流，或称熔管额定电流 I_{Nt}，是指熔断器壳体的载流部分和接触部分设计时的电流；

（2）熔体的额定电流 I_{Ns}，是指熔体本身设计时的电流，即长期通过熔体，而熔体不致熔断的最大电流；

（3）熔断器的极限分断电流，指熔断器所能切断的最大电流。

在同一熔断器内，通常可分别装入额定电流不大于熔断器本身额定电流的任何熔体。

5. 低压熔断器

典型低压熔断器 RM10 型无填料封闭管式熔断器的结构如图 6-20 所示。熔管 1 由钢纸加工制成，两端装着外壁有螺纹的金属管夹 2，上面旋有黄铜管帽 3，锌熔体 6 用螺栓 5 与触刀 4 连接。其锌熔体一般是用锌板冲压成宽窄相间的变截面形状，通常每个熔体有 2～4 个窄部，以加速电弧的熄灭。

当发生短路故障时，其熔体窄部几乎同时熔化，形成数段电弧，同时残留的宽部受重力作用而下落，将电弧拉长变细。在电弧高温的作用下，纤维管的内壁有少量纤维气化并分解为氢（占 40%）、二氧化碳（占 50%）和水汽（占 10%），这些气体都有很好的灭弧性能，加之熔管是封闭的，使其内部压力迅速增大，加速了电弧的去游离，从而使电弧迅速熄灭。所以，RM10 型熔断器属限流型熔断器。

6. 户内高压熔断器

户内高压熔断器主要有 RN1 及 RN2 型 2 种。RN1 型熔断器适用于 3～35kV 的电力线路和电力变压器的过载和短路保护，RN2 型专门用于 3～35kV 电压互感器的短路保护，二者的结构基本相同。

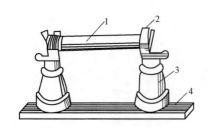

图 6-21　RN1 型熔断器外形

1—瓷质熔管；2—触座；3—绝缘子；4—底座

砂的密封瓷质熔管的剖面图。熔管 1 两端有黄铜罩 2。工作熔体 5 的额定电流小于

7.5A，采用镀银的铜丝，将一根或几根铜丝并联，绕在陶瓷芯上，以保持在熔管内的准确位置，在铜丝上焊有小锡球 6，如图 6-22（a）所示。额定电流大于 7.5A 的熔体，由两种不同直径的铜丝做成螺旋形，连接处焊上小锡球，如图 6-22（b）所示。指示器熔体 8 是一根细钢丝。熔体两端焊接在管盖 3 上。熔管内装好熔体和充满石英砂填料 7后，两端焊上管盖密封。其灭弧原理与低压熔断器基本相同。

7. 户外高压熔断器

户外高压熔断器型号较多，按其结构可分为跌落式和支柱式两种常用跌落式。

跌落式熔断器主要用于 3～35kV 的电力线路和电力变压器的过载和短路保护。RW3-

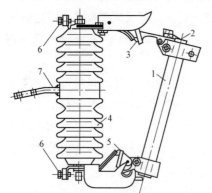

图 6-23　RW3-10Ⅱ型跌落式熔断器结构

1—熔管；2—熔体元件；3—上触头；4—绝缘子；
5—下触头；6—接线端；7—紧固板

RN1 型熔断器外形如图 6-21 所示，它由瓷质熔管 1、触座 2、支柱绝缘子 3 及底座 4组成。

RN2 型熔断器的熔体由三种不同截面的铜丝连接而成，绕在陶瓷芯上，但无指示器。运行中，根据声光信号及电压互感器二次电路中仪表指示的消失来判断高压熔体是否熔断。

如图 6-22 所示为 RN1 型熔断器的充满石英砂的密封瓷质熔管的剖面图。

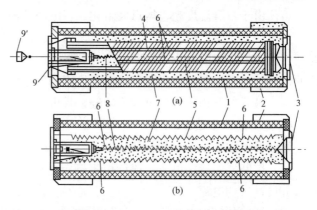

图 6-22　RN1 型熔断器熔管剖面图

（a）熔体绕在陶瓷芯上；（b）熔体做成螺旋形

1—瓷质熔管；2—黄铜罩；3—管盖；4—陶瓷芯；5—工作熔体；
6—小锡球；7—石英砂；8—指示器熔体；9—熔断指示器

10Ⅱ型跌落式熔断器的基本结构如图 6-23 所示。熔断器通过紧固板 7 固定安装在线路中，熔管呈倾斜状态；熔管外层为层卷纸板制成，内衬为由产气材料（石棉）制成的消弧管；熔体两端焊在编织导线上，并穿过熔管 1 用螺钉固定在上、下触头上。正常工作时编织导线处于拉紧状态，使熔管上部的活动关节锁紧，在上触头的压力下处于合闸状态。

当熔体熔断时，熔管内产生电弧，因消弧管的石棉具有吸湿性，所含水分在电弧高温下蒸发并分解出氢气，使管内压力升高并从管的两端向外喷出，使电弧产生强烈的去游离；同时上部锁紧机构释放熔管，在触头弹力及熔管自重作用下，回转跌落，迅速拉长电弧，在电流过零时电弧熄灭，形成明显的可见断口。

有些熔断器（如 RW4 型）采用了"逐级排气"的结构，其熔管上端有管帽（磷铜膜片），分断小故障电流时，消弧管产生的气体较少。但由于上端封闭而使管内保持较大压力，并形成向下的单端排气（纵吹），有利于熄灭小故障电流产生的电弧。而在分断大电流时，消弧管产生大量气体，上端管帽被冲开，而形成两端排气，以免造成熔断器机械破坏，有效地解决了自产气电器分断大、小电流的矛盾。由于跌落式熔断器在灭弧时会喷出大量游离气体，外部声光效应大，所以一般只用于户外。这种熔断器没有限流作用。

三、负荷开关

1. 负荷开关的作用

高压负荷开关主要用来接通和断开正常工作电流，但本身不能开断短路电流。带有热脱扣器的负荷开关还具有过载保护功能。

35kV 及以下通用型负荷开关具有以下开断和关合能力：

（1）开断不大于其额定电流的有功负荷电流和闭环电流。

（2）开断不大于 10A 的电缆电容电流或限定长度的架空线充电电流。

（3）开断 1250kVA（有些可达 1600kVA）及以下变压器的空载电流。

（4）关合不大于其"额定短路关合电流"的短路电流。

可见，负荷开关的作用介于断路器和隔离开关之间。多数负荷开关实际上是由隔离开关和简单的灭弧装置组合而成，但灭弧能力是根据通、断的负荷电流，而不是根据短路电流设计，也有少数负荷开关不带隔离开关。通常负荷开关与熔断器配合使用，若制成带有熔断器的负荷开关可以代替断路器使用，而且具有结构简单、动作可靠、造价低廉等优点，所以被广泛应用于 10kV 及以下小功率的电路中作为手动控制设备。

2. 负荷开关的类型

负荷开关按安装地点可分为户内式和户外式两类；按是否带有熔断器可分为不带熔断器和带有熔断器两类；按灭弧原理和灭弧介质可分为：①固体产气式。利用电弧能量使固体产气材料产生气体来吹弧，使电弧熄灭。②压气式。利用活塞压气作用产生气吹使电弧熄灭，其气体可以是空气或 SF_6 气体。③油浸式。与油断路器类似。④真空式。与真空断路器类似，但选用截流值较小的触头材料。⑤SF_6 式。在 SF_6 气体中灭弧。

3. 负荷开关的型号

高压负荷开关的型号含义如下：

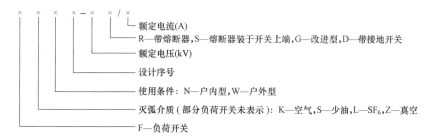

235

4. 负荷开关的结构

如图 6-24 所示为 FZN21-12DR 型负荷开关-熔断器组合电器（简称 F-C）。其熔断器可直接操作，不另带隔离开关。它主要由框架 1、隔离开关 2（对应 FZN21-12D 型）或熔断器 3（对应 FZN21-12DR 型）、真空开关灭弧室 6、接地开关 9 及弹簧操动机构 17 等组成。隔离开关（或熔断器）上端静触头座通过绝缘子固定在框架上，下端固定在真空灭弧室的上支架上；真空灭弧室通过绝缘子紧固在上、下支架间，并加装有绝缘柱支撑，以增加整体结构的稳定性；接地开关装于真空灭弧室下端；操动机构装于框架左侧。隔离开关、真空开关、接地开关之间互相连锁（机械连锁），可防误操作，即隔离开关只能在真空开关已分闸，且机构已复位才可进行分、合操作；接地开关只能在隔离开关分闸后，才可进行分、合操作。

处于合闸状态的 FZN21-12DR 型负荷开关，当短路电流或过负荷电流流过主回路时，熔断器一相或几相熔断，其撞击器动作使真空负荷开关在分闸弹簧作用下自动快速分闸。

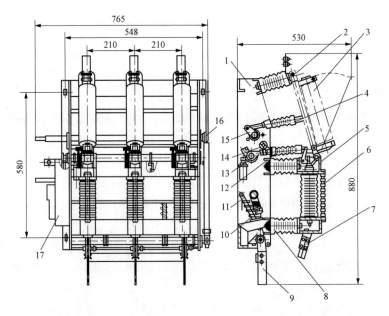

图 6-24　FZN21-12D（R）系列高压真空负荷开关-熔断器组合电器结构

1—框架；2—隔离开关；3—熔断器；4—绝缘拉杆；5—上支架；6—真空开关灭弧室；
7—接地开关静触头；8—绝缘子；9—接地开关；10—接地弹簧；11—分闸弹簧；
12—绝缘拉杆；13—主轴；14—脱扣机构；15—副轴；16—连动拉杆；17—操动机构

第三节　高压断路器

高压断路器是电力系统最重要的控制设备和保护设备，其功能是接通和断开正常工作电流、过负荷电流和故障电流，是开关电器中最为完善的一种设备。

一、高压断路器的基本结构

虽然高压断路器有多种类型，具体结构不同，但其基本结构类似，如图 6-25 所示。基本结构主要包括电路通断元件 1、绝缘支撑元件 2、操动机构 3 及基座 4 等几部分。电路通断元件是其关键部件，安装在绝缘支撑元件上，承担着接通和断开电路的任务，它由接线端子、导电杆、动、静触头及灭弧室等组成。绝缘支撑元件安装在基座上，起着固定通断元件的作用，并使其带电部分与地绝缘；操动机构起控制通断元件

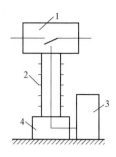

图 6-25　断路器基本结构示意图
1—通断元件；2—绝缘支撑元件；
3—操动机构；4—基座

的作用，当操动机构接到合闸或分闸命令时，操动机构动作，经中间传动机构驱动动触头，实现断路器的合闸或分闸。

断路器中的灭弧室，按灭弧的能源来源可分为两大类：

（1）自能式灭弧室。主要利用电弧本身能量来熄灭电弧的灭弧室称为自能式灭弧室，如油断路器的灭弧室。这类断路器的开断性能与被开断电流的大小有关。在其额定开断电流以内，被开断的电流愈大，电弧能量愈大，灭弧能力愈强，燃弧时间也愈短；而被开断的电流较小时，灭弧能力较差，燃弧时间反而较长，所以存在临界开断电流（对应最大燃弧时间的开断电流）。

（2）外能式灭弧室。主要利用外部能量来熄灭电弧的灭弧室称为外能式灭弧室，如压气式 SF_6 断路器、压缩空气断路器的灭弧室。这类断路器的开断性能主要与外部供给的灭弧能量有关。在开断大、小电流时，外部供给的灭弧能量基本不变，因此燃弧时间较稳定。

二、高压断路器的分类和型号

高压断路器按安装地点可分为户内型和户外型两种，按灭弧介质及灭弧原理可分为六氟化硫（SF_6）断路器、真空断路器、油断路器（又分为多油和少油）、空气断路器等。

高压断路器的型号含义如下：

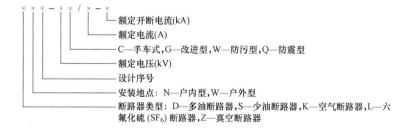

三、高压断路器的技术参数

1. 额定电压 U_N

额定电压是指高压电器（包括高压断路器）设计时所采用的标称电压，用 U_N 表示。

所谓标称电压是指国家标准中列入的电压等级，对于三相电器是指其相间电压，即线电压。我国高压电器采用的额定电压有 3、6、10、35、63、110、220、330、500kV 等。

考虑到输电线路的首、末端运行电压不同及电力系统的调压要求，对高压电器又规定了与其额定电压相应的最高工作电压 U_{alm}。当 $U_N \leqslant 220kV$ 时，$U_{alm} = 1.15 U_N$；当 $U_N \geqslant 330kV$ 时，$U_{alm} = 1.1 U_N$。

2. 额定电流 I_N

额定电流是指高压电器（包括高压断路器）在规定的环境温度下，能长期通过且其载流部分和绝缘部分的温度不超过其长期最高允许温度的最大标称电流，用 I_N 表示。对于高压断路器，我国采用的额定电流有 200、400、630、1000、1250、1600、2000、2500、3150、4000、5000、6300、8000、10000、12500、16000、20000A 等。

3. 额定开断电流 I_{Nbr}

高压断路器进行开断操作时，首先起弧的某相电流，称为开断电流。在额定电压 U_N 下断路器能可靠地开断的最大短路电流，称为额定开断电流，用 I_{Nbr} 表示。它表征断路器的开断能力，是断路器的规格参数。我国规定的高压断路器的额定开断电流为 1.6、3.15、6.3、8、10、12.5、16、20、25、31.5、40、50、63、80、100kA 等。

4. 热稳定电流 I_t

t 秒热稳定电流 I_t，是在保证断路器不损坏的条件下，在规定时间 ts（2s、4s、5s、10s 等）内允许通过断路器的最大短路电流有效值。它表明断路器承受短路电流热效应的能力，当断路器持续通过 ts 时间的 I_t 时，不会发生触头熔接或其他妨碍其正常工作的异常现象。一般产品给出的 4s 热稳定电流与额定开断电流相等。

5. 动稳定电流 i_{es}

动稳定电流 i_{es} 是断路器在闭合状态下，允许通过的最大短路电流峰值，又称极限通过电流，它表明断路器承受短路电流电动力效应的能力。当断路器通过这一电流时，不会因电动力作用而发生任何机械上的损坏。动稳定电流决定于导体及机械部分的机械强度，并与触头的结构形式有关。i_{es} 的数值约为额定开断电流 I_{Nbr} 的 2.55 倍。

6. 额定关合电流 i_{Ncl}

如果在断路器合闸之前，线路或设备上已存在短路故障，则在断路器合闸过程中，在触头即将接触时即有巨大的短路电流通过（称预击穿），要求断路器能承受而不会引起触头熔接和遭受电动力的损坏；而且，在关合后，由于继电保护动作，不可避免地又要自动跳闸，此时仍要求能切断短路电流。所以，用额定关合电流 i_{Ncl} 来说明断路器关合短路故障的能力。额定关合电流 i_{Ncl} 是在额定电压下，断路器能可靠地闭合的最大短路电流峰值。它主要取决于断路器灭弧装置的性能、触头构造及操动机构的型式。在断路器产品目录中，一般给出的额定关合电流 i_{Ncl} 与动稳定电流 i_{es} 相等。

7. 动作时间

（1）分闸时间。是表明断路器开断过程快慢的参数。断路器开断电路时的有关时间如图 6-26 所示。

1）固有分闸时间。指断路器从接到分闸命令起到触头分离的时间。

2）燃弧时间。指从触头分离到各相电弧熄灭的时间间隔。

3）全分闸时间。指断路器从接到分闸命令起到各相电弧熄灭的时间间隔，即全分闸时间等于固有分闸时间与燃弧时间之和。

为提高电力系统的稳定性，要求断路器有较高的分闸速度，即全分闸时间愈短愈好。

（2）合闸时间。合闸时间是指断路器从接到合闸命令起到触头刚接触的时间间隔。电力系统对断路器合闸时间一般要求不高，但要求其合闸稳定性能好。

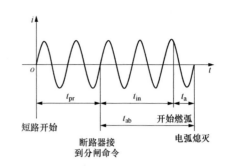

图 6-26　断路器开断电路时的有关时间

t_{pr}—继电保护动作时间；t_{in}—断路器固有分闸时间；

t_a—燃弧时间；t_{ab}—断路器全分闸时间

8．额定自动重合闸操作顺序

O—0.3s—CO—180s—CO。

四、SF₆断路器

SF₆断路器是指采用 SF₆ 气体作为灭弧介质的断路器。20 世纪 70 年代之后在我国得到迅速发展，目前 SF₆ 断路器已成为我国高压断路器的首选品种。

某火电厂 1000MW 机组配套的 500kV 的 SF₆ 断路器的技术参数如表 6-4 所示。

表 6-4　　　　　　　某电厂 500kV 的 SF₆ 断路器的技术参数

序号	参数名称	技术参数
1	断路器型式	瓷柱式
2	额定电压	550kV
3	额定电流	4000A
4	额定频率	50Hz
5	额定自动重合闸操作顺序	O—0.3s—CO—180s—CO
6	开断时间	≤40ms
7	固有分闸时间	18±2ms
8	合闸时间	≤65ms
9	重合闸无电流间隔时间	0.3s 及以上可调
10	合分时间	34～44ms
11	额定短路开断电流	63kA
12	额定峰值耐受电流	172.6kA
13	额定关合电流	172.6kA
14	开断 100%额定短路开断电流次数	≥33 次
15	SF₆断路器的正常压力参数（表压）	0.7MPa

1. SF₆气体的性能

（1）物理化学性质：

1）SF₆分子是以硫原子为中心、六个氟原子对称地分布在周围形成的正八面体结构。氟原子有很强的吸附外界电子的能力，SF₆分子在捕捉电子后成为低活动性的负离子，对去游离有利；另外，SF₆分子的直径较大（0.456nm），使得电子的自由行程减小，从而减少碰撞游离的发生。

2）SF₆为无色、无味、无毒、不可燃、不助燃的非金属化合物，在常温常压下，其密度约为空气的5倍，常温下压力不超过2MPa时仍为气态。其总的热传导能力远比空气要好。

3）SF₆的化学性质非常稳定。在干燥情况下，温度低于110℃时，与铜、铝、钢等材料都不发生作用；温度高于150℃时，与钢、硅钢开始缓慢作用；温度高于200℃时，与铜、铝发生轻微作用；温度达500～600℃时，与银也不发生作用。

4）SF₆的热稳定性极好，但在有金属存在的情况下，热稳定性则大为降低。它开始分解的温度为150～200℃，其分解随温度升高而加剧。当温度到达1227℃时，分解物主要是有剧毒的SF₄；在1227～1727℃时，分解物主要是SF₄和SF₃；超过1727℃时，分解为SF₂和SF。

在电弧或电晕放电中，SF₆将分解。由于金属蒸汽参与反应，生成金属氟化物和硫的低氟化物。当SF₆气体含有水分时，还可能生成HF（氟化氢）或SO₂，对绝缘材料、金属材料都有很强的腐蚀性。

（2）绝缘和灭弧性能。基于SF₆的上述物理化学性质，SF₆具有极为良好的绝缘性能和灭弧能力。

1）绝缘性能。SF₆气体的绝缘性能稳定，不会老化变质。当气压增大时，其绝缘能力也随之提高。在0.1MPa下，SF₆的绝缘能力超过空气的2倍；在0.3MPa时，其绝缘能力和变压器油相当。

2）灭弧性能。SF₆在电弧作用下接受电能而分解成低氟化合物，但需要的分解能却比空气高得多，因此，SF₆分子在分解时吸收的能量多，对弧柱的冷却作用强。当电弧电流过零时，低氟化合物则急速再结合成SF₆，故弧隙介质强度恢复过程极快。另外，SF₆中电弧的电压梯度比空气中的约小3倍，因此，SF₆气体中电弧电压也较低，即燃弧时的电弧能量较小，对灭弧有利。所以，SF₆的灭弧能力相当于同等条件下空气的100倍。

2. SF₆断路器灭弧室工作原理

SF₆断路器灭弧室有双压式和单压式两种结构。以下以单压式为例介绍其工作原理。

单压式灭弧室是根据活塞压气原理工作的，因此又称压气式灭弧室。平时灭弧室中只有一种压力（一般为0.3～0.7MPa）的SF₆气体，起绝缘作用。开断过程中，灭弧室所需的吹气压力由动触头系统带动压气缸对固定活塞相对运动产生，就像打气筒一样。其SF₆气体同样是在封闭系统中循环使用，不能排向大气。这种灭弧装置结构简单、动作可靠。我国研制的SF₆断路器均采用单压式灭弧室。

单压式灭弧室又分定开距和变开距两种。如图6-27所示为定开距灭弧室结构示意图（合闸状态）。断路器的触头由两个带喷嘴的空心静触头3、5和动触头2组成。断路器弧隙由两个静触头保持固定的开距，故称为定开距灭弧室。由于SF_6的灭弧和绝缘能力强，所以开距一般不大。动触头与压气缸1连成一体，并与拉杆7连接，操动机构可通过拉杆带动动触头和压气缸左右运动。固定活塞由绝缘材料制成，它与动触头、压气缸之间围成压气室4。

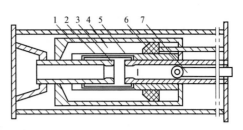

图6-27 定开距灭弧室结构示意图

1—压气缸；2—动触头；3、5—静触头；4—压气室；
6—固定活塞；7—拉杆

定开距灭弧室动作过程示意图如图6-28所示。图6-28（a）为断路器处于合闸位置，这时动触头跨接于两个静触头之间，构成电流通路；分闸时，操动机构通过拉杆带着动触头和压气缸向右运动，使压气室内的SF_6气体被压缩，压力约提高1倍左右，这一过程称压气过程或预压缩过程，如图6-28（b）所示；当动触头离开静触头3时，产生电弧，同时将原来被动触头所封闭的压气缸打开，高压SF_6气体迅速向两静触头内腔喷射，对电弧进行强烈的双向纵吹，如图6-28（c）所示；当电弧熄灭后，触头处在分闸位置，如图6-28（d）所示。这种灭弧室具有开距小、行程短、结构紧凑、动作迅速等优点，缺点是压气室的体积较大。

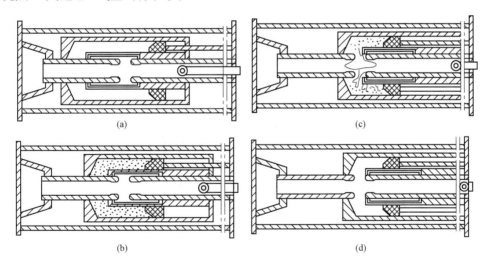

图6-28 定开距灭弧室动作过程示意图

（a）合闸位置；（b）压气过程；（c）吹弧过程；（d）分闸位置

3. SF_6断路器的结构

（1）支柱式。支柱式SF_6断路器系列性强，可以用不同个数的标准灭弧单元及支柱瓷套组成不同电压级的产品。按其整体布置形式可分为"Y"形布置、"T"形布置及"I"形布置三种。

1）"Y"形布置的LW6-500型SF_6断路器一相结构图如图6-29所示。每相为双柱四断口，每个断口除并联有电容（2500pF）外，还并联有合闸电阻（100Ω），该电阻呈水平布置，为独立气隔；在灭弧室、合闸电阻及支柱的连接处采用五联箱，也为独立气隔；因电压较高，支柱有三节瓷套，其上端装有均压环；每相两柱配一台液压机构。

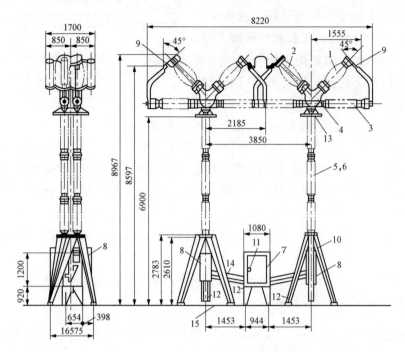

图 6 - 29　LW6 - 500 型 SF₆ 断路器一相结构图

1—灭弧室；2—均压电容；3—合闸电阻；4—五联箱；5—支柱；6—绝缘拉杆（在支柱内）；

7—液压柜；8—动力元件；9—接线板；10—支腿；11—分合闸指示；12—接地接线板；

13—均压环；14—机构与本体间的液压管道；15—机构与本体间的电气连接

在断口并联合闸电阻是为了限制合闸及重合闸的操作过电压。电阻片由炭质烧结而成，外形与避雷器阀片相似，但其热容量要大得多。合闸电阻与一辅助触头（或称辅助断口）串联后再与主断口并联。断路器合闸时，合闸电阻较主触头提前 7～11ms 接通，在主触头接通后，合闸电阻立即自行分闸复位；断路器分闸时，合闸电阻不动作。

2）"T"形布置的 SFM - 500 型 SF₆ 断路器一相结构图如图 6 - 30 所示。其每相只有两个断口，灭弧室为变开距压气式结构，每相 SF₆ 气体自成一个系统，包括压力表、密度继电器及其微动触点、一个供气口、一个检查口、一个动断截止阀及一个动合截止阀。SF₆ 额定充气压力为 0.59MPa，每相配一台气动操动机构，可单相操作及三相联动。

3）"I"形布置的 SF₆ 断路器。"I"形布置的 LW15 - 220 型 SF₆ 断路器一相结构图如图 6 - 31 所示。该型断路器为单断口结构，即每相只有一个断口。每相由灭弧室、支柱瓷套、机构箱组成。灭弧室采用变开距、双喷结构；支柱瓷套与灭弧室瓷套气室相通，支柱瓷套内的绝缘拉杆与灭弧室动触头相连；每相配一台气动操动机构，可单相操作及三相联动。

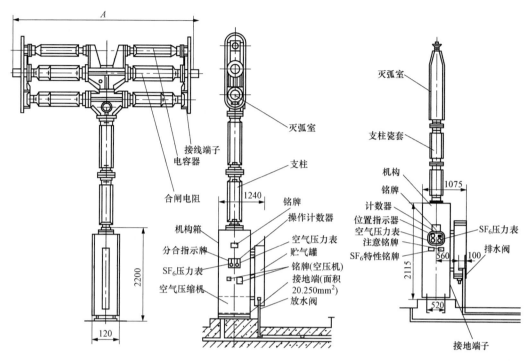

图 6-30　SFM-500 型 SF$_6$ 断路器一相结构图

图 6-31　LW15-220 型 SF$_6$
断路器一相结构图

（2）落地罐式。目前，110～500kV 等级均有落地罐式 SF$_6$ 断路器产品，且其外形相似。这类产品实际上是断路器和电流互感器构成的复合电器，具有结构简单、体积小、开断性能好、抗振和耐污能力强、可靠性高、操作噪声小、不维修周期长、使用方便等优点。

SFMT-500 型 SF$_6$ 断路器一相剖面图如图 6-32 所示。它由进出线充气瓷套管、接地金属罐、操动机构和底架等部件组成。断路器每相的触头和灭弧室装在充有 SF$_6$ 气体并接地的金属罐中，灭弧室采用压气式原理，触头与罐壁间的绝缘采用环氧支持绝缘子，绝缘瓷套管内有引出导电杆。每相分别利用两只充气瓷套管与架空线连接，充气瓷套的下端装有套管式电流互感器，用于保护及测量功能。

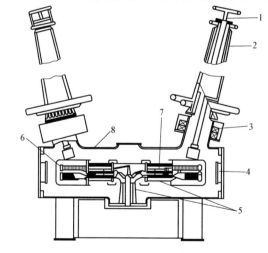

图 6-32　SFMT-500 型 SF$_6$ 断路器一相剖面图
1—接线端子；2—瓷套管；3—电流互感器；4—吸附剂；
5—环氧支持绝缘子；6—合闸电阻；7—灭弧室；8—金属罐体

吸附剂为活性氧化铝、合成沸石，用于吸附水分及 SF_6 气体分解物。该断路器可配用液压式或气动式操动机构，三相分装在各自的底架上。

五、真空断路器

某火电厂 1000MW 机组配套的 10kV 的真空断路器的技术参数如表 6-5 所示。

表 6-5　　　　　　　　　某电厂 10kV 的真空断路器的技术参数

序号	参数名称	技术参数
1	断路器型号	VD4
2	额定电压（V）	10000
3	最高工作电压（V）	12000
4	频率（Hz）	50
5	额定电流（A）	3150/1600/1250
6	额定短路开断电流（kA）	40
7	4s 热稳定电流（kA）	40
8	关合电流能力（kA）	100
9	额定自动重合闸操作顺序	O—0.3s—CO—180s—CO
10	分闸时间（ms）	33～45
11	标称触头开断时间（ms）	15
12	合闸时间（ms）	55～67
13	额定电流时的允许操作次数	20000
14	额定短路电流时的允许操作次数	50

1. 真空气体的特性

真空指绝对压力低于 1 个大气压的稀薄气体空间。气体稀薄的程度用"真空度"表示，是气体的绝对压力与大气压的差值。气体的绝对压力值愈低，真空度就愈高。

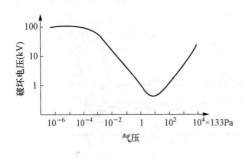

图 6-33　击穿电压与气体压力的关系

（1）气体间隙的击穿电压与气体压力有关。如图 6-33 所示为不锈钢电极、间隙长度为 1mm 时，真空间隙的击穿电压与气体压力的关系。在气体压力低于 $133×10^{-4}$ Pa 时，击穿电压基本没有变化；压力在 $133×10^{-4}～133×10^{-3}$ Pa 之间时，击穿电压略有下降；在压力高于 $133×10^{-3}$ Pa 的一定范围内，击穿电压迅速降低；在压力约为 1000Pa 时，击穿电压达最低值。

（2）这里所指的真空是气体压力在 $133×10^{-4}$ Pa 以下的空间，真空断路器灭弧室内的气体压力不能高于这一数值，一般在出厂时在 $133×10^{-7}$ Pa 以下。在这种空间内，气体绝缘强度很高，电弧很容易熄灭。在均匀电场作用下，真空的绝缘强度比变压器油、0.1MPa 下的 SF_6 及空气的绝缘强度都高得多。

（3）真空间隙的气体稀薄，分子的自由行程大，发生碰撞的几率小。因此，碰撞游离不是真空间隙击穿的主要因素，在触头电极蒸发出来的金属蒸汽才是形成真空电弧的原因。因此，影响真空间隙击穿的主要因素除真空度外，还与电极材料、电极表面状况、真空间隙长度等有关。

用高机械强度、高熔点的材料作电极，击穿电压一般较高，目前使用最多的电极材料是以良导电金属为主体的合金材料。当电极表面存在氧化物、杂质、金属微粒和毛刺时，击穿电压会大大降低。当间隙较小时，击穿电压几乎与间隙长度成正比；当间隙长度超过 10mm 时，击穿电压上升趋势减缓。

2. 真空灭弧室结构和工作原理

真空灭弧室的结构示意图如图 6-34 所示，它由外壳、触头和屏蔽罩三大部分组成。

（1）外壳。外壳是由绝缘筒 1、静端盖板 2、动端盖板 7 和波纹管 8 所组成的真空密封容器。外壳的作用是同时容纳和支持真空灭弧室内的各种零件。为保证真空灭弧室工作的可靠性，首先要求外壳有较高密封性能，其次是要有一定的机械强度。

1）绝缘筒用硬质玻璃、高氧化铝陶瓷或微晶玻璃等绝缘材料制成。

2）端盖常用不锈钢、无氧铜等金属制成。

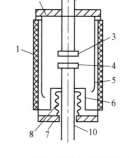

图 6-34 真空灭弧室的结构示意图
1—绝缘筒；2—静端盖板；3—静触头；4—动触头；5—屏蔽罩；6—波纹管屏蔽罩；7—动端盖板；8—波纹管；9—静导电杆 10—动导电杆

3）波纹管的功能是用来保证灭弧室完全密封，同时使操动机构的运动得以传到动触头上，有液压成形和膜片焊接两种形式。波纹管常用的材料有不锈钢、磷青铜、铍青铜等，以不锈钢性能最好。波纹管允许伸缩量应能满足触头最大开距的要求。触头每分、合一次，波纹管的波状薄壁就要产生一次大幅度的机械变形，很容易使波纹管因疲劳而损坏。通常，波纹管的疲劳寿命也决定了真空灭弧室的机械寿命。由于波纹管在轴向上可以伸缩，因此这种结构既能实现从灭弧室外操动动触头做分合运动，又能保证外壳的密封性。

（2）屏蔽罩。屏蔽罩装在动、静触头和波纹管周围，其主要作用是：①防止燃弧过程中电弧生成物喷溅到绝缘外壳的内壁上，引起其绝缘强度降低；②冷凝电弧生成物，吸收部分电弧能量，以利于弧隙介质强度的快速恢复；③改善灭弧室内部电场分布的均匀性，降低局部场强，促进真空灭弧室小型化。波纹管屏蔽罩用来保护波纹管免遭电弧生成物的烧损，防止电弧生成物凝结在波纹管表面上。

屏蔽罩采用导热性能好的材料制造，常用无氧铜、不锈钢和玻璃，其中铜最为常用。在一定范围内，金属屏蔽罩厚度的增加可以提高灭弧室的开断能力，但通常其厚度不超过 2mm。

（3）触头。静触头 3 固定在静导电杆 9 上，静导电杆穿过静端盖板 2 并与之焊成一体；动触头 4 固定在动导电杆 10 的一端上，动导电杆的中部与波纹管 8 的一个端口焊在一起，波纹管的另一端口与动端盖板 7 的中孔焊接，动导电杆从中孔穿出外壳；触头是真空灭弧室内最为重要的元件，真空灭弧室的开断能力和电气寿命主要由触头状况来决定。目前真空断路器的触头系统都是对接式接触。根据触头开断时灭弧的基本原理不同，可分为非磁吹触头和磁吹触头两大类。下面分别介绍一些常见触头。

1）圆柱状触头。触头的圆柱端面作为电接触和燃弧的表面，真空电弧在触头间燃烧时不受磁场的作用，圆柱状触头为非磁吹型。开断小电流时，触头间的真空电弧为扩散型，燃弧后介质强度恢复快，灭弧性能好；开断电流较大时，真空电弧为集聚型，燃弧后介质强度恢复慢，因而开断可能失败。采用铜合金的圆柱状触头，开断能力不超过 6kA。在触头直径较小时，其极限开断电流和直径几乎呈线性关系，但当触头直径大于 50～60mm 后，继续加大直径，极限开断电流就很少增加了。

2）横磁吹触头。利用电流流过触头时所产生的横向磁场，驱使集聚型电弧不断在触头表面运动的触头，称为横磁吹触头。横磁吹触头主要可分为螺旋槽触头和杯状触头两种。其中，中接式螺旋槽触头的工作原理如图 6-35 所示。其整体呈圆盘状，靠近中心有一突起的圆环供接触状态导通电流用（所以称中接式，若圆环在外缘则称外接式）。在圆盘上开有 3 条（或更多）螺旋槽，从圆环的外周一直延伸到触头的外缘。其动、静触头结构相同，当触头在闭合位置时，只有圆环部分接触。

当触头分离时，最初在圆环上产生电弧电流 i_1。电流线在圆环处有拐弯，电流回路呈"［"形，其径向段在弧柱部分产生与弧柱垂直的横向磁场，使电弧离开接触圆环，向触头的外缘运动，把电弧推向开有螺旋槽的跑弧面（i_2）。由于螺旋槽的限制，电流 i_2 在跑弧面上只能按规定的路径流通，如图 6-35 中虚线所示。跑弧面上 i_2 径向分量的磁场使电弧朝触头外缘运动，而其切向分量的磁场使电弧在触头上沿切线方向运动，故可使电弧在触头外缘上做圆周运动，并不断移向冷的触头表面。在工频半周的后半部电流减小时，集聚型电弧在冷的触头表面转变为扩散型电弧，当电流过零时电弧熄灭。螺旋槽触头在大容量真空灭弧室中应用得十分广泛。

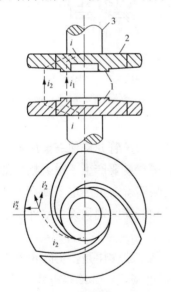

图 6-35 中接式螺旋槽触头工作原理
1—接触面；2—跑弧面；3—导电杆

3. 真空断路器的结构特点

（1）悬臂式真空断路器。如图 6-36 所示为 ZN4-10 型悬臂式真空断路器的结构图。断路器主要由真空灭弧室 2、支持绝缘子 7、操动机构 8 及支持框架 4 几部分组成。每相的灭弧室 2 及上、下接线板由两只支持绝缘子固定在支持框架 4 的前方；灭弧室的静导电杆与上接线板固定连接，动导电杆则通过软连接与下接线板连接，上、下接线板间有绝缘加强杆支撑，其灭弧室采用横向磁吹灭弧；操动机构 8（电磁式或弹簧式）和分闸弹簧都装在框架上，主轴 3 上的拐臂的一端连有绝缘拉杆 6，拉杆的下端则通过另一拐臂、连杆及绝缘件与动导电杆连接；为了防止相间发生弧光短路，在相间加有绝缘隔板 9。

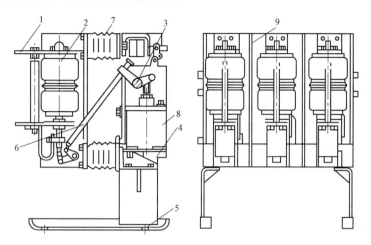

图 6 - 36 ZN4 - 10 型真空断路器结构图

1—接线板；2—灭弧室；3—主轴；4—支持框架；5—安装孔；
6—绝缘拉杆；7—支持绝缘子；8—操动机构；9—绝缘隔板

断路器在合闸位置时，上拐臂的另一端被操动机构拉紧并锁住，维持断路器在合闸状态。当操动机构接到分闸命令时，机构被释放，在分闸弹簧作用下，上、下拐臂均逆时针旋转，断路器分闸。

悬臂式真空断路器在结构上与传统的少油断路器相类似，便于在手车式开关柜中使用，也可固定安装。其优点是高度尺寸较小；其操动机构与高电压隔离，便于检修。与落地式比较，这种结构的缺点是：总体深度尺寸较大，钢耗多，质量大；绝缘子受弯曲力作用；传动效率不高；操作时振动较大。因此，该结构的断路器一般只适于制造为户内中等电压以下的产品。

（2）落地式真空断路器。ZN5 - 10型户内落地式真空断路器结构如图 6-37所示。落地式真空断路器的真空灭弧室 3 安装在上方，用绝缘支撑杆 10 支持，

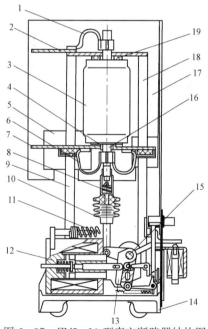

图 6 - 37 ZN5 - 10 型真空断路器结构图

1—上软连接；2—上出线；3—真空灭弧室；4—导向套；
5—绝缘套；6—下软连接；7—下出线；8—触头弹簧；
9—下绝缘杆；10—绝缘支撑杆；11—分闸弹簧；
12—操动机构；13—合闸手柄；14—底座；15—三相主轴；
16—动导电杆；17—绝缘隔板；18—上绝缘杆；19—橡皮垫

操动机构 12 设置在基座下方，上下两部分由传动机构通过绝缘支撑杆连接。ZN3 - 10、ZN5 - 10、ZN14 - 10、ZN28 - 10 型等均为落地式真空断路器。

落地式真空断路器的优点是：便于操作人员观察和更换灭弧室；传动效率高，分合闸操作时直上直下，传动环节少、传动摩擦小；整个断路器的重心较低，稳定性好，操作时振动小；断路器深度尺寸小，质量小，进开关柜方便；产品系列性强，且户内、户外产品的相互交换容易实现。其缺点是产品的总体高度较高，带电检修操动机构时较困难。

如图 6 - 38 所示为以真空断路器为开断元件的 KYN18C - 12 铠装移开式金属封闭真空开关柜体示意图。它主要由小母线室、仪表继电器室、手车室、真空断路器手车、电缆室、主母线室和电流互感器等组成，是火电厂 10kV 厂用电系统接受和分配电能的主要控制设备和保护设备。

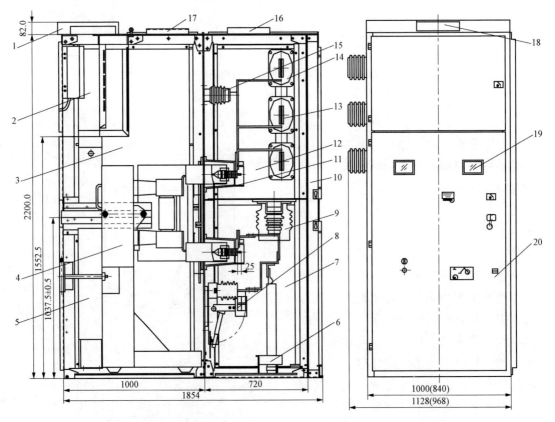

图 6 - 38　KYN18C - 12 铠装移开式金属封闭真空开关柜体示意图

1—小母线室；2—仪表继电器室；3—手车室；4—断路器手车；5—二次电缆通道；
6—零序电流互感器；7—电缆室；8—接地开关；9—电流互感器；10—电缆室泄压通道；
11—静触刀；12—主母线室；13—主母线；14—母线穿墙套管；15—母线支撑瓷瓶；16—母线
室泄压通道；17—手车室泄压通道；18—用途铭牌；19—手车室观察窗；20—解锁螺纹孔

第四节　互感器、滤过器和过滤器

一、互感器的作用

互感器是一次系统和二次系统间的联络元件，属于特种变压器，其作用为：

（1）电流互感器将一次交流系统的大电流变成二次交流系统的小电流（5A 或 1A），供电给测量仪表和保护装置的电流线圈；电压互感器将一次交流系统的高电压变成二次交流系统的低电压（100V 或 $100/\sqrt{3}\text{V}$），供电给测量仪表和保护装置的电压线圈。互感器可使测量仪表和保护装置实现标准化和小型化，并降低二次电气设备造价。

（2）使二次回路可采用低电压、小电流控制电缆，实现远方测量和控制。

（3）使二次回路不受一次回路限制，接线灵活，维护、调试方便。

（4）使二次设备与高压部分隔离，且互感器二次侧均接地，从而保证设备和人身安全。

二、电流互感器

1. 电流互感器的工作原理

电力系统广泛采用电磁式电流互感器，其工作原理与变压器相似，原理电路如图 6 - 39 所示。其特点如下：

（1）一次绕组与被测电路串联，匝数很少，流过的电流 I_1，是被测电路的负荷电流，与二次侧电流 I_2 无关。

（2）二次绕组与测量仪表和保护装置的电流线圈串联，匝数通常是一次绕组的很多倍，且 I_2 的大小与 I_1 成正比。

（3）测量仪表和保护装置的电流线圈阻抗很小，电流互感器近似于短路状态运行。正常情况下，允许电流互感器短路运行，但不允许开路运行。

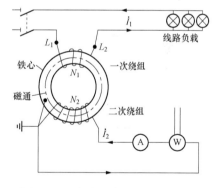

图 6 - 39　电流互感器的原理电路图

2. 电流互感器的变流比

电流互感器的额定一次电流 I_{1N} 与额定二次电流 I_{2N} 之比，称为电流互感器的额定变流比，用 K_i 表示。根据磁通势平衡原理，K_i 近似与一、二次绕组的匝数 N_1、N_2 成反比，即

$$K_i = \frac{I_{1N}}{I_{2N}} \approx \frac{N_2}{N_1} \tag{6-1}$$

因为 I_{1N}、I_{2N} 已标准化（I_{1N} 为一次额定电流，I_{2N} 统一为 5A 或 1A），所以 K_i 也已标准化。

3. 电流互感器的准确级

电流互感器的准确级根据测量时电流误差的大小来划分，而电流误差的大小与一次电流 I_1 及二次负荷阻抗 Z_2 有关。准确级是指在规定的二次负荷变化范围内，一次电流为额定值时的最大电流误差百分数。我国电流互感器准确级和误差限值见表 6-3。

保护用（P）电流互感器主要是在系统短路时工作。因此，额定一次电流范围内的准确级不如测量级高，但为保证保护装置正确动作，要求保护用电流互感器在可能出现的短路电流范围内，最大误差限值不超过 10%。稳态保护用电流互感器的标准准确级有 5P 和 10P 两种，见表 6-6。

表 6-6   电流互感器准确级和误差限值

准确级	一次电流为额定一次电流的百分数（%）	误差限值		二次负荷变化范围
		电流误差 $\pm$（%）	相位差 $\pm$（'）	
0.2	10	0.5	20	
	20	0.35	15	
	100～120	0.2	10	
0.5	10	1	60	
	20	0.75	45	$(0.25\sim1)\,S_{2N}$
	100～120	0.5	30	
1	10	2	120	
	20	1.5	90	
	100～120	1	60	
3	50～120	3.0	—	$(0.5\sim1)\,S_{2N}$
5P	100	1.0	60	S_{2N}
10P	100	3.0	—	

4. 电流互感器的额定容量

电流互感器的额定容量 S_{2N} 是指在二次额定电流 I_{2N} 和二次额定负荷阻抗 Z_{2N} 下运行时，二次绕组输出的容量，即

$$S_{2N} = I_{2N}^2 Z_{2N} \qquad (6-2)$$

Z_{2N} 包括二次侧全部阻抗，即测量仪表、继电器的电阻和电抗，连接导线的电阻，接触电阻等。由于 I_{2N} 等于 5A 或 1A，因而，$S_{2N} = 25 Z_{2N}$ 或 $S_{2N} = Z_{2N}$。所以，制造厂通常提供 Z_{2N} 值。

因为准确级与二次负荷阻抗 Z_2 有关，所以，同一电流互感器使用在不同的准确级时，对应不同的 Z_{2N}（即不同的 S_{2N}），较低的准确级对应较高的 Z_{2N} 值。通常所说的额定容量是指对应于最高准确级的容量。

某电厂 500kV 系统配套的 SF_6 电流互感器的技术参数如表 6-7 所示。

表 6-7　　　　　某电厂 500kV 系统配套的 SF₆ 电流互感器的技术参数

参数名称		A 相	B 相	C 相
额定一次电流（A）		2×2000	2×2000	2×2000
额定二次电流（A）		1	1	1
额定电流比	测量	2×2000/1	2×2000/1	2×300/1
	保护	2×2000/1	2×2000/1	2×2000/1
准确级	测量、计量	0.2S	0.2S	0.2S
	保护	TPY、5P20	TPY、5P20	TPY、5P40
额定输出（VA）	测量	20	20	20
	保护级 5P20	30	30	30
	保护级 TPY	15	15	15
准确限值系数		≥20	≥20	TPY：20
仪表保安系数		≤5	≤5	≤5
额定动稳定电流（kA）		≥160	≥160	≥160
额定热稳定电流（kA）		≥63（3s）	≥63（3s）	≥63（3s）
额定连续热电流（A）		150%额定一次电流	150%额定一次电流	150%额定一次电流

5. 电流互感器的分类

（1）按装设地点分：

1）户内式，多为 35kV 及以下。

2）户外式，多为 35kV 及以上。

（2）按安装方式分：

1）穿墙式，装在墙壁或金属结构的孔中，可兼作穿墙套管。

2）支持式（或称支柱式），安装在平面或支柱上，有户内、户外式。

3）装入式，套装在 35kV 及以上变压器或断路器内的套管上，故也称为套管式。

（3）按一次绕组匝数分：

1）单匝式，一次绕组为单根导体，又分贯穿式（一次绕组为单根铜杆或铜管）和母线式（以穿过互感器的母线作为一次绕组）。

2）复匝式（或称多匝式），一次绕组由穿过铁心的一些线匝制成。按一次绕组型式又可分线圈式、"8" 字形、"U" 字形等。

（4）按绝缘方式分：

1）干式，用绝缘胶浸渍，用于户内低压。

2）浇注式，用环氧树脂作绝缘，浇注成型，目前仅用于 35kV 及以下的户内。

3）油浸式（瓷绝缘），多用于户外。

4）气体式，用 SF₆ 气体绝缘，多用于 110kV 及以上的户外。

6. 电流互感器的结构

电流互感器结构主要由一次绕组、二次绕组、铁心、绝缘等几部分组成。单匝和复

251

匝式电流互感器结构如图6-40所示。此外，在同一回路中，往往需要很多电流互感器用于测量和保护，为了节约材料和投资，高压电流互感器常由多个没有磁联系的独立铁心和二次绕组与共同的一次绕组组成同一电流比、多二次绕组的结构，如图6-40（c）所示。对于110kV及以上的电流互感器，为了适应一次电流的变化和减少产品规格，常将一次绕组分成几组，通过切换来改变绕组的串、并联，以获得2～3种变流比。

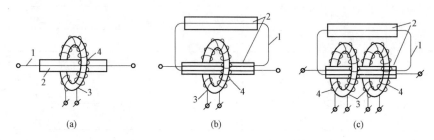

图6-40　电流互感器结构示意图

（a）单匝式；（b）复匝式；（c）具有两个铁心的复匝式

1——次绕组；2—绝缘；3—铁心；4—二次绕组

（1）单匝式电流互感器。单匝式电流互感器结构简单、尺寸小、价格低，内部电动力不大，热稳定性也容易通过选择一次绕组的导体截面来保证。缺点是一次电流较小时，一次安匝I_1N_1与励磁安匝I_0N_1相差较小，故误差较大，因此仅用于额定电流400A以上的电路。

LDZ1-10型环氧树脂浇注绝缘单匝式电流互感器外形如图6-41所示。其一次导电杆的材料，额定电流800A及以下时选铜棒，1000A及以上时选铜管。环形铁心采用优质硅钢带卷成，并有两个铁心组合，对称地扎在金属支持件上，二次绕组均匀绕在环形铁心上。一次导电杆及二次绕组，一起用环氧树脂及石英粉的混合胶浇注加热固化成形；浇注体中部有硅铝合金铸成的面板，板上有4个$\phi 14mm$的安装孔，便于安装。

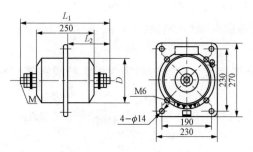

图6-41　LDZ1-10型环氧树脂
浇注绝缘单匝式电流互感器外形

（2）复匝式电流互感器。由于单匝式电流互感器准确级较低，或在一定的准确级下其二次绕组功率不大，需增加互感器数目。所以，在很多情况下需要采用复匝式电流互感器。复匝式电流互感器可用于一次额定电流为各种数值的电路。

LCW-110型户外油浸式瓷绝缘电流互感器结构图如图6-42所示。互感器的瓷外壳1内充满变压器油2，并固定在金属小车3上；带有二次绕组的环形铁心5固定在小车架上，一次绕组6为圆形并套住二次绕组，构成两个互相套着的形如"8"字的环。换接器8用于在需要时改变各段一次绕组的连接方式（串联或并联）。上部由铸铁制成的油扩张器4，用于补偿油体积随温度的变化，其上装有玻璃油面指示器。放电间隙9用于保护瓷外壳，使外壳在铸铁头与小车架之间发生闪络时不致受到电弧损坏。由于这种"8"字形绕组电场分布不均匀，故用于35～110kV电压级，一般有2～3个铁心。

LCLWD3-220型户外瓷箱式电容型绝缘U字型绕组电流互感器结构如图6-43所示。其一次绕组5呈"U"型，一次绕组绝缘采用电容均压结构，用高压电缆纸包扎而成；绝缘共分10层，层间有电容屏（金属箔），外屏接地，形成圆筒式电容串联结构；有4个环形铁心及二次绕组，分布在"U"型一次绕组下部的两侧，二次绕组为漆包圆铜线，铁心为优质冷轧晶粒取向硅钢板卷成。由于这类电流

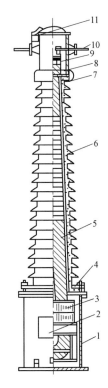

图6-43 LCLWD3-220型瓷箱式电容型绝缘U字型绕组电流互感器结构

1—油箱；2—二次接线盒；3—环形铁心及二次绕组；4—压圈式卡接装置；5—U型一次绕组；6—瓷套；7—均压护罩；8—贮油柜；9—一次绕组切换装置；10——次出线端于；11—吸湿器

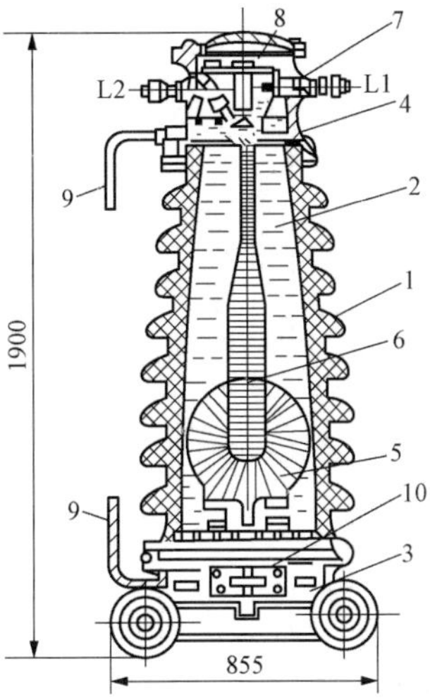

图6-42 LCW-110型油浸式瓷绝缘"8"字形绕组电流互感器结构

1—瓷外壳；2—变压器油；3—小车；4—扩张器；5—环形铁心及二次绕组；6——次绕组；7—瓷套管；8——次绕组换接器；9—放电间隙；10—二次绕组引出端

互感器具有用油量少、瓷套直径小、质量小、电场分布均匀、绝缘利用率高和便于实现机械化包扎等优点，在220kV及以上电压级中得到广泛应用。

7. 电流互感器的接线方式

电气测量仪表接入电流互感器的常用接线方式如图6-44所示。

（1）单相接线。如图6-44（a）所示，这种接线用于测量对称三相负荷中的一相电流。

（2）星形接线。如图6-44（b）所示，这种接线用于测量三相负荷，监视每相负荷不对称情况。

（3）不完全星形接线。如图6-44（c）所示，这种接线用于三相负荷对称或不对称系统中，供三相两元件功率表或电能表用。流过公共导线上的电流为U、W两相电流的相量和，即$-\dot{I}_V$，所以通过公共导线上的电流表可以测量出V相电流。

上述3种接线也用于继电保护回路。另外，保护回路的电流互感器也有三角形接

线、两相差接线及零序接线方式。

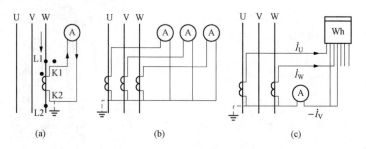

图 6-44　测量仪表接入电流互感器的常用接线方式

(a) 单相接线；(b) 星形接线；(c) 不完全星形接线

8. 电流互感器的允许运行方式

（1）允许运行容量。电流互感器应在铭牌规定的额定容量范围内运行。

（2）一次侧允许电流。允许在不大于 1.1 倍额定电流下长期运行。

（3）绝缘电阻允许值。在投运前，应测量绝缘电阻合格：

1）一次侧用 2500V 绝缘电阻表测量，其绝缘电阻应不低于 $1M\Omega/kV$，且不低于前次测量值的 1/3；

2）二次侧用 500~1000V 绝缘电阻表测量，其绝缘电阻应不低于 $1M\Omega$，且不低于前次测量值的 1/3。

（4）运行中电流互感器的二次侧不能开路，若工作需要断开二次回路时，在断开前应先将二次侧端子用连接片可靠短接。

（5）二次绕组必须有一点接地。

（6）互感器的油位应正常。

三、电压互感器

目前，在电力系统中广泛采用的电压互感器，按其工作原理可分为电磁式和电容式两种。

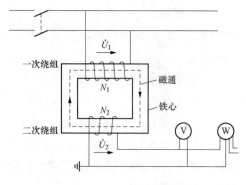

图 6-45　电磁式电压互感器的原理电路图

（一）电磁式电压互感器

1. 电磁式电压互感器的工作原理

电磁式电压互感器的工作原理和变压器相同，分析过程与电磁式电流互感器相似，其原理电路如图 6-45 所示，其特点如下：

（1）电磁式电压互感器的一次绕组与被测电路并联，一次侧的电压（即电网电压）不受互感器二次侧负荷的影响，并且在大多数情况下，二次侧负荷是恒定的。

（2）电磁式电压互感器的二次绕组与测量仪表和保护装置的电压线圈并联，且二次侧的电压与一次电压成正比。

（3）二次侧负荷比较恒定，测量仪表和保护装置的电压线圈阻抗很大，正常情况下，电压互感器近似于开路（空载）状态运行。必须指出，电磁式电压互感器二次侧不允许短路，因为短路电流很大，会烧坏电压互感器。

2. 电磁式电压互感器的变压比

电磁式电压互感器一、二次绕组的额定电压 U_{1N}、U_{2N} 之比称为额定电压比，用 K_u 表示。与变压器相同，K_u 近似等于一、二次绕组的匝数比，即

$$K_u = \frac{U_{1N}}{U_{2N}} \approx \frac{N_1}{N_2} \tag{6-3}$$

U_{1N}、U_{2N} 已标准化（U_{1N} 等于电网额定电压，U_{2N} 统一为 $100V$ 或 $100/\sqrt{3}V$），所以 K_u 也已标准化。

3. 电磁式电压互感器的准确级和额定容量

（1）准确级。电磁式电压互感器的准确级是根据测量时电压误差的大小来划分的。准确级是指在规定的一次电压和二次负荷变化范围内，负荷功率因数为一定值时，最大电压误差的百分数。我国电磁式电压互感器准确级和误差限值见表 6-8。其中，3P、6P 级为保护级。

表 6-8　　　　　　　　　　电磁式电压互感器准确级和误差限值

准确级	误差限值		一次电压变化范围	二次负荷变化范围
	电压误差±（％）	相位差±（′）		
0.2	0.2	10	(0.8~1.2) U_{1N}	(0.25~1) S_{2N} $\cos\phi_2=0.8$ $f=50Hz$
0.5	0.5	20		
1	1.0	40		
3	3.0	不规定		
3P	3.0	120	(0.05~1) U_{1N}	
6P	6.0	240		

（2）额定容量 S_{2N}。因为准确级是用误差表示的，而误差随二次负荷的增加而增加，所以准确级随二次负荷的增加而降低。或者说，同一电压互感器使用在不同的准确级时，二次侧允许接的负荷（容量）也不同，较低的准确级对应较高的容量值。通常所说的额定容量是指对应于最高准确级的容量。电磁式电压互感器按照在最高工作电压下长期工作的允许发热条件，还规定了最大（极限）容量。只有供给对误差无严格要求的仪表和继电器或信号灯之类的负载时，才允许将电磁式电压互感器用于最大容量。

4. 电磁式电压互感器的分类

（1）按安装地点分：

1）户内式，多为 35kV 及以下。

2）户外式，多为 35kV 以上。

（2）按相数分：

1）单相式，可制成任意电压级。

2）三相式，一般只有 20kV 以下电压级。

（3）按绕组数分：

1）双绕组式，只有 35kV 及以下电压级。

2）三绕组式，任意电压级均有。它除供给测量仪表和继电器的二次绕组外，还有一个辅助绕组（或称剩余电压绕组），用来接入监视电网绝缘的仪表和接地保护继电器。

（4）按绝缘分：

1）干式，只适用于 6kV 以下空气干燥的户内。

2）浇注式，适用于 3～35kV 户内。

3）油浸式，又分普通式和串级式，3～35kV 均制成普通式，110kV 及以上则制成串级式。

4）气体式。用 SF_6 气体绝缘，多用于 110kV 及以上的户外。

5. 电磁式电压互感器的结构

电磁式电压互感器主要由一次绕组、二次绕组、铁心、绝缘等几部分组成。以下以浇注式和油浸式为例介绍其结构。

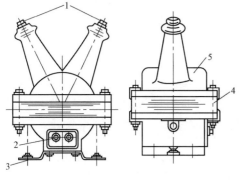

图 6-46　JDZ-10 型浇注式电压互感器结构

1——次绕组引出端；2—二次绕组引出端；
3—接地螺栓；4—铁心；5—浇注体

（1）浇注式。JDZ-10 型浇注式单相电压互感器结构如图 6-46 所示。其铁心为三柱式，一、二次绕组为同心圆筒式，连同引出线用环氧树脂浇注成整体，并固定在底板上；铁心外露，为半封闭式结构。

（2）油浸式。JSJW-10 型油浸式三相五柱电压互感器的原理接线图和结构图如图 6-47 所示。铁心的中间三柱分别套入三相绕组，两边柱作为单相接地时零序磁通的通路；一、二次绕组均为 YN 接线，第三绕组为开口三角形接线。

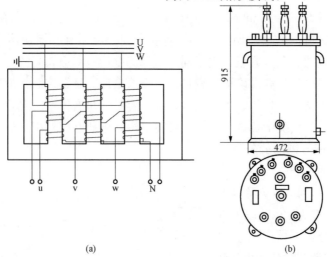

（a）　　　　　　　　　　（b）

图 6-47　JSJW-10 型油浸式电压互感器的原理接线和结构图

（a）原理接线图；（b）外形结构图

（二）电容式电压互感器

随着电力系统电压等级的增高，电磁式电压互感器的体积越来越大，成本随之增高，因此，研制出了电容式电压互感器。电容式电压互感器供 110kV 及以上系统用，且目前我国对 330kV 及以上电压级只生产电容式电压互感器。

1. 电容式电压互感器的工作原理

电容式电压互感器的工作原理如图 6-48 所示。在被测电网的相和地之间接有主电容 C_1 和分压电容 C_2。以 $\dot{U}_1$ 表示电网相电压，Z_2 表示仪表、继电器等电压线圈负荷，则 C_2 上的电压表示为

$$\dot{U}_2 = \dot{U}_{C2} = \frac{C_1 \dot{U}_1}{C_1 + C_2} = K\dot{U}_1 \tag{6-4}$$

其中 $K = \dfrac{C_1}{C_1 + C_2}$ 称为分压比。由于 $\dot{U}_2$ 与一次电压 $\dot{U}_1$ 成比例变化，故可用 $\dot{U}_2$ 代表 $\dot{U}_1$，即可测量出电网的相对地电压。

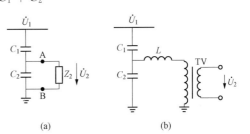

实际上由于电容器有损耗，因此会有误差产生。为了减小误差，可减小分压电容的输出电流，故将分压电容经中压电磁式电压互感器 TV 降压补偿后与测量仪表相连接。

图 6-48　电容式电压互感器的工作原理
（a）电容分压原理；（b）经中压电压互感器 TV 降压补偿

某电厂 500kV 的电容式电压互感器技术参数如表 6-9 所示。

表 6-9　　　　　　　某电厂 500kV 的电容式电压互感器技术参数

参数名称		技术参数
额定频率（Hz）		50
系统最高电压（kV）		550
一次电压（kV）		500
二次电压	二次绕组（kV）	$\dfrac{0.1}{\sqrt{3}}$
	剩余绕组（kV）	0.1
额定电压比（kV）		$\dfrac{500}{\sqrt{3}}\Big/\dfrac{0.1}{\sqrt{3}}\Big/\dfrac{0.1}{\sqrt{3}}\Big/\dfrac{0.1}{\sqrt{3}}\Big/0.1$
中间变压器绕组连接组别		I/I/I/I-0-0-0-0
电容分压器总电容值（pF）		5000
电容偏差		$-3\% \sim +4\%$
耦合电容器温度系数		$<1 \times 10^{-4}$

2. 电容式电压互感器的结构

电容式电压互感器的结构类型包括单柱叠装型和分装型。

大型火电厂电气设备及运行技术

（1）单柱叠装型。TYD220 系列单柱叠装型电容式电压互感器结构如图 6-49 所示。电容分压器由上、下节串联组合而成，装在瓷套 1 内，瓷套中充满绝缘油；电磁单元装置 4 由装在同一油箱中的中压互感器、补偿电抗器、保护间隙、阻尼器组成，其中阻尼器由多只釉质线绕电阻并联而成，油箱同时作为互感器的底座。二次出线盒 5 在电磁单元装置侧面，盒内有二次端子接线板及接线标牌。

（2）分装型。TYD220 系列分装型电容式电压互感器结构图如图 6-50 所示。与叠装型不同的是，电容分压器与电磁装置及阻尼器分开安装，前者装于户外，后者装在散热良好的金属外壳内并装于户内。

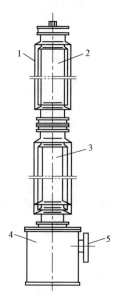

图 6-49　TYD220 系列单柱叠装型
电容式电压互感器结构图

1—瓷套；2—上节电容分压器；3—下节电容分压器；

4—电磁单元装置；5—二次出线盒

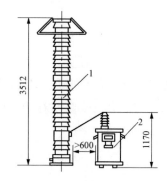

图 6-50　TYD220 系列分装型电容式
电压互感器结构图

1—瓷套及电容分压器；

2—中压互感器及补偿电抗器

（三）电压互感器的接线

电压互感器一次绕组的额定电压必须与实际承受的电压相符。由于电压互感器接入电网方式的不同，在同一电压等级中，电压互感器一次绕组的额定电压也不同。电压互感器二次绕组的额定电压应能使所接表计承受 100V 电压，根据测量目的的不同，其二次侧额定电压也不相同，分述如下。

1. 单相接线

一台单相电压互感器接线如图 6-51（a）所示。其接线特点为：

（1）接于一相和地之间，用来测量相对地电压，主要用于 110～220kV 中性点直接接地系统，其 $U_{1N}=U_{SN}/\sqrt{3}$（U_{SN} 为所接系统的标称电压），$U_{2N}=100V$。

（2）接于两相之间，用来测量线电压，主要用于 3～35kV 小接地电流系统，其 $U_{1N}=U_{SN}$，$U_{2N}=100V$。

2. 不完全星形（也称 V 形）接线

两台单相电压互感器接成不完全星形接线如图 6 - 51（b）所示，主要用来测量线电压，但不能测量相对地电压，广泛用于 3～20kV 小电流接地系统，其 $U_{1N}＝U_{SN}$，$U_{2N}＝100V$。

3. 星－星－开口三角形（YNynd）接线

一台三相三绕组或三台单相三绕组电压互感器，采用"YNynd"接线时，其一、二次绕组均接成星形，且中性点均接地，三相的辅助二次绕组接成开口三角形。主二次绕组可测量各相对地电压和线电压，辅助二次绕组供小电流接地系统绝缘监察装置或大接地电流系统的接地保护用。

（1）一台三相五柱电磁式电压互感器采用"YNynd"接线，如图 6 - 51（c）所示。它广泛用于 3～15kV 系统中，其 $U_{1N}＝U_{SN}$，$U_{2N}＝100V$，每相辅助二次绕组的额定电压 $U_{3N}＝100/3V$。

（2）三台单相三绕组电磁式电压互感器采用"YNynd"接线，如图 6 - 51（d）所示。它广泛用于 3～220kV 系统中，其 $U_{1N}＝U_{SN}/\sqrt{3}$，$U_{2N}＝100/\sqrt{3}V$。当用于小接地电流系统中时，$U_{3N}＝100/3V$；当用于大接地电流系统中时，$U_{3N}＝100V$。

（3）三台单相三绕组电容式电压互感器采用"YNynd"接线，如图 6 - 51（e）所示。它广泛用于 110kV 及以上，特别是 330kV 及以上系统中，其 $U_{1N}＝U_{SN}/\sqrt{3}$，$U_{2N}＝100/\sqrt{3}V$，$U_{3N}＝100V$。

一般 3～35kV 电压互感器经隔离开关和熔断器接入高压电网；在 110kV 及以上高压配电装置中，考虑到互感器及配电装置可靠性较高，且高压熔断器制造比较困难，价格昂贵，因此电压互感器只经过隔离开关与电网连接；在 380～500V 低压配电装置中，电压互感器可以直接经熔断器与电网连接。

(四) 电压互感器的使用注意事项

（1）接地端必须可靠接地；当不用载波设备时，电容分压器低压端必须可靠接地；

（2）互感器运行时严禁将二次侧短路；

（3）严禁从互感器二次侧进行励磁试验；

（4）当两台互感器并接于同一相上时，其二次电路也必须并联使用；

（5）如果互感器二次侧接有辅助变压器，那么辅助变压器的额定磁通密度必须小于 0.6T；

（6）当互感器须进行大于 $1.5U_N$（中性点非有效接地）的耐压试验时，其端子箱内的阻尼器连接片必须脱开，试验结束后阻尼连接片复位并紧固；

（7）严禁松开电磁单元、电容分压器上的密封用紧固螺栓，以免产生漏油现象及破坏真空度。

四、滤过器

在电气控制和保护的电路中，凡是能从复合的电气信号中滤出某一有用分量信号，并阻止其他信号通过的电器统称为滤过器。卜面介绍几种常用的相序电压、电流滤过器。

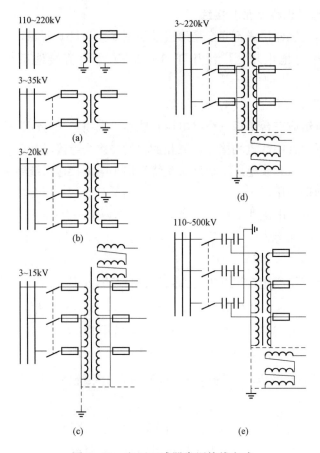

图 6-51　电压互感器常用接线方式

（a）一台单相电压互感器接线；（b）不完全星形接线；（c）一台三相五柱式电压互感器接线；

（d）三台单相三绕组电磁式电压互感器接线；（e）三台单相三绕组电容式电压互感器接线

1. 零序电压滤过器

如图 6-52 所示为零序电压滤过器的原理接线图，从 m、n 端子上得到的输出电压为

$$\dot{U}_{mm} = \dot{U}_a + \dot{U}_b + \dot{U}_c = 3\dot{U}_0 \qquad (6-5)$$

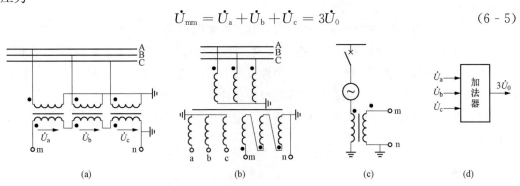

图 6-52　零序电压滤过器的接线图

（a）用三个单相式电压互感器构成；（b）用三相五柱式电压互感器构成；

（c）用接于发电机中性点的电压互感器构成；（d）在集成电路保护装置内部合成

2. 零序电流滤过器

如图 6-53（a）所示为零序电流滤过器原理接线图，滤过器输出的电流为

$$\dot I = \dot I_a + \dot I_b + \dot I_c = 3\dot I_0 \tag{6-6}$$

当采用电缆供电时，可采用如图 6-53（b）所示的零序电流滤过器，同样可获得 $3I_0$。

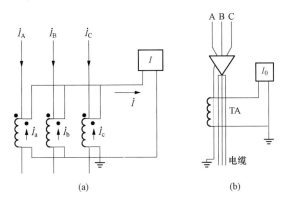

(a)   (b)

图 6-53 零序电流滤过器的接线图

（a）零序电流滤过器原理接线图；（b）电缆供电零序电流滤过器接线图

3. 负序电压滤过器

常用的阻容式负序电压滤过器的原理接线图如图 6-54（a）所示。要求其参数 $R_A = \sqrt3 X_A$，$X_C = \sqrt3 R_C$，此时 I_{AB} 会超前 U_{AB} 的相角为 $+30°$，I_{BC} 会超前 U_{BC} 的相角为 $+60°$。图 6-54（b）为加入正序电压时的相量图，从图中可以看出：m、n 端子在图上重合，$U_{mn1} = 0$。图 6-54（c）为加入负序电压时的相量图，从图中可以看出：$\dot U_{mn2} = 1.5 \times \sqrt3 \dot U_{A2} e^{j30°}$。当加入零序电压时，由于 U_{AB} 和 U_{BC} 之间的电流均为零，所以 $U_{mn0} = 0$。

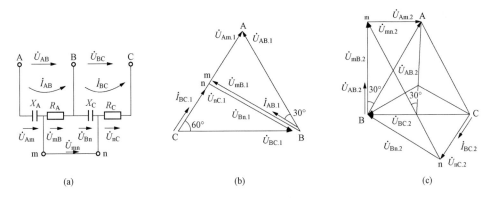

(a)   (b)   (c)

图 6-54 负序电压滤过器的原理接线图和相量图

（a）原理接线图；（b）正序电压相量图；（c）负序电压相量图

4. 负序电流滤过器

负序电流滤过器的原理如图 6-55（a）所示，它由一个辅助变流器 TA 和一个电抗互感器 TL 组成。它们均有两个电流绕组，其匝数比 $N_0 = N_A/3$，$N_B = N_C$，K_1 为 TA 的变比，极性接法如图（a）所示，X_m 为电抗互感器的互感电抗值。电抗互感器的二次

电动势为 E_m，辅助变流器的二次电压为 U_R，滤过器的输出电压为 $\dot{U}_{mn} = \dot{U}_R - \dot{E}_m$。

如图 6-55（b）所示为通入正序电流时的相量图，从图中可以看出 $U_{mn1} = 0$。如图 6-55（c）所示为通入负序电流时的相量图，从图中可以看出 $U_{mn2} = 2RI_{A2}/K_1$（取 $\dfrac{R}{K_1} = \sqrt{3}X_m$）。当滤过器通入零序电流时，变流器 TA 和电抗互感器 TL 的二次侧输出均为零，所以 $U_{mn0} = 0$。

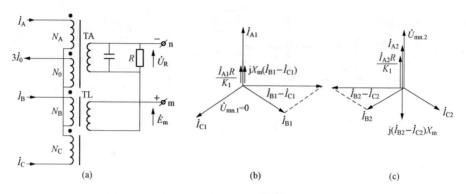

图 6-55　负序电流滤过器的原理接线图和相量图

（a）原理接线图；（b）正序电流相量图；（c）负序电流相量图

五、过滤器

在电气控制和保护的电路中，凡是能从复合的电气信号中滤掉某一有害分量信号，并允许其他信号通过的电器统称为过滤器，下面介绍两种常用的谐波过滤器。

由于铁心磁饱和和不对称短路等原因，会使得零序电压滤过器输出的零序电压中既有基波零序电压又有三次谐波零序电压，用此零序电压构成的零序过电压保护可能会误动。因此，应将其中的有害分量过滤掉。即由三次谐波零序电压构成的保护需要用基波电压过滤器过滤掉基波零序电压，由基波零序电压构成的保护需要用三次谐波电压过滤器过滤掉三次谐波零序电压。如图 6-56 所示为基波和三次谐波电压过滤器的原理接线图。

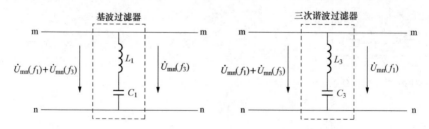

图 6-56　基波和三次谐波电压过滤器原理接线图

在基波电压过滤器中要求 L_1 和 C_1 满足 $2\pi f_1 L_1 = \dfrac{1}{2\pi f_1 C_1}$。

在三次谐波电压过滤器中要求 L_3 和 C_3 满足 $2\pi f_3 L_3 = \dfrac{1}{2\pi f_3 C_3}$。

第五节　过电压保护设备

一、过电压的分类及特点

电气设备在运行中承受的过电压，主要有来自外部的雷电过电压和由于系统参数变化时电磁能量积聚引起的内部过电压两种类型。按其产生原因，可大致分为以下类型：

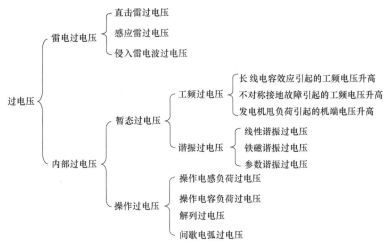

1. 雷电过电压

由雷电现象所产生的过电压称为雷电过电压（也称大气过电压）。它又包括直击雷过电压、感应雷过电压和侵入雷电波过电压。

（1）直击雷过电压。雷电是雷云之间或雷云对大地的放电现象，雷云对大地之间的放电称为雷击。雷云对地面上的建筑物、输电线、电气设备或其他物体直接放电，称为直接雷击，简称直击雷。由于直击雷产生过电压极高，可达数百万到数千万伏，电流达几十万安，这样强大的雷电流通过这些物体入地，从而产生破坏性很强的热效应和机械效应，往往引起火灾、人畜伤亡、建筑物倒塌、电气设备的绝缘破坏等，所以必须采取措施，保护电气设备免遭直接雷击。如图 6-57 所示为输电线路遭受直接雷击时，雷电波沿线路传播示意图。

图 6-57　直击雷过电压

直击雷过电压 U_z 的计算式为

$$U_z = IZ \qquad (6-7)$$

式中　U_z——直击雷过电压，kV；

　　　I——雷电流幅值，kA；

　　　Z——输电线路波阻抗，Ω。

输电线路波阻抗 Z 与线路参数 L_0、C_0 有关。即

$$Z = \sqrt{\frac{L_0}{C_0}} = 138 \lg \frac{2h_d}{r} \qquad (6-8)$$

式中 L_0——每米线路的电感，H/m；

C_0——每米线路的电容，F/m；

h_d——导线平均对地高度，m；

r——导线半径，m。

导线的波阻抗随导线架线高度、半径的变动不大，220kV 单根导线的 $Z=500\ \Omega$。330kV 两根分裂导线的 $Z\approx300\ \Omega$，电缆的 Z 值在 30 Ω 以内。

又因波阻抗只决定于电感和电容，与线路长度无关，所以它又叫特性阻抗。

（2）感应雷过电压。由雷电的静电感应或电磁感应所引起的过电压，称为雷电感应过电压，也称感应雷过电压。当雷云靠近建筑物、输电线或电气设备时，由于静电感应，在建筑物、输电线或电气设备上便会有与雷云电荷异性的电荷，在雷云向其他地方放电后，被束缚的异性电荷形成感应雷过电压。

如图 6‑58 所示，为感应雷过电压形成过程示意图。即当带有负电荷的雷云（一般雷云为负极性）接近线路时，导线上正电荷便受雷云负电荷静电场吸引成为束缚电荷（正电荷），因先导放电发展速度比主放电慢得多，所以导线正电荷集中也是慢的，其电流可忽略不计。当雷击大地主放电开始时，先导路径中电荷自下而上被迅速中和，这时导线上束缚电荷转变为自由电荷，向导线两侧流动，由于主放电的速度很快，所以导线中电流也很大，感应雷电压波 U 达到最大值。

当 $S>65$m 时，感应雷过电压的幅值 U_g 为

$$U_g = 25\frac{Ih_d}{S} \quad (kV) \qquad (6-9)$$

式中 I——雷电流幅值，kA；

h_d——导线平均对地高度，m；

S——直接雷击点距线路的距离，m。

U_g 与 I 成正比，与 S 成反比，与 h_d 成正比。

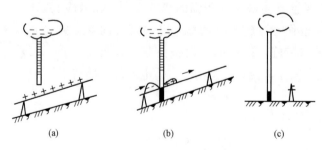

图 6‑58 感应雷过电压

(a) 放电前；(b) 放电后感应电荷释放正视图；(c) 侧视图

（3）侵入雷电波过电压。当输电线路受到直击雷或感应雷后，产生雷电波，雷电波沿着输电线路传播，形成侵入雷电波过电压。

2. 内部过电压

在电力系统中，由于断路器的操作、运行中出现故障，系统参数发生变化等原因，均会引起系统内部电场能量和磁场能量的转换和传递，在这过程中就可能使系统内部出现过电压。这种由于系统内部原因造成的过电压称作内部过电压。按其产生的原因，又可分为工频过电压、谐振过电压和操作过电压。

（1）工频过电压。在电力系统中，由于系统的接线方式、设备参数、故障性质以及操作方式等因素，通过弱阻尼产生的持续时间长、频率为工频的过电压称为工频过电压或工频电压升高。工频过电压包括长输电线路电容效应引起的电压升高、不对称短路时引起非故障相上的工频电压升高和发电机甩负荷引起机端电压升高等。

工频过电压一般来说对系统中正常绝缘的电气设备是没有危险的，故不需要采取特殊措施来限制。但为了防止工频过电压和其他过电压同时出现，而威胁电气设备的绝缘，需采取并联电抗器补偿和速断保护等措施将工频过电压限制在允许范围内。

（2）谐振过电压。电力系统中存在着许多电感和电容元件，当系统进行操作或发生故障时，会出现许多高次谐波，使这些元件可能构成各种振荡回路。在一定能源的作用下，会产生谐振现象，导致系统中的某些部分（或元件）出现严重的谐振过电压。谐振过电压的持续时间要比操作过电压长得多（大于 0.1s），甚至可稳定存在，直到谐振条件破坏为止。

谐振过电压的危害性既取决于其振幅大小，又取决于持续时间的长短。谐振过电压可在各种电压等级的系统中产生，尤其是在 35kV 及以下系统中造成的事故较多。可采取装设阻尼电阻、避免空载或轻载运行、避免易形成谐振的操作等措施来防止谐振过电压的发生。

（3）操作过电压。操作过电压是电力系统中由于断路器操作或事故状态而引起的过电压。它包括开断感性负载（空载变压器、电抗器、电动机等）过电压、开断容性负载（空载线路、电容器组等）过电压、空载线路合闸（或重合闸）过电压、系统解列过电压和中性点不接地系统中的间歇电弧接地过电压等。

操作过电压持续时间较短（小于 0.1s），过电压数值与电网结构和断路器性能等因素有关，可采用灭弧能力强的断路器，采用带并联电阻或并联电容的断路器、装设避雷器和在中性点装设消弧线圈等措施，将操作过电压限制的允许范围内。

二、避雷针的结构及保护范围

避雷针是用来保护各种建筑物和电气设备免遭直击雷的一种设备，它比被保护的建筑物或电气设备高，具有良好的接地性能。它的作用是使地面的电场发生畸变，将雷电吸引到自己身上，并安全导入地中，从而使被保护物体免遭雷击。

1. 避雷针的结构

避雷针由接闪器（也称受雷尖端）、支撑管、引下线和接地体组成。

（1）接闪器是一根针状的长 1～2m、直径 10～25mm 的镀锌钢管。

（2）支撑管由几段不同长度、直径为 40～100mm 钢管组成或由角钢制成的四棱锥

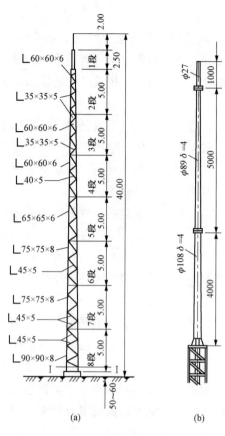

图 6-59 避雷针结构图

(a) 铁塔型避雷针；(b) 钢管型避雷针

铁塔组成；

（3）引下线为直径不小于 8mm 的圆钢或截面积不小于 $200mm^2$ 的扁钢，也可利用铁塔本体作为引下线；

（4）接地体是指避雷针的地下部分，即直接与大地接触作散流的金属导体。接地体垂直埋设时，宜采用角钢或钢管。例如：用三根 2.5m 长的 $40 \times 40 \times 4mm$ 的角钢，打入地中并联焊接后再与引下线可靠连接。当接地体水平埋设时，宜采用扁钢或圆钢。一般要求避雷接地电阻小于 10Ω。

如图 6-59 所示为避雷针结构图。

2. 避雷针的保护范围

（1）单支避雷针。单支避雷针的保护范围如图 6-60 所示。避雷针针顶距地面的高度为 h，从针顶向下作 $45°$ 的斜线，构成锥形保护空间的上部；$45°$ 斜线在 $h/2$ 处转折，与地面上距针底 $1.5h$ 的圆周处相连，即构成了保护空间的下半部。

避雷针在地面上的保护半径 $r=1.5h$；当被保护物体高度为 h_x 时。在 h_x 高度水平上的保护半径 r_x 按下式确定

$$当 h_x \geqslant \frac{h}{2} 时, r_x = (h-h_x)p(m) \qquad (6-10)$$

$$当 h_x < \frac{h}{2} 时, r_x = (1.5h-2h_x)p(m) \qquad (6-11)$$

式中 　p——高度影响系数，当 $h \leqslant 30m$ 时，$p=1$；

当 $30m < h \leqslant 120m$ 时，$p=5.5/\sqrt{h}$。

（2）两支避雷针。如图 6-61 所示为两支避雷针的保护范围示意图。两针外侧的保护范围应按单支避雷针的计算方法确定。两针间的保护范围应按通过两针顶点及保护范围上部边缘最低点 O 的圆弧（见图 6-61）确定，圆弧的半径为 R_0。O 点为两针之间上部边缘最低点，其高度应按下式计算

$$h_0 = h - \frac{D}{7p} \qquad (6-12)$$

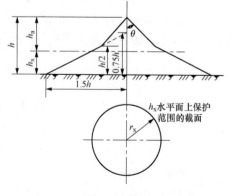

图 6-60 单支避雷针的保护范围

式中　h_0——两针间保护范围上部边缘最低点的高度，m；

　　　D——两避雷针间的距离，m。

两针间 h_x 水平面上保护范围的一侧最小宽度应按下式计算

$$b_x = 1.5(h_0 - h_x) \tag{6-13}$$

式中　b_x——保护范围的一侧最小宽度，m，当 $D=7$（$h-h_x$）p 时，$b_x=0$。

所以两针间距离与针高之比 D/h 不宜大于 5。

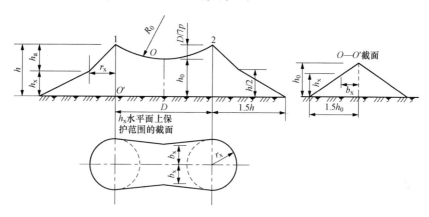

图 6-61　两支等高避雷针的保护范围

（3）多支避雷针。当采用三支及以上的避雷针时，其外侧保护范围应分别按两支等高避雷针的计算方法确定；如被保护物体的最大高度为 h_x，当各相邻避雷针间保护范围一侧的最小宽度 $b_x \geqslant 0$ 时，则全部面积即受到保护。

三、避雷线的结构及保护范围

1. 避雷线的结构

避雷线又称架空地线，它可以将雷云对地的放电引向自身并安全导入大地，使架空输电线免遭直接雷击。一旦架空输电线受到雷电绕击时，避雷线还会起分流、耦合和屏蔽作用，使架空输电线绝缘所承受的过电压降低。避雷线一般采用截面不小于 $35mm^2$ 的镀锌钢绞线，架设在输电线上方，如图 6-62 所示。为了降低正常运行时避雷线中感应电流的附加损耗或降低用避雷线作通信通道时的信号传输衰减，有时也改用铝包钢线或铝合金线。在此情况下，避雷线通常用有并联间隙的无裙支持绝缘子将避雷线与连接大地金属部件隔开，并联间隙的电气强度既要求在线路正常运行条件下具有良好的绝缘性能，又要求在雷击时避雷线完全呈接地状态，不影响其防雷功能。

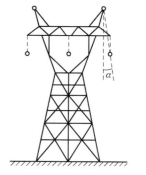

图 6-62　避雷线的布置

2. 避雷线的保护范围

保护火电厂、变电所进出线及输电线路用的两根平行避雷线的保护范围，应按下列方法确定，如图 6-63 所示。

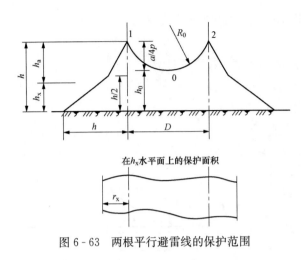

图 6-63　两根平行避雷线的保护范围

（1）两避雷线外侧的保护范围按以下计算方法确定

当 $h_x \geqslant \dfrac{h}{2}$ 时，$r_x = 0.47(h - h_x)p$

$$(6-14)$$

当 $h_x < \dfrac{h}{2}$ 时，$r_x = (h - 1.53 h_x)p$

$$(6-15)$$

式中　r_x——每侧保护范围的宽度，m；

　　　h_x——输电线的高度，m；

　　　h——避雷线的高度，m；

p——高度影响系数，当 $h \leqslant 30\text{m}$ 时，$p = 1$；当 $30\text{m} < h \leqslant 120\text{m}$ 时，$p = 5.5/\sqrt{h}$。

（2）两避雷线间各横截面的保护范围，应由通过两避雷线 1、2 点及保护范围上部边缘最低点 O 的圆弧确定。O 点的高度应按下式计算

$$h_0 = h - \frac{D}{4p} \qquad (6-16)$$

式中　h_0——两避雷线间保护范围边缘最低点的高度，m；

　　　D——两避雷线间的距离，m。

四、避雷器的结构及特点

电力系统除了遭受直击雷、感应雷过电压的危害外，还要遭受沿线传播的侵入雷电波过电压以及各种内部过电压的危害，而避雷针和避雷线对后两种过电压均不起作用。因此，为了保护电气设备，将过电压限制在允许范围内，可通过采用避雷器达到此目的。

目前使用的避雷器主要有保护间隙、管型避雷器、阀型避雷器和氧化锌避雷器等，现将各避雷器的结构及特点介绍如下。

1. 保护间隙

保护间隙是一种最简单、最经济的避雷器，因其灭弧能力差，故只用在 10kV 以下的配电网络中。对装有保护间隙的线路，一般要求装设自动重合闸装置或自动重合器与之配合，以提高供电的可靠性。如图 6-64 所示是在 3～10kV 电网中常用的一种角型保护间隙，它由主间隙和辅助间隙串联而成。辅助间隙是为了防止主间隙被外物（如鸟类）短路误动而设置的；主间隙的两个电极做成角形，可以使工频续流电弧在自身电动力和热气流作用下易于上升

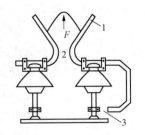

图 6-64　角型保护间隙

1—ϕ6～12mm 的圆钢；2—主间隙；

3—辅助间隙；F—电弧运动方向

被拉长而自行熄灭。保护间隙适用于中性点不直接接地系统中不大的对地单相短路电流的电弧，难以使相间短路电弧熄灭，故需配以自动重合闸装置才能保证安全供电。

2. 管型避雷器

管型避雷器实质上是一个具有灭弧能力的保护间隙，主要由内部和外部两个火花间隙及灭弧管组成，如图 6-65 所示。内部间隙又叫灭弧间隙，当受到过电压作用时，内外间隙均被击穿，冲击电流经间隙流入大地。过电压消失后，间隙中仍有由工作电压产生的工频电弧电流（称为工频续流）流过。工频续流电弧产生的高温使灭弧管内产气材料（纤维、塑料）分解出大量气体，管内压力升高，气体在高气压作用下从环形电极的开口孔喷出，形成强烈的纵吹作用，从而使工频续流在第一次过零时就被切断。

管型避雷器的缺点是：①伏秒特性太陡，难以与被保护物体理想地配合；②避雷器动作后工作母线直接接地形成截波，对变压器的绝缘不利；③其放电特性易受大气条件的影响。因此，管型避雷器只用于线路保护和变电所的进线段保护。

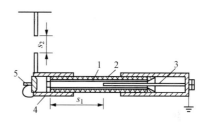

图 6-65 管型避雷器

1—产气管；2—胶木管；3—棒形电极；4—环形电极；
5—动作指示器；s_1—内间隙；s_2—外间隙

3. 阀型避雷器

阀型避雷器由装在密封套中的火花间隙和非线性电阻（阀片）串联组成，如图 6-66 所示。阀型避雷器的火花间隙采用多个单间隙串联而成，每个间隙由上下两个冲压成凹凸状的铜片电极和中间夹 0.5～1.0mm 厚的云母垫圈制成。电极中央凸起部分为工作部分，这种间隙的放电伏秒特性比较平缓，分散性小，用来保护具有比较平缓伏秒特性的设备时，不致发生绝缘配合的困难。阀片是由金刚砂和黏结剂（水玻璃）烧结成圆饼状，阀片电阻由多个阀片叠成，其电阻呈非线性。在正常工作电压下，电阻很大；当出现过电压时，电阻变得很小。因此，当雷电波侵入时，火花间隙击穿放电，雷电流便经小电阻的阀片迅速泄入大地，雷电流在阀片电阻上的压降称为残压。当过电压消失，线路上恢复工频电压时，阀片电阻的阻值增大，工频续流电弧被许多单个间隙分割成许多短弧，利用短间隙的自然熄弧能力使电弧熄灭，线路恢复正常运行。阀型避雷器串联的火花间隙和阀片电阻的数目，随着电压的升高而增加。

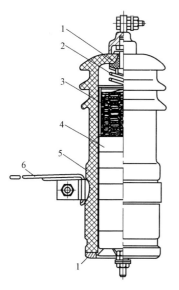

图 6-66 FS3-10 型阀型避雷器

1—密封橡皮；2—压紧弹簧；3—间隙；
4—阀片；5—瓷套；6—安装卡子

阀型避雷器分普通型和磁吹型两类。①普通阀型避雷器没有强迫熄弧措施，且阀片的热容量有限，不能承受持续时间较长的内部过电压的冲击电流。因此，这类避雷器只使用于 220kV

269

及以下系统作为限制大气过电压用。②磁吹型避雷器利用磁吹电弧强迫熄弧，其单个间隙的熄弧能力较高，能在较高恢复电压下切断较大的工频续流。因此，这类避雷器既可以限制大气过电压也可以限制内部过电压，一般用于 35～330 kV 的电网中。

4. 氧化锌避雷器

氧化锌（ZnO）避雷器是 20 世纪 70 年代发展起来的一种新型过电压保护设备，它由封装在瓷套（或硅橡胶等合成材料护套）内的若干非线性电阻阀片串联组成。其阀片以 ZnO 晶粒为主要原料，添加少量的氧化铋（Bi_2O_3）、氧化钴（Co_2O_3）、氧化锑（Sb_2O_3）、氧化锰（MnO）和氧化铬（Cr_2O_3）等多种 ZnO 粉末，经过成型、高温烧结、表面处理等工艺过程制成。因其主要材料是 ZnO，所以又称为 ZnO 避雷器。

某电厂 500kV 系统配套的两种 ZnO 避雷器的技术参数如表 6-10 所示。

表 6-10　　　　　　某电厂 500kV 系统配套的 ZnO 避雷器的技术参数

序号	参数名称	单位	技术参数	
1	型号规格		Y20W-420/960W	Y20W-444/1015W
2	额定电压（U_N）（有效值）	kV	420	444
3	持续运行电压（有效值）	kV	335	355
4	标称放电电流　（峰值）	kA	20	20
5	雷电冲击电流下残压	kV	960	1015
6	操作冲击残压	kV	852	900
7	能量吸收能力	kJ/kV	17.78	17.78
8	雷电冲击耐受电压（峰值）	kV	1675	1675
9	瓷套爬电距离	mm	≥17050	≥17050
10	持续全电流（峰值）	mA	4	4
11	工频参考电流（峰值）	mA	5	5
12	工频参考电压（峰值/$\sqrt{2}$）	kV	420	444

ZnO 避雷器具有优异的非线性伏安特性，其非线性系数在 0.05 以下，如图 6-67（a）所示。图 6-67（b）为碳化硅避雷器与 ZnO 避雷器及理想避雷器的伏安特性曲线的比较。

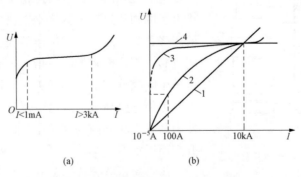

(a)　　　　　　　　　(b)

图 6-67　ZnO 避雷器伏安特性及其比较

（a）ZnO 避雷器的伏安特性；（b）ZnO 避雷器与 SiC 避雷器、理想避雷器伏安特性的比较

1—线性电阻；2—SiC 阀片；3—ZnO 阀片；4—理想阀片

由图 6-67 可知，在额定电压下，流过 ZnO 阀片的电流仅为 10^{-5}A 以下，实际上阀片相当于绝缘体，因此它可以不用串联火花间隙来隔离工作电压与阀片。当作用在 ZnO 避雷器上的电压超过一定值（称其为启动电压）时，阀片"导通"，将冲击电流通过阀片泄入地中，此时其残压不会超过被保护设备的耐压，从而达到了过电压保护的目的。此后，当工频电压降到启动电压以下时，阀片自动"截止"，恢复绝缘状态。因此，整个过程中不存在电弧的燃烧与熄灭。

采用硅橡胶整体模压而成的全密封无间隙 ZnO 避雷器如图 6-68（a）所示。整体模压使芯体与外套构成密实的整体，使避雷器能在重污染等恶劣大气环境中可靠地运行。该避雷器可使用在 $-40 \sim +40℃$、海拔高度不限的环境温度中，且户内外均可以使用。其使用年限大于 20 年。

采用串联间隙的 ZnO 避雷器如图 6-68（b）所示。图中 G_1 和 G_2 为串联放电间隙，R_1 和 R_2 为碳化硅分路电阻，R_z 为 ZnO 电阻阀片，C 为调节冲击因数用的并联电容。正常工作情况下，R_1、R_2 作为 G_1、G_2 的均压电阻，又与 R_z 一起构成一个分压器，分担避雷器的电压负荷。如果 R_1、R_2 负担50％的电压，其余一半电压由 R_z 负担，显然降低了 ZnO 电阻片的荷电率。当过电压作用时，R_1、R_2 上的电压升高，G_1、G_2 被击穿，避雷器的残压完全由 ZnO 电阻阀片决定。同样，在灭弧过程中，两间隙仅仅负担一半的恢复电压，其余一半由 ZnO 电阻阀片分担，大大减轻了间隙的灭弧负担。虽然该避雷器带有火花间隙，但因能提高避雷器的运行可靠性、改善避雷器的放电特性、降低造价，因此在电力系统中得到广泛应用。

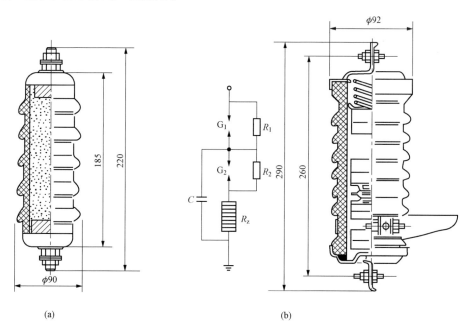

图 6-68　ZnO 避雷器的结构图
（a）全密封无间隙 ZnO 避雷器；（b）带串联间隙的 ZnO 避雷器

第六节 接地装置

一、接地的有关概念

1. 接地和接地装置

为保证人身和设备的安全，电气设备应接地或接零。在中性点直接接地的系统中，电气设备的外壳与变压器中性点零线引出线相连叫接零。电气设备的某部分用接地线与接地体连接叫接地。电气设备的某部分与土壤之间作良好的电气连接，是接地的实质。与土壤直接接触的金属物体，称为接地体或接地极。兼作接地体用的直接与大地接触的各种金属构件、金属管道及建筑物的钢筋混凝土基础等，称为自然接地体。连接接地体及设备接地部分的导线，称为接地线或引下线。接地线在正常情况下是不载流的。接地线和接地体合称为接地装置。由若干接地体在大地中互相连接而组成的总体，称为接地网。接地线又可分为接地干线和接地支线，如图 6-69 所示。按规定，接地干线应采用不少于两根导体在不同地点与接地网连接。

2. 接地电流和对地电压

当电气设备发生接地故障时，电流就通过接地体向大地作半球形散开，这一电流称为接地电流，用 I_E 表示。由于这半球形的球面，在距接地体越远的地方球面越大，所以距接地体越远的地方散流电阻越小，其电位分布如图 6-70 所示。

试验证明，在距单根接地体或接地故障点 20m 左右的地方，实际上散流电阻已趋于零，也就是这里的电位已趋近于零。这电位为零的地方，称为电气上的"地"或"大地"。

电气设备的接地部分，如接地的外壳和接地体等，与零电位的"大地"之间的电位差，就称为接地部分的对地电压，如图 6-70 中的 U_E。

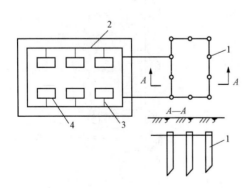

图 6-69 接地装置示意图

1—接地体；2—接地干线；3—接地支线；4—电气设备

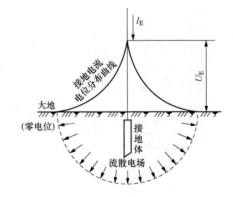

图 6-70 接地电流、对地电压
及接地电流电位分布曲线

二、接地的类型

将电力系统或建筑物中电气装置应该接地的部分，经接地装置与大地作良好的电气连接，称为接地。接地按用途可分为以下 4 种。

（1）工作（或系统）接地。在电力系统中的一些电气设备，为运行需要所设置的接地，称为工作（或系统）接地，即中性点直接接地或经其他装置接地。

（2）保护接地。为保护人身和设备的安全，将电气装置正常不带电而由于绝缘损坏有可能带电的金属部分（电气装置的金属外壳、配电装置的金属构架、线路杆塔等）接地，称为保护接地。

（3）防雷接地。为过电压保护设备（避雷针、避雷线、避雷器等）向大地泄放雷电流而设置的接地，称为防雷接地。

（4）防静电接地。为防止静电对易燃油、天然气储存罐和管道等的危险作用而设置的接地，以及当电气设备检修时临时设置的接地，称为防静电接地。

三、接触电压和跨步电压

人站在发生接地故障的电气设备旁边，手触及设备的外露可导电部分，则人所接触的两点（如手与脚）之间所呈现的电位差，称为接触电压 U_{tou}，如图 6-71 所示。人在接地故障点周围行走，两脚之间所呈现的电位差，称为跨步电压 U_{step}，如图 6-71 所示。

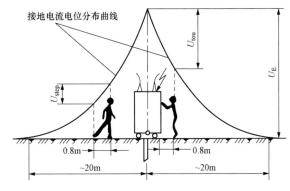

图 6-71　接触电压和跨步电压

在确定火电厂、变电所接地装置的型式和布置时，应考虑尽可能降低接触电压和跨步电压。在大电流接地系统中发生单相接地或两相接地时，火电厂、变电所的接地装置的接触电压和跨步电压不应超过下列数值

$$U_{tou} = \frac{174 + 0.17\rho_b}{\sqrt{t}} \quad\quad (6-17)$$

$$U_{step} = \frac{174 + 0.7\rho_b}{\sqrt{t}} \quad\quad (6-18)$$

式中　U_{tou}——接触电压，V；

$\quad\quad U_{step}$——跨步电压，V；

$\quad\quad \rho_b$——人脚站立处地表面的土壤电阻率，$\Omega \cdot m$；

$\quad\quad t$——接地短路电流的持续时间，s。

在小电流接地系统中发生单相接地时，一般不迅速切除故障，此时火电厂、变电所的接地装置的接触电压和跨步电压不应超过下列数值：

$$U_{tou} = 50 + 0.05\rho_b \quad\quad (6-19)$$

$$U_{step} = 50 + 0.2\rho_b \quad\quad (6-20)$$

大电流接地系统和小电流接地系统的含义是：在电力系统中，发生单相接地或同点两相接地时入地电流大于 500A 的，称为大电流接地系统；入地电流在 500A 及以下的称为小电流接地系统。

四、工频接地电阻允许值

工频接地的接地电阻 R_E 的数值可由下式确定

$$R_E = \frac{U_E}{I_E} \tag{6-21}$$

式中　U_E——接地装置的对地电压，V；

　　　I_E——流经接地装置的入地短路电流，A。

由保护接地的作用可知，在一定的入地短路电流 I_E 下，接地装置的接地电阻 R_E 愈小，接地装置的对地电压 U_E 也愈小。保护接地的基本原理是将绝缘损坏后电气设备外壳的对地电压 U_E 限制在规定值内，相应地将 R_E 限制在允许值内，以尽可能减轻对人身安全的威胁。R_E 是随季节变化的，其允许值是指考虑到季节变化的最大电阻的允许值。

1. 有效接地（直接接地或经低电阻接地）系统的接地电阻允许值

在有效接地系统中，当发生单相接地短路时，相应的继电保护装置将迅速切除故障部分。因此，在接地装置上只是短时间存在电压，人员恰在此时间内接触电气设备外壳的可能性很小，所以 U_E 的规定值高些（不超过 2000V）。但由于 I_E 较大，其 R_E 允许值仍较小。

（1）一般情况下，接地装置的接地电阻应符合

$$R_E \leqslant \frac{2000V}{I_E} \tag{6-22}$$

式中　I_E——计算用流经接地装置的入地短路电流，A。

式（6-22）中，计算用流经接地装置的入地短路电流 I_E，采用在接地装置内、外短路时，经接地装置流入地中的最大短路电流周期分量的起始有效值，该电流应按 5～10 年发展后的系统最大运行方式确定，并应考虑系统中各接地中性点间的短路电流分配，以及避雷线中分走的接地短路电流。

（2）当 $I_E > 4000A$ 时，要求 $R_E \leqslant 0.5\Omega$。

（3）在高土壤电阻率地区（土壤电阻率大于 500Ω·m），如按式（6-22）要求，在技术经济上 R_E 值极不合理时，可通过技术经济比较后增大接地电阻，但不得大于 5Ω，并应采取相应的技术措施使接地网电位分布合理，使接触电压和跨步电压在允许值内。

2. 非有效接地（不接地、经消弧线圈或高电阻接地）系统的接地电阻允许值

在非有效接地系统中，当发生单相接地短路时，并不立即切除故障部分，而允许继续运行一段时间（一般为 2h）。因此，在接地装置上将较长时间存在电压，人员在此时间内接触电气设备外壳的可能性较大，所以 U_E 的规定值较低，但由于 I_E 较小，其 R_E 允许值较大。

（1）对高、低压电气设备共用的接地装置，接地电阻应符合下式，但不应大于 4Ω。

$$R_E \leqslant \frac{120V}{I_E} \tag{6-23}$$

（2）对高压电气设备单独用的接地装置，接地电阻应符合下式，但不宜大于 10Ω。

$$R_{\mathrm{E}} \leqslant \frac{250\mathrm{V}}{I_{\mathrm{E}}} \qquad\qquad (6\text{-}24)$$

（3）在高土壤电阻率地区，R_{E} 不得大于 30Ω，且接触电压和跨步电压应在允许值范围内。

3. 低压电气设备的接地电阻允许值

（1）对低压电气设备，要求 $R_{\mathrm{E}} \leqslant 4\Omega$；对于使用同一接地装置的并列运行的发电机、变压器等电气设备，当其总容量不超过 $100\mathrm{kVA}$ 时，要求 $R_{\mathrm{E}} \leqslant 10\Omega$。在采用保护接零的低压系统中，上述 R_{E} 是指变压器的接地电阻。

（2）采用保护接零并进行重复接地时，要求重复接地装置的接地电阻 $R_{\mathrm{E}} \leqslant 10\Omega$；在电气设备接地装置的接地电阻允许达到 10Ω 的电力网中，要求每一重复接地装置的接地电阻 $R_{\mathrm{E}} \leqslant 30\Omega$，但重复接地点不应少于 3 处。

五、降低接地电阻的方法

（1）接地装置的敷设地点要远离强腐蚀性的场所，避不开时应想办法改良接地体四周的土壤，如换土、填充电阻率较低的物质或在接地体四周施加降阻剂以降低接地电阻。降阻剂由细石墨、膨润土、固化剂、润滑剂和导电水泥等成分组成，施加降阻剂的方法如图 6-72 所示，图中 a、b 值可取 $20\sim30\mathrm{cm}$。

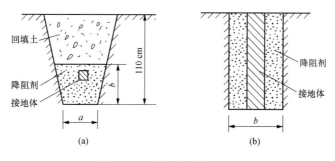

图 6-72　施加降阻剂的方法
（a）水平接地体；（b）垂直接地体

（2）对接地线刷沥青漆进行保护，可防止接地线入地处因腐蚀电位差而引起的腐蚀。

（3）选用耐蚀的金属材料。接地体大多选用钢材，必要时采取热镀锡、热镀锌等防腐措施，或适当加大截面。沿海地带也可采用耐蚀性好的钛合金和镍铬合金等金属材料。

（4）接地体的埋设深度要足够，因为把接地体埋设到一定的深度不仅能使接地电阻降低，而且因下层土壤的含氧量小，可减缓腐蚀速度。

（5）在降阻剂中加入适量的缓蚀剂（亚硝酸钠或碳酸环己胺），对钢铁接地体也能起到缓蚀作用，对接地体涂抹防腐导电涂料能有效防止接地装置腐蚀。

（6）采用阴极保护来防止接地装置腐蚀。采用阴极保护可通过两种方法实现：一是牺牲阳极法，二是外加电流法。

1) 牺牲阳极法。在被保护的金属上连接电位更负的金属或合金，作为牺牲阳极，靠它不断溶解所产生的电流对被保护的金属进行阴极极化，达到保护的目的。常用的牺牲阳极材料有锌合金（Zn-0.6%Al-0.1%Cd）、铝合金（Al-2.5%Zn-0.02%In）、镁合金（Mg-6%A1-3%Zn-0.2%Mn）、高纯锌等，其中铝合金多用于海水中。

2) 外加电流法。将被保护金属接到直流电源的负极，通以阴极电流，使金属极化到保护电位范围内，达到防蚀目的。

（7）采用阳极保护来防止接地装置腐蚀。将被保护的接地装置与外加直流电源的正极相连，用外加电源对其进行阳极极化，使其进入钝化区，此时接地装置在腐蚀介质中腐蚀速度甚微，即得到阳极保护。

六、人体触电的有关概念

1. 人体触电分类

（1）单相触电。人体直接接触电气设备的一相带电体，且身体的其他部位与大地或电气设备的外壳有接触，则通过人体构成了电流的通路，当通过人体的电流达到安全电流的极限值 30mA 时，就构成单相触电。

（2）两相触电。当人体的两个不同部位接触到任意两相带电体时，通过人体的这两个部位构成了电流的通路，当通过人体的电流达到 30mA 时，就构成两相触电。

（3）接触触电。人站在发生接地故障的电气设备旁边，手触及设备的外露可导电部分，由于人所接触的两点（如手与脚）有电位差，当通过人体的电流达到 30mA 时，就构成接触触电。

（4）跨步触电。人在接地故障点周围行走，由于两脚之间存在电位差，当通过人体的电流达到 30mA 时，就构成跨步触电。

（5）靠近触电。当人体靠近高压带电体时，若人体与高压带电体之间的最小距离小于安全净距（见表 6-11）时，则高压带电体就会对人体放电，即构成靠近触电。

（6）雷击触电。在雷电天气，当雷电云对人体放电时，就构成雷击触电。

（7）静电感应触电。因电气设备的载流导体对地是绝缘的，当电气设备与电源断开后，由于其周围可能存在交变磁场，则在该电气设备上可能会产生很高的静电感应电压，当人体接触到该设备时，就会遭到静电感应触电。所以，电气设备检修时必须挂地线。

表 6-11 高压带电体与人体之间的安全净距

带电体的额定电压（kV）	3	6	10	20	35	63	110	220	500
安全净距（mm）	75	100	125	180	300	550	850	1800	3800

2. 触电对人体的伤害形式

（1）电伤。指电流的热效应等对人体外部造成的伤害，例如电弧灼伤、电弧光的辐射及烧伤、电烙印等。

（2）电击。指电流通过人体，对人体内部器官造成的伤害。当电流作用于人体的神经中枢、心脏和肺部等器官时，将破坏它们的正常功能，可能使人发生抽搐、痉挛、失去知觉，甚至危及生命。

严重的电伤或电击都有致命的危险，其中电击的危险性更大，一般触电死亡事故大多是由电击造成的。

3. 影响触电伤害程度的因素

人体触电时所受的伤害程度，与通过人体电流的大小、电流通过的持续时间、电流通过的路径、电流的频率及人体的状况（人体电阻、身心健康状态）等多种因素有关。其中电流的大小和通过的持续时间是主要因素。

我国规定人身安全电流极限值为 30mA，允许通过心脏的电流与其持续时间的平方根成反比，即持续时间愈长，允许电流愈小。当电流路径为从手到脚、从一手到另一手或流经心脏时，触电的伤害最为严重。工频电流触电的伤害程度最为严重，低于或高于工频时伤害程度都会减轻。实际分析指出，50mA 以上的工频交流较长时间通过人体时，就会造成呼吸麻痹，形成假死，如不及时进行抢救，即有生命危险。

流过人体的电流与人体电阻及作用于人体的电压等因素有关。人体正常电阻可高达 $(4 \sim 10) \times 10^4 \Omega$；当皮肤潮湿、受损伤或带有导电性粉尘时，则会降低到 1000Ω 左右。因此，在最恶劣的情况下，人接触的电压只要达 $0.05A \times 1000\Omega = 50V$ 左右，即有致命危险。患有心脏病、结核病、精神病、内分泌器官疾病等的人，触电引起的危害程度更为严重。根据环境条件的不同，我国规定的安全电压分别为 36V、24V 及 12V。

4. 防触电措施

（1）将带电体绝缘、封闭或架高。

（2）设置遮栏，防止人接近高压带电体。

（3）设置护栏，限定行人进入危险区。

（4）限制短路电流，减小接地电阻。

（5）采用快速继电保护装置迅速切除故障。

（6）采用剩余电流动作保护器作为附加保护。

（7）提高人体与地面之间的接触电阻。

（8）电气设备的外壳、底座、框架、操作机构等均应可靠接地。

（9）划定安全巡视路线，限定在强电场区域的停留时间。

（10）电气设备检修时必须挂地线，在强电场区域作业时，周围应设置活动金属屏蔽网。

（11）在高处作业时应穿导电鞋和屏蔽服。

（12）电气设备倒闸操作时必须严格执行有关规定，遵守安全规章制度。

第七章

火电厂的继电保护

第一节　继电保护的基本知识

一、继电保护概述

电力系统在运行中，由于电气设备的绝缘老化或损坏、雷击、鸟害、设备缺陷或误操作等原因，可能发生各种故障和不正常运行状态。这些故障和不正常运行状态严重危及电力系统的安全可靠运行。最常见且最危险的故障是各种类型的短路，最常见的不正常运行状态是过负荷。除了应采取提高设计水平、提高设备的制造质量、加强设备的维护检修、提高运行管理质量、严格遵守和执行电业规章制度等项措施，尽可能消除和减小发生故障的可能性之外，还必须做到一旦发生故障，能够迅速、准确、有选择性地切除故障设备，防止事故的扩大，迅速恢复非故障部分的正常运行，以减小对用户的影响。当电力系统出现不正常运行状态时，应能及时发现并尽快处理，以免引起设备故障。要在极短的时间内完成上述任务，只能借助继电保护装置才能实现。

1. 继电保护的定义

继电保护是指由继电器、断路器和信号装置共同实现对各种电气设备和电力线路的保护。

2. 继电保护装置

继电保护装置是指由继电器构成的，能反应电力系统中各种电气设备和电力线路的故障或不正常状态，并自动动作于断路器跳闸或动作于信号，实现对电气设备和电力线路保护的一种电气自动装置。

3. 继电保护装置的作用

（1）当电力系统发生故障时，能自动、迅速、有选择性地将故障设备从电力系统中切除，以保护证系统其余部分迅速恢复正常运行，并使故障设备不再继续遭受损坏。

（2）当系统发生不正常工作情况时，能自动、及时、有选择性地发出信号通知运行人员进行处理，或者切除那些继续运行会引起故障的电气设备。

可见，继电保护装置是电力系统必不可少的重要组成部分，对保障系统安全运行，保证电能质量、防止故障的扩大和事故的发生，都有极其重要的作用。

二、继电保护的基本组成

继电保护装置一般由测量部分、逻辑部分、执行部分、信号部分及操作电源等组成，如图 7-1 所示。

（1）测量部分是用来监测被保护对象（电气设备或电力线路）的运行状态，将被保护对象的运行状态信息（如电流、电压等）通过测量、变换、滤波等加工处理后送入逻辑部分。

（2）逻辑部分将测量部分送来的信息与基准整定值进行比较，判断保护装置是否该动作于跳闸或动作于信号，是否需要延时等，输出相应的信息。

（3）执行部分根据逻辑部分输出的信息，送出跳闸信息至断路器控制回路或发出报警信息至报警信号回路。

一般的继电保护装置，其逻辑部分、执行部分和信号部分都需要操作电源。在个别情况下，采用直接作用式继电器作保护装置，附在断路器操作机构中的继电器本身，即可实现测量、逻辑及信号元件的作用。通常所说的继电保护装置，应该理解为既包括继电器，又包括断路器和信号装置，它们协同动作才能实现对电气设备和电力线路的保护。

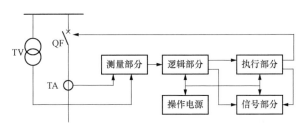

图 7-1　继电保护装置的基本组成

三、继电保护的基本原理

最简单的继电保护原理接线如图 7-2 所示。线路在正常工作时通过负荷电流，电流互感器 TA 的二次侧连接电磁型电流继电器 KA 的线圈，它所产生的电磁力小于继电器弹簧的反作用力，因而继电器不动作，它的常开触点处于断开位置。当线路的 K 处发生短路时流过比负荷电流大得多的短路电流，通过继电器线圈的电流和短路电流所产生的电磁力都相应显著地增大，衔铁被吸合，使继电器的常开触点闭合，接通了断路器 QF 的跳闸线圈 YR，铁心被吸上，撞开锁扣机构（LO），断路器跳闸，切断了线路和电源的联系，故障即被切除。同时，断路器 QF 的辅助触点断开，又使 QF 的跳闸线圈 YR 失电，防止 YR 长期过流烧毁。短路电流消失后，继电器线圈中的电流也随即消失，继电器的触点在弹簧力的作用下返回断开位置。

由上述继电保护基本原理可知，电气设备从正常工作状态到故障或不正常工作状态，它的电气量，如电流、电压的

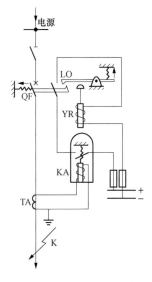

图 7-2　继电保护原理接线

大小和它们这之间的相位角等往往会发生显著的变化。继电保护装置就是利用这种变化来鉴别有、无故障或不正常工作情况，以电气量的测量值或它们之间的相位关系来检测故障地点，有选择性地切除故障或显示电气设备的不正常工作状态。尽管实际应用的继电保护装置比上述示例复杂得多，但其基本工作原理相同。

四、对继电保护的基本要求

为完成继电保护的基本任务，继电保护装置必须满足以下四项基本要求。

1. 选择性

选择性是指电力系统发生故障时，继电保护仅将故障部分切除，保障其他无故障部分继续运行，以尽量缩小停电范围。例如如图 7 - 3 所示的线路 WL4 上 K1 点短路时，应跳开断路器 QF4，而其他非故障线路仍继续运行。仅将故障线路 WL4 切除，这就是有选择性，而不能因为变压器 T 也有短路电流通过而将断路器 QF2 跳开。此时，如果 QF2 跳闸了，就称为"误动作"，将造成母线 W3 失电，扩大了停电范围。但是，由于某种原因导致 QF4 "拒动"时，再跳开断路器 QF2 切除故障则是正确的，仍属于有选择性。继电保护的这种功能称为后备保护，即变压器 T 的保护装置起到了对相邻元件（此处为 WL3、WL4、WL5 线路）后备保护的作用。当后备保护动作时，停电范围虽有所扩大，但仍是必要的，否则当保护装置或断路器拒动时，故障无法消除，后果将极其严重。如果在 K2 点发生短路，应当只跳开断路器 QF2，切除故障，让线路 WL1 及母线 W2 继续运行。

继电保护装置的选择性，是依靠采用适当类型的继电保护装置和正确选择其整定值，使各级保护扩大相互配合。

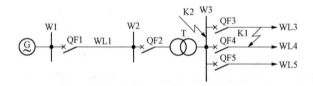

图 7 - 3　继电保护选择性说明图

2. 快速性

为了保证电力系统运行的稳定性和对用户可靠供电，以及避免和减轻电气设备在事故时所遭受的损害，要求继电保护装置尽快地动作，尽快地切除故障部分。但是，并不是对所有的故障情况，都要求快速切除故障。因为提高快速性会使继电保护装置较复杂，增加投资，有时也可能影响选择性。因此，应根据被保护对象在电力系统中的地位和作用，来确定其保护的动作速度。例如大容量的发电机和变压器要求保护装置的动作时间在工频几个周期之内，高压和超高压输电线路要求保护装置的动作时间在工频 1～2 个周期之内，但某些电压等级较低的线路则允许 1～2s，甚至更长些。后备保护的动作时间要求大于主保护的动作时间。

3. 灵敏性

灵敏性是继电保护装置对其保护范围内发生的故障或不正常工作状态的反应能力，一般以灵敏系数 K_s 表示。例如某线路电流保护的电流继电器的整值为 6A，短路时输入电流为 12A，那么它的灵敏系数就为 2。灵敏系数 K_s 愈大，说明保护的灵敏度愈高。当然应有一个最低要求指标。

对于故障状态下保护输入量增大动作的继电保护，其灵敏系数为：$K_s =$（保护区内故障时反应量的最小值）/（保护动作量的整定值）

对于故障状态下保护输入量降低时动作的继电保护，其灵敏系数为：$K_s =$（保护动作量的整定值）/（保护区内故障时反应量的最大值）

每种继电保护均有特定的保护区（发电机、变压器、母线、线路等），各保护区的范围是通过设计计算后人为确定的，保护区的边界值称为该保护的整定值。显然，保护的整定值与保护区域大小和保护装置动作的灵敏度紧密相关，必须通过严格的计算和调整试验才能确定。

4. 可靠性

可靠性是指当保护范围内发生故障或不正常工作状态时，保护装置能够可靠动作而不致拒绝动作；而在电气设备无故障或在保护范围以外发生故障时，保护装置不发生误动。保护装置拒绝动作或误动作，都将使保护装置成为扩大事故或直接产生事故的根源。因此，提高保护装置的可靠性是非常重要的。继电保护装置的可靠性，主要取决于接线的合理性、继电器的制造质量、安装维护水平、保护的整定计算和调整试验的准确度等。

以上对继电保护装置所提出的四项基本要求是互相紧密联系的，但有时又是相互矛盾的。例如为了满足选择性，有时就要求保护动作必须具有一定的延时；为了保证快速性，有时就允许保护装置无选择地动作，再采用自动重合闸装置进行纠正；为了保证可靠性，有时就采用灵敏性稍差的保护。总之，要根据具体情况（被保护对象、电力系统条件、运行经验等），分清主要矛盾和次要矛盾，统筹兼顾。

五、继电器分类

反应某些参数的变化，并自动接通或断开控制回路、保护回路或信号回路的电器，统称为继电器。继电器是继电保护装置的基本组成元件，按继电器的结构、反应的物理量和作用不同，继电器分为以下几种类型：

1. 按结构型式分类

按结构型式分类，继电器主要有机电型、整流型、晶体管型、集成电路型、微机型。

（1）机电型继电器是以电磁原理为基础，具有机械可动部分的继电器，按其构成原理又可分为电磁型继电器、感应型继电器、极化继电器、干簧继电器等。

（2）整流型继电器是以整流电路和比较电路原理为基础构成的，以极化继电器为执行元件的继电器。

（3）晶体管型继电器是以晶体管的放大和开关原理为基础构成的，由晶体管、二极管、电阻、电容、变换器等元件构成的继电器。

（4）集成电路型继电器是由线性集成电路（运算放大器）构成启动和测量元件，由CMOS等数字电路构成逻辑电路的继电器。

（5）微机型继电器是以微处理器为核心，根据数据采集系统所采集到的电力系统的实时状态数据，按照给定算法来检测电力系统是否发生故障以及故障性质、范围等，并由此做出是否需要跳闸或报警等判断的继电器。

2. 按反应的物理量分类

按反应的物理量分类，继电器主要有电量和非电量两大类。

（1）反应电量的继电器有电流继电器、电压继电器、功率继电器、阻抗继电器等。

（2）反应非电量的继电器有瓦斯继电器、温度继电器、压力继电器等。

3. 按在保护中的作用分类

按在保护中的作用分类，继电器可分为测量继电器和辅助继电器两大类。

（1）测量继电器直接反应电气量的变化。按所反应电量的不同，可分为电流继电器、电压继电器、频率继电器、功率方向继电器、差动继电器等。

（2）辅助继电器用来改进和完善继电保护的功能，一般作为保护中的逻辑、执行元件。按其作用不同可分为中间继电器、时间继电器、信号继电器和出口继电器等。

六、继电保护分类

1. 按保护对象分类

继电保护按保护对象不同可分为元件保护和线路保护。元件保护又分为发电机保护、变压器保护、电动机保护、母线保护等。线路保护又分为高压和超高压输电线路保护、高压和低压配电线路保护等。

2. 按继电器结构形式分类

继电保护按采用的继电器结构形式不同可分为机电式继电保护、晶体管式继电保护、大规模集成电路式继电保护和微机数字式继电保护等。

3. 按所反应的物理量分类

继电保护按所反应的物理量不同可分为电流保护、电压保护、方向保护、距离保护、差动保护和纵联保护等。

4. 按采集的信号方式分类

继电保护按采集的信号方式不同可分为反应单端电气量的保护和反应两端电气量的保护。

5. 按信号的通讯方式分类

对于反应两端电气量的纵联保护，按信号的通讯方式不同可分为高频保护、光纤保护和微波保护等。

6. 按保护的作用分类

当某一电气设备配置两种及以上的保护时，按保护的作用不同可分为主保护（反应被保护元件自身的故障并以尽可能短的延时，有选择性地切除故障的保护）、后备保护（当主保护拒动时起作用，从而动作于相应断路器以切除故障元件，后备保护分近后备和远后备两种）和辅助保护（为补充主保护和后备保护的不足，而增设的较简单的保护）。

实际上，电气设备或输电线路所配置的各种保护是上述分类中的某些组合，但有时为了强调保护的某一特点，在描述中会将其他功能或结构省略。如某输电线路采用的是光纤差动保护（只强调通讯方式和保护原理）、某电气设备采用的是微机保护（强调的是继电器的结构）等。

7. 纵联保护的分类

可分为电力线载波纵联保护，也就是常说的高频保护；微波纵联保护，简称微波保护；光纤纵联保护，简称光纤保护；导引线纵联保护，简称导引线保护。

8. 母线差动保护

因为母线上只有进出线路，正常运行情况，进出电流的大小相等，相位相同。如果母线发生故障，这一平衡就会破坏。有的保护采用比较电流是否平衡，有的保护采用比较电流相位是否一致，有的二者兼有。一旦判别出母线故障，立即启动保护动作元件，跳开母线上的所有断路器。如果是双母线并列运行，有的保护会有选择地跳开母联开关和有故障母线的所有进出线路断路器，以缩小停电范围。

七、各种不对称短路时的特点

（1）在小电流接地系统中发生单相接地故障时，三相电流基本对称，各相中只有很小的零序电流分量，无负序电流。三相相电压不对称，在短路点各相中的正序电压分量与零序电压分量数值相等，无负序电压。如图 7-4 所示为在小电流接地系统中 A 相发生单相接地故障时的电压和电流相量图。

（2）在大电流接地系统中发生单相接地故障时，三相电流不对称，各相中有正、负、零序电流分量，且正、负、零序电流分量数值相等。如图 7-5 所示为在大电流接地系统中 A 相发生单相接地故障时的电流相量图。

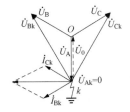

图 7-4　在小电流接地系统中 A 相发生
接地时的电压电流相量图

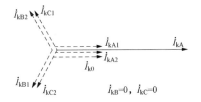

图 7-5　在大电流接地系统中 A 相发生
单相接地时的电流相量图

在大电流接地系统中发生单相接地故障时，三相相电压不对称，在短路点各相中的正序电压分量、负序电压分量和零序电压分量的数值大小与正、负、零序阻抗有关。如图 7-6 所示为在大电流接地系统中 A 相发生单相接地故障时的电压相量图。

（3）在电力系统发生两相短路时，三相电流不对称，各相中有正、负序电流分量，无零序电流，且正、负序电流分量数值相等。三相相电压不对称，在短路点各相中有正序、负序电压分量，无零序电压，且各相中的正、负序电压分量数值相等。如图 7-7 所示为在电力系统中发生 B、C 两相短路时的电流和电压相量图。

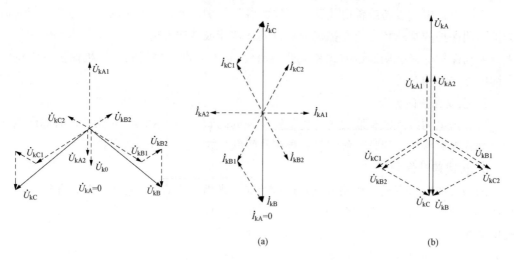

图 7-6　在大电流接地系统中 A 相
发生单相接地时的电压相量图

图 7-7　在电力系统中发生 B、C 两相
短路时的电流和电压相量图
（a）电流相量图；（b）电压相量图

（4）在大电流接地系统发生两相接地短路时，三相电流不对称，各相中有正、负、零序电流分量，且正、负、零序电流分量数值均不相等。三相相电压不对称，在短路点各相中有正、负、零序电压分量，且各相中的正、负、零序电压分量数值均相等。如图 7-8 所示为在大电流接地系统中发生 B、C 两相接地短路时的电流和电压相量图。

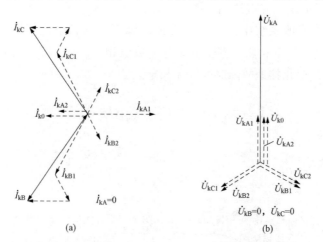

图 7-8　在大电流接地系统中发生 B、C 两相接地短路时的电流和电压相量图
（a）电流相量图；（b）电压相量图

八、大型发电机组继电保护的总体配置

大型发电机组的造价昂贵、结构复杂，一旦发生故障遭到破坏，其检修难度大、检修时间长，会造成很大的经济损失。大机组在电力系统中占有重要地位，如果突然切除，会给电力系统造成较大的扰动。因此，在考虑大机组继电保护的总体配置时，应强调最大限度地保证机组安全和最大限度地缩小故障破坏范围，尽可能避免不必要的突然停机，对某些异常工况采用自动处理装置，特别要避免保护装置的误动和拒动。这样，不仅要求有可靠性、灵敏性、选择性和快速性好的继电保护装置，还要求在继电保护的总体配置上尽量做到完善、合理，并力求避免繁锁、复杂。

大型机组的继电保护装置可分为短路保护和异常保护两大类。下面以如图 7 - 9 所示的汽轮发电机 - 变压器组为例，来介绍大型机组继电保护的总体配置情况。

1. 短路保护的配置

（1）纵差动保护。纵差动保护作为发电机、变压器区内短路故障的主保护，瞬时动作于断路器跳闸。为了确保快速切除故障，对于图 7 - 9 所示的发电机 - 变压器组，需配置发电机差动保护、升压变压器差动保护和发电机 - 变压器组差动保护，构成双重快速保护。

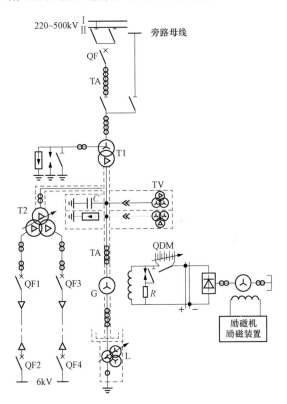

（2）后备保护。大型发电机 - 变压器组都接到 220kV 及以上的母线上运行。而 220kV 及以上的线路，一般都有完备的保护装置，对于相间短路故障，不要求在发电机组上装设可保护相邻线路全线的远后备保护。由于 220kV 及以上的母线保护一般只有一套，而且有时不投入运行，因此需要在发电机 - 变压器组上装设反应相邻母线故障的全阻抗保护作为后备保护。在母线上发生相间短路故障

图 7 - 9　汽轮机发电机 - 双绕组变压器组的一次接线图

时，应保证可靠动作，并以可能短的延时切除母线短路故障。

（3）高压厂用变压器保护。由于高压厂用变压器的容量只有发电机额定容量的 $6\%\sim10\%$，它的阻抗相当大，所以在高压厂用变压器低压侧发生两相短路故障时，升压变压器的差动保护以及发电机 - 变压器组的差动保护常不能满足要求。因此，高压厂用变压器还需配置差动保护。

（4）断路器失灵保护。是指在母线引出线上（包括变压器引线）发生故障、故障回

285

路上的继电保护动作而断路器拒绝动作时，为了缩小事故范围，用较短的时间，使母线上其他有关断路器跳闸的装置，又称后备接线。因此，大机组都应装设断路器失灵保护，用以在主变压器高压侧断路器拒动时切除故障（断开所连接在该母线上的所有断路器），每一组母线的全部连接元件都应装设一套公用的断路器失灵保护。

（5）高压侧零序保护。大型机组升压变压器的高压侧，一般都与 220kV 及以上且中性点直接接地的系统相连接。当在高压侧发生单相接地短路时，如果双重差动保护的灵敏度都能满足要求，对变压器高压侧绕组及其引出线而言，则不需要装设其他反应零序电流（三相零序分量方向相同，数值相等）的后备保护。但零序电流保护简单可靠、正确动作率高，而超高压电网中，单相接地故障最多，在各种短路故障中，有 80% ～ 90% 是单相接地短路故障。为了在某些特殊情况下，不致使电网失去保护，一般还是要求在变压器中性点装设零序电流保护，以对相邻线路构成后备。

对相邻母线，也要求在变压器中性点装设作为母线后备保护的零序电流保护。

因此，一般在变压器中性点装设两段零序电流保护，一段作为母线的后备，与相邻线路主保护相配合；另一段作为相邻线路的后备，与相邻线路的后备保护相配合。

对于 220kV 系统，变压器是分级绝缘的，其中性点可能接地，也可能不接地运行，此时还需要装设零序电压保护，防止中性点绝缘遭受破坏。

（6）发电机转子绕组两点接地保护。当发电机转子绕组发生一点接地故障时，为了在发生第二点接地短路时切除发电机，应装设转子绕组两点接地保护，动作于停机。

（7）发电机匝间短路保护。发电机差动保护，不能反映定子绕组匝间短路故障，而匝间短路会给发电机造成严重破坏。因此，应配置发电机匝间短路保护。

2. 异常运行保护的配置

同中小型机组相比，大型机组有自身的特点，应针对这些特点对危及机组安全的异常工况，装设相应的保护装置，以保障机组和电力系统的安全运行。

（1）定子绕组的匝间短路和相间短路故障中，许多是由定子绕组一点接地故障演变而形成。因此，定子绕组一点接地保护在大型机组保护中占有重要的地位。所以一方面要求它具有足够高的灵敏度，没有死区，以便在机组尚未受到严重破坏之前动作；另一方面在配置上应装设两段定子绕组接地保护，Ⅰ段为 100% 接地保护，Ⅱ段为比较简单的 90% 接地保护，以保证在一段保护退出运行或拒动时，另一段作为后备。

（2）针对大型机组热容量相对下降的特点，应配置三套过负荷保护，分别用来反映定子绕组过负荷、转子表层过负荷和转子绕组过负荷。这三套过负荷保护，都由定时限和反时限两部分构成。把过负荷保护看作是发电机安全运行的一道屏障，在灵敏度和延时方面，都不考虑与其他短路保护相配合，发电机的发热状况是其整定的唯一依据。

（3）转子绕组一点接地故障也是一种常见的故障形式，应配置发电机转子绕组和励磁机回路一点接地保护动作于信号。

（4）此外，针对发电机低励、失磁故障，应配置失磁保护；针对汽轮发电机断汽运行时，为防止汽轮机叶片损坏，应配置逆功率保护；针对低频运行时对汽轮机叶片的危害，应配置低频保护；针对大型变压器过激磁造成的危害，应装设变压器过激磁保护；

针对大电流互感器断线造成的危害，应装设二次电流回路断线保护；针对断路器非全相跳、合闸故障，为防止事故扩大，应装设非全相运行保护等。

总之，大型机组继电保护在总体配置上力求严密，功能上力求完美，但这也带来复杂化问题。因此也必须考虑保护的简化，对那些实际运行中非常稀少的故障可以不考虑或少考虑。

对于图 7-9 所示的发电机-变压器组，可能配置的保护装置见表 7-1。表中把保护装置划分为 A 组和 B 组，这两组保护装置在结构上和配线方面，彼此保持独立。这样，在运行期间进行检测或维修电器时，发电机-变压器组仍保持有必要的保护装置。

应当指出，表 7-1 中所列出的仅是大型发电机-变压器组可能装设的各种保护装置。对于不同容量、不同电压等级和不同类型的发电机-变压器组，各自应当具体装设哪些保护装置，应当根据有关规程或规定并按照实际情况决定。

表 7-1 大型汽轮发电机-变压器组继电保护的总体配置及出口控制对象表

序号	保护装置名称		组别	保护装置出口								处理方式
				停汽轮机	停锅炉	跳 QF	跳 QDM	跳 QF1 QF3	调汽门	切换励磁	跳母联	发声光信号	
Ⅰ				短路保护									
1	发电机差动保护		A	+	+	+	+	+					全停
2	主变压器差动保护		A	+	+	+	+	+					全停
3	高压厂用变压器差动保护		A	+	+	+	+	+					全停
4	发变组差动保护		B	+	+	+	+	+					全停
5	全阻抗保护	t_1	B				+	+					母线解列
		t_2					+	+					解列灭磁
6	主变高压侧零序保护	t_1	B				+	+					母线解列
		t_2					+	+					解列灭磁
7	发电机定子匝间短路保护		B	+	+	+	+	+					全停
8	发电机转子绕组两点接地保护		B	+	+	+	+	+					全停
Ⅱ				异常运行保护									
9	发电机定子一点接地保护	Ⅰ段	A									+	发信号
		Ⅱ段	B				+	+					解列灭磁
10	发电机转子绕组一点接地保护		A									+	发信号
11	励磁变压器过负荷保护		A									+	发信号
12	定子过负荷保护	定限时	A									+	发信号
		反限时				+	+	+					解列灭磁
13	定子负序过流保护	定限时	A									+	发信号
		反限时				+	+	+					解列灭磁

续表

序号	保护装置名称		组别	保护装置出口									处理方式
				停汽轮机	停锅炉	跳QF	跳QDM	跳QF1 QF3	调汽门	切换励磁	跳母联	发声光信号	
Ⅱ	异常运行保护												
14	转子绕组过负荷保护	定限时	A									+	发信号
		反限时				+	+	+					解列灭磁
15	低频保护		B									+	发信号
16	低励失磁保护	t_0	A									+	发信号
		$t_1\ t_3$				+	+						解列灭磁
		t_2								+	+		减出力
17	过电压保护		B			+							解列灭磁
18	逆功率保护	t_1	A									+	发信号
		t_2				+	+						解列灭磁
19	失步和失步（预测）保护		B						+				增、减出力
20	过激磁保护		B			+	+	+					解列灭磁
21	断路器失灵保护		B			+	+	+					解列灭磁
22	非全相运行保护		B			+							解列
Ⅲ	辅助装置												
23	电流回路断线保护		B									+	发信号
24	电压回路断线保护		B									+	发信号
25	出口装置		B										
26	检测装置		A，B										
27	电源装置		A，B										
Ⅳ	厂用6kV分支线保护												
28	分支线差动保护	t_0									+		跳 QF1，QF3 或 QF2，QF4
		t_2				+	+						解列灭磁
29	分支线过电流保护	t_1									+		跳 QF1，QF3 或 QF2，QF4
		t_2				+	+						解列灭磁

注 表中"+"代表该保护所具备的几种处理方式。

九、大型发电机 - 变压器组保护出口的动作方式

（1）全停：停汽轮机、停锅炉、断开发电机出口断路器、断开发电机灭磁开关、跳

主变压器高压侧断路器、跳高压厂用变压器低压侧断路器、使机炉及其辅机停止工作。

（2）解列灭磁：跳主变压器高压侧断路器、跳灭磁开关、跳高压厂用变压器低压侧断路器。

（3）解列：跳主变压器高压侧断路器。

（4）减出力、减励磁：减少原动机的输出功率，降低发电机励磁电流。

（5）程序跳闸：先关闭汽轮机主汽门，闭锁热工保护。

（6）发信号：发出声光信号或光信号。

（7）母线解列：对母线系统，断开母线联络断路器，缩小故障波及范围。

（8）分支断路器跳闸：高压厂变 6kV 分支断路器跳闸，发闭锁厂用切换信号。

（9）起、停机保护：跳发电机灭磁开关。

（10）程序逆功率保护：由发电机程序跳闸启动，其保护除关闭主汽门外，其余同全停。

在表 7-1 中，也列出了各种保护装置在不同处理方式下的控制对象。

十、微机保护概述

1. 微机保护装置的特点

（1）维护调试方便。除输入和修改定值及检查外部接线外几乎不用调试，大大减轻了运行维护的工作量。

（2）可靠性高。能自动识别和排除干扰，防止由于采样信号受到干扰而造成保护错误动作。

（3）易于获得附加功能。能记录保护各部分的动作顺序、动作时间、故障类型和相别，能熟悉故障前后电压和电流的录波数据等。

（4）灵活性大。只要改变软件就可以改变保护的特性和功能，可灵活地适应电力系统发展对保护要求的变化，减少了现场的维护工作量。

（5）保护性能得到很好改善。如接地距离保护承受过渡电阻能力的改善、距离保护如何区分振荡和短路、变压器差动保护如何识别励磁涌流和内部故障、母线保护如何检测电流互感器饱和等。

（6）经济性好。微处理器和集成电路芯片的性能不断提高而价格一直在下降，而电磁型继电器的价格在同一时期内却不断上升。而且，微机保护装置是一个可编程序的装置，它可基于通用硬件实现多种保护功能，使硬件种类大大减少。

2. 微机保护装置的硬件构成

微机保护装置硬件系统按功能可分为以下五个部分：

（1）数据采集单元。包括电压、电流变换电路，采样保持电路，低通滤波电路，多路转换开关和模数转换器等，完成将模拟输入量准确地转换为数字量的功能。

（2）数据处理单元。包括微处理器 CPU、只读存储器 EPROM、电可擦除可编程只读存储器 EEPROM、随机读写存储器 RAM、定时器以及并行口等。微处理器 CPU 执行存放在只读存储器 EPROM 中的保护程序，对由数据采集系统输入至随机读写存储器

RAM 中的数据进行分析处理，与 EEPROM 中的保护定值进行比较判断，完成各种继电保护的功能。

（3）开关量输入/输出接口。由开关量输入回路、开关量输出回路、打印机并行接口、人机对话接口、光电隔离器及中间继电器等组成，完成各种保护的出口跳闸、信号警报、外部接点输入及人机对话等功能。

（4）通信接口。包括通信接口电路及接口，实现多机通信或联网功能。

（5）电源。供给微处理器、数字电路、模数转换芯片及继电器所需的电源。

微机保护装置的硬件构成如图 7-10 所示。

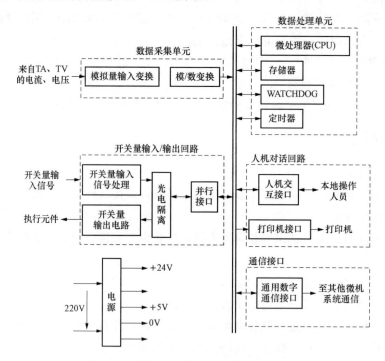

图 7-10 微机保护装置的硬件构成示意图

3. 微机保护装置的软件构成

微机保护装置的软件通常可分为监控程序和运行程序两部分。

（1）监控程序包括人机对话接口键盘命令处理程序以及为插件调试、定值整定、报告显示等所配置的程序。

（2）运行程序是指保护装置在运行状态下所需执行的程序。微机保护运行程序软件一般可分为两个模块：

1）主程序模块。包括初始化、全面自检、开放及等待中断等。

2）中断服务程序模块。通常有采样中断、串行口中断等。前者包括数据采集与处理、保护启动判定等功能，后者完成保护 CPU 与管理 CPU 之间的数据传送，例如保护的远方整定、复归、校对时间或保护动作信息的上传等。中断服务程序中包含故障处理程序子模块。它在保护启动后才投入，用以进行保护特性计算、判定故障性质等。

4. 微机保护的工作原理

下面以如图 7-11 所示的简单程序为例说明微机保护的工作原理：

（1）主程序工作过程。给保护装置上电或按复归按钮后，进入主程序的程序入口，首先进行必要的初始化（初始化一），如堆栈寄存器赋值、存储器清零、控制口的初始化等。然后，CPU 开始运行状态所需的各种准备工作（初始化二）。首先是给出并行控制口置位，使所有继电器处于正常状态。然后，按照用户选定的定值套号从 EEPROM 中取出定值，放至规定的定值 RAM 区。准备好定值后，CPU 将对装置各部分进行全面自检，在确认一切良好后才允许数据采集系统开始工作。完成采样系统初始化后，开放采样定时器中断和串行口中断，中断发生后转入中断服务程序。若中断时刻未到，就进入循环自检状态，不断循环进行通用自检及专用自检项目。如果保护有动作或自检出错报告，则向管理 CPU 送报告。全面自检内容包括 RAM 区读写检查，EPROM 中程序和 EEPROM 中定值求和检查，开关输出量回路检查等。通用自检包括定值套号的监视和开入量的监视等。专用自检项目依不同的被保护元件或不同保护原理而设置，例如超高压线路保护的静稳判定、高频通道检查等。

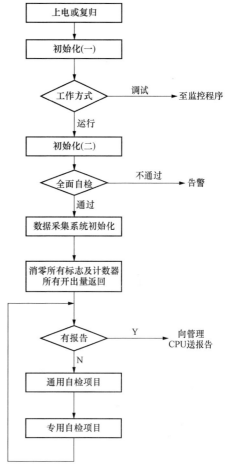

图 7-11 微机保护主程序框图

（2）采样中断服务程序的内容。采样中断服务程序框图如图 7-12 所示，这部分程序主要有以下几个内容：数据采样、处理及存储；保护启动判定；故障处理。

5. 微机保护中的常用术语

（1）总启动和保护启动。微机保护装置的总启动是由 CPU（中央处理器）完成的，而保护启动是由 DSP（数字信号处理）完成的。为了防止某一采样回路出现异常，导致装置误动作的情况。保护装置总启动和保护启动由 CPU 和 DSP 分别完成保护计算，保护启动后需走正常的逻辑，然后与总启动汇合实现保护功能。CPU 和 DSP 的采样回路精度基本相同，算法也相同，两者的灵敏度基本相同。保护启动元件与装置总启动元件基本都是同时动作同时复归的，提高了出口继电器动作的可靠性。

（2）硬压板和软压板。微机继电保护装置通常不安装在控制室内，而是安装在开关场的保护小室内。保护屏除设有跳闸、合闸、启动失灵等出口压板外，继电保护装置可利用数据迪信接口由值班员在远方通过控制字 0 或 1 直接控制保护的投入或退出，可称

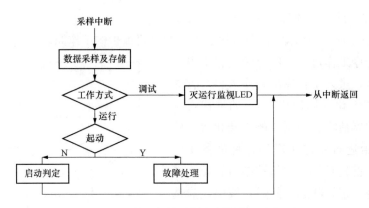

图 7-12　微机保护采样中断服务程序框图

之为"软压板"。除此之外，保护屏通常还保留保护功能投入的"硬压板"，用连接片之类的硬件设备来实现，也是看得见的，一般在保护屏下方。同跳闸压板一样，只有投入该压板，该保护才能投入，用于驱动合跳闸回路的出口继电器。

（3）定时限和反时限。定时限是指保护的动作时间（时限）固定不变，其时限可根据给定时间进行调整，当保护的当前值达到整定值、时间达到设定值时，保护动作。反时限是指保护的动作时限不固定，动作时间与短路电流的大小成反比，即短路电流越大，保护的动作时间越短；而短路电流越小时，则保护的动作时间越长。

（4）保护的解锁与闭锁。继电保护的解锁和闭锁都是为了防止保护误动所增设的一些附加条件。如方向保护，其动作条件既要满足短路电流大于整定值，又要保证是正方向的故障，此时保护才会解锁动作。另外还有距离保护的振荡闭锁、纵差动保护的 TA 断线闭锁和低电压保护的 TV 断线闭锁等。

第二节　发电机的继电保护

一、发电机的故障和异常类型及其保护配置

发电机的安全运行对保证电力系统的正常工作和电能质量起着决定性的作用，同时发电机本身也是一个十分贵重的电气设备。因此，应该针对发电机的各种故障和异常类型，装设相应的继电保护装置。

1. 发电机的故障类型

发电机的故障类型主要有定子绕组相间短路、定子绕组匝间短路、定子绕组单相接地、转子绕组一点接地或两点接地、转子绕组的励磁电流异常下降或完全消失等。

2. 发电机的异常类型

发电机的异常类型主要有由于外部对称短路引起的发电机对称过负荷，由于外部不对称短路引起的定子负序过电流，由于发电机突然甩负荷而引起的定子绕组过电压，由于转子绕组故障或强励时间过长而引起的转子绕组过流，由于汽轮机主汽门突然关闭而

引起的发电机逆功率，由于机端电压过高或系统频率过低引起的发电机过激磁，由于系统振荡引起的发电机失步，由于冷却水系统故障引起的发电机断水等。

3. 大型发电机的保护配置

（1）发电机的纵差动保护（两套）。保护能在区外故障时可靠地躲过两侧 TA 特性不一致所产生的不平衡电流。区内故障保护灵敏动作，保护采用三相式接线，由两侧差动继电器构成，瞬时动作于全停。另配有电流互感器断线检测功能，在 TA 断线时瞬时闭锁差动保护，且延时发出 TA 断线信号。

（2）发电机定子绕组的匝间短路保护（两套）。该保护反应发电机纵向零序电压的基波分量。零序电压取自机端专用电压互感器的开口三角形绕组，其中性点与发电机中性点通过高压电缆相连。零序电压中的三次谐波不平衡量由三次谐波过滤器滤出。为保证专用电压互感器断线时保护不误动作，采用可靠的电压平衡继电器作为电压互感器断线闭锁环节。保护动作于全停。

（3）发电机定子绕组接地保护（两套）。发电机定子绕组接地保护用于保护发电机定子绕组的单相接地故障，两套保护装置中，一套采用基波零序电压构成，另一套采用三次谐波电压构成，接地保护范围为定子绕组的 100％ 区域。

（4）失磁保护（两套）。保护由发电机端测量低阻抗判据、变压器高压侧低电压判据、定子过电流判据和转子绕组低电压判据组成，设 TV 断线闭锁功能。

（5）发电机不对称负序过电流保护（两套）。保护由定时限和反时限组成，定时限动作于信号，动作电流按躲过发电机长期允许的负序电流值和按躲过最大负荷下负序电流滤过器的不平衡电流值整定。反时限保护反映发电机转子热积累过程，动作特性按发电机承受负序电流的能力确定，动作于程序跳闸。

（6）发电机对称过负荷保护（两套）。保护由定时限和反时限组成，定时限部分带时限动作于信号。反时限部分保护反应电流变化时发电机定子绕组的热积累过程，动作特性按发电机定子绕组的过负荷能力确定，动作于程序跳闸。

（7）过激磁保护（两套）。该保护反映发电机机端电压过高或电流频率过低时引起发电机过激磁的情况。过激磁是以 U/f 的比值为动作原理，设有两段定值。低定值带时限动作于信号和降低励磁电流，高定值部分动作程序跳闸。

（8）逆功率保护（两套）。逆功率保护分别由取自发电机机端 TV 电压和发电机机端 TA 电流构成。逆功率保护反映发电机从系统中吸收有功功率的大小，保护带 TV 断线闭锁。保护短时限动作于信号，长时限动作于全停。

（9）程序跳闸逆功率保护（两套）。保护为程序跳闸专用，用于确认主汽门完全关闭。由逆功率继电器作为闭锁元件，其整定值为 1％～3％ 发电机额定功率。保护动作分两段时限 t_1 发信号，t_2 动作于全停。

（10）发电机失步保护（两套）。保护由三个阻抗元件或测量振荡中心电压及变化率等原理构成，在短路故障、系统稳定振荡、电压回路断线等情况下，保护不误动作。能检测加速和减速失步。保护通常动作于信号，当振荡中心在发电机和变压器内部时，失步保护动作时间超过整定值或电流振荡次数超过规定值时，保护动作于全停。保护装设电流闭锁装置，以保证断路器断开时的电流不超过断路器额定失步开断电流。

（11）发电机低频率运行保护（两套）。低频保护反映系统频率的降低，保护由灵敏的频率继电器和计数器组成，并带出口断路器辅助闭锁接点，即发电机退出运行时，低频保护自动退出运行。保护动作于全停。装置在运行时可实时监视发电机的频率及累计时间，两套保护之间有连续跟踪和数据累计功能。

（12）发电机突加电压保护（两套）。保护由电流元件及电压元件构成，动作于发电机出口断路器。发电机出口断路器合闸后，该保护退出，解列后自动投入运行。

（13）发电机出口 TV 断线闭锁保护。断线闭锁继电器用来探测电压互感器或电压互感器的熔断器故障，当发生故障时，继电器就动作于信号。

（14）发电机转子绕组接地保护（一套）。该保护作为发电机转子绕组接地故障情况下的保护。一点接地保护高定值动作于信号，低定值带时限动作于全停或发信号；两点接地保护带时限动作于全停。

（15）发电机转子绕组过流保护（两套）。发电机转子绕组过流保护由两部分组成，一部分带定时限动作于信号，另一部分具有与发电机转子绕组过负荷能力相匹配的反时限特性。该保护能反映转子绕组的热积累过程，由逆功率继电器作为闭锁元件，其整定值为 $1\%\sim3\%$ 发电机额定功率，并动作于程序跳闸。

（16）发电机启、停机保护（两套）。该保护是专门用于发电机启动或停机过程中发生故障时的一种保护。该保护跳灭磁开关，正常运行时（发电机出口断路器合闸后）退出。

（17）发电机定子冷却水断水故障保护（一套）。该保护依据冷却水流量和压力的监视情况瞬时动作于信号，并经过一定延时后，若冷却水的供给仍不能恢复到正常水平，则该保护动作于程序跳闸或全停。延时和准确的启动模式根据发电机性能来定。

（18）发电机的复合电压启动过流保护（两套）。该保护反应发电机机端低电压、负序过电压和定子过电流时情况，动作于发信号和动作于全停。

（19）发电机过电压保护。过电压保护动作电压取 1.3 倍额定电压，延时 0.5s 动作于全停。

（20）发电机出口断路器失灵保护（两套）。发电机出口断路器失灵保护取发电机出口断路器的电流作为判据。该电流可以是相电流、零序电流或负序电流，还可整定选择是否经保护动作接点、断路器合闸位置接点闭锁。保护判断发电机出口断路器失灵拒动，保护动作先跳发电机出口断路器，如果发电机出口断路器拒动，再跳发变组出口断路器。

二、发电机的纵差动保护

1. 发电机纵差动保护的工作原理

发电机纵差保护的工作原理如图 7-13 所示，它通过比较发电机机端与中性点侧同相电流的大小和相位来检测保护区内相间短路故障。如图所示，变比 n_{TA} 相同的两个电流互感器 TA1 和 TA2 分别装设在发电机出口侧和中性点侧的同一相上，在图示极性下，若一次系统假定正向的选取为中性点指向机端，则 TA 二次侧电流 $\dfrac{\dot{I}_1}{n_{TA1}}$ 和 $\dfrac{\dot{I}_2}{n_{TA2}}$ 假定正方向如图 7 - 13 所示，流过差动继电器 KD 的动作电流 $I_{act}=\dfrac{\dot{I}_1}{n_{TA1}}-\dfrac{\dot{I}_2}{n_{TA2}}$。在保护区内部 K2 点发生短路故障时，电流 $\dot{I}_1$ 和 $\dot{I}_2$ 基本反向，流入 KD 的电流约为发电机两侧 TA 二次侧电流之和，即 $\dfrac{\dot{I}_1}{n_{TA1}}+\dfrac{\dot{I}_2}{n_{TA2}}$，它大于 KD 的整定值而动作。在保护区外部 K1 点发生短路时，电流 $\dot{I}_1$ 和 $\dot{I}_2$ 同相，流入 KD 的电流为发电机两侧 TA 二次侧电流之差，即 $\dfrac{\dot{I}_1}{n_{TA1}}-\dfrac{\dot{I}_2}{n_{TA2}}$。当发电机两侧 TA 特性一致时，$\dfrac{\dot{I}_1}{n_{TA1}}=\dfrac{\dot{I}_2}{n_{TA2}}$，流入 KD 的电流为 0，故 KD 不会动作。

2. 发电机比率差动保护的工作原理

为改善发电机纵差保护的动作特性，目前在大机组纵差保护中广泛采用了具有折线比率制动特性的纵差保护，使灵敏系数和制动特性同时得到有效地改善。如图 7 - 14 所示为发电机比率差动保护的原理接线图。发电机的比率差动保护将发电机两端流过方向相同、大小相等的电流称为穿越性电流 I_2，而方向相反的电流称为非穿越性电流 I_{cd}。发电机的比率差动保护是以非穿越性电流 $I_{cd}=|I_1-I_2|$ 作为动作量，以穿越性电流 I_2 作为制动量，来区分被保护元件的正常状态和故障状态。

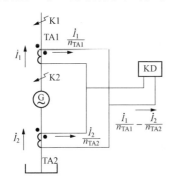

图 7 - 13　发电机纵差保护原理接线图

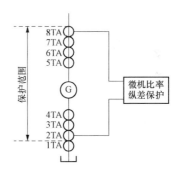

图 7 - 14　发电机比率差动保护的原理接线图

如图 7 - 15 所示为发电机比率差动保护的动作特性曲线。当发电机正常运行时，穿越性电流 I_2 即为负荷电流，而非穿越性电流 $I_{cd}=|I_1-I_2|$ 理论为零，保护不动。当发电机内部发生相间短路时，非穿越性电流 I_{cd} 急剧增大，保护立即启动。当发电机外部故障时，穿越性电流 I_2 急剧增大，保护不动。

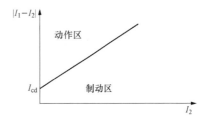

图 7 - 15　发电机比率差动保护的动作特性曲线

综上所述，发电机的比率差动保护能灵敏反应内部相间短路故障而迅速动作，而在正常运行和区外故障时能可靠不动作，从而达到保护发电机的目的。为防止因 TA 断线引起比率差动保护误动作，该保护带有 TA 断线闭锁功能。

3. 发电机的机电式纵差动保护工作原理

发电机的纵差动保护是发电机定子绕组内部及引出线发生相间短路时的主保护。因此，它应能快速而灵敏地切除内部所发生的故障。同时，在正常运行及外部故障时，又应保证动作的选择性和工作的可靠性。具有电流互感器二次回路断线监视装置的发电机的机电式纵差动保护的原理接线如图 7-16 所示。

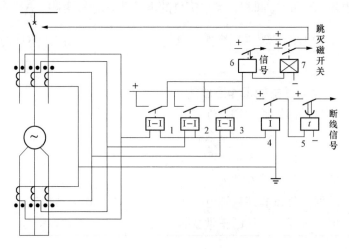

图 7-16　发电机的机电式纵差动保护的原理接线图

1～3—差动继电器；4—断线监视电流继电器；

5—时间继电器；6—信号继电器；7—差动保护出口继电器

（1）在正常运行时，每相差动回路两臂电流基本相等，流入差动继电器 1～3 的电流近似等于零，小于差动继电器的动作电流，差动继电器不动作。差动回路三相电流之和流入断线监视继电器 4 的电流亦近似于零，小于断线监视继电器 4 的动作电流，断线监视继电器也不动作。

（2）当发电机定子绕组及引出线发生相间短路时，则短路相的差动继电器中流过短路电流使之启动，其触点闭合启动信号继电器 6 发信号，同时启动差动保护出口继电器 7，上面一对触点作用于跳开发电机出口断路器，下面一对触点作用于跳开发电机的灭磁开关，使发电机转子灭磁。

（3）当发电机的外部相间短路时，差动回路的三相电流之和仍然接近于零，因此差动继电器 1～3 均不会动作。

（4）当电流互感器的任何一相回路断线时，只要差动电流小于差动继电器的动作电流，则差动继电器就不会动作。此时差动回路三相电流之和流入断线监视继电器 4 的电流大于它的动作电流（按躲开正常运行时的最大不平衡电流整定，一般取 $0.2I_\mathrm{N}$），所以断线监视继电器 4 动作，启动时间继电器 5 延时发出断线信号。

为防止纵差动保护误动作，差动保护启动电流的整定原则为：

（1）在正常运行情况下，差动保护的动作电流按躲开发电机的额定电流整定，即电流互感器二次回路断线时保护不应动作。

（2）差动保护的动作电流按躲开外部故障时的最大不平衡电流整定，即发电机外部相间短路时，差动保护不应动作。

即发电机纵差动保护的动作电流应为

$$I_{dz} = K_k \cdot I_N \tag{7-1}$$

式中　K_k——可靠系数，取 $1.2\sim1.3$；

　　　I_N——发电机的额定电流。

4. 发电机的微机式纵差动保护工作原理

发电机的微机式纵差动保护的逻辑框图如图 7-17 所示。该保护具有两种差动动作逻辑供用户选择：

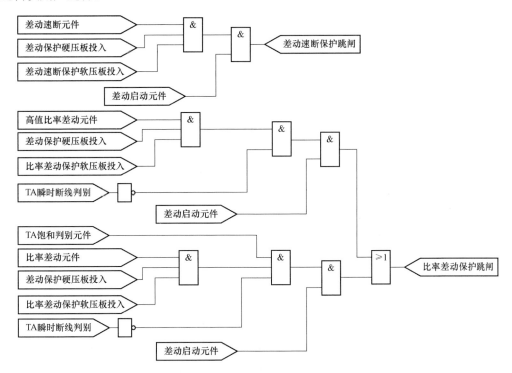

图 7-17　发电机的微机式纵差动保护逻辑框图

（1）差动速断保护。当任一相差动电流大于差动速断整定值时，瞬时动作于出口继电器。该保护无 TA 断线报警和闭锁差动保护功能，其差动速断元件的整定值与机电式差动保护相同。

（2）比率差动保护。为避免保护区内严重故障时 TA 饱和等因素引起的比率差动延时动作，该保护的一部分为高值比率差动保护，利用其比率制动特性抑制保护区外故障时 TA 的暂态和稳态饱和，而在保护区内故障 TA 饱和时能可靠正确动作。为防止在保护区外故障时 TA 的暂态与稳态饱和时可能引起的稳态比率差动保护误动作，该保护的另一部分采用差电流的波形判别作为 TA 饱和的判据。故障发生时，保护装置先判出是区内故障还是区外故障。如区外故障，投入 TA 饱和闭锁判据，当某相差动电流有关的任意一个电流满足相应条件即认为此相差流为 TA 饱和引起，闭锁比率差动保护。

三、发电机的匝间短路保护

1. 单继电器式横差动保护

对于每相有并联分支，而每一分支绕组在中性点侧都有引出端的发电机，可以采用单继电器式的横差动保护。

单继电器式横差动保护的原理接线图如图 7-18 所示。每相的两个并联分支分别接成星形，两星形接线的中性点间用导线连接起来，电流互感器 TA 接在两中性的连线上，电流继电器接在电流互感器的二次侧。

正常运行或外部短路时，每一分支绕组流出该相电流的一半，因此流过中性点连线的电流只是不平衡电流，故保护不动作。

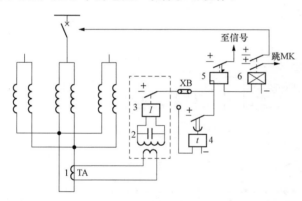

图 7-18　单继电器式横差动保护的原理接线

1—TA；2—三次谐波过滤器；3—电流继电器；

4—时间继电器；5—信号继电器；6—横差动保护出口继电器

若发生定子绕组匝间短路，则故障相绕组的两个分支的电势将不相等，因而在定子绕组中出现环流。通过中性点连线，该电流大于电流继电器 3 的启动电流时，电流继电器动作，启动信号继电器 5 发信号，同时启动继电保护出口继电器 6，跳开发电机断路器，并跳灭磁开关 MK。

在图 7-18 中，两个星形中性点之间的连接线上接入电流互感器 TA，其二次侧经三次谐波过滤器 2 与电流继电器 3 相连。切换片 XB 有两个位置，正常投入保护不带延时位置。当转子绕组发生一点接地后，切换片 XB 在投入转子绕组两点接地保护的同时，将横差动保护切换至时间继电器 4，带 0.5～1s 延时动作，防止转子绕组发生偶然性的瞬间两点接地时，造成保护误动作。

根据运行经验，横差动保护装置的动作电流应为

$$I_{dz} = (0.2 \sim 0.3)I_N \tag{7-2}$$

2. 反映零序电压的匝间短路保护

该保护反映发电机纵向零序电压的基波分量。零序电压取自机端专用电压互感器的开口三角形绕组，其中性点与发电机中性点通过高压电缆相连。零序电压中的三次谐波不平衡量由三次谐波过滤器滤出。如图 7-19 所示为反映零序电压的匝间短路保护原理接线图。发电机正常运行及相间短路时，无基波零序电压。定子绕组单相接地时，故障

相对地电压等于零，中性点对地电压上升为相电压。因此三相定子绕组对中性点的电压仍然对称，不出现基波零序电压。若定子绕组发生匝间短路，则机端三相对中性点电压不对称，因而出现了基波零序电压。因此利用电压互感器 TV、三次谐波过滤器 1 和过电压继电器 2 就构成了反映零序电压的定子绕组匝间短路保护。

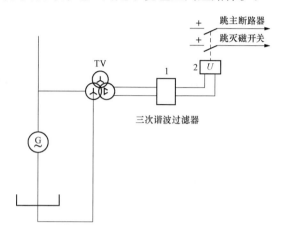

图 7 - 19 反映零序电压的匝间短路保护原理接线图

1—三次谐波过滤器；2—过电压继电器

四、发电机定子绕组单相接地保护

定子绕组单相接地故障是发电机最常见的故障之一，通常由绝缘破坏使得绕组对铁心短路引起。故障时的接地电流引起的电弧一方面灼伤铁心，另一方面会进一步破坏绝缘，导致严重的定子绕组匝间短路或相间短路。因此大型发电机均装设利用基波零序电压构成的 90％接地保护和利用三次谐波电压构成的 100％定子绕组接地保护。

1. 利用基波零序电压构成的定子接地保护

利用基波零序电压构成的机电式定子接地保护原理接线图如图 7 - 20 所示。由图可见，该保护从机端电压互感器开口三角形侧取得零序电压，接入保护用的过电压继电器。

在正常运行情况下，发电机相电压中存在三次谐波电压。在变压器高压侧发生接地短路时，由于变压器高、低压绕组之间存在电容，发电机端也会产生基波零序电压。为了保证保护动作的选择性，其整定值应躲开上述三次谐波电压与基波零序电压。根据运行经验，过电压继电器的动作电压一般整定为 10V 左右。

当靠近中性点附近发生接地故障时，零序电压较低。如果零序电压小于电压继电器的动作电压，保护将不动作。因此该保护存在死区，且死区的大

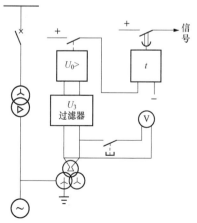

图 7 - 20 利用基波零序电压构成的机电式定子接地保护原理接线图

小与整定值的高低有关。为了减少死区、提高保护的灵敏性，在保护中增设了三次谐波电压过滤器。此外，还采用时间继电器延时来躲开变压器高压侧的接地短路故障，也可利用变压器高压侧的零序电压将接地保护闭锁或使之制动。采取了上述措施后，保护范围将增大，中性点附近的死区将缩小，其保护范围约为由机端向中性点绕组的90％左右。

利用基波零序电压构成的微机式定子接地保护逻辑框图如图7-21所示。基波零序电压能保护发电机90％左右的定子绕组单相接地，保护通过滤三次谐波手段只反映发电机基波零序电压大小。该保护设两段定值，一段为灵敏段，另一段为高整定值段。

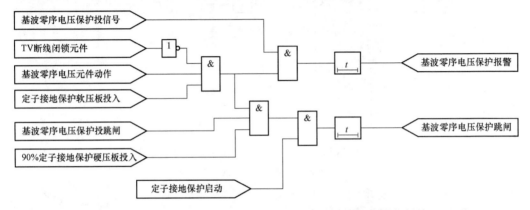

图7-21 利用基波零序电压构成的微机式定子接地保护原理接线图

（1）灵敏段基波零序电压保护动作于信号，其动作方程为$U_0 > U_{dz}$。其中U_0为发电机的零序电压，U_{dz}为零序电压整定值。灵敏段动作于跳闸时，还需主变高、中压侧零序电压闭锁，以防止区外故障时定子接地基波零序电压灵敏段误动。

（2）高整定值段基波零序电压保护动作于跳闸，其动作方程为$U_0 > U_{hdz}$。其中U_0为发电机中性点零序电压，U_{hdz}为零序电压高整定值。保护动作于信号或跳闸均不需经主变高、中压侧零序电压辅助判据闭锁。

2. 利用三次谐波电压构成的100％定子接地保护

由于发电机气隙中的磁通分布并非完全正弦形，因而发电机定子绕组感应电势中存在有三次谐波分量，其值一般不超过10％。

设发电机中性点为N端，机端为S端，则在正常运行时，发电机三次谐波电势为$\dot{E}_3$；发电机每相对地电容为C_G，等值在N及S端，各为$\frac{1}{2}C_G$；机端其他连接元件对地电容为C_S，如图7-22所示。

由等值电路，可以将C_S与$\frac{1}{2}C_G$并联，然后再与$\frac{1}{2}C_G$串联求出总电容，电压$\dot{U}_{S3}$与$\dot{U}_{N3}$将与电容成反比分配。因而$\dot{U}_{S3}$和$\dot{U}_{N3}$可用下式求出

$$\left.\begin{aligned} \dot{U}_{S3} &= \dot{E}_3 \frac{C_G}{2(C_G + C_S)} \\ \dot{U}_{N3} &= \dot{E}_3 \frac{C_G + 2C_S}{2(C_G + C_S)} \end{aligned}\right\} \qquad (7-3)$$

U_{S3} 与 U_{N3} 的比值为

$$\frac{U_{S3}}{U_{N3}} = \frac{C_G}{C_G + 2C_S} \tag{7-4}$$

式（7-4）证明，发电机正常运行时 $U_{S3} < U_{N3}$，其比值与 E_3 无关。

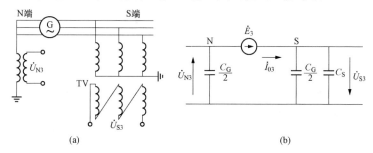

图 7-22　正常运行时三次谐波电势和对地电容的等值电路

（a）交流电压回路；（b）等值电路

当发电机的定子绕组距中性点 a 处单相接地时，三次谐波电势分布的等值电路图如图 7-23（a）所示，此时发电机首端和末端的三次谐波电压为

$$\left.\begin{aligned} \dot{U}_{S3} &= (1-a)\dot{E}_3 \\ \dot{U}_{N3} &= a\dot{E}_3 \\ \frac{\dot{U}_{S3}}{\dot{U}_{N3}} &= \frac{1-a}{a} \end{aligned}\right\} \tag{7-5}$$

分析可见，若 $a > 0.5$，则 $U_{S3} < U_{N3}$；若 $a = 0.5$，则 $U_{S3} = U_{N3}$；若 $a < 0.5$，则 $U_{S3} > U_{N3}$。U_{N3}、U_{S3} 随 a 而变化的情况如图 7-23（b）所示。

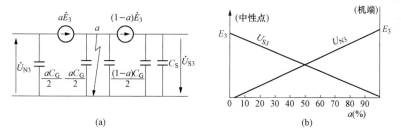

图 7-23　单相接地时三次谐波电势分布等值电路和 U_{S3}、U_{N3} 随 a 的变化曲线

（a）三次谐波电势分布等值电路；（b）U_{S3}、U_{N3} 随 a 的变化曲线

综上所述，若以 U_{S3} 作为动作量、以 U_{N3} 作为制动量，则此套保护在 $a < 0.5$ 时可以动作。如再加装一套基波零序电压构成的接地保护，二者共同使用，便可获得 100% 的保护效果。

利用三次谐波电压和基波零序电压构成的双频式 100% 定子接地保护原理接线如图 7-24 所示。图中 $\dot{U}_N$ 和 $\dot{U}_S$ 分别表示由中性点和机端取得的交流电压，由电抗变压器 TX1 的一次绕组与电容 C_1 组成对三次谐波串联谐振电路，由电感 L_1 和电容 C_3 组成基波串联谐振电路。因此加于整流桥 VU1 的交流电压基本上是三次谐波电压，该电压与机

端三次谐波电压 U_{S3} 成比例。VU1 的整流电压经 C_5 滤波后作为动作量加入执行元件。电抗变压器 TX2 的一次绕组与电容 C_2 组成三次谐波串联谐振电路，电感 L_2 与电容 C_4 组成基波串联谐振电路。因此加于整流桥 VU2 的交流电压基本上也是三次谐波电压，该电压与中性点三次谐波电压 U_{N3} 成比例。VU2 的整流电压经 C_6 滤波后作为制动量加入执行元件。执行元件两端电压为

$$U_{ab} = |\dot{U}_{S3}| - |\dot{U}_{N3}| \tag{7-6}$$

当发电机正常运行时，$|\dot{U}_{S3}| < |\dot{U}_{N3}|$，$U_{ab} < 0$，执行元件不会动作；而当在 $\alpha < 50\%$ 处发生单相接地故障时，$|\dot{U}_{S3}| > |\dot{U}_{N3}|$，$U_{ab} > 0$，执行元件动作。调节电位器 R_{w1} 便可改变保护的整定值。

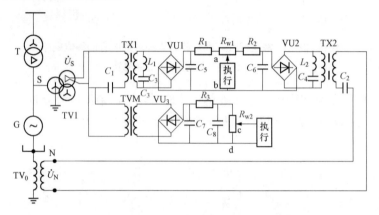

图 7-24　双频式 100％ 定子接地保护原理接线图

中间变压器 TVM 的一次侧接至机端电压互感器 TV_1 的开口三角形侧，反应机端基波零序电压。经整流桥 VU3 整流和 π 形滤波器滤波后的直流电压加于电位器 R_{w2}，调节其滑动端，可以改变基波零序部分的启动电压。当接地点靠近机端时，基波零序电压较高，执行元件动作。

由上述可见，三次谐波电压部分用于反应 $a < 40\%$ 范围内的接地故障，故障点越接近中性点，该部分保护的灵敏性越高；基波零序电压部分用于反应 $a > 10\%$ 范围内的接地故障，故障点越接近机端，该部分保护的灵敏性越高。这样，双频式保护构成了有 100％ 保护区的定子绕组单相接地保护。

利用三次谐波电压构成的微机式发电机定子接地保护的逻辑框图如图 7-25 所示。利用三次谐波电压比率构成的定子接地保护只保护发电机中性点 40％ 左右的定子接地，机端三次谐波电压 U_{S3} 取自机端 TV 开口三角的零序电压，中性点侧三次谐波电压 U_{N3} 取自发电机中性点的接地变压器。

三次谐波电压比率保护的动作方程为 $U_{S3}/U_{N3} > U_{3dz}$。其中 U_{S3}、U_{N3} 为机端和中性点三次谐波电压值，U_{3dz} 为三次谐波电压比值整定值。机组并网前后，机端等值容抗有较大的变化，因此三次谐波电压比率关系也随之变化。装置在机组并网前后各设一段定值，随机组出口断路器位置接点变化自动切换。另外，发电机中性点、机端开口三角形 TV 设有断线闭锁和报警信号。

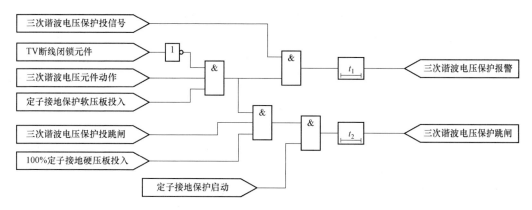

图 7-25 利用三次谐波电压构成的微机式发电机定子接地保护的逻辑框图

发电机的 100% 定子接地保护装置带时限 t_1 动作于发信号，带时限 t_2 动作于全停。设 TV 断线闭锁。区外故障时不误动。

发电机定子绕组接地保护装置具有以下主要功能和技术要求：保护范围为定子绕组的 100%；保护具有 TV 断线闭锁功能；保护包括报警段和跳闸段；固有延时不大于 70ms。

五、发电机转子绕组的接地保护

发电机正常运行时，转子绕组对地之间有一定的绝缘电阻和分布电容。当转子绕组绝缘严重下降或损坏时，会引起转子绕组的接地故障。发电机转子绕组发生一点接地是常见的故障，但由于一点接地不会形成接地电流通路，励磁电压仍然正常，因此对发电机无直接危害，可以继续运行。但一点接地以后，转子绕组对地电压升高，在某些条件下会诱发第二点接地，两点接地故障将产生很大的故障电流，从而烧伤转子本体，而且形成短路电流的通路，可能烧坏转子绕组和铁心。此外，汽轮发电机转子绕组两点接地，还可使轴系和汽轮机的汽缸磁化。因此，两点接地故障的后果严重，将严重损坏发电机。因此有关规程要求发电机必须装有灵敏的转子绕组一点接地保护，保护动作于信号，并在一点接地后自动投入两点接地保护，使之在发生两点接地时，动作于跳闸。

1. 发电机转子绕组一点接地微机保护

发电机装设的一点接地保护通常为乒乓式转子绕组一点接地保护，其工作原理如图 7-26 所示。图中 S_1、S_2 是两个电子开关，由时钟脉冲控制其工作状态。S_1 打开时 S_2 闭合，S_2 打开时 S_1 闭合，两者像打乒乓球一样循环交替地打开又闭合。图中 E 为发电机励磁电势，a 为接地点位置，$a = 0\sim1$。电阻 R_g 为转子绕组在 a 点接地时的接地电阻，此时励磁电势等效为 aE 和 $(1-a)E$，限流电阻 R 为高电阻，取样电阻 R_1 为低电阻。

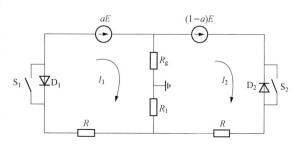

图 7-26 乒乓式转子绕组一点接地保护原理接线图

303

在发电机转子绕组没有接地故障时，上图中的 R_g 不存在，取样电阻 R_1 上电压为零，保护装置检测转子回路绝缘良好。当转子绕组在 a 点发生一点接地时，保护装置通过控制电子开关的关断和导通改变电路结构参数，然后测量转子励磁电压和取样电阻 R_1 上的电压。当 S_2 关断，S_1 导通时，通过 R_1 的电流为 $I_1 = aE/(R_g + R_1 + R)$，取样电阻 R_1 上的电压为 $U_1 = I_1 \times R_1$。当 S_1 关断，S_2 导通时，通过 R_1 的电流为 $I_2 = (1-a)E/(R + R_1 + R_g)$，取样电阻 R_1 上的电压为 $U_2 = I_2 \times R_1$。

只要 $a \neq 0.5$，则 $I_1 \neq I_2$，$\Delta I = |I_1 - I_2| \neq 0$，并且 $U_1 \neq U_2$，$\Delta U = |U_1 - U_2| \neq 0$。显然，当接地点 a 越靠近转子绕组的首端或末端时，ΔI 越大，ΔU 越大，转子绕组的接地的绝缘电阻越小，转子绕组一点接地保护动作越灵敏。

发电机转子绕组一点接地微机保护逻辑框图如图 7-27 所示，一点接地保护反应发电机转子绕组对地绝缘电阻的下降。一点接地设有两段动作值，灵敏段动作于报警，普通段可动作于信号，也可动作于跳闸。

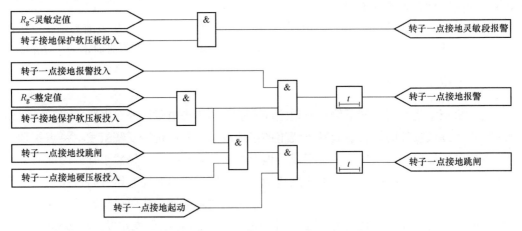

图 7-27　发电机转子绕组一点接地微机保护逻辑框图

2. 发电机转子绕组两点接地微机保护

若转子绕组一点接地保护动作于报警，当转子接地电阻 R_g 小于普通段整定值、转子绕组一点接地保护动作后，经延时自动投入转子绕组两点接地保护，当接地位置 a 改变达一定值时判为转子绕组两点接地，动作于跳闸，其逻辑框图如图 7-28 所示。

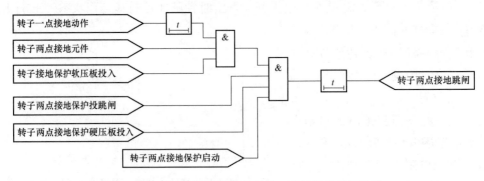

图 7-28　发电机转子绕组两点接地微机保护逻辑框图

六、发电机的失磁保护

1. 发电机失磁的定义

发电机失磁通常是指发电机励磁异常下降或励磁完全消失的故障，一般将前者称为部分失磁或低励故障，将后者称为完全失磁故障。

（1）励磁异常下降是指运行中发电机励磁电流的降低超过了静态稳定极限所允许的程度，使发电机稳定运行遭到破坏。造成励磁异常下降的原因通常是主励磁机或副励磁机故障，励磁系统中硅整流元件部分损坏或自动调节系统不正确动作以及操作上的错误等，这时励磁电压很低，但仍能维持一定的励磁电流。

（2）完全失磁是指发电机失去励磁电源，通常表现为励磁回路开路，其原因包括自动灭磁开关误跳闸，励磁调节器整流装置中自动开关误跳闸，转子绕组断线或端口短路以及副励磁机励磁电源消失等。

2. 发电机失磁对电力系统的危害

（1）失磁发电机由失磁前向系统送出无功功率转为从系统吸收无功功率，尤其是满负荷运行的大型机组会引起系统无功功率大量缺额。若系统无功功率容量储备不足，将会引起系统电压严重下降，甚至导致系统电压崩溃。

（2）失磁引起的系统电压下降会使相邻发电机励磁调节器动作，增加其无功输出，引起有关发电机、变压器或线路过流，甚至使后备保护因过流而动作，扩大故障范围。

（3）失磁引起有功功率摆动和励磁电压下降，可能导致电力系统某些部分之间失步，使系统发生振荡，用掉大量负荷。

失磁发电机单机容量与电力系统容量之比越大，对系统不利影响就越严重。

3. 失磁对发电机本身的危害

（1）由于出现转差，在转子回路出现差频电流，在转子回路里产生附加损耗，可能使转子过热而损坏。

（2）失磁发电机进入异步运行后，等效电抗降低，定子电流增大。失磁前发电机输出有功功率越大，失磁失步后转差越大，等效电抗越小，过电流越严重，定子过热越严重。

（3）失磁失步后发电机有功功率发生剧烈的周期摆动，变化的电磁转矩（可能超过额定值）周期性地作用到轴系上，并通过定子传给机座，引起剧烈振动，同时转差也作周期性变化，使发电机周期性地严重超速。这些都直接威胁机组安全。

（4）失磁运行时，发电机定子端部漏磁增加，将使端部的部件和边段铁心过热。

鉴于低励和失磁故障引起的上述危害，大型发电机必须装设完善的低励失磁保护，以便及时发现失磁故障并及时采取必要的措施。失磁保护构成原理及动作处理方式均与失磁发展过程中各电量变化紧密相关。

4. 发电机失磁保护的构成

发电机的失磁微机保护由发电机端测量阻抗判据、变压器高压侧低电压判据、定子过电流判据和励磁回路低电压判据组成，保护设 TV 断线闭锁。保护装置具有以下主要功能和技术要求：①TV 断线时只发信号，并将失磁保护闭锁。②阻抗元件和转子低电压元件动作时发出失磁信号经延时 t_2 动作程序跳闸。③系统电压低于动作允许值和转子低电压元件动作时经延时 t_1 动作于全停或程序跳闸。

5. 发电机失磁保护的判据

（1）低电压判据。一般取母线三相电压或发电机机端三相电压，三相同时低电压判据为 $U < U_{dz}$，U 为当前电压，U_{dz} 为整定电压。

（2）定子侧阻抗判据为 $Z < Z_{dz}$，Z 为当前阻抗，Z_{dz} 为整定阻抗。

（3）转子低电压判据为 $U_f < U_{fdz}$，U_f 为当前励磁电压，U_{fdz} 为整定励磁电压。

（4）减出力判据为 $P > P_{dz}$，P 为当前功率，P_{dz} 为整定功率。

发电机失磁故障是指发电机的励磁突然全部消失或部分消失，引起失磁的原因主要有转子绕组故障、励磁机或励磁变压器故障、自动灭磁开关误跳闸、励磁系统中某些整流元件损坏或转子绕组发生故障以及误操作等。

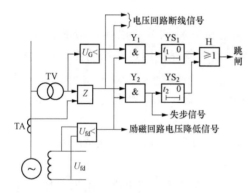

图 7 - 29　发电机失磁保护原理方框图

6. 发电机失磁保护的工作原理

如图 7 - 29 所示为发电机失磁保护原理方框图，当发电机失磁时，阻抗元件 Z 和励磁低电压元件 U_{fd} 动作，启动与门 Y_2，立即发出发电机已失步信号，并经时间元件 YS_2 延时 t_2 后，通过或门 H 动作于跳闸。延时 t_2 用以躲过系统振荡或自同步时的影响，一般取为 1～1.5s。

如果失磁后，机端电压下降到低于安全运行的允许值，则母线低电压元件 U_G 动作，与门 Y_1 开放，经时间元件 YS_1 延时 t_1 后，通过或门 H 动作于跳闸。延时 t_1 用以躲过振荡过程中的短时间电压降低或自同步并列的影响，一般取为 0.5～1s。

由于励磁低压元件 U_{fd} 的闭锁，在短路故障及电压互感器断线时，Y_1 和 Y_2 都无输出，因而保护不会误动。当电压互感器断线时，低电压元件 U_G 或阻抗元件 Z 动作，均可发出电压回路断线信号。当励磁回路电压降低时，励磁低压元件 U_{fd} 动作，发出励磁回路电压降低信号。

7. 发电机失磁微机保护的出口逻辑

发电机的失磁微机保护装置设有四段保护功能：失磁保护Ⅰ段动作于减出力，失磁保护Ⅱ段经母线电压低动作于跳闸，失磁保护Ⅲ段可动作于信号或跳闸，失磁保护Ⅳ段经较长延时动作于跳闸。

（1）发电机失磁微机保护Ⅰ段出口逻辑如图 7 - 30 所示。失磁保护Ⅰ段投入，发电机失磁时，降低原动机出力使发电机输出功率减至整定值。

（2）发电机失磁微机保护Ⅱ段出口逻辑如图7-31所示。失磁保护Ⅱ段投入，发电机失磁时，主变高压侧母线电压低于整定值，保护延时动作于跳闸。

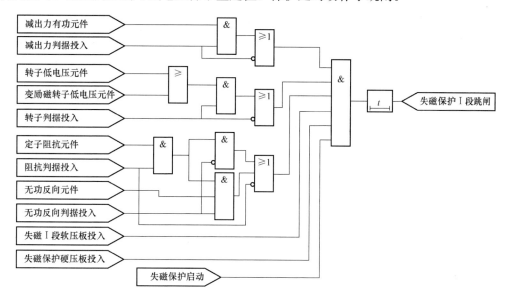

图7-30　发电机失磁微机保护Ⅰ段出口逻辑图

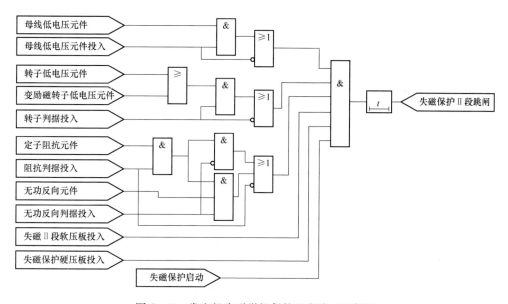

图7-31　发电机失磁微机保护Ⅱ段出口逻辑图

（3）发电机失磁微机保护Ⅲ段出口逻辑如图7-32所示。失磁保护Ⅲ段可动作于报警，也可动作于切换备用励磁或跳闸。

（4）发电机失磁微机保护Ⅳ段出口逻辑如图7-33所示。失磁保护Ⅳ段为长延时段，只判定子阻抗元件，在减出力、切换备用励磁等措施无效的情况下，动作于跳闸。

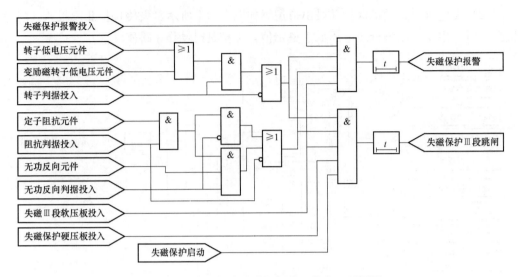

图 7 - 32　发电机失磁微机保护Ⅲ段出口逻辑图

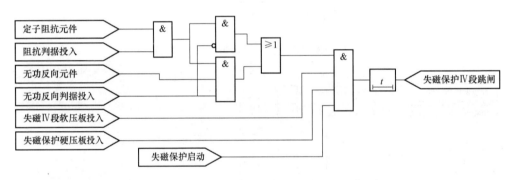

图 7 - 33　发电机失磁微机保护Ⅳ段出口逻辑图

七、发电机过负荷保护

发电机正常运行时不允许过负荷，当系统发生故障时允许短时间过负荷。发电机过负荷通常是由系统中切除电源、生产过程出现短时冲击性负荷、大型电动机自启动、发电机强行励磁、失磁运行、同期操作及振荡等引起的。定子绕组过负荷保护的设计取决于发电机在一定过负荷倍数下允许过负荷时间，发电机从额定工况下的稳定温度起始，能承受 1.3 倍额定定子电流运行至少 1min。允许过负荷倍数与允许时间关系如表 7 - 2 所示。

表 7 - 2　　　　　　　　发电机允许过负荷倍数与允许时间关系

过电流倍数	2.26	1.54	1.3	1.2
允许时间（s）	10	30	60	120

发电机配置两套对称过负荷微机保护。保护由定时限和反时限组成，定时限部分带

时限动作于信号，反时限部分保护反应电流变化时发电机定子绕组的热积累过程。动作特性按发电机定子绕组的过负荷能力确定，动作于程序跳闸。

1. 发电机的定时限过负荷微机保护

发电机的定时限过负荷保护反映发电机定子绕组的平均发热状况。保护动作量同时取发电机机端、中性点定子电流。定时限过负荷保护配置一段跳闸、一段信号。出口逻辑如图 7-34 所示。

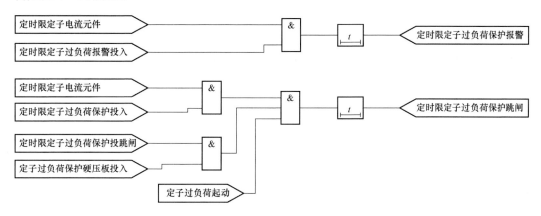

图 7-34　发电机的定时限过负荷微机保护逻辑框图

2. 发电机的反时限过负荷微机保护

如图 7-35 所示为发电机的反时限过负荷微机保护逻辑框图。发电机的定时限过负荷保护启动后立即报警，然后按反时限特性动作于跳闸。考虑到发电机的散热过程和过负荷能力，可得发电机定子对称过负荷的反时限动作特性为

$$t = \frac{K}{I_*^2 - \alpha} \tag{7-7}$$

式中　t——保护动作时间，s；

I_*——定子电流标幺值；

K——发电机过负荷能力，约为 41.15；

α——发电机的散热修正系数，一般取 1.02。

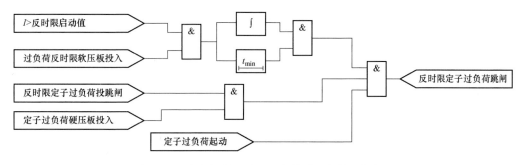

图 7-35　发电机的反时限过负荷微机保护逻辑框图

八、发电机负序电流保护

发电机在不对称负荷状态下运行、外部不对称短路或内部故障时，定子绕组将流过负序电流。负序电流所产生的旋转磁场的方向与转子运动方向相反，并以两倍同步转速切割转子，在转子本体、槽楔及转子绕组中感生倍频电流，引起额外的损耗和发热。另一方面，由负序磁场产生的两倍频交变电磁转矩，使机组产生 100Hz 振动，引起金属疲劳和机械损伤。

因此发电机配置两套负序过流保护，也称不对称过负荷保护。保护由定时限和反时限组成，定时限动作于信号，动作电流按躲过发电机长期允许的负序电流值和按躲过最大负荷下负序电流滤器的不平衡电流值整定。反时限保护反应发电机转子热积累过程。动作特性按发电机承受负序电流的能力确定，动作于程序跳闸。

1. 发电机定时限负序过流微机保护

发电机定时限负序过流微机保护配置一段跳闸、一段信号，其出口逻辑框图如图 7-36 所示。

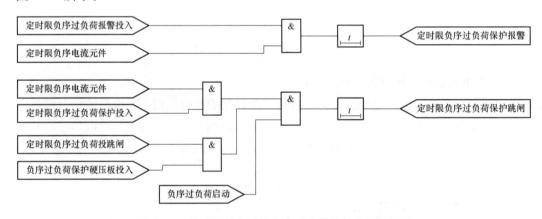

图 7-36　发电机的定时限负序过流微机保护逻辑框图

2. 发电机反时限负序过流微机保护

发电机反时限负序过流微机保护由下限定时限启动和上限反时限动作两部分组成，上限反时限部分的动作时间由发电机的负序能力决定：$I_{2*}^2 \cdot t = 10$（s）。发电机的反时限负序过流微机保护逻辑框图如图 7-37 所示。

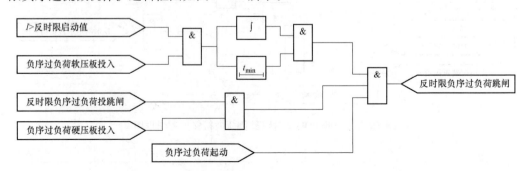

图 7-37　发电机的反时限负序过流微机保护逻辑框图

九、发电机的过激磁保护

发电机的过激磁保护用于防止发电机、变压器因过激磁引起的危害。过激磁保护反映发电机出口（变压器低压侧）的过激磁倍数，过激磁倍数可表示为

$$n = U_* / f_* \qquad (7-8)$$

式中 U_*、f_*——分别为发电机电压的标幺值和频率的标幺值。

1. 发电机的定时限过激磁微机保护

发电机的定时限过激磁保护设有一段跳闸和一段信号，延时均可整定。其逻辑框图如图 7-38 所示。

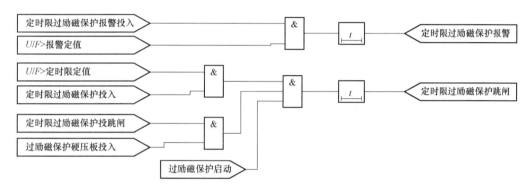

图 7-38　发电机的定时限过激磁微机保护逻辑框图

2. 发电机反时限过激磁微机保护

发电机的反时限过激磁微机保护通过计算过激磁倍数后采用分段线性求出对应的动作时间，实现反时限。过激磁保护的启动值一般在 1.1～2.0 之间，时间延时考虑最大到 3000s。逻辑框图如图 7-39 所示。

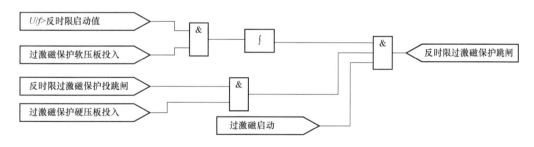

图 7-39　发电机的反时限过激磁微机保护逻辑框图

十、发电机的逆功率保护

在汽轮发电机组上，由于各种原因误将主汽门关闭，则在发电机断路器跳闸之前，发电机将迅速转为电动机运行，即逆功率运行。

发电机的程序逆功率微机保护定值范围 $0.5\% \sim 10\%$ P_N，P_N 为发电机额定有功功率。发电机的逆功率微机保护逻辑框图如图 7-40 所示。

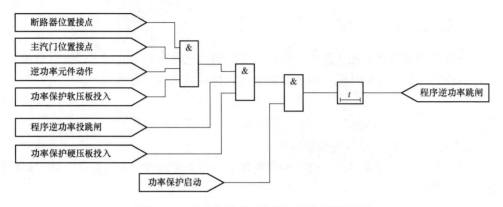

图 7-40　发电机的逆功率微机保护逻辑框图

十一、发电机的失步保护

1. 发电机失步的原因

当电力系统出现小的干扰和调节失误使发电机与系统间的功率角 δ 大于静态稳定极限角时，发电机将因静态稳定破坏而发生失步。当电力系统出现某些大的干扰（如短路故障）处理不当或不及时，若发电机与系统间的功率角 δ 大于暂态稳定极限角时，发电机将因不能保持暂态稳定而失步。

2. 发电机失步微机保护

发电机失步保护通常用的原理之一是以机端测量阻抗运动轨迹及其随时间的变化特征来构成失步保护判据。如图 7-41 所示为发电机失步微机保护逻辑框图。

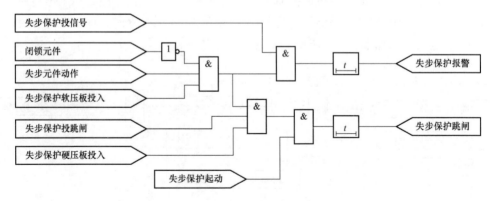

图 7-41　发电机失步微机保护逻辑框图

十二、发电机的频率异常保护

汽轮机的叶片都有一个自然振荡频率，如果发电机运行频率升高或者降低，以致接近或等于叶片自振频率时，将导致共振，有可能使叶片断裂，造成严重事故。

通常对频率升高的限制较严格，控制措施相对完善一些，而低频率异常运行多发生在重负荷下，对汽轮机的威胁更为严重。因此，目前发电机一般只装设低频异常运行保护。低频保护不仅能监视当前频率状况，还能在发生低频工况时，根据预先划分的频率段自动累计各段异常运行的时间，无论达到哪一频率段相应的规定累计运行时间，保护均动作于声光信号告警。

发电机低频微机保护通常由以下几部分组成：

（1）高精度频率测量回路。多采用测量机端电压的频率。

（2）频率分段启动回路。可根据发电机的要求整定各段启动频率门槛。

（3）低频运行时间累计回路。分段累计低频运行时间，并能显示各段累计时间。

（4）分段允许时间整定及出口回路。在每段累计低频运行时间超过该段允许运行时间时，经出口回路发出信号。

发电机的运行频率及对应的允许运行时间如表 7-3 所示。

表 7-3　　　　　　　　　发电机的运行频率及对应的允许运行时间

序号	频率（Hz）	允许时间	
		每次（S）	累计（min）
1	51.0～51.5	＞30	＞30
2	48.5～51.0	连续运行	
3	48.5～48	＞300	300
4	48.0～47.5	＞60	＞60
5	47.5～47	＞20	＞10
6	47.0～46.5	＞5	＞2

发电机的频率异常微机保护由一段跳闸和一段信号组成，延时均可整定。其逻辑框图如图 7-42 所示。

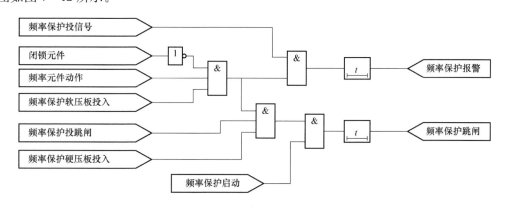

图 7-42　发电机的频率异常微机保护逻辑框图

十三、发电机的过电压保护

若发电机在满负荷下突然甩去全部负荷，由于调速系统和自动励磁调节装置有一定惯性，转速将上升，励磁电流不能突变，发电机电压在较短时间内会升高，其值可能达到 1.3～1.5 倍额定电压，持续时间可能达到几秒。一般发电机允许过电压的能力（电压值）与持续时间的关系如表 7-4 所示。

表 7-4　　　　发电机允许过电压的能力（电压值）于持续时间的关系

过电压能力 U/U_N	1.05	1.10	1.15	1.20	1.30
允许时间 t（s）	∞	240	60	2	0

发电机的过电压微机保护逻辑框图如图 7-43 所示，发电机过电压微机保护动作电压取 1.3 倍额定电压，延时 0.5s 动作于全停。

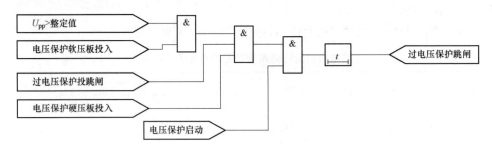

图 7-43　发电机的过电压微机保护逻辑框图

第三节　变压器的继电保护

一、变压器的故障和异常类型及其保护方式

电力变压器是电力系统中十分重要的电器设备电气设备，它的故障将对供电可靠性和系统的正常运行带来严重的影响。同时大容量的电力变压器也是十分贵重的电气设备，因此，必须根据变压器的容量和重要程度考虑装设性能良好、工作可靠的继电保护装置。

1. 变压器的故障和异常类型

（1）变压器的故障可以分为油箱内部故障和油箱外部故障两种。油箱内部故障包括绕组的相间短路、接地短路，匝间短路以及铁心的烧损等，对变压器来讲，这些故障都是十分危险的。因为油箱内部故障时产生的电弧，将引起绝缘物质的剧烈汽化，从而可能引起爆炸。因此，这些故障应该尽快加以切除。油箱外部故障包括套管和引出线上发生相间短路和接地短路。上述接地短路均指中性点直接接地的电力系统短路。

（2）变压器的工作异常类型主要有由于变压器外部相间短路引起的过电流和外部接地短路引起的过电流和中性点过电压，由于负荷超过额定容量引起的过负荷以及由于漏油等原因而引起的油面降低、油温升高和冷却器故障等。

此外，对大容量变压器，由于其额定工作时的磁通密度相当接近于铁心的饱和磁通密度，因此在高电压或低频率等异常运行方式下，还会发生变压器的过激磁故障。

2. 变压器应装设的保护

（1）瓦斯保护。对变压器油箱内的各种故障以及油面的降低，应装设瓦斯保护，它反应于油箱内部所产生的气体或油流而动作。其中轻瓦斯保护动作于信号，重瓦斯保护动作于跳开变压器各电源侧的断路器。

（2）纵差动保护或电流速断保护。对变压器绕组、套管及引出线上的故障，应根据容量的不同，装设纵差动保护或电流速断保护。保护动作后，应跳开变压器各电源侧的断路器。

（3）外部相间短路时的后备保护。对于外部相间短路引起的变压器过电流，应采用下列保护作为后备保护：

1）过电流保护。一般用于降压变压器，保护装置的整定值应考虑事故状态下可能出现的过负荷电流。

2）复合电压启动的过电流保护。一般用于升压变压器、系统联络变压器以及过电流保护灵敏度不满足要求的降压变压器。

3）负序电流及单相式低电压启动的过电流保护。一般用于容量为 63MVA 及以上的升压变压器。

4）阻抗保护。对于升压变压器和系统联络变压器，为满足灵敏性和选择性要求，可采用阻抗保护。对 500kV 系统联络变压器高、中压侧均应装设阻抗保护。

（4）外部接地短路时的后备保护。对中性点直接接地系统，由外部接地短路引起过电流时，如果变压器中性点接地运行，应装设零序电流保护。为防止发生接地短路时，中性点接地的变压器跳开后，中性点不接地的变压器（低压侧有电源）仍带接地故障继续运行，应根据具体情况，装设零序过电压保护、中性点装放电间隙加零序电流保护等。

（5）过负荷保护。当 400kVA 以上的变压器多台并列运行，或单独运行并作为其他负荷的备用电源时，应根据可能过负荷的情况，装设过负荷保护。过负荷保护接于一相电流上，并延时动作于信号。

（6）过激磁保护。高压侧电压为 500kV 及以上的变压器，对频率降低和电压升高而引起的变压器励磁电流增大，应装设过激磁保护。在变压器允许的过激磁范围内，保护动作于信号，当过激磁超过允许值时，动作于跳闸。

（7）其他保护。对变压器温度及油箱内压力升高和冷却系统故障，应按现行变压器标准的要求，应装设相应的保护动作于信号或动作于跳闸。

二、变压器的瓦斯保护

当在变压器油箱内部发生故障（包括轻微的匝间短路和绝缘破坏引起的经电弧电阻的接地短路）时，由于故障点电流和电弧的作用，将使变压器油及其他绝缘材料因局部受热而分解产生气体，并从油箱流向油枕的上部。当故障严重时，油会迅速膨胀并产生大量的气体，此时将有剧烈的气体夹杂着油流冲向油枕的上部。利用油箱内部故障时的这一特点，可以构成反应于上述气体而动作的保护装置，称为瓦斯保护。

1. 气体继电器的工作原理

气体继电器是构成瓦斯保护的主要元件，它安装在油箱与油枕之间的连接管道上，如图 7-44 所示，这样油箱内产生的气体必须通过气体继电器才能流向油枕。为了不妨碍气体的流通，变压器安装时应使顶盖沿气体继电器的方向与水平面具有 1%～1.5% 的升高坡度，通往继电器的连接管具有 2%～4% 的升高坡度。

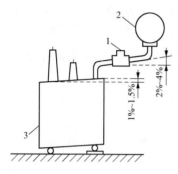

图 7-44　气体继电器安装示意图
1—气体继电器；2—油枕；3—油箱

目前在我国电力系统中推广应用的是开口杯挡板式气体继电器，其内部结构如图 7-45 所示。正常运行时，上开口杯 2 和下开口杯 1 都浸在油中，开口杯和附件在油内的重力所产生的力矩小于平衡锤 4 所产生的力矩，因此开口杯向上倾，干簧触点 3 断开。当油箱内部发生轻微故障时，少量的气体上升后逐渐聚集在继电器的上部，迫使油面下降。而使上开口杯 2 露出油面，此时由于浮力减小，上开口杯和附件在气体中的重力加上杯内油重所产生的力矩大于平衡锤 4 所产生的力矩，于是上开口杯 2 顺时针方向转动，带动永久磁铁 10 靠近干簧触点 3，使触点闭合，启动"轻瓦斯"保护动作于信号。当变压器油箱内部发生严重故障时，大量气体和油流直接冲击挡板 8，使下开口杯 1 顺时针方向旋转，带动永久磁铁靠近下部干簧的触点 3 使之闭合，启动"重瓦斯"保护动作，发出跳闸信号。当变压器出现严重漏油而使油面逐渐降低时，首先是上开口杯 2 露出油面，发出预告信号，当油面继续下降使下开口杯 1 露出油面后，发出跳闸信号。

2. 瓦斯保护的工作原理

瓦斯保护的原理接线如图 7-46 所示，气体继电器 KG 上面的触点表示"轻瓦斯保护"，动作后发出预告信号。下面的触点表示"重瓦斯保护"，动作后启动瓦斯保护的出口继电器 KCO，使断路器跳闸。

当油箱内部发生严重故障时，由于油流的不稳定可能造成干簧触点的抖动，此时为使断路器能可靠跳闸，应选用具有电流自保持线圈的出口继电器 KCO，动作后由断路器的辅助触点来解除出口回路的自保持。此外，为防止变压器换油或进行试验时引起重瓦斯保护误动作跳闸，可利用切换片 XB 将跳闸回路切换到信号回路。

图 7-45　气体继电器的结构图
1—下开口杯；2—上开口杯；3—干簧触点；
4—平衡锤；5—放气阀；6—探针；7—支架；
8—挡板；9—进油挡板；10—永久磁铁

瓦斯保护的主要优点是动作迅速、灵敏度高、安装接线简单、能反映油箱内部发生的各种故障。其缺点是不能反映油箱以外的套管及引出线等部位上发生的故障。因此瓦斯保护可作为变压器的主保护之一，与纵差动保护相互配合、相互补充，实现快速而灵敏地切除变压器油箱内外及引出线上发生的各种故障。

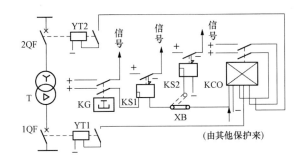

图 7-46　变压器瓦斯保护原理接线图

三、变压器的纵差动保护

变压器纵差动保护主要用来反映变压器油箱内部、套管及引外部出线上的相间短路故障。它的工作原理与发电机的纵差动保护基本相同，Yd11 接线变压器纵差动保护原理接线图和电流相量图如图 7-47 所示。变压器两侧装设的电流互感器按循环电流法接线，两电流互感器之间为纵差动保护的保护范围。保护动作后，瞬时将变压器两侧的断路器断开。

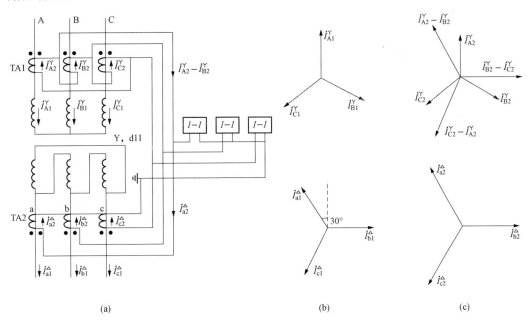

图 7-47　Yd11 接线变压器纵差动保护原理接线图和电流相量图
（a）纵差动保护原理接线图；（b）一次侧电流相量图；（c）二次侧电流相量图

由于变压器两侧电流的大小和相位都不相同。两侧电流互感器的型式、变比和接线方式也不相同，并且在电源侧电流互感器中有励磁电流存在，特别是在空载合闸时，将有很大的励磁涌流出现。这些特点都将导致差动回路中的不平衡电流大大增加，使变压器的纵差动保护处于不利的工作条件下，构成了变压器纵差保护的特殊问题。因此，应采取下列措施减小或消除不平衡电流对纵差动保护的影响。

（1）当变压器采用 Yd11 接线时，变压器两侧的电流互感器应采用 Dy1 接线，以实现相位补偿。

（2）当变压器两侧的电流互感器的变比不能理想匹配时，应增设平衡线圈，以实现数值补偿。

（3）对于空载合闸时出现的励磁涌流，可采用带短路线圈的速饱和型差动继电器来消除，也可通过识别励磁涌流的间断角来闭锁保护。

（4）对于外部短路时所产生的不平衡电流，可通过提高保护的整定值躲开这种影响。

四、变压器的过电流保护

1. 低电压启动的过电流保护

升压变压器可采用低电压启动的过电流保护作为其后备保护，其原理接线如图 7 - 48 所示。由图可见，当变压器外部或内部发生短路故障时，如果相应的主保护拒动，则由于电流增大、电压降低，将使电流继电器 KA1～KA3 启动和低电压继电器 KV1～KV3 返回，经中间闭锁继电器 KM 解锁启动时间继电器 KT，经一定延时后启动信号继电器 KS 发信号，启动继电保护出口继电器 KCO 跳开变压器两侧的断路器 1QF 和 2QF。

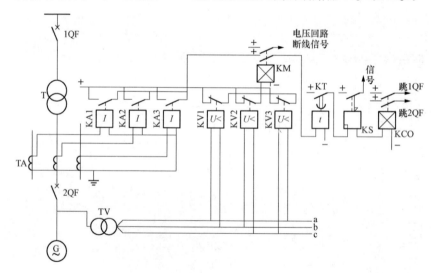

图 7 - 48　低电压启动的过电流保护原理接线

由于采用了低电压元件，电流继电器的动作电流不再考虑可能出现的最大负荷电流，而只需按躲开变压器的额定电流整定，即

$$I_{dz} = \frac{K_k}{K_h} I_N \qquad (7 - 9)$$

式中　K_k——可靠系数，取 1.2；

　　　K_h——返回系数，取 0.85；

　　　I_N——变压器的额定电流。

因此低电压启动的过电流保护的灵敏系数比常规过电流保护的灵敏系数要高。

低电压继电器的返回值应低于正常运行情况下母线上可能出现的最低工作电压。根据运行经验，通常取

$$U_{\text{h}} = 0.7U_{\text{N}} \tag{7-10}$$

式中　U_{N}——变压器的额定电压。

电压互感器回路断线时，电流继电器因处于正常负荷电流下，不会误动作。但低电压继电器返回，其触点闭合，启动中间继电器 KM，其触点闭合发出电压回路断线信号。

当变压器过负荷时，电流继电器可能动作。但此时低电压继电器感受的是正常工作电压而启动，其触点断开，中间继电器 KM 不启动，将保护装置闭锁不会误动作。

当外部故障切除后电动机自启动时，低电压继电器将可靠启动，通过 KM 将保护闭锁，自启动过程结束，变压器通过正常负荷电流，电流继电器会自动返回。

在保护装置的实际接线中，升压变压器往往采用两套低电压继电器，分别接在变压器高、低压侧电压互感器的线电压上，并将其触点并联，然后再与电流继电器的触点相串联，启动出口继电器。这样，当变压器任一侧发生短路时，其灵敏系数都能满足要求。

2. 复合电压启动过电流保护

复合电压启动过电流保护原理接线如图 7-49 所示。由图可见，三个电流继电器 KA1~KA3 分别接于三相电流，其启动电流按躲开变压器的额定电流整定。负序电压继电器由负序电压滤过器和过电压继电器 KV1 组成，KV1 的动作电压按躲开正常运行时的最大不平衡电压整定，根据运行经验，取

$$U_{\text{2dz}} = (0.06 \sim 0.12)U_{\text{N}} \tag{7-11}$$

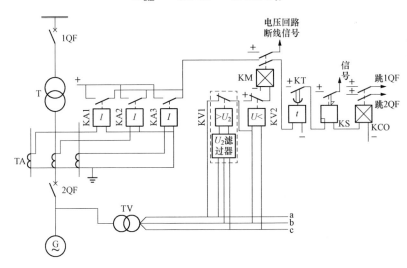

图 7-49　复合电压启动过电流保护原理接线图

低电压继电器 KV2 接于 TV 二次侧的线电压 U_{ac}，其动作电压的整定条件与低电压启动过电流保护相同。

当变压器内部或外部发生对称短时，由 TA 传感三相对称短路电流，使电流继电器 KA1~KA3 启动，其触点闭合。由 TV 传感三相电压降低，使低电压继电器 KV2 返

回，其触点闭合，启动中间继电器 KM，KM 的下面一对触点闭合将保护解锁，启动时间继电器 KT。经一定延时，若变压器的主保护拒动，则启动信号继电器 KS 发信号，同时启动出口继电器 KCO，跳开变压器两侧断路器 1QF、2QF。

当变压器内部或外部发生不对称短路时，由 TV 传感负序过电压，经 U_2 滤过器使负序过电压继电器启动，KV1 的动断触点断开，使得低电压继电器 KV2 失电返回，其触点闭合，启动中间继电器 KM 将保护解锁。由 TA 传感不对称短路电流使故障相的电流继电器动作，其触点闭合，正电源通过电流继电器的触点和中间继电器的触点接通时间继电器 KT，使之启动。经一定延时，若变压器的主保护拒动，则启动信号继电器 KS 发信号，同时启动出口继电器 KCO，跳开变压器两侧断路器 1QF、2QF。

与低电压启动的过电流保护相比，复合电压启动的过电流保护具有如下优点：

（1）对不对称短路的灵敏系数较高。这是由于负序电压继电器的整定值很低，而不对称短路时可出现较高的负序电压，使之灵敏动作。

（2）在变压器高压侧发生不对称短路时，负序电压继电器的灵敏系数与变压器的接线方式无关。

（3）在变压器内部或外部发生对称短路时，由于瞬间出现的负序电压使负序电压继电器启动、触点打开，从而使低电压继电器失电返回、触点闭合。在负序电压消失后，只要线电压 U_{ac} 低于低电压继电器的启动电压，低电压继电器将不会启动。低电压继电器的启动系数 $K_q = 1.15 \sim 1.2$，实际上相当于将灵敏系数提高了 K_q 倍。

由于复合电压启动的过电流保护具有以上优点，所以得到广泛应用。

五、变压器的零序保护

大电流接地系统中的变压器上一般应装设反应接地短路故障的零序保护，作为变压器主保护的后备保护和相邻元件接地短路的后备保护。

1. 变压器的零序电流保护

如果变压器中性点接地运行，其零序保护一般采用零序电流保护，保护接于中性点引出线的电流互感器上。零序电流保护的原理接线图如图 7 - 50 所示。当大电流接地系统中发生接地故障时，变压器的中性线中有零序电流通过，由零序电流互感器 TA0 传感，零序电流继电器 KA0 动作，启动时间继电器 KT。经一定延时后，若变压器的主保护拒动，则启动信号继电器 KS 发信号，同时启动出口继电器 KCO，跳变压器两侧的断路器 1QF、2QF。保护的动作电流接照与母线上引出线的零序电流后备保护灵敏系数相配合的条件来整定，即

$$I_{0dz} = K_{ph} K_{fx} I_{0dzl} \tag{7 - 12}$$

式中　I_{0dz}——变压器零序保护的动作电流；

　　　K_{ph}——配合系数，取 1.1～1.2；

　　　K_{fx}——零序电流分支系数，它等于引出线零序电流保护后备段保护范围末端接地短路时，流过本保护的零序电流与流过线路零序电流保护的零序电流之比；

　　　I_{0dzl}——引出线零序电流后备保护的动作电流。

保护的灵敏系数按后备保护范围末端接地短路校验，其值应不小于 1.2。保护的动作时限与引出线零序电流后备保护的时限相配合。

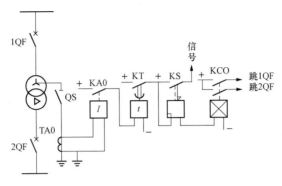

图 7 - 50　变压器零序电流保护原理接线图

2. 分级绝缘变压器的零序保护

在火电厂有两台以上变压器并列运行时，通常只有部分变压器中性点接地，而另一部分变压器中性点不接地，而在中性点不接地的变压器上无法采用零序电流保护。当母线或线路上发生接地短路时，若故障元件的保护拒绝动作，则中性点接地变压器的零序电流保护动作将中性点接地的变压器切除，中性点不接地的变压器仍然带故障运行，这将会产生危险的过电压。全绝缘变压器允许短时间承受这一故障，但分级绝缘变压器的绝缘将因此遭到破坏。为此，在中性点可能接地或不接地运行的变压器上，应在零序电流保护的基础上另加一套零序电压保护，以便在变压器不接地运行时也能反映其接地故障。即在发生接地短路故障时，对分级绝缘的变压器，保护动作后，应先断开中性点不接地的变压器，后断开中性点接地的变压器，以防止不接地变压器因过电压而遭受损坏。

分级绝缘变压器零序保护的原理接线如图 7 - 51 所示，保护由零序电流保护和零序电压保护两部分组成。

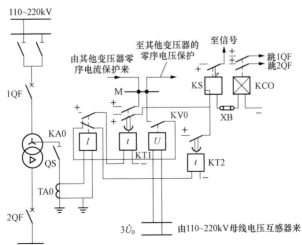

图 7 - 51　分级绝缘变压器零序保护原理接线图

正常运行时，无零序电流和零序电压，电流继电器 KA0 和电压继电器 KV0 均不动作。

系统发生接地短路时，母线电压互感器的开口三角形侧出现 $3U_0$，中性点接地变压器的中性线流过 $3I_0$。电流继电器 KA0 动作，其常开触点闭合，启动时间继电器 KT1，KT1 的瞬动触点立即闭合，将"＋"电源加到小母线 M 上，从而使中性点不接地的变压器的零序电压保护回路与"＋"电源接通。不接地变压器的 KA0 中无电流通过，因而不动作，其动断触点仍接通。由于出现 $3U_0$ 使电压继电器 KV0 动作，其常开触点闭合。于是由中性点接地保护送来的正电源，经过 KV0 的常开触点、KA0 的常闭触点启动时间继电器 KT2，经一定延时后，启动 KS 发信号，启动出口继电器 KCO，先跳开中性点不接地变压器两侧的断路器。若接地短路故障未消失，则中性点接地变压器的 KA0 的常开触点继续闭合，经过一段延时后，KT1 的延时触点闭合（KT1 的延时大于 KT2 的延时），启动 KS 发信号，启动 KCO 跳开中性点接地变压器。

六、变压器的过激磁保护

1. 变压器过激磁的产生及其危害

变压器感应电压表达式为

$$U = 4.44fNBS \qquad (7-13)$$

式中 f——工作频率；

     N——绕组匝数；

     B——工作时的磁通密度；

     S——铁心截面积。

变压器的绕组匝数 N 及铁心截面积 S 都是常数。令 $K=1/4.44NS$，则变压器的磁通密度为

$$B = K\frac{U}{f} \qquad (7-14)$$

即工作磁通密度与电压和频率的比值成正比。变压器在运行中，因电压升高或频率降低，将导致变压器的铁心严重饱和、损耗增大，磁通密度超过额定磁通密度，即产生了过激磁。对于连接到高压供电系统的变压器，正常运行时具有恒定的电压和频率，即使在负荷变动时，电压和频率变化的幅度也不大，故出现过激磁的机会较少。但是由于系统解列甩负荷、发电机强行励磁、变压器分接头使用不当以及铁心谐振过电压等原因，都可能引起变压器过激磁。

对于某些大型变压器，当工作磁通密度达到额定值的 1.3～1.4 倍时，励磁电流的有效值可达到额定负荷电流值。由于过激磁时，电流中含有大量的高次谐波分量，而铁心及金属构件的涡流损耗与频率的平方成正比。因此过激磁电流的热效应大于基波电流的热效应，这将会加速绝缘老化、缩短变压器的使用寿命，最后导致故障发生。因此，近年来在超高压系统中的变压器上已普遍装设过激磁保护。

2. 变压器的过激磁保护

变压器的过激磁倍数为

$$n = \frac{B}{B_N} \qquad (7\text{-}15)$$

式中　B_N——额定工作磁通密度；

　　　B——实际工作磁通密度。

因 $B = K\dfrac{U}{f}$，故

$$n = \frac{U/U_N}{f/f_N} = \frac{U_*}{f_*} \qquad (7\text{-}16)$$

即过激磁倍数等于电压标幺值 U_* 与频率标幺值 f_* 之比。变压器过激磁保护的原理方框图如图 7-52 所示。图中 TV 为中间电压变换器，其输出端接 R、C 串联回路。电容 C 两端的电压 U_C 经整流、滤波后接执行元件。设中间电压变换器变比为 n_{TV}，则电容 C 两端的电压为

$$U_C = \frac{U}{n_{TV}\sqrt{(2\pi fCR)^2 + 1}} \qquad (7\text{-}17)$$

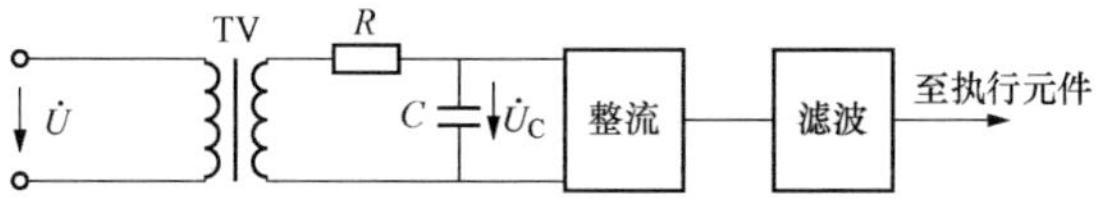

图 7-52　变压器过激磁保护原理方框图

选择 R、C 的参数，使 $(2\pi fCR)^2 \gg 1$，并令 $K_1 = \dfrac{1}{n_{TV}2\pi RC}$，则有

$$U_C = K_1\frac{U}{f} \qquad (7\text{-}18)$$

即 U_C 的大小正比于 U/f。当 U_C 达到整定值时，执行元件动作，经延时动作于信号或按反时限动作于跳闸。

第四节　电动机的继电保护

一、电动机的故障和异常类型及其保护方式

电动机的主要故障类型有定子绕组的相间短路、单相接地及绕组匝间短路。定子绕组相间短路会造成严重后果，因此容量小于 2000kW 的电动机应装设电流速断保护；容量为 2000kW 及以上的电动机，当装设电流速断保护灵敏度不能满足要求时，应装设纵差动保护。当接地电容电流大于 5A 时，应装设零序电流保护；接地电容电流为 10A 以上时，零序电流保护一般动作于跳闸；接地电容电流为 10A 以下时，零序电流保护可动作于跳闸或信号。电动机不单独设绕组匝间短路保护。

电动机的异常工作状态主要是过负荷，因此应设过负荷保护，保护带时限动作于信号或跳闸。

二、电动机的电流速断保护

电压在 500V 及以下的电动机，优先采用熔断器作为保护装置。电压在 500V 以上的电动机，如果熔断器能够断开短路电流时，也可以采用熔断器作为高压电动机的保护装置；但采用熔断器不能满足要求时，可采用瞬时动作的电流速断保护。保护装置应装设在靠近开关的地方，以使其保护范围能包括开关与电动机间的电缆引线；实现对电动机的保护可以利用直接作用的一次式继电器或间接作用的二次式继电器，并且应该尽量采用交流操作；由于电动机的供电网络属于小电流接地系统（500V 以上电压的网络），因此应该采用两相式保护的接线。如果被保护的电动机在机械方面不可能有过负荷的情况，则电流速断保护可以利用瞬时动作的电流继电器来构成，其接线如图 7 - 53（a）所示；而如果电动机可能过负荷，一般应装设反时限电流继电器，此时利用其速断部分来反应相间短路，而利用其反限时部分来反映过负荷，其接线如图 7 - 53（b）所示。

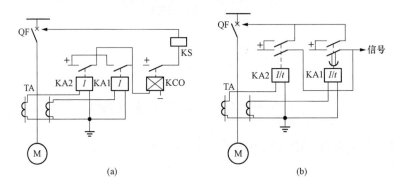

图 7 - 53　电动机电流速断保护原理接线图
（a）用瞬时动作的电流继电器构成；（b）用反时限过电流继电器构成

电动机电流速断保护的动作电流，应按照下列原则整定：

（1）躲开供电网络为全电压和转子回路中启动电阻 $R_\text{S} = 0$（对绕线式电动机而言）时，电动机的启动电流。

（2）躲开在供电网络中发生故障的瞬间，由电动机供给电网的冲击电流。

三、电动机的纵差动保护

在具有六个引出端的大容量电动机上（2MW 以上），应采用纵差动保护作为电动机的主保护。电动机的纵差动保护比电流速断保护具有更高的灵敏度。当电流互感器的容量按 10% 误差曲线选择时，纵差动保护装置的动作电流约为

$$I_\text{dz} = (1.5 \sim 2) I_\text{N} \tag{7 - 19}$$

电动机纵差动保护原理接线如图 7 - 54 所示，在中性点非直接接地的系统中，电动机的纵差动保护采用两相式接线，当电动机内部或出线发生相间短路时，由 TA1、TA2 传感的差动电流，使差动电流继电器 KA1、KA2 动作，启动出口继电器 KCO 跳开断路器 QF。

四、电动机的零序电流保护

在中性点非直接接地电网中的高压电动机，其容量小于 2MW 而接地电容电流大于 10A，或容量等于 2MW 及其以上而接地电容电流大于 5A 时，应装设零序电流保护，并瞬时动作于断路器跳闸。

电动机的零序电流保护原理接线图如图 7-55 所示。保护装置由一环形导磁体的零序电流互感器和一个电流继电器构成，保护的动作电流按照大于电动机的对地电容电流整定，即

$$I_{dz} = K_K \cdot 3I_0 \qquad (7-20)$$

式中　K_K——可靠系数，取 4～5；

　　　　$3I_0$——外部发生接地故障时，被保护电动机的接地电容电流。

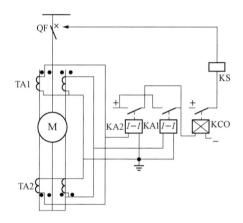

图 7-54　电动机纵差动保护原理接线图

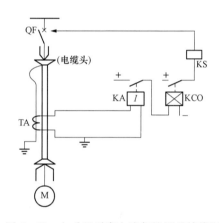

图 7-55　电动机零序电流保护原理接线图

五、电动机的过负荷保护

电动机的过负荷分为短时过负荷和稳定性过负荷的两种。

电动机正常启动或自启动时会引起短时过负荷，当达到额定转速后便自行消失。只有当电动机启动时间被拖延得很长，或当自启动时由于机械制动力矩较大而启动不起来时，才会对电动机有危害。其他情况下的过负荷大都是稳定性的。只有稳定性过负荷才对电动机有危害。

电动机的过负荷能力通常用过电流倍数与其允许通过时间的关系来表示，根据经验和国内通用的情况，两者呈反时限的关系，如图 7-56 的曲线 4 所示。

根据电动机的工作条件，考虑装设过负

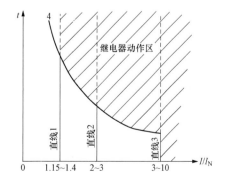

图 7-56　电动机过负荷倍数与
允许时间的关系曲线

荷保护的原则如下：

（1）在不遭受工艺过负荷（例如循环水泵、给水泵等）、启动和自启动条件较好的电动机上，不装设过负荷保护；

（2）在可能遭受工艺过负荷（例如磨煤机、碎煤机等）、不允许自启动的电动机上应装设过负荷保护；

（3）在不能保证电动机自启动时，或不停止电动机就不能从机械上消除工艺过负荷时，过负荷保护应动作于跳闸。

在构成电动机的过负荷保护时，既要考虑电动机不允许的过负荷，又要考虑原有负荷和周围介质温度的条件，并充分利用电动机的过负荷特性，使过负荷保护的时限特性最好和电动机的过负荷特性相一致，并比它稍低一些。按照这一要求，过负荷保护通常可以由反时限过电流继电器来构成。

利用反时限过电流继电器构成过负荷保护的优点是运行简单，选择较容易，特性易于调整，因此它得到了广泛的应用。

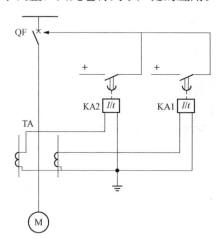

图 7 - 57 电动机过负荷保护的原理接线图

采用反时限过电流继电器构成的电动机过负荷保护的原理接线图如图 7 - 57 所示。

电动机的过负荷保护的动作电流按躲开电动机的额定电流整定

$$I_{dz} = K_K I_N / K_h \qquad (7 - 21)$$

式中　K_K——可靠系数，当保护动作于信号时，取 $K_K = 1.05$；当动作于跳闸时，取 $K_K = 1.1 \sim 1.2$；

　　　K_h——继电器返回系数，取为 $0.8 \sim 0.9$；

　　　I_N——电动机额定电流（一次侧）。

电动机过负荷保护的动作时限应大于电动机带负荷启动的时间，一般可选取 $10 \sim 15s$。

第五节　输电线路的高频保护

一、高频保护的作用及分类

1. 高频保护的作用

对于 220kV 及以上的输电线路，为了缩小其故障造成的损坏程度，满足系统运行稳定性的要求，常常要求线路两侧瞬时切除被保护线路上任何一点故障，即要求继电保护能实现全线速动。因此，为快速切除 220kV 及以上输电线路的故障，在纵差动保护原理的基础上，利用输电线路传递代表两侧电量的高频信号，以代替专用的辅助导线，就构成了高频保护。

在高频保护中，为了实现被保护线路两侧电量（如短路功率方向、电流相位等）的比较，必须把被比较的电量转变为便于传递的高频信号，然后通过高频通道自线路的一侧传送到线路的另一侧去进行比较。高频通道的形式较多，其中最常用的是载波通道，即利用输电线路传送频率很高的载波信号。因为载波频率低于 30kHz 时干扰太大，高频阻波器制造困难，而高于 500kHz 时能量衰耗太大。目前所使用的载波频率一般为 30~500kHz。高频保护具有如下特点：

（1）在被保护线路两侧各装半套高频保护，通过高频信号的传送和比较，以实现保护的目的。它的保护范围只限于本线路，在参数选择上不需要与相邻线路的保护相配合，因此可瞬时切除被保护线路上任何一点的故障。

（2）高频保护不能反映被保护线路以外的故障，故其不能作下一段线路的后备保护，所以还需装设其他保护，如距离保护，作为本线路及下一段线路的后备保护。

（3）选择性好，灵敏度高，广泛用作 220kV 及以上输电线路的主保护。

（4）保护因有收、发信机等部分，接线比较复杂，价格比较昂贵。

2. 高频保护的分类

高频保护按比较信号的方式可分为直接比较式高频保护和间接比较式高频保护两类。

（1）直接比较式高频保护是将两侧的交流电量经过转换后直接传送到对侧去，装在两侧的保护装置直接对交流电量进行比较。如电流相位比较式高频保护，简称相差动高频保护。

（2）间接比较式高频保护是两侧保护设备各自只反映本侧的交流电量，而高频信号只是将各侧保护装置对故障判断的结果传送到对侧去。线路每一侧的保护根据本侧和对侧保护装置对故障判断的结果进行间接比较，确定应否跳闸。这类高频保护有高频闭锁方向保护、高频闭锁距离保护等。

二、高频通道的构成

高频通道就是指高频电流流通的路径，用来传送高频信号电流。目前广泛采用的是输电线路载波通道，也采用微波通道或光纤通道。

高压输电线路的主要用途是输送工频电流。当它用来作高频载波通道时，必须在输电线路上装设专用的加工设备，即在线路两端装设高频耦合和分离设备，将同时在输电线路上传输的工频和高频电流分开，并将高频收发信机与高压设备隔离，以保证二次设备和人身安全。利用输电线路构成的高频通道的方式为相-地制，即利用输电线路的一相和大地作为高频通道，这种通道所需连接设备少，比较经济，因而得到广泛的应用。

相-地制高频载波通道的构成如图 7-58 所示，其中各主要元件的作用为：

1. 阻波器

阻波器由电感和电容组成，并在载波工作频率下并联谐振，因而对高频载波电流呈现的阻抗很大（约大于 1000 Ω）；对工频电流呈现的阻抗很小（约小于 0.04 Ω），因此不影响工频电流的传输。

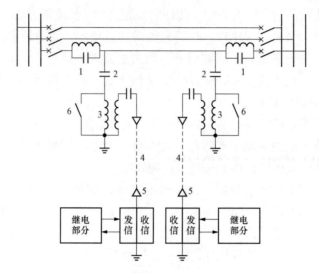

图 7-58　相-地制高频载波通道的原理接线图

1—阻波器；2—结合电容器；3—连接滤波器；

4—高频电缆；5—高频收、发信机；6—接地开关

2. 结合电容器

结合电容器是高压输电线路和通信设备之间的耦合元件。由于它的电容量很小，所以对工频呈现很大的阻抗，可防止工频高压对高频收发信机的侵袭；但对高频呈现的阻抗很小，不妨碍高频电流的传送。另外，结合电容器还与连接滤波器组成带通滤波器。

3. 连接滤波器

它由一个可调节的空心变压器和电容器组成，改变电容或变压器抽头，即可达到两侧阻抗匹配，使其在载波工作频率下，传输功率最大。

4. 高频电缆

它将位于集控室内的收、发信机与位于高压配电装置中的连接滤波器连接起来。因为工作频率很高，如果高频电缆使用普通电缆将引起很大衰减，因此一般采用单芯同轴电缆。

5. 高频收、发信机

它的作用是发送和接收高频信号。通常两侧发信机发出的频率相同，收信机同时收到本侧和对侧发信机发出的信号，这种方式叫做单频制。

6. 接地开关

它的作用是在检修或调整收、发信机及连接滤波器时进行安全接地。

三、相差动高频保护

1. 相差动高频保护的基本原理

相差动高频保护利用高频电流信号比较被保护线路两端电流相位的原理，如图 7-59所示为相差动高频保护工作原理示意图。

设电流从母线流向线路为正，由线路流向母线为负。被保护线路内部短路时，如图 7 - 59（b）所示，两端电流 $\dot{I}_{k1 \cdot A}$ 与 $\dot{I}_{k1 \cdot B}$ 都从母线流向线路，同时为正方向。即 $\dot{I}_{k1 \cdot A}$ 与 $\dot{I}_{k1 \cdot B}$ 同相，相位差 $\varphi = 0°$，两端保护动作，跳开断路器。而当外部短路时，如图 7 - 59（c）所示，$\dot{I}_{k2 \cdot A}$ 从母线流向线路为正，$\dot{I}_{k2 \cdot B}$ 从线路流向母线为负，相位差 $\varphi = 180°$，两端保护不动作。

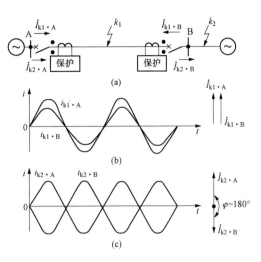

图 7 - 59　相差动高频保护工作原理示意图
（a）接线示意图；（b）内部短路；（c）外部短路

相差动高频保护的高频信号可以按允许信号和闭锁信号两种方式工作，我国目前广泛采用按闭锁方式工作的相差动高频保护：在工频电流的正半波，操作发信机发高频信号；在工频电流的负半波，使发信机停止发信。

相差动高频保护动作的原理说明如图 7 - 60 所示。当线路外部故障时，两端工频操作电流相位相反，如图 7 - 60 中 a 和 b 所示。各端发信机均在工频操作电流正半波时发信，在负半波时停信，如 c 和 d 所示，因而两端收信机均收到连接不断的信号，如 e 所示。由于高频信号在传输过程中有衰耗，故收信机收到对侧发来信号的幅值要小一些。此时收信机输出电流为零，如 f 所示。因两侧继电器线圈中均无电流通过，故保护不动作。

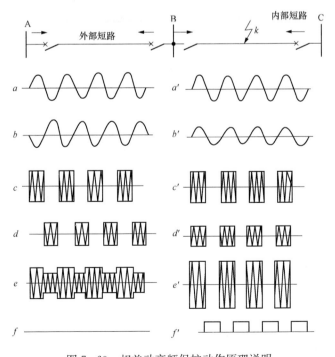

图 7 - 60　相差动高频保护动作原理说明

当线路内部故障时，两端工频操作电流相位相同，如图 7 - 60 中 a' 和 b' 所示。两端发信机均在工频操作电流正半波时发信，在负半波时停信，如 c' 和 d' 所示。两端收信机收到断续信号，如 e' 所示。此时收信机输出断续的电流方波，如 f' 所示。该方波电流经加工后使两侧继电器线圈中有电流通过，故保护动作。

2. 相差高频保护原理接线图

相差高频保护可用各种硬件如机电式、晶体管式、集成电路式和微机式等做成，其基本原理相同。用机电式继电器组成的相差高频保护原理接线图如图 7 - 61 所示，其主要构成有启动元件、操作元件和电流相位比较元件。

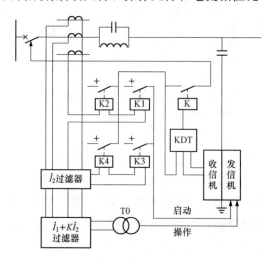

图 7 - 61　相差高频保护原理接线图

（1）启动元件由电流继电器 K1～K4 组成，其中 K1 和 K2 接于一相电流，作为三相短路的启动元件；K3 和 K4 接于负序电流过滤器，作为不对称短路的启动元件。K1 和 K3 整定的比较灵敏，动作后去启动发信机，K2 和 K4 则整定的不太灵敏，动作后开放相位比较回路 KDT，并准备好经过继电器 K 的触点去跳闸。此外，当相电流启动元件的灵敏度不能满足要求时，也可以采用低电压或低阻抗继电器来实现启动。在微机保护中则可采用相电流突变量或相电流差突变量作为启动量。

（2）操作（控制）元件由 $\dot{I}_1 + K\dot{I}_2$ 的复合过滤器和操作互感器 T0 组成，复合过滤器将三相电流复合成一个单相电流，它能够正确地反应各种故障。过滤器输出的电流经过 T0 变成电压方波去操作（控制）发信机，使它在正半波时发出高频信号，负半波时不发信号。因此，实际上在高频保护中进行相位比较的就是这个复合以后的电流（$\dot{I}_1 + K\dot{I}_2$）。

（3）电流相位比较元件用 KDT 表示。当线路内部故障时，两端工频操作电流相位相同，两端收信机收到断续信号，使收信机输出断续的电流方波，该方波电流经 KDT 加工后使两侧继电器 K 线圈中有电流通过，此时启动元件 K2（或 K4）都已启动，因此保护装置即可瞬时动作于跳闸。

四、高频闭锁方向保护

高频闭锁方向保护是利用高频信号比较线路两端功率方向，进而决定其是否动作的一种保护。保护采用故障时发信方式，并规定线路两端功率由母线指向线路为正方向，由线路指向母线为负方向。当系统发生故障时，若功率方向为负，则高频发信机启动发信；若功率方向为正，则高频发信机不发信。

如图 7 - 62 所示，线路 k 点发生短路时，通过故障线路两端的功率方向均为正，两端发信机都不发信，保护3、4分别动作于跳闸，切除故障线路；此时通过非故障线路近故障点端保护2、5的功率方向为负，该端发信机发出高频信号，送到线路对端，将保护1、6闭锁。因为高频信号起闭锁保护的作用，故这种保护称为高频闭锁方向保护。

高频闭锁方向保护利用非故障线路的一端发出闭锁该线路两端保护的高频信号，而故障线路两端不需要发出高频闭锁信号，这样就可以保证在内部故障并伴随高频通道破坏时（例如通道所在的一相接地或断线），保护装置仍然能够正确地动作，这是它的主要优点，也是它得到广泛应用的主要原因。

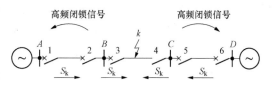

图 7-62　高频闭锁方向保护原理说明图

如图 7-63 所示是用机电式继电器实现的高频闭锁方向保护原理接线图。该图为被保护线路一端的半套高频闭锁方向保护的原理接线图，另一端的半套保护与此完全相同。保护装置由以下主要元件组成：

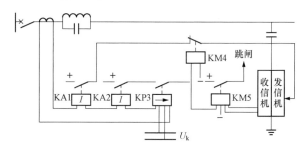

图 7-63　高频闭锁方向保护的原理接线图

（1）启动元件 KA1 和 KA2，二者灵敏度不同，灵敏度较高的启动元件 KA1，只用来启动高频发信机，发出闭锁信号，而灵敏度较低的启动元件 KA2 则用于准备好跳闸的回路。

（2）功率方向元件 KP3，用以判别短路功率的方向。

（3）中间继电器 KM4，用于在内部故障时停止发出高频闭锁信号。

（4）带有工作线圈和制动线圈的极化继电器 KM5，用以控制保护的跳闸回路。

在正方向短路时，KM5 的工作线圈由线路本端保护的启动元件 KA2 和方向元件 KP3 动作后供电，制动线圈在收信机收到高频闭锁信号时，由高频电流整流后供电。极化继电器 KM5 当只有工作线圈中有电流而制动线圈中无电流时才动作，而当制动线圈有电流或两个线圈同时有电流时均不动作。这样，就只有在内部故障、两端均不发送高频闭锁信号的情况下，KM5 才能动作。

现将发生各种故障时，保护的工作情况分述如下：

（1）外部故障。如图 7-62 所示保护 1 和 2 的情况，在 A 端的保护 1 功率方向为正，在 B 端的保护 2 功率方向为负。此时，两侧的启动元件 KA1 均动作，经过 KM4 的常闭接点将启动发信机的命令加于发信机上。发信机发出的闭锁信号一方面被自己的收信机所接收，另一方面经过高频通道，被对端的收信机接收。当收到信号后，KM5

的制动线圈中有电流，即把保护闭锁。此外，启动元件 KA2 也同时动作，闭合其接点，准备了跳闸回路。在短路功率方向为正的一端（保护 1），方向元件 KP3 动作，于是 KM4 启动，使其常闭接点断开，停止发信，同时给 KM5 的工作线圈中加入电流。在方向为负的一端（保护 2），方向元件不动作，发信机继续发送闭锁信号。在这种情况下，保护 1 的 KM5 中的两个线圈均有电流，而保护 2 的 KM5 中只有制动线圈有电流。如上所述，两个继电器均不能动作，保护就一直被闭锁。待外部故障切除、启动元件返回以后，保护即恢复原状。

（2）内部故障。两端供电的线路内部故障时，两端的启动元件 KA1 和 KA2 均动作，其作用同上。之后两端的方向元件 KP3 和 KM4 也动作，即停止了发信机的工作。这样 KM5 中就只有工作线圈中有电流。因此，它们能立即动作，分别使两端的断路器跳闸。

第八章

火电厂电气设备的控制与信号

第一节 断路器的控制

一、断路器的控制开关

火电厂和变电所中，用于强电一对一控制的控制开关多采用 LW2 系列万能密闭转换开关。该系列开关除了在各种开关设备的控制回路中用做控制开关外，还在各种测量仪表、信号、自动装置及监察装置等回路中用做转换开关。LW2 系列不同用途的开关，外形和基本结构相同，其中 LW2-Z 型控制开关的外形如图 8-1 所示，其结构包括操作手柄、面板、触点盒、主轴、定位器、限位机构及自复机构等。

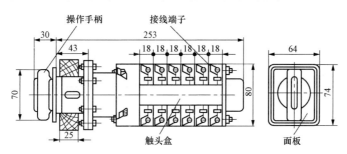

图 8-1 LW2-Z 型控制开关外形图

在控制室中，控制开关安装在控制屏上，操作手柄及面板装于屏前，其余装于屏内。触点盒一般有数节，装于转轴上；每节触点盒都有 4 个定触点和一副动触片；4 个定触点分布在触点盒的 4 角，并引出接线端子，端子上有触点号；手柄通过主轴与触点盒连接。手柄操作为旋转式，定位器用来使手柄固定位置，可以每隔 90°或者 45°设一个定位；限位机构用来限制手柄的转动；自复机构使手柄能自动从某个操作位置回复到原来的固定位置。

由于动触片的凸轮与簧片的形状及安装位置不同，可构成不同型式的触点盒，分别用代号 1、1a、2、4、5、6、6a、7、8、10、20、30、40、50 表示。其中 1、1a、2、4、5、6、6a、7、8 型的动触片紧固在轴上，随轴一起转动；10、40、50 型的动触片有 45°的自由行程，20 型的动触片有 90°的自由行程，30 型的动触片有 135°的自由行程。当手柄转动在其自由行程内时，动触片可以保持在其原来位置上不动。每个控制、转换开关上所装触点盒的型式及节数可根据需要进行组合，所以称"万能转换开关"。

LW2 系列开关的型号含义如下：

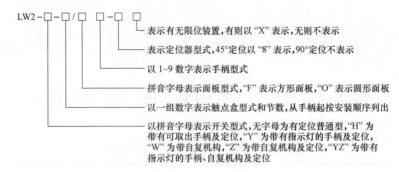

例如常用的 LW2 - Z - 1a、4、6a、40、20、20/F8 型控制开关，表示带自复机构及定位、6 节触点盒、方形面板和 8 型手柄。该型控制开关的手柄有两个固定位置（垂直和水平）及两个自动复归位置（由垂直位置顺时针转 45°和由水平位置逆时针转 45°）。

二、对断路器控制回路的要求和分类

1. 对断路器控制回路的要求

断路器的控制回路随着断路器的型式、操动机构的类型及运行方式有所不同，但其接线和对控制回路的要求基本相同。

（1）应能用控制开关进行手动合、跳闸，且能由自动装置和继电保护实现自动合、跳闸。

（2）应能在合、跳闸动作完成后迅速自动断开合、跳闸回路。

（3）应有反映断路器位置状态（手动及自动合、跳闸）的明显信号。

（4）应有防止断路器多次合、跳闸的"防跳"装置。

（5）应能监视控制回路的电源及其合、跳闸回路是否完好。

2. 断路器控制分类

（1）按监视方式分类。控制回路按监视方式可分为：灯光监视的控制回路，多用于中、小型火电厂和变电所；音响监视的控制回路，常用于大型火电厂和变电所。

（2）按电源电压分类。控制回路按电源电压可分为：强电控制，直流电压为 220V 或 110V；弱电控制，直流电压一般为 48V。

DL/T 5136—2001《火力火电厂、变电所二次接线设计技术规程》规定："火电厂主控制室电气元件的控制宜采用强电接线，信号系统可采用强电或弱电接线；单元控制室电气元件的控制应采用强电控制或分散控制系统控制，信号系统可采用强电、弱电接线或进入分散控制系统；电力网络部分的电气元件的控制宜采用计算机监控或强电控制接线，信号系统宜采用计算机监控系统或强电、弱电接线。220kV 枢纽变电所、330～500kV 变电所宜采用计算机监控，也可采用强电控制。"因此，本节以讲述强电控制为主。

三、灯光监视的断路器控制和信号回路

灯光监视的断路器（带电磁操动机构）控制和信号回路如图 8 - 2 所示。因电磁操

动机构的合闸电流很大，可达几十到几百安，而控制开关的触点只允许几安电流，不能用来直接接通合闸电流，所以该回路中设有合闸接触器 KM，合闸时由 KM 去接通合闸电流。灯光监视的断路器工作原理如下。

（1）手动合闸。合闸操作前，控制开关 SA 的手柄在"跳闸后"位置（水平），断路器 QF 在跳闸状态。此时，触点 SA（11 - 10）、QF1 闭合，下述回路接通

$$+ \to FU1 \to SA(11 - 10) \to HG \to QF1 \to KM \to FU2 \to -$$

绿灯 HG 发平光表明：①QF 在跳闸位置；②熔断器 FU1、FU2 及合闸回路完好，起到监视熔断器及合闸回路作用。此时，合闸接触线圈 KM 中虽有电流流过，但由于 HG 电阻及其附加电阻的限流作用，使得 KM 不足以启动，故断路器不会合闸。手动合闸操作分以下 3 步进行。

1）将 SA 的手柄顺时针转 90° 至"预备合闸"位置。此时触点 SA（9 - 10）闭合，将绿灯 HG 回路改接到闪光小母线 M100（＋）上，下述回路接通

$$M100(+) \to SA(9 - 10) \to HG \to QF1 \to KM \to FU2 \to -$$

闪光装置启动，绿灯 HG 发出闪光。表明：①预备合闸，提醒操作人员核对所操作的 QF 是否有误（这时 QF 仍在跳闸位置）；②合闸回路仍完好。

2）将 SA 的手柄再顺时针转 45° 至"合闸"位置。此时触点 SA（5 - 8）、SA（13 - 16）闭合，且防跳继电器 KCF 未启动，其触点 KCF2 闭合。下述回路接通

$$+ \to FU1 \to SA(5 - 8) \to KCF2 \to QF1 \to KM \to FU2 \to -$$

控制回路电压几乎全部加到 KM 上，使得 KM 启动，它的两副常开触点接通合闸线圈 YC 回路，YC 启动，操动机构使 QF 合闸。当 QF 完成合闸动作后，其辅助触点 QF1 断开，自动切断 KM 和 YC 的电流。同时 QF2 闭合，使下述红灯 HR 回路接通

$$+ \to FU1 \to SA(13 - 16) \to HR \to KCFI \to QF2 \to YT \to FU2 \to -$$

此时 HG 因 QF1 断开而熄灭（不是由于被短接，因为在"预合"和"合闸"时 HG 回路均与正极脱离），HR 发平光，表明 QF 已合上。

3）将 SA 手柄松开，手柄自动返回到"合闸后"位置（垂直）。这时触点 SA（5 - 8）断开，防止因 QF1 失灵而使控制电流长期流过 KM 及 YC。SA（13 - 16）仍接通，HR 保持平光。表明：①QF 在合闸位置；②熔断器 FU1、FU2 及跳闸回路完好，起到监视熔断器及跳闸回路作用。此时，由于 HR 电阻及其附加电阻的限流作用，使通过防跳继电器电流线圈 KCFI 及跳闸线圈 YT 的电流也不足以使它们动作。

（2）手动跳闸。跳闸操作前，控制开关 SA 的手柄在"合闸后"位置（垂直），断路器 QF 在合闸状态。此时，触点 SA（13 - 16）、QF2 闭合，HR 发平光，跳闸回路完好。

手动跳闸操作与手动合闸操作完全相似，分以下 3 步进行。

1）将 SA 的手柄逆时针转 90° 至"预备跳闸"位置。此时触点 SA（13 - 14）闭合，将红灯 HR 回路改接到闪光小母线 M100（＋）上，下述回路接通

$$M100(+) \to SA(13 - 14) \to HR \to KCFI \to QF2 \to YT \to FU2 \to -$$

闪光装置启动，红灯 HR 发出闪光。表明①预备跳闸，提醒操作人员核对所操作的

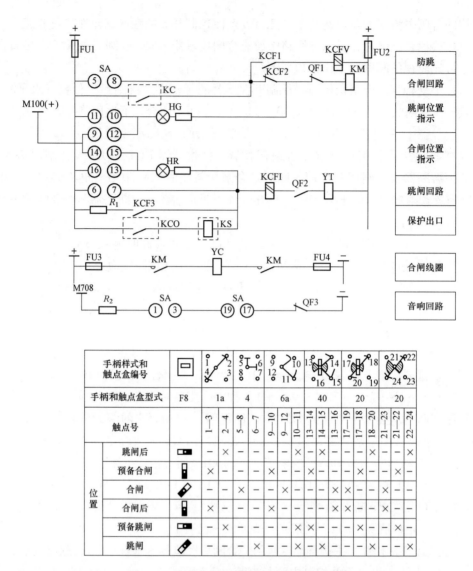

图 8-2　灯光监视的断路器控制和信号回路

注：表中"×"表示控制开关 SA 的该对触点闭合。

FU1～FU4—熔断器；KCFV、KCFI—防跳继电器电压、电流线圈；QF1、QF2、QF3—断路
器 QF 的辅助触点；SA—控制开关；KC—自动装置的中间继电器触点；HG—带电阻的绿色
信号灯（简称绿灯）；HR—带电阻的红色信号灯（简称红灯）；R_1、R_2—电阻；KCO、KS—保护
出口继电器触点及信号继电器；KM—合闸接触器；YC—合闸线圈；YT—跳闸线圈

QF 是否有误（这时 QF 仍在合闸位置）；②跳闸回路仍完好。

2）将 SA 的手柄再逆时针转 45°至"跳闸"位置。此时触点 SA（6-7）、SA（10-11）闭合。下述回路接通

$$+ \to FU1 \to SA(6\text{-}7) \to KCFI \to QF2 \to YT \to FU2 \to -$$

控制回路电压几乎全部加到 KCFI 和 YT 上，KCFI 和 YT 均启动，操动机构使 QF 跳闸。当 QF 完成跳闸动作后，QF2 断开，自动切断 KCFI 和 YT 的电流。同时 QF1 闭

合，使下述绿灯 HG 回路接通

$$+ \rightarrow FU1 \rightarrow SA(11\text{-}10) \rightarrow HG \rightarrow QF1 \rightarrow KM \rightarrow FU2 \rightarrow -$$

此时 HR 熄灭，HG 发平光，表明 QF 已跳闸。

3）将 SA 手柄松开，手柄自动返回到"跳闸后"位置（水平）。这时触点 SA（6-7）断开，防止因 QF2 失灵而使控制电流长期流过 KCFI 及 YT。SA（10-11）仍接通，HG 保持平光。

（3）自动合闸。为了实现自动合闸，将自动装置（备用电源自动投入装置、自动重合闸装置等）回路中的中间继电器触点 KC 与 SA（5-8）触点并联。

设断路器原在跳闸位置，SA 的手柄在"跳闸后"位置，SA（10-11）、SA（14-15）接通。当自动装置动作后，触点 KC 闭合。下述回路接通

$$+ \rightarrow FU1 \rightarrow KC \rightarrow KCF2 \rightarrow QF1 \rightarrow KM \rightarrow FU2 \rightarrow -$$

这时，HG 因被短接而熄灭，KM 动作，启动 YC 使 QF 自动合闸。当 QF 完成合闸动作后，QF1 断开，QF2 闭合，使下述 HR 回路与 M100（+）接通

$$M100(+) \rightarrow SA(14\text{-}15) \rightarrow HR \rightarrow KCFI \rightarrow QF2 \rightarrow YT \rightarrow FU2 \rightarrow -$$

HR 闪光，表明 QF 已完成自动合闸。这种信号回路是按"不对应"方式构成的，所谓"不对应"是指 SA 手柄位置与 QF 位置不一致。在上述情形中，QF 已合闸，而 SA 手柄仍在"跳闸后"位置。这时，操作人员应将 SA 操作到"合闸后"位置，使 SA（14-15）断开、SA（13-16）接通，HR 变平光，此时的控制和信号回路与手动"合闸后"相同。

（4）自动跳闸。为了实现自动跳闸，将继电保护出口继电器的触点 KCO 经信号继电器 KS 与 SA（6-7）并联。QF 原在合闸位置，SA 手柄在"合闸后"位置，触点 QF2、SA（1-3）、SA（9-10）、SA（13-16）、SA（19-17）接通。当系统发生故障时，继电保护动作，其出口继电器的触点 KCO 闭合，下述回路接通

$$+ \rightarrow FU1 \rightarrow KCO \rightarrow KS \rightarrow KCFI \rightarrow QF2 \rightarrow YT \rightarrow FU2 \rightarrow -$$

HR 熄灭，KS、KCF1、YT 均动作，QF 自动跳闸。当 QF 完成跳闸动作后，QF2 断开，QF1、QF3 闭合。QF1 使 HG 回路与 M100（+）接通，其回路同"预备合闸"，HG 闪光，表明 QF 已完成自动跳闸；QF3 使下述事故音响回路接通

$$M708 \rightarrow R_2 \rightarrow SA(1\text{-}3) \rightarrow SA(19\text{-}17) \rightarrow QF3 \rightarrow -700$$

事故信号装置启动（参见本章第四节），发出事故音响（蜂鸣器）。此时值班人员应将 SA 操作至"跳闸后"位置，使之与 QF 对应，则 HG 变平光，回路同"跳闸后"。

在手动合闸时，若由于某种原因（如 SA 手柄在"合闸"位置停留时间过短、合闸熔断器 FU3 或 FU4 熔断等）使手动合闸不成功，即 SA 手柄返回到"合闸后"位置，而实际上 QF 仍在跳闸位置，则两者不对应，也会出现与事故跳闸相同的现象，即 HG 闪光并发事故音响。通常输电线路都装有自动重合闸装置，当事故跳闸时，HG 只是闪一下（蜂鸣器仍响），重合闸装置动作后 QF 迅速自动重新合闸，由于这时 SA 仍在"合闸后"位置，HR 会立即恢复平光，此时的控制和信号回路与手动"合闸后"相同。

（5）"防跳"装置。为了防止断路器出现连续多次跳、合事故，必须装设"防跳"

装置。

1) 断路器的"跳跃"现象。假定图 8-2 中没有 KCF 继电器，当 QF 经 SA（5-8）或 KC 触点合闸到有永久性故障的电网上时，继电保护将会动作，触点 KCO 闭合而使 QF 自动跳闸。如果由于某种原因造成 SA（5-8）或 KC 未复归（例如 SA 手柄未返回或触点焊住），则 QF 重新合闸。而由于是永久性故障，继电保护将再次动作，使 QF 再次跳闸。然后又再次合闸，直到接触器 KM 回路被断开为止。这种断路器 QF 多次"跳-合"的现象，称为断路器"跳跃"。"跳跃"会使断路器损坏，造成事故扩大，所以需采取"防跳"措施。

2) "电气防跳"装置的动作原理。在图 8-2 中，KCF 即为专设的"防跳"继电器。这种继电器有两个线圈：KCFI 为电流线圈，供启动用，接于跳闸回路；KCFV 为电压线圈，供自保持用，经自身触点 KCF1 与 KM 并接。其"防跳"原理如下：

当手动或自动合闸到有永久性故障的电网上时，继电保护动作使触点 KCO 闭合，接通跳闸回路，使 QF 跳闸。同时，跳闸电流流过 KCFl，使 KCF 启动，触点 KCF2 断开合闸回路，KCF1 接通 KCFV，若此时触点 SA（5-8）或 KC 未复归，则 KCFV 经 SA（5-8）或 KC 实现自保持，使 KCF2 保持断开状态，QF 不能再次合闸，直到 SA（5-8）或 KC 复归（断开）为止。

另外，触点 KCF3 与 R_1 串联，然后与触点 KCO 并联，其作用是保护 KCO 触点。因为当继电保护动作于 QF 跳闸时，触点 KCO 可能较 QF2 先断开，以致 KCO 因切断跳闸电流而被电弧烧坏。由于 KCF3、R_1 回路与 KCO 并联，在 QF 跳闸时，KCFI 启动并经 KCF3 及 QF2（QF2 断开前）自保持，即使 KCO 在 QF2 之前断开，也不会发生由 KCO 切断跳闸电流的情况，即起到保护 KCO 触点的作用。

R_1 的阻值只有 1Ω，对跳闸回路自保持无多大影响。在 KCO 触点串联有电流型信号继电器 KS（电阻不超过 1Ω）情况下，R_1 可保证 KS 的线圈不致被 KCF3 短接而能可靠动作。

四、音响监视的断路器控制和信号回路

音响监视的断路器（带电磁操动机构）控制和信号回路如图 8-3 所示，其接线及工作原理与图 8-2 所示的灯光监视的控制回路有所不同。

1. 接线方面的主要区别

（1）在合闸回路中，用跳闸位置继电器 KCT 代替绿灯 HG；在跳闸回路中，用合闸位置继电器 KCC 代替红灯 HR。

（2）断路器的位置信号灯回路与控制回路是分开的，而且只用一个信号灯。该信号灯装在控制开关的手柄内。控制开关为 LW2-YZ 型，其第一触点盒是专为信号灯而设。采用这种控制开关可使控制屏的屏面布置简化、清晰。

（3）在位置信号灯回路及事故音响信号启动回路，分别用 KCT 和 KCC 的动合触点代替断路器的辅助触点，从而可节省控制电缆。另外，因信号灯只有一个，所以 KCT1 和 KCC1 移至信号灯前。

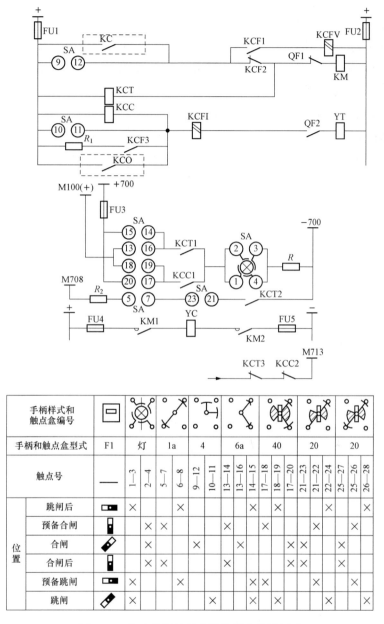

图 8-3 音响监视的断路器控制和信号回路

注：表中"×"表示控制开关 SA 的该对触点闭合。

手柄样式和触点盒编号								
手柄和触点盒型式	F1	灯	1a	4	6a	40	20	20
触点号	—	1-3	2-4 / 5-7	6-8	9-12	10-11	13-14 / 13-16 / 14-15	17-18 / 18-19 / 17-20	21-23 / 21-22 / 22-24	25-27 / 25-26 / 26-28

位置		触点号	1-3	2-4	5-7	6-8	9-12	10-11	13-14	13-16	14-15	17-18	18-19	17-20	21-23	21-22	22-24	25-27	25-26	26-28
	跳闸后		×			×					×	×					×			×
	预备合闸			×	×				×			×				×			×	
	合闸			×			×			×		×	×			×				
	合闸后			×	×				×			×				×			×	
	预备跳闸		×			×				×	×					×			×	
	跳闸		×				×				×	×				×			×

KCT—跳闸位置继电器（中间继电器）；KCC—合闸位置继电器（中间继电器）；
FU1～FU4—熔断器；KCFV、KCFI—防跳继电器电压、电流线圈；QF1、QF2—断路器 QF 的辅助触点；SA—控制开关；KC—自动装置的中间继电器触点；R_1、R_2—电阻；
KCO—保护出口继电器触点；KM—合闸接触器；YC—合闸线圈；YT—跳闸线圈

2. 工作原理

（1）手动合闸。操作前，断路器 QF 在跳闸位置，控制开关 SA 的手柄在"跳闸后"

（水平）位置。下述回路接通

$$+ \rightarrow FU1 \rightarrow KCT \rightarrow QF1 \rightarrow KM \rightarrow FU2 \rightarrow -$$

$$+700 \rightarrow FU3 \rightarrow SA(15-14) \rightarrow KCT1 \rightarrow SA(1-3) \text{及灯} \rightarrow R \rightarrow -700$$

前一回路使 KCT 启动，触点 KCT1 闭合；后一回路使信号灯发平光，再借助 SA 的手柄位置可判断 QF 处在跳闸位置。

1）将 SA 手柄顺时针转 $90°$ 至"预备合闸"位置。下述回路接通，信号灯闪光。

$$M100(+) \rightarrow SA(13-14) \rightarrow KCT1 \rightarrow SA(2-4) \text{及灯} \rightarrow R \rightarrow -700$$

2）将 SA 手柄再顺时针转 $45°$ 至"合闸"位置。下述回路接通

$$+ \rightarrow FU1 \rightarrow SA(9-12) \rightarrow KCF2 \rightarrow QF1 \rightarrow KM \rightarrow FU2 \rightarrow -$$

KCT 被短接，KCT1 断开，信号灯短时熄灭，同时 KM 的两副动合触点闭合、YC 得电启动，操动机构使 QF 合闸。当 QF 完成合闸动作后，下述回路接通

$$+ \rightarrow FU1 \rightarrow KCC \rightarrow KCFI \rightarrow QF2 \rightarrow YT \rightarrow FU2 \rightarrow -$$

$$+700 \rightarrow FU3 \rightarrow SA(17-120) \rightarrow KCC1 \rightarrow SA(2-4) \text{及灯} \rightarrow R \rightarrow -700$$

前一回路使 KCC 启动，触点 KCC1 闭合；后一回路使信号灯发平光，表明 QF 已合上。

3）将 SA 的手柄松开，手柄自动返回到"合闸后"位置（垂直）。这时 SA（17-20）仍接通，信号灯保持平光（回路不变），再借助 SA 的手柄位置可判断 QF 处在合闸位置。

（2）手动跳闸。其操作过程及原理与手动合闸完全相似，可自行分析。

（3）自动合闸。设 QF 原在跳闸位置，SA 手柄在"跳闸后"位置。当自动装置动作后，KC 闭合，下述回路接通

$$+ \rightarrow FU1 \rightarrow KC \rightarrow KCF2 \rightarrow QF1 \rightarrow KM \rightarrow FU2 \rightarrow -$$

KCT 被短接，KCT1 断开，信号灯短时熄灭，同时 KM 的两副动合触点闭合、YC 得电启动，使 QF 合闸。当 QF 完成合闸动作后，下述回路接通

$$M100(+) \rightarrow SA(18-19) \rightarrow KCC1 \rightarrow SA(1-3) \text{及灯} \rightarrow R \rightarrow -700$$

信号灯闪光，表明 QF 已完成自动合闸。这时，值班人员应将 SA 操作到"合闸后"位置，使信号灯变平光，此时的控制和信号回路与手动"合闸后"相同。

（4）自动跳闸。设 QF 原在合闸位置，SA 的手柄在"合闸后"位置。当设备出现故障时，继电保护动作，KCO 闭合，下述回路接通

$$+ \rightarrow FU1 \rightarrow KCO \rightarrow KCFI \rightarrow QF2 \rightarrow YT \rightarrow FU2 \rightarrow -$$

KCC 被短接，KCC1 断开，信号灯短时熄灭，同时 YT 得电启动，使 QF 自动跳闸。当 QF 完成跳闸动作后，QF2 断开，QF1 闭合，使 KCT 动作，KCT1 闭合，信号灯闪光，表明 QF 已完成自动跳闸，其回路同"预备合闸"。同时，KCT2 闭合，接通事故音响信号回路

$$M708 \rightarrow R_2 \rightarrow SA(5-7) \rightarrow SA(23-21) \rightarrow KCT2 \rightarrow -700$$

事故信号装置启动，发出事故音响。若值班人员将 SA 手柄转至"跳闸后"位置，则信号灯变平光，此时的控制和信号回路与手动"跳闸后"相同。

由上述可见，在音响监视的控制回路中 QF 的实际位置，要同时借助信号灯及 SA 手柄位置来判断。即手柄在"合闸后"位置，指示灯发平光为手动合闸，指示灯发闪光为自动跳闸；手柄在"跳闸后"位置，指示灯发平光为手动跳闸，指示灯发闪光为自动合闸。

（5）音响监视。该接线用 KCT、KCC 的触点来监视电源、控制回路熔断器及合、跳闸回路的完好性。

1）KCT 能监视合闸回路是否完好。当 QF 在跳闸状态时，QF1 闭合，QF2 断开；KCT 通电，KCT3 断开；KCC 失电，KCC2 闭合。当 QF 的合闸回路（QF1、KM）中任何地方断线或控制回路熔断器（FU1、FU2）熔断时，KCT 将失电，使 KCT3 闭合，接通断线预告信号小母线 M713，启动预告信号装置，发出音响（警铃），并且"控制回路断线"光字牌亮。另外，KCT1 断开会使该回路的信号灯熄灭，值班人员可据此确定是哪台 QF 的控制回路发生了断线。当仅仅是信号灯熄灭时，说明只有信号灯回路故障，而控制回路仍完好。

2）KCC 能监视跳闸回路（KCFI、QF2、YT）是否完好。原理与上述相同。

第二节　隔离开关的防误闭锁

一、机械闭锁

机械防误闭锁是最基本的防误闭锁方式，它是利用设备的机械传动部位的互锁来实现，用于在结构上直接相连的设备之间的闭锁。如成套开关柜中的断路器与隔离开关（插头）之间的闭锁、隔离开关与接地开关之间的闭锁、主电路与柜门之间的闭锁和 35kV 及以上屋外配电装置中装成一体的隔离开关与接地开关之间的闭锁等。

当设备之间有机械闭锁时，为简化接线，在它们之间不再设电气闭锁回路。

二、电气闭锁

隔离开关的操动机构常用的有手动、电动、气动和液压传动等型式。手动机构只能就地操作，其他几种均具备就地和远方控制条件。电气闭锁是通过接通或断开操作（控制）电源而达到闭锁目的的一种装置。一般当需要相互闭锁的设备相距较远或不能采用机械闭锁时，采用电气闭锁。

隔离开关控制接线的构成原则是：

（1）防止带负荷拉、合隔离开关，故其控制接线必须和相应的断路器闭锁。

（2）防止带电合接地开关或接地器，防止带地线合闸及误入有电间隔。

（3）操作脉冲是短时的，应在完成操作后自动复归。

（4）操作用的隔离开关应有位置指示信号。

电气闭锁方式与隔离开关的操作方式有关。

1. 在隔离开关的控制回路中设闭锁接线

对采用电动、气动及液压操动机构的隔离开关，在其控制回路中设闭锁接线。

CJ5 型电动操作隔离开关的控制回路图如图 8-4 所示。

（1）用 QF 和 QSE 的动断辅助触点闭锁电动机的控制回路，即断路器不在跳闸位置、接地开关不打开，隔离开关不能操作；

（2）用行程开关 S1、S2 控制隔离开关的分、合位置；

（3）设有紧急停止按钮 SB，其动断触点串入电动机的控制回路，供 S1 或 S2 失灵时紧急停机用；

（4）控制器线圈 YC 和 YT 分别接于合、分闸回路，它们的主触点分别将电源按 U、V、W 和 W、V、U 的相序引入电动机，使电动机正转和反转，驱动隔离开关合闸和分闸；

（5）控制回路中的触点 YT1、YC1 使合、分操作相互闭锁；

（6）电动机动力回路内设热继电器作为过载保护，当电动机发生过载时，热继电器动作，其动断触点 KR1、KR2 或 KR3 切断控制回路，使电动机失电停机。

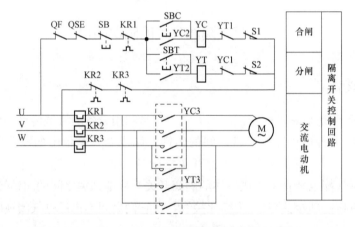

图 8-4　CJ5 型电动操作隔离开关的控制回路图

QF—断路器辅助触点；QSE—接地开关连锁触点；SB—紧急停止按钮；
KR—热继电器；SBC—合闸按钮；YC—合闸控制器线圈；SBT—分闸按钮；
YT—分闸控制器线圈；S1、S2—合、分闸行程开关触点；M—电动机

当断路器在跳闸位置、接地开关已拉开时，进行隔离开关合闸操作，应按下 SBC，此时回路"U→QF→QSE→SB→KR1→SBC→YC→YT1→S1→KR3→KR2→W"接通，YC 启动，并经 YC2 自保持（所以按下 SBC 后即可放手），隔离开关合闸；当合到位时，S1 断开，切断合闸回路。分闸操作类似。

当断路器为分相操作及隔离开关两侧均有接地开关时，三相断路器的辅助触点及两侧接地开关的辅助触点均应串接在控制回路中。

2. 设电磁锁闭锁回路

对采用手动操作的隔离开关、接地开关，设电磁锁闭锁回路。

（1）电磁锁的构造及工作原理。如图 8-5 所示，其构造包括电锁Ⅰ和电钥匙Ⅱ两

部分。电锁固定在隔离开关的操动机构上，其插座 3 与作为闭锁条件的设备（如图中 QF）的辅助触点串联后接至电源；电钥匙上有插头 4、线圈 5、电磁铁 6。在电钥匙未带电时，电锁的锁芯 1 在弹簧 2 的压力下销入操作手柄Ⅲ的小孔内，使手柄不能实施操作。

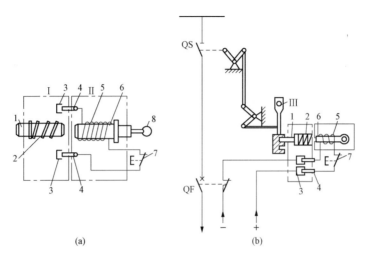

图 8-5　电磁锁的构造及工作原理

（a）电磁锁的构造；（b）电磁锁的工作原理

1—锁芯；2—弹簧；3—插座；4—插头；5—线圈；6—电磁锁解除按钮；7—按钮开关；
8—钥匙环；QS—隔离开关；QF—断路器；Ⅰ—电锁；Ⅱ—电钥匙；Ⅲ—隔离开关操作手柄

1）QF 在跳闸位置时，QS 可以操作。这时 QF 在插座电路中的动断辅助触点闭合，插座 3 上有电压，当将电钥匙的插头 4 插入插座中时，线圈 5 便有电流流过并产生磁场，在电磁力的作用下，锁芯被吸出，电锁被打开，操作手柄Ⅲ可自由转动，QS 可以进行分、合闸操作。操作完成后，按下按钮 7 使之断开，线圈 5 失电，锁芯弹入将手柄锁住。

2）QF 在合闸位置时，QS 不能操作。这时 QF 的动断辅助触点断开，插座 3 上无电压，即使将电钥匙的插头 4 插入插座中，电锁也不能打开，因此 QS 不能进行分、合闸操作。

（2）电磁锁闭锁回路实例。

1）单母线系统的隔离开关闭锁接线。单母线系统的隔离开关闭锁接线如图 8-6 所示，其中 YA1、YA2 分别为对应于隔离开关 QS1、QS2 的电磁锁，所表示的实际为电磁锁的插座。只有断路器 QF 在跳闸位置时，插座 YA1、YA2 才有电压，电钥匙插入后方可开启电磁锁，QS1、QS2 才能操作。若断路器在合闸位置，QS1、QS2 不能操作而被闭锁。

2）单母线分段带旁路（分段兼旁路断路器）的隔离开关闭锁接线如图 8-7 所示，其中 YA1～YA5 分别为对应于隔离开关 QS1～QS5 的电磁锁。从图 8-7（b）中可看出每组隔离开关的可操作条件如下：①QF 和 QS3 都断开时可操作 QS1；②QF 和 QS4 都断开时可操作 QS2；③QF 和 QS1 都断开时可操作 QS3；④QF 和 QS2 都断开时可操作 QS4；⑤QF 和 QS1、QS2 都闭合时可操作 QS5。以上每组隔离开关对应的可操作条件之一不满足时，隔离开关将被闭锁。

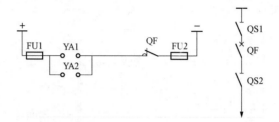

图 8-6　单母线系统的隔离开关闭锁接线
YA1、YA2—电磁锁；QF—断路器及其辅助触点；QS1、QS2—隔离开关；FU1、FU2—熔断器

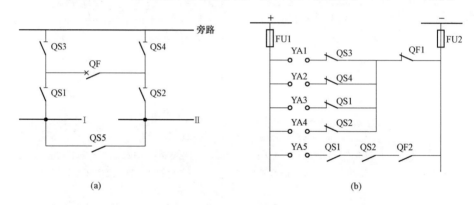

(a)　　　　　　　　　　　　　(b)

图 8-7　单母线分段带旁路（分段兼旁路断路器）的隔离开关闭锁接线
（a）一次接线示意图；（b）闭锁接线图
YA1～YA5—电磁锁；QF、QF1、QF2—断路器及其辅助触点；
QS1～QS5—隔离开关及其辅助触点；FU1、FU2—熔断器

3）双母线系统的隔离开关闭锁接线。双母线系统的隔离开关闭锁接线如图 8-8 所示。图中 YA1～YA3 为分别对应于隔离开关 QS1～QS3 的电磁锁，YAC1、YAC2 为分别对应于隔离开关 QSC1、QSC2 的电磁锁。从图 8-8（b）中可看出每组隔离开关可操作的条件如下：①QF 和 QS2 都断开时可操作 QS1，或 QS2、QSC1、QSC2 和 QFc 同时合上时可操作 QS1；②QF 和 QS1 都断开，或 QS1、QSC1、QSC2 和 QFc 同时合上时可操作 QS2；③QF 断开时可操作 QS3；④QFc 断开时可操作 QSC1、QSC2。上述每组隔离开关对应的可操作条件之一不满足时，隔离开关将被闭锁。

3. 隔离开关的位置指示器

隔离开关的位置指示器装于控制屏（台）模拟接线的相应位置上。常用的位置指示器有 MK-9 型和 LM-1 型两种，均由隔离开关的辅助触点控制。

MK-9T 型位置指示器的外形、内部结构及二次接线图如图 8-9 所示。指示器内有两个线圈 2，分别由隔离开关的动合和动断辅助触点 QS 控制；衔铁 3 为永久磁铁做成的舌片，处于线圈磁场中；黑色标线与衔铁硬性连接。

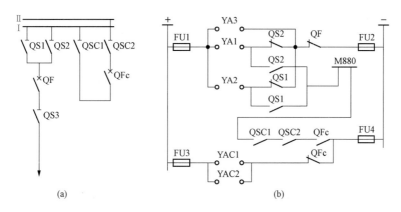

图 8-8 双母线系统的隔离开关闭锁接线

（a）一次接线示意图；（b）闭锁接线图

YA1～YA3、YAC1～YAC2—电磁锁；QS1～QS3、QSC1～QSC2—隔离开关及其辅助触点；

QF、QFc—断路器及其辅助触点；FU1～FU4—熔断器；M880—隔离开关操作闭锁小母线

当线圈磁场方向改变时，衔铁改变位置，黑色标线随之改变位置，从而指示隔离开关的位置状态。

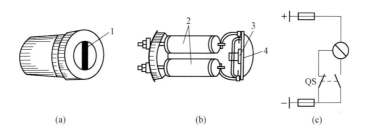

图 8-9　MK-9T 型隔离开关位置指示器

（a）外形图；（b）内部结构图；（c）二次接线

1、4—黑色标线；2—电磁铁线圈；3—衔铁

当隔离开关在合闸位置时，其动合辅助触点接通其中的一个线圈，黑色标线停在垂直位置；当隔离开关在分闸位置时，其动断辅助触点接通另一个线圈，黑色标线停在水平位置；当两个线圈均无电流时（例如检修时将熔断器拔下），黑色标线停在 45°位置。

三、微机防误闭锁装置

目前国产微机防误闭锁装置有 FY-90WJFW 型、WYF-51 型、DNBSⅡ型等。现以 DNBSⅡ型为例介绍微机防误闭锁装置的构成和基本原理。

1. DNBSⅡ型微机防误闭锁装置的构成

DNBSⅡ型微机防误闭锁装置由 3 部分构成，其工作示意图如图 8-10 所示。

（1）WJBS-1 型微机模拟盘。模拟盘由盘面、专用微机等组成。盘面用马赛克拼装而成，盘上有主接线的模拟元件，所有模拟元件均有一对触点与主机相连；主机内有电脑专家系统；盘内通交、直流电源。模拟盘可挂于墙上或落地安装。

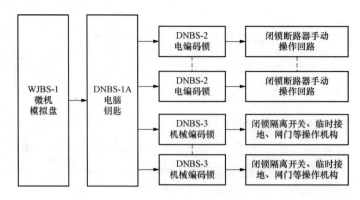

图 8-10　DNBSⅡ型微机防误闭锁装置结构和工作示意图

（2）DNBS-1A 型电脑钥匙。它通过接口与模拟盘联系，主要功能是接收、记忆储存由模拟盘主机发送的操作票，然后按操作票内容依次打开 DNBS-2 电编码锁和 DNBS-3 机械编码锁，实现设备的操作。电脑钥匙内配有 5V、300mAh 可充电池，当电源关闭时，记忆不丢失，并有清除功能。DNBS-1A 型电脑钥匙的外形如图 8-11 所示。其中电源开关 1 用于控制电源的通断，开关在"Ⅰ"位置时电源接通，在"O"位置时电源切断；传输定位销 2 用于接收由模拟盘主机发出的操作信号，并兼作电编码锁的导电极；探头 3 用于检测锁编码；解锁杆 4 用于开机械编码锁，并兼做电编码锁的导电极；开锁按钮 5 用于打开机械编码锁；显示屏 6 用于显示操作内容及设备编号。电脑钥匙每厂、所配两只，其中一只备用。

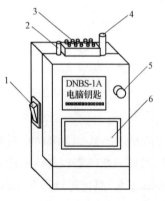

图 8-11　DNBS-1A 型电脑钥匙外形图
1—电源开关；2—传输定位销；3—探头；
4—解锁杆；5—开锁按钮；6—显示屏

（3）编码锁。DNBS-2 型电编码锁和 DNBS-3 型机械编码锁的外形如图 8-12 所示。每台断路器的控制回路配一把电编码锁，装于该断路器的控制屏内；也可用来闭锁电动操作的隔离开关的控制回路。DNBS-3 型机械编码锁的外形与日常用的锁一样，每个闭锁对象（隔离开关、临时接地、网门等）配一把，且应有一定数量的备用，安装时被闭锁设备需备有锁鼻。每把锁的编码是唯一的。DNBS-2 型电编码锁的电气接线如图 8-13。所示，它接于控制回路正电源与控制开关 SA 的 5、6 端子之间，可闭锁断路器的手动操作回路。

2. 装置的基本工作原理

（1）在主机中预先形成电脑专家系统。该装置是以微型计算机为核心设备，制造厂根据用户提供的主接线图及闭锁原则，在系统软件中预先编写了所有设备的操作规则，实际上是在微机中形成了一个倒闸操作的电脑专家系统，同时输入了所有带二次项目的操作票并由电脑专家系统整理、归纳、储存。

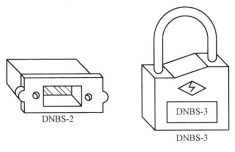

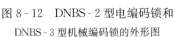

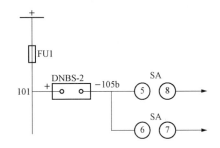

图 8-12　DNBS-2 型电编码锁和
DNBS-3 型机械编码锁的外形图

图 8-13　DNBS-2 型电编码锁的电气接线

（2）预演操作。操作人员在开始倒闸操作前，先打开装置的电源，输入操作任务，然后在模拟盘上进行预演操作。此时，微机中的电脑专家系统自动对每一项操作进行判断；若操作正确，则发出一声表示正确的声音信号；若操作错误，则在显示屏上闪烁显示错误操作项的设备编号，并发出持续的报警声，直至错误项复位。预演结束后，通过模拟盘上的传输插座将正确的操作票内容输入到 DNBS-1A 型电脑钥匙中，并可通过打印机打印出操作票。

（3）现场操作。操作人员拿着电脑钥匙到现场进行实际操作。依据电脑钥匙显示屏上显示的设备编号，将钥匙插入相应的编码锁内，此时钥匙通过探头自动检测操作对象是否正确。若正确则显示"—"并发出两声音响，同时开放其闭锁回路或机构，这时便可进行断路器操作或打开机械编码锁进行隔离开关等的操作，每项操作结束时，电脑钥匙自动显示下一项操作内容；若走错间隔操作，即操作对象错误，则不能开锁，同时电脑钥匙发出持续的报警声，以提醒操作人员，从而达到强制闭锁的目的。

（4）事故情况下的操作。这时允许不经过模拟盘预演而直接使用 DJS-1 型电解钥匙和 JSS-1 型机械解锁钥匙到现场直接操作。操作时，将 DJS-1 型电解钥匙插入电编码锁中，闭锁回路被短接，断路器即可进行操作；将 JSS-1 型机械解锁钥匙插入机械编码锁中，旋转 90°，锁被打开，隔离开关等设备即可进行操作。

第三节　信　号　装　置

一、信号的作用和分类

1. 信号的作用

（1）电气设备正常运行时，用信号及时反映电气设备的当前工作状态和运行参数，以便帮助运行人员进行正确操作和运行调整。

（2）当电气设备出现异常或发生故障时，用信号及时反映异常的类型或故障的性质，以便帮助运行人员做出正确处理，防止事故扩大。

2. 信号的分类

（1）状态信号。即反映电气设备当前正常工作状态的开关量信号，包括断路器的位置信号和隔离开关的位置信号等。前者用灯光表示，而后者则用一种专用的位置指示器表示。

（2）指示信号。即反映电气设备当前正常运行参数的模拟量信号，包括电压、电流、功率、冷却介质温度等参数，多采用各种仪表指示。

（3）预告信号。当电气设备出现异常工作状态时，如设备过负荷、控制回路断线、设备温度过高等，此种情况下并不必立即使断路器跳闸，但必须发出信号提醒值班人员，这种信号就是预告信号。预告信号由灯光信号和音响信号组成。音响信号一般由电铃发出，以引起值班人员的注意；灯光信号是利用光字牌显示出电气设备的异常工作状态或性质。

（4）事故信号。当电力系统发生故障而使相应的断路器跳闸后，应发出事故信号。事故信号也是由灯光信号和音响信号组成。音响信号一般由蜂鸣器发出，以区别于预告信号；灯光信号则利用光字牌显示出发生故障的设备和故障的性质。

（5）其他信号。即除上述四类信号之外的其他电气信号，如指挥信号、联系信号、视频信号、有线、无线通讯信号、广播信号和CRT信号等。

其中预告信号和事故信号都装设在单元室的中央信号屏上，称作中央信号。目前火电厂中普遍装设的是利用JC-2型脉冲继电器实现的中央复归能重复动作的中央信号装置。

二、事故信号

用JC-2型脉冲继电器构成的中央事故信号回路如图8-14所示。左上虚框内为脉冲继电器KP1的内部电路，它包括脉冲继电器的两个线圈KP11、KP12、电容C及电阻R_1、R_2。当线圈KP11流过1、2方向或线圈KP12流过3、4方向的脉冲电流时，KP1动作（亦即脉冲继电器的触点KP1闭合），并保持在闭合状态；当KP11、KP12之一流过反向电流时，KP返回（亦即脉冲继电器的触点KP1断开）。装置的动作原理如下。

1. 启动

由前述断路器控制的信号回路可知，所有由控制室远方操作的断路器，其事故音响回路都是接在小母线M708（发遥信时为M808）与-700之间。当某台断路器事故跳闸时，其事故音响回路接通，启动事故信号装置。脉冲电流自KP1的端子5流入，在电阻R_1上得到电压增量，该电压经线圈KP11、KP12给电容C充电。回路为：+700→FU1→KP1→C→KP12→M708→事故跳闸的QF的事故音响回路→FU2→-700。

充电电流使KP1动作，触点KP1闭合。当C充电完毕后，线圈中的电流消失，触点KP1仍保留在闭合位置。触点KP1闭合后，启动中间继电器KC1，其两对动合触点闭合；其中一对触点启动时间继电器KT1；另一对触点启动蜂鸣器HAU，发出音响，表明QF事故跳闸；重要回路事故跳闸时，同时向调度部门发送遥信信号。

2. 音响解除

音响可自动解除，也可手动解除。

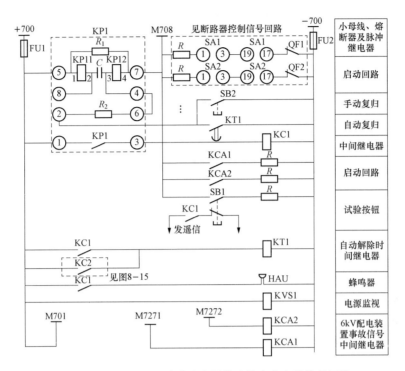

图 8 - 14　用 JC - 2 型脉冲继电器构成的中央事故信号回路

（1）自动解除。KT1 整定时间约为 5s，待延时到达后，其触点闭合，以下回路接通：

+700→FU1→R_1→KP12→R_2→KT1→FU2→−700。KP12 中电流方向与启动时相反，KP1 复归，其触点断开，继电器 KC1、KT1 相继断电，蜂鸣器回路被断开，音响停止。

（2）手动解除。欲使音响提前解除，可按复归按钮 SB2，其动作过程与上述相同。

3. 6kV 配电装置事故信号

6kV 配电装置内的断路器 QF 通常是就地操作，其控制开关 SA 和 QF 的辅助触点均在配电装置内。为节省控制电缆，简化接线，在配电装置内设置信号小母线 M701 及事故信号小母线 M7271、M7272，6kV 配电装置Ⅰ、Ⅱ段 QF 的事故音响回路分别接在 M701 与 M7271、M7272 之间。

假设Ⅰ段的某台断路器事故跳闸，则首先启动事故信号中间继电器 KCA1，其触点闭合，启动 KP1 发出音响，动作过程同前述。KCA1 的另一副触点去点亮光字牌（如图 8 - 15所示）。

4. 重复动作性能

脉冲电流突然增加一次，KP1 就可动作一次，发出一次音响。所以，在每台 QF 的事故音响启动回路中都串接有一个适量的电阻 R，当某台 QF 事故跳闸发出音响并被解除后（SA 仍在"合闸后"位置），如果又有另一台 QF 事故跳闸，则小母线 M708 与−700 之间再并入一条启动回路，总电阻减小，脉冲电流突然增加，KP1 再次启动发出音响。只要回路电阻选择适当，可重复动作 8 次。

对 6kV 配电装置而言，仅在不同段的 QF 事故跳闸时能重复动作。

5. 试验

通常交接班时都要对装置进行试验。SB1 为事故信号装置的试验按钮。进行试验时，按下 SB1（按到位即可放手），其动合触点闭合，启动 KP1，发出音响（动作过程同前述），说明装置完好；其动断触点用于断开遥信回路，以免误发遥信。

6. 电源监视

事故信号装置电源的完好性由继电器 KVS1 监视。当熔断器 FU1 或 FU2 熔断或其他原因使电源消失时，KVS1 失电，其动断触点闭合，使"事故信号装置电源消失"光字牌亮，并启动预告信号回路（如图 8 - 15 所示）。

三、预告信号

以前通常将预告信号分为瞬时预告和延时预告两种。经多年运行实践及分析证明，没有必要区分。因为延时预告信号很少，另外设置延时回路使接线复杂化。DL/T 5136—2001《火力发电厂、变电所二次接线设计技术规程》取消了"中央预告信号应有瞬时和延时两种"的内容，规定"为避免有些预告信号（如电压回路断线、断路器三相位置不一致等）可能瞬间误发信号，可将预告信号带 0.3～0.5s 延时动作"。这样，既能满足以往延时预告信号的要求，又不影响瞬时预告信号。用 JC - 2 型脉冲继电器构成的中央预告信号回路如图 8 - 15 所示。

预告信号装置的主要元件也是脉冲继电器 KP2，动作原理与事故信号装置相似，但不同之处是：①预告信号的启动回路，由反映相应异常情况的继电器的触点和两个灯泡组成，并接于小母线 +700 和 M709、M710 之间；②KP2 接线与 KP1 稍有差别；③音响为警铃。

图 8 - 15 中 SM 为转换开关，其触点状态为：平时手柄在垂直位置时，触点 SM（1 - 2）～SM（11 - 12）断开，SM（13 - 14）、SM（15 - 16）接通；手柄顺时针转 45°至"检查"位置时，SM（1 - 2）～SM（11 - 12）接通，SM（13 - 14）、SM（15 - 16）断开。其动作原理如下：

1. 启动

当设备发生异常情况时，相应的继电器动作，其触点闭合，经光字牌灯泡启动 KP2，相应光字牌亮，同时发出铃声。例如，事故信号装置电源消失时，其电源监视继电器触点 KVS1 闭合，下述回路接通：+700→FU3→触点 KVS1→光字牌 H1→M709、M710→SM（13 - 14）、SM（15 - 16）→KP2→FU4→ -700。

标有"事故信号装置电源消失"的光字牌 H1 立即亮（这时两只灯泡并联）；同时 KP2 启动，其触点闭合，启动时间继电器 KT2；触点 KT2 延时 0.3～0.5s 闭合，启动 KC2；KC2 的一副触点接通警铃 HAB，发出音响，另一副触点启动事故信号装置中的 KT1。

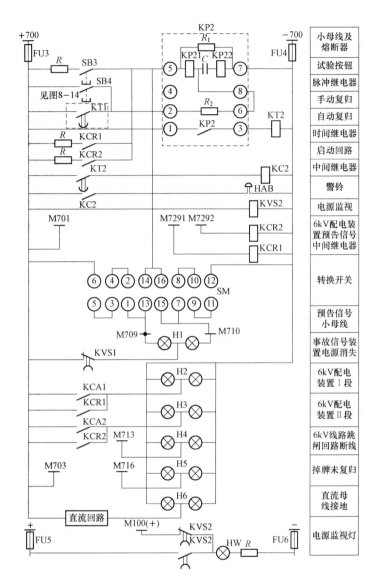

图 8-15　用 JC-2 型冲击继电器构成的中央预告信号回路

2. 音响解除

（1）自动解除。图 8-14 中的触点 KT1 经一段延时后闭合，下述回路接通：+700→FU3→触点 KT1→R_2→KP21→R_1→FU4→−700。

KP2 中的 KP21 流过反向电流，KP2、KT2、KC2、KT1 相继复归，音响停止。如果异常在 0.3～0.5s 内消失，在 KP2 中的电阻 R_1 上的电压出现一个减量，使电容 C 经脉冲继电器线圈反向放电，从而使 KP2 返回，避免误发音响。

（2）手动解除。按下解除按钮 SB4 即可。音响解除后，光字牌仍亮着，直到异常情况消除、启动它的继电器触点返回才熄灭。

3. 6kV 配电装置的预告信号

反映 6kV 配电装置Ⅰ、Ⅱ段异常情况的启动回路，分别接于 +700 与 M7291 或

M7292 之间，出现异常时，中间继电器 KCRl 或 KCR2 动作，其一副触点接通"6kV 配电装置Ⅰ段（或Ⅱ段）"光字牌（与事故信号共用），另一副触点去启动 KP2，使警铃发出音响。

4. 重复动作性能

预告信号如同事故信号一样，可实现重复动作。

5. 试验和检查光字牌

（1）试验。按下试验按钮 SB3，可试验装置是否完好，其动作过程与上述启动过程类似。

（2）检查光字牌。将 SM 手柄转到"检查"位置，下述回路接通：＋700→FU3→SM（5-6）、SM（3-）、SM（2-1）→M709→所有预告光字牌→M710→SM（7-8）、SM（10-9）、SM（11-12）→FU4→－700。

这时，每个光字牌的两个灯泡串联，灯光较暗。若光字牌亮，说明灯泡完好；否则说明有一个或两个灯泡损坏。

6. 电源监视

由于 FU3 或 FU4 熔断时，整个装置都失去电源，所以，电源消失信号不能用预告信号形式发出，必须另设电源监视灯回路。KVS2 为电源监视继电器，电源完好时，KVS2 通电，其动合触点闭合，监视灯 HW 发平光，说明电源完好；当 FU3 或 FU4 熔断或其他原因造成电源消失时，KVS2 断电，其动合触点延时断开，动断触点延时闭合，启动闪光装置，HW 闪光。

7. 其他

在小母线＋700 与 M713 之间接有反映"6kV 线路跳闸回路断线"的继电器触点，其启动回路也是接于－700 与 M7291 或 M7292 之间；在小母线 M703 与 M716 之间并联有继电保护信号继电器的触点，保护动作时发"掉牌未复归"光字牌，但不再发警铃，因为事故跳闸时已发有蜂鸣器音响。

第四节　监察装置和闪光装置

一、直流绝缘监察装置

火电厂的直流系统较复杂，分布范围较广，发生接地的机会较多。直流系统发生一点接地时未构成电流通路，影响不大，仍可继续运行。但是一点接地故障必须及早发现，否则当发生另一点接地时，有可能引起信号、控制、保护或自动装置回路的误动作。因此，在直流系统中应装设绝缘监察装置。

1. 电磁型直流绝缘监察装置

电磁型直流绝缘监察装置原理图如图 8-16 所示。这种装置分信号和测量两部分，都是按直流电桥原理构成。其中，电阻 R_1、R_2 及转换开关 ST2 为信号与测量公用；信号部分由公用部分和信号继电器 KS 组成；测量部分由公用部分和电位器 R_3、电压表

PV1、PV2 及转换开关 ST3 组成。通常选用 $R_1=R_2=R_3=R=1\text{k}\Omega$，KS 的内阻 $R_\text{S}=30\text{k}\Omega$，PV1、PV2 的内阻 $R_\text{V}=100\text{k}\Omega$。图中 R_+、R_- 分别为直流系统正、负极对地绝缘电阻。绝缘监察装置能在任一极绝缘电阻低于规定值时自动发出灯光和音响信号，可利用它判断接地极和正、负极的绝缘电阻值。

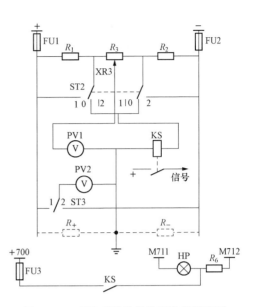

图 8-16　直流系统绝缘监察装置原理图
FU1、FU2、FU3—熔断器；R_1、R_2、
R_6—电阻；R_3—电位器；ST2、ST3—转换开关；
KS—信号继电器；PV1、PV2—电压表；
HP—光字牌；M711、M712—预告信号小母线

(1) 信号部分。平时 ST2 置于"0"位置，信号部分处于经常监视状态，R_3 被短接，R_1、R_2 与 R_+、R_- 组成电桥的 4 个臂，KS 接于电桥的对角线上，相当于直流电桥中检流计的位置。正常状态下，$R_+\approx R_-$，KS 中只有微小的不平衡电流流过，KS 不动作；当某一极的绝缘电阻下降时，电桥失去平衡，当流过 KS 的电流达到其动作电流时，KS 动作，其常开触点闭合，发出预告信号（灯光和音响）。对 220V 直流系统，当 R_+、R_- 之一下降到 20kΩ 以下时发出信号。

(2) 测量部分。信号部分发出预告信号后，先用电压表 PV2 判别哪一极绝缘电阻降低，而后用 PV1 测量直流系统对地的总绝缘电阻 R_Σ，并计算出 R_+、R_-。

将 ST3 置于"1"位置，测量正母线对地电压 U_+，可判别 R_- 情况。如果 $U_+=0$，说明 R_- 极大（因此，母线正极不能经 PV2、R_- 与负极构成通路，PV2 中无电流）；若 $0<U_+<U_\text{M}$，说明 R_- 降低；若 $U_+=U_\text{M}$，即 $R_-=0$，即母线负极为金属性接地。总之，U_+ 越大，说明 R_- 越低，即负极绝缘降低越严重；反之，U_+ 越小，说明 R_- 越高，即负极绝缘越好。类似地，将 ST3 置于"2"位置，测量负母线对地电压 U_-，可判别 R_+ 情况。

2. 微机型直流绝缘监察装置

微机型直流绝缘监察装置原理方框图如图 8-17 所示，它的基本功能与电磁型一致。

(1) 常规监测。通过两个分压器取出"+对地"和"-对地"电压，送入 A/D 转换器，经微机作数据处理后，数字显示正负母线对地电压值和绝缘电阻值，其监视无死区；当电压过高或绝缘电阻过低时发出报警信号，报警整定值可自行选定。

(2) 对各分支回路绝缘的巡查。各分支回路的正、负线上都套有一小型电流互感器，并用一低频信号源作为发送器，通过两隔直耦合电容向直流系统正、负母线发送交流信号。由于通过互感器的直流分量大小相等、方向相反，它们产生的磁场相互抵消，而通过发送器发送至正、负母线的交流信号电压幅值相等、相位相同。这样，在互感器

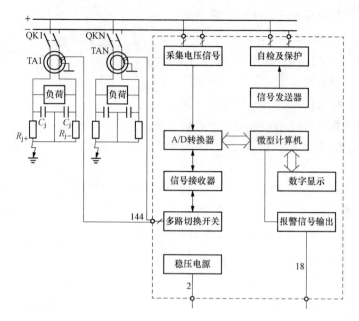

图 8 - 17　WZJ 微机型直流绝缘监察装置原理方框图

二次侧就可反映出正、负极对地绝缘电阻（R_{j+}、R_{j-}）和分布电容（C_j）的泄漏电流向量和，然后取出阻性（有功）分量，经多路切换开关送入 A/D 转换器，经微机作数据处理后，数字显示阻值和支路序号。整个绝缘监测是在不切断分支回路的情况下进行的，因而提高了直流系统的供电可靠性，且无死区。在直流电源消失的情况下，仍可实现巡查功能。

（3）其他。该装置并备有打印功能，在常规监测过程中，如发现被测直流系统参数低于整定值，除发出报警信号外，还可自动将参数和时间记录下来以备运行和检修人员参考。如果直流系统存在多点非金属性接地，启动信号发送器，该装置可将所有的接地支路找出。如果这些接地点中存在一个或一个以上的金属性接地，该装置只能寻找距离该装置最近的一条金属性接地支路。这是因为信号源发射的信号波已被这条支路短接，其他的金属性接地点和离该装置较远的金属接地点不再有信号波通过，故其他接地点是查不出来的。只有先将最近的一条金属性接地支路故障排除后，才能依次寻找第二条最近的金属性接地点，依次类推，直至找出所有的接地回路。

二、交流绝缘监察装置

在中性点非直接接地系统（也称小电流接地系统）中，发生一相接地时，故障相对地电压降低（极限情况下降到零），其他两相对地电压升高（极限情况上升至线电压值），但线电压保持不变，接于相间运行的设备仍可正常工作。因此，在中性点非直接接地系统中发生一相接地时，允许继续运行一段时间，通常为 2h。但是，假如一相接地的情况不能及时被发现和加以处理，则由于两非故障相对地电压的升高，可能在绝缘薄弱处引起绝缘被击穿而造成相间短路。因此，必须装设交流绝缘监察装置，以便在电网中发生一相接地时，及时发出信号，使值班人及时找出接地线路并消除接地故障。

如图 8-18 所示为交流绝缘监察装置的原理接线图。正常运行时，由于一次回路电压对称，因而装置中的 3 只电压表指示相同，均为一次回路的相电压，而开口三角形的输出电压为 0V，无信号发出。若一次系统某相发生接地时，开口三角形将有零序电压输出（极限值为 100V），若此电压达到或超过电压继电器 K 的启动电压时，K 动作启动预告信号装置，发出灯光和音响信号。同时，工作人员可依照 3 只电压表的指示得知接地相（电压指示降低的相即为接地相）。另外，微机型交流绝缘监察装置能通过巡回检测各支路的零序电流确定接地支路。

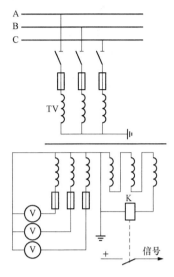

图 8-18　交流绝缘监察装置原理接线图

K—过电压继电器；TV—电压互感器

三、闪光装置

闪光装置的主要作用是：当断路器控制回路出现"不对应"情况（断路器与控制开关操作手柄位置不对应）时，使其位置信号灯闪光，以提醒值班人员。

用闪光继电器构成的闪光装置接线图如图 8-19 所示。其中闪光继电器 KH 由中间继电器 K、电容 C 及电阻 R 及组成。装置的工作原理如下。

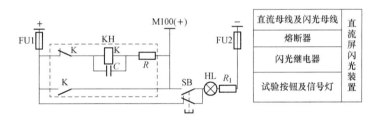

图 8-19　用闪光继电器构成的闪光装置接线图

FU1、FU2—熔断器；KH—闪光继电器；SB—试验按钮；

HL—信号灯；M100（＋）—闪光电源小母线

（1）未按下 SB 时，下述回路接通：＋→FU1→SB 动断触点→HL→R_1→FU2→－。信号灯发平光，监视闪光装置的电源的完好性。

（2）当按下 SB 时（按着不放），其动断触点断开，动合触点闭合，KH 的下述回路接通：＋→FU1→K 动断触点→C→R→M100（＋）→SB 动合触点→HL→R_1→FU2→－。

电容器 C 充电，其两端电压逐渐升高，M100（＋）小母线的电压随之降低，信号灯 HL 变暗，当 C 的电压升高到继电器 K 的动作电压时，K 动作，其动断触点断开，切断 K 的线圈回路，同时其动合触点闭合，将正电源直接加到 M100（＋）上，使 HL

发出明亮的光，此时 C 经继电器 K 放电，保持 K 在动作状态；当 C 两端电压下降至继电器 K 的返回电压时，K 返回，其动断触点重新闭合，又接通 C 的充电回路，同时其动合触点断开，HL 熄灭，此后重复上述过程。于是，信号灯 HL 一灭一亮形成闪光。

凡跨接于 M100（＋）小母线和负极之间的信号灯回路，当该回路接通时，其效果与上述按下按钮 SB 一样，会使得相应的信号灯闪光。

第五节 厂用电源快切装置

在火电厂中，保证厂用电连续可靠供电是保证发电机组安全运行的基本条件。在火电厂微机型厂用电源快速切换装置，是实现厂用电连续可靠供电的重要手段。微机型装置适用于火电厂的厂用工作电源与备用电源之间快速切换，能够提高厂用电切换和厂用电动机自启动的成功率，避免非同期切换对厂用设备的冲击损坏，简化切换操作并减少误操作，提高机组的安全运行和自动控制水平。

一、厂用电源切换方式分类

按厂用工作电源和备用电源之间的切换方式不同，分为以下几种类型：

1. 按开关动作顺序分类

（1）并联切换。先合上备用电源，两电源短时并联，再跳开工作电源，这种方式多用于正常切换，如启动和停机。并联切换方式又分为并联自动切换和并联半自动切换两种。

（2）串联切换。先跳开工作电源，再合上备用电源。母线断电时间至少为备用开关合闸时间。此种方式多用于事故切换。

（3）同时切换。这种方式介于并联切换和串联切换之间。合备用电源命令在跳工作电源命令发出之后、工作开关跳开之前发出。母线断电时间大于 0 而小于备用开关合闸时间，可设置延时来调整。这种方式既可用于正常切换，也可用于事故切换。

2. 按启动原因分类

（1）正常切换。由运行人员手动启动，快切装置按事先设定的手动切换方式（并联、同时）进行分合闸操作。

（2）事故切换。由保护启动。发变组、厂变和其他保护出口跳工作进线开关的同时，启动快切装置进行切换，快切装置按事先设定的自动切换方式（串联、同时）进行分合闸操作。

（3）不正常切换。有两种情况，一是母线失压。母线电压低于整定电压达到整定时间后，快切装置自行启动，并按自动方式进行切换。二是工作开关误跳。由工作开关辅助接点启动快切装置，在切换条件满足时合上备用电源。

3. 按切换速度分类

按切换速度可分为快速切换、同期捕捉切换、残压切换等，在下面将详细介绍。

二、快速切换、同期捕捉切换、残压切换

假设有如图 8-20 所示的厂用电系统，工作电源由发电机端经厂用工作变压器引入，备用电源由系统高压母线经启动/备用变压器引入。正常运行时，厂用 6kV 母线由工作电源供电，当工作电源侧发生故障时，工作断路器 1QF 跳开，6kV 母线失去工作电源，厂用电动机开始惰行，此时 6kV 母线残压将按照如图 8-21 所示的螺旋线轨迹逐渐衰减。图中 U_D 为母线残压，U_S 为备用电源电压，ΔU 为备用电源电压与母线残压之间的电压差。合上备用电源后，电动机承受的电压 U_M 为

$$U_M = \frac{X_M}{X_S + X_M} \Delta U \tag{8-1}$$

式中　X_M——母线上电动机组和低压负荷折算到高压厂用电压后等值电抗；

　　　X_S——电源的等值电抗。

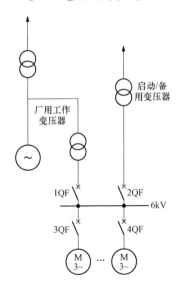

图 8-20　厂用电一次系统简图

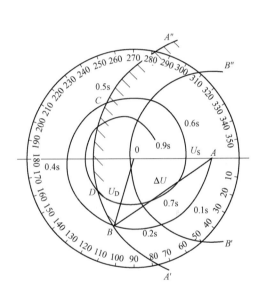

图 8-21　母线残压特性示意图

令 $K = X_M / (X_S + X_M)$，则

$$U_M = K\Delta U \tag{8-2}$$

为保证电动机安全自启动，U_M 应小于电动机的允许启动电压，设为 1.1 倍额定电压 U_N，则有：$K\Delta U < 1.1 U_N$，从而 $\Delta U (\%) < 1.1/K$。

设 $K = 0.67$，则 $\Delta U (\%) < 1.64$。在图 8-21 中，以 A 为圆心，以 1.64 为半径绘出弧线 $A'A''$，则 $A'A''$ 的右侧为备用电源允许合闸的安全区域，左侧则为不安全区域。若取 $K = 0.95$，则 $\Delta U (\%) < 1.15$，图 8-21 中 $B'B''$ 的左侧均为不安全区域。

假定正常运行时工作电源与备用电源同相，其电压相量端点为 A，则工作电源消失后母线残压相量端点将沿残压曲线由 A 向 B 方向移动，如能在 AB 段内合上备用电源，则既能保证电动机安全，又不使电动机转速下降太多，这就是所谓的"快速切换"。图中快速切换时间应小于 0.25s。实际应用时，B 点通常由相角来界定，如 60°。考虑到合

闸固有时间，合闸命令发出时的整定角应小于 60°，即应有一定的提前量，提前量的大小取决于频差和合闸时间，如平均频差为 1Hz，合闸时间为 100ms，则提前量约为 36°，整定值应设为 24°。

过 B 点后 BC 段为不安全区域，不允许切换。在 C 点后至 CD 段实现的切换就是所谓的"同期捕捉切换"。以上图为例，同期捕捉切换时间约为 0.6s，对于残压衰减较快的情况，该时间要短得多。若能实现同期捕捉切换，特别是在同相点合闸，对电动机的自启动也很有利，因此时厂用母线电压衰减到 65%～70% 左右，电动机转速不至于下降很大，且备用电源合闸时冲击最小。

需要说明的是，同期捕捉切换之"同期"与发电机同期并网之"同期"有很大不同，同期捕捉切换时，电动机相当于异步发电机，其定子绕组磁场已由同步磁场转为异步磁场，而转子不存在外加原动力和外加励磁电流。因此，备用电源合上时，若相角差不大，即使存在一些频差和压差，定子磁场也将很快恢复同步，电动机也很快恢复正常异步运行。所以，此处同期是指在相角差零点附近一定范围内合上闸。

在实现手段上，同期捕捉切换有两种基本方法：一种基于"恒定越前相角"原理，即根据正常厂用负荷下同期捕捉阶段相角变化的速度（取决于该时的频差）和合闸回路的总时间，计算并整定出合闸提前角，快切装置实时跟踪频差和相差，当相差达到整定值，且频差不超过整定范围时，即发合闸命令，当频差超范围时，放弃合闸，转入残压切换。这种方法优点是较为可靠，合闸角不至偏差太大，缺点是合闸角精度不高，且随厂用负载变化而变化。另一种基于"恒定越前时间"原理，即完全根据实时的频差、相差，依据一定的变化规律模型，计算出离相角差过零点的时间，当该时间接近合闸回路总时间时，发出合闸命令。该方法从理论上讲，能较精确地实现过零点合闸，且不受负荷变化影响。但实用时，需解决以下困难：一是要准确地找出频差、相角差变化的规律并给出相应的数学模型，不能简单地利用线性模型；二是由于厂用电反馈电压频率变化的不完全连续性（有跳变）及快切装置对频率测量的间断性（10ms 一点）等，造成频差及相差测量的间断和偏差；另外，合闸回路的时间也有一定的离散性等。由于在同期捕捉阶段，相差的变化速度可达 1°～2°/ms。因此，任何一方面产生的误差都将大大降低合闸的准确性。

微机快切装置的"恒定越前时间"同期捕捉切换方法，采用动态分阶段二阶数学模型来模拟相角差的变化，并用最小二乘法来克服频率变化及测量的离散性及间断性，使得合闸准确度大大提高。如不计合闸回路的时间偏差，可使合闸角限制在 ±10° 以内。

当残压衰减到 20%～40% 额定电压后实现的切换称为"残压切换"，残压切换虽然能保证电动机的安全，但由于停电时间过长，电动机自启动成功与否、自启动时间等都将受到极大限制。如图 8-21 所示情况下，残压衰减到 40% 的时间约为 1s，衰减到 20% 的时间约为 1.4s。

由于厂用母线上电动机的特性可能有较大差异，合成的母线残压特性曲线与分类的电动机相角、残压曲线的差异也较大，因此安全区域的划定严格来说需根据各类电动机参数、特性、所带负荷等因素通过计算确定。实际运行中，可根据典型机组的试验确定母线残压特性。试验表明，母线电压和频率衰减的时间、速度和达到最初反相的时间，决定于试验前该段母线的负荷。负荷越大则电压衰减越快，频率、角速度下降得越快，达到最初反相瞬间的时间越短。

快速切换是在快速开关问世以后才得以实现。快速开关的合闸时间一般小于100ms，有的甚至只有40～50ms左右，这为实现快速切换提供了必要条件。假定事故前工作电源与备用电源同相，并假定从事故发生到工作开关跳开瞬间，两电源仍同相，则若采用同时切换方式，且分合闸错开时间（断电时间）整定得很小（如10ms），则备用电源合上时相角差也很小，冲击电流和自启动电流均很小。若采用串联切换，则断电时间至少为合闸时间，假定为100ms，对300MW机组，相角差约为20°～30°左右，备用电源合闸时的冲击电流也不很大，一般不会造成设备损坏或快切失败。

快速切换能否实现，不仅取决于开关条件，还取决于系统接线、运行方式和故障类型。系统接线方式和运行方式决定了正常运行时厂用母线电压与备用电源电压间的初始相角，若该初始相角较大，（如大于20°），则不仅事故切换时难以保证切换成功，连正常并联切换也将因环流太大而失败或造成设备损坏事故。故障类型则决定了从故障发生到工作开关跳开这一期间厂用母线电压和备用电源电压的频率、相角和幅值变化。此外，保护动作时间和各有关开关的动作顺序也将影响频率、相角等的变化。

因此，实际情况下，可能出现以下情况，一是对于某些电厂在客观条件上无法实现快速切换；二是有的机组有时快速切换成功，有时快速切换失败。

快速切换失败时最佳的后备方案是同期捕捉。短延时切换实质上是同期捕捉的最简单形式。

有关数据表明：反相后第一个同期点时间约为0.4～0.6s，残压衰减到允许值（如20％～40％）为1～2s，而长延时则要经现场试验后根据残压曲线整定，一般为几秒，自启动电流限制在4～6倍。可见，同期捕捉切换，较之残压切换和长延时切换有明显的好处。

目前，有些电厂采用发-变-线路组接线方式，或发电机经主变压器直接升高至500kV，而启动（备用）电源则由附近220kV或110kV变电站提供，或由联络变压器低压绕组提供，在正常情况或某些运行方式下，厂用工作电源与备用电源间存在较大的初始相角差，且该相角差随运行方式改变而改变，有些时候甚至大于20°，这对快速切换非常不利，在这些情况下，同期捕捉切换是必不可少的。

最近，有关部门针对某一地区多个电厂因厂用电切换不合理而出现的问题作了专门研究、试验，并开发了厂用电切换过程动态仿真软件包。仿真结果表明，电动机和备用变压器所受冲击电流，不仅与其所受差压幅值有关，而且与差压变化率或差压曲线斜率有关。采用厂用电切换的"中速"方式，即"同期捕捉"方式，"利用价格便宜、应用普遍的慢速开关可获得与利用价格昂贵的快速开关类似的切换效果"。

三、厂用电源快切装置的组成

1. 硬件部分

如图8-22所示为PZH-1A型微机厂用电快速切换装置硬件部分原理框图。该装置采用双 CPU 结构。模拟量信号经过变压器隔离后，一部分经过零比较器进入 CPU1 的高速输入口 HS1，进行频差和相差测量，在 12MHz 主频下，HS1 口的分辨率为 1.33μs，可高速高精度地跟踪测量相差和频差；另一部分进入 CPU1 的 A/D 转换器，完成对各种电压幅值的采样处理。电压幅值与相差和频差的处理相对独立。CPU2 处理输入的开关量信号。两个 CPU 分别同时处理各种数据，并通过双口 RAM 达到信息共享。所有输入信号均采用光电隔离或变压器隔离，所有输出信号均为继电器接点方式，快切装置内电路与外部电气线路完全隔离。

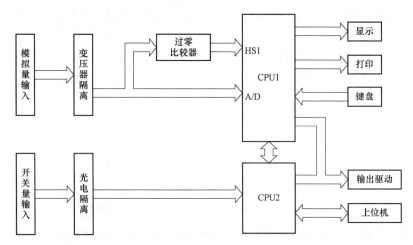

图 8-22　厂用电源快切装置硬件部分原理框图

2. 软件部分

如图 8-23 所示为 PZH-1A 型微机厂用电快速切换装置 CPU1 程序主循环框图，图 8-24 为 CPU2 程序主循环框图，框图中各模块的主要功能如下。

（1）相差、频差计算模块。采用 CPU1 的高速输入口 HS1 跟踪测量工作电源电压、备用电源电压及母线三相电压。根据各路电源电压的过零时刻，实时准确高速地计算出相差与频差。

（2）同期捕捉计算模块。能连续分析多点的相差、频差值，计算出相差与频差的变化率，同时依据合闸回路所需时间，推算出使工作或备用电源合闸完成时，相位差在零度附近的时刻。

（3）电压检测模块。利用 CPU1 片内 A/D 转换器，对工作电源电压、备用电源电压及母线三相电压定时采样，与所设置值进行比较，实现低压启动、残压允许、低压减载、断线报警等功能。

（4）逻辑控制模块。随时响应外部开关量信号，进行逻辑分析，完成相应的操作功能。

（5）自检模块。对设置的参数，断路器的开关状态、快切装置的跳合闸输出驱动口、CPU1、CPU2、RAM、EPROM 等进行自检，发现故障立即报警，并可通过显示或打印指出具体故障原因。

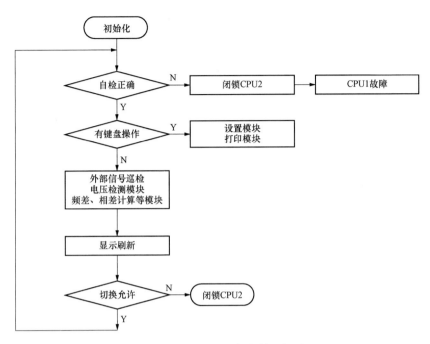

图 8-23　CPU1 程序主循环框图

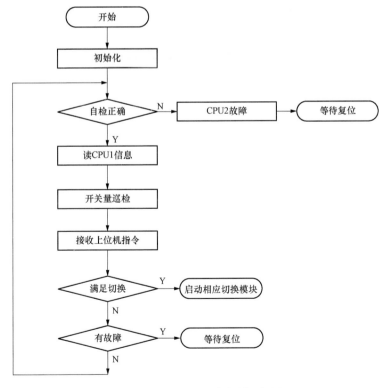

图 8-24　CPU2 程序主循环框图

361

（6）设置模块和信息打印模块。设置切换方式和参数，对所有设置参数、自检信息、切换方式及切换过程状态和录波数据进行全中文打印输出。

（7）通讯模块。提供 RS232C 和 RS422/485 的通信协议及软件接口。

四、厂用电源快切装置的特点

（1）双 CPU 结构。PZH-1A 型微机厂用电快速切换装置的模拟量信号的测量运算与开关量信号的判断分析各由一块 CPU 同时进行，并通过双口 RAM 交换信息，提高了数据处理速度。在同期条件满足的情况下，并联切换响应时间为 3ms，串联切换为 6ms。

（2）快速切换。当频差和相差均小于设定值时，快切装置可随时进行快速切换。

（3）同期捕捉切换。实时依据母线电压相位变化速率及已知合闸回路固有时间常数，推算出合闸时刻，使合闸完成时的相位差接近于零度。

（4）残压切换。母线残压切换可作为快速切换和同期捕捉的后备切换。

（5）预置初始相位。如工作和备用电源电压信号与母线电压信号所取相序不一致，而产生的固定相位差，可通过预置初始相位予以消除。

（6）人机对话。薄膜键盘、液晶显示屏（128×64，带背光）及中文菜单，使参数设置和数据显示便捷、直观。

（7）打印切换记录。切换前后快切装置的工作状态和切换过程中的有关数据均可打印输出。

（8）数字录波。记录切换过程中母线电压、频差和相差值，并可打印输出。

（9）自检。自动检测快切装置跳合闸输出驱动口、RAM、EPROM 和 CPU 的运行情况，发现异常自动报警，并可显示或打印故障原因。

（10）抗干扰能力。输入、输出回路与快切装置内部电路采取光电隔离；硬件和软件都具有多重抗干扰和容错纠错能力。

（11）掉电保护：所设参数及切换过程数据可在失电状态下长期保存。

（12）通信：具备串行通信接口，用于连接 DCS 系统和便携机。

（13）实时时钟：具备实时时钟，同时具有 GPS 对时接口。

（14）安全管理：可设置软件密码，防止误修改已设置的参数。

（15）双路输出：每一跳合闸出口都有两副快速继电器接点输出，以满足不同备用方式（热备或冷备）的切换要求。

五、厂用电源快切装置的技术参数

（1）直流电源：DC220×（1±20%）V 或 DCl10×（1±20%）V。

（2）输入工频电压信号：AC57V 或 AC100V。

（3）输入接点信号容量：不小于 DC24V、10mA。

（4）跳合闸出口接点容量：DC220V、3A 或者 DC110V、5A。

（5）跳合闸出口接点动作闭合时间：0.5s。

（6）其他输出信号接点容量：DC220V、1A。

（7）事故最快切换时间：

1）并联方式：3ms＋用户设置延时＋备用电源合闸时间。

2）串联方式：6ms＋工作电源跳闸时间＋备用电源合闸时间。

（8）工作电源电压正常设定值：$80\%U_N \sim 100\%U_N$，步长 1%。

（9）备用电源电压正常设定值：$80\%U_N \sim 100\%U_N$，步长 1%。

（10）频差设定值：$0 \sim 9.95$Hz，步长 0.05Hz。

（11）相差设定值：$0 \sim 60°$，步长 $1°$。

（12）残压设定值：$20\%U_N \sim 50\%U_N$，步长 1%。

（13）母线低压动作值：$20\%U_N \sim 80\%U_N$，步长 1%。

（14）母线低压延时设定值：$0 \sim 10$s，步长 10ms。

（15）外部闭锁快速切换延时设定值：$0 \sim 500$ms，步长 1ms。

（16）并联切换合备用电源延时设定值：$0 \sim 150$ms，步长 1ms。

（17）低压减载三路延时设定值：$0 \sim 10$s，步长 100ms。

（18）预置初始相位设定值：$0 \sim +359°$，步长 $1°$。

（19）合闸回路时间常数设定值：$0 \sim 300$ms，步长 1ms。

（20）测量误差设定值：时间 <1ms，电压 $<1\%$，相位 $<0.5°$，频率 <0.02Hz。

（21）整机功耗：静态功耗<30W，动态功耗 <40W。

（22）工作环境：温度$-10 \sim +50℃$，相对湿度$\leqslant 85\%$。

（23）抗干扰性能符合国标：GB 6162。

（24）绝缘耐压满足部标：DL 478。

（25）外形尺寸：

1）快切装置尺寸：482.6（宽）$\times$177（高）$\times$300（深），为国际标准 19 英寸机箱，可直接上 19 英寸标准机柜。

2）机柜尺寸：800（宽）$\times$2260（高）$\times$600（深），颜色可由用户指定。

（26）净重：快切装置 10kg，机柜 95kg。

六、快切装置的功能选择与参数设置

如图 8 - 25 所示为 PZH - 1A 型微机厂用电快速切换装置面板布置图，利用快切装置面板上的按键、开关和液晶显示屏，可以实现选择切换功能、设置参数、显示参数等操作。

1. 功能选择

（1）并联或串联切换方式选择。由控制台切换方式选择开关确定，通位为并联，断位为串联。切换方式应在切换前确定。

（2）正常并联切换时自动与半自动选择。将快切装置面板上的选择开关拨至"自动"位置，在正常并联切换时，手动启动后，快切装置自动完成切换全过程。开关在"半自动"位置时，手动启动后，只合上工作（备用）电源，跳开备用（工作）电源的

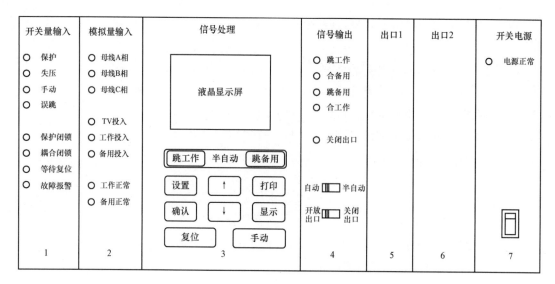

图 8-25　PZH-1A 型微机厂用电源快速切换装置面板布置图

工作由人工来完成。此功能在其他情况下无效。

（3）低压减载功能选择。通过液晶显示屏和薄膜键盘设置，"1"表示投入，"0"表示退出。

（4）同期捕捉功能选择。通过液晶显示屏和薄膜键盘设置，"1"表示投入，"0"表示退出。

（5）关闭出口选择。将快切装置面板上的选择开关拨至"关闭出口"位置或控制台关闭出口控制开关闭合时，所有跳合闸出口均被关闭。

2. 参数设置

工作电源电压正常设定值、备用电源电压正常设定值、允许最大频差设定值、允许最大相差设定值等所有参数都可通过液晶显示屏和薄膜键盘设置。

七、厂用电源快切装置的运行维护

1. 运行说明

快切装置要进行切换，必须具备两个先决条件：不处于闭锁状态；切换目标电源处于正常值。

符合以上两个条件，快切装置才能被启动。正常切换时，先要选择好所须的方式（串联并联、自动、半自动），然后揿动"手动"按钮即可。

快切装置平时应处于监控状态，切换方式应选择为非正常切换所用方式，以随时应付不可预知的非正常切换。

快切装置动作一次后，向外发出"切换完毕"和"等待复位"信号，并通过面板指示灯记录下由什么原因引起切换，发出过哪些跳、合闸指令等，具体的切换过程可结合打印切换记录进行分析。

快切装置发出"等待复位"信号时，切换装置被闭锁。每次切换后应复位一次，以备下一次切换。

2. 常见异常处理

（1）断路器位置异常。快切装置没有发生切换，而工作电源和备用电源断路器辅助接点均处于闭合状态；或切换方向为备用至工作，而工作电源和备用电源断路器辅助接点均处于断开状态。快切装置发出异常报警。请检查断路器辅助接点回路或快切装置"开关量输入"插件。

（2）跳合闸回路异常。快切装置通电时自检跳合闸出口回路，发现异常立即报警。请检查更换"出口 1"或"信号输出"插件。

（3）PT 未投入。正常运行时，母线 PT 应处于闭合状态。请检查母线 PT 辅助接点回路或快切装置"开关量输入"插件。

（4）工作异常、备用异常。工作电压（备用电压）低于设定值时，快切装置发出异常告警，请检查工作电压（备用电压）值，或检查更换 2 号插件。

（5）CPU1、CPU2、RAM、EPROM1、EPROM2 故障。RAM 故障更换 3 号插件芯片 N7；EPROM1 故障更换 3 号插件芯片 N4；CPU1 故障更换 3 号插件芯片 N3；CPU2 故障更换 3 号插件芯片 N1；EPROM2 故障更换 3 号插件芯片 N6。若更换芯片后相应故障仍存在，请检查更换"信号处理"插件。

第六节　自动准同期装置

一、发电机的并列方式

在电力系统运行过程中，经常需要把同步发电机投入到电力系统上去进行并列运行，把同步发电机投入电力系统作并列运行的操作称为同期操作（或并列操作）。进行同期操作所需要的装置称为同期装置。同步发电机并列的方式主要有两种，即准同期方式和自同期方式。

1. 准同期方式

准同期方式是在发电机并列前已励磁，当发电机的频率、电压和相位与运行系统的频率、电压和相位均近似相同时，将发电机出口断路器合闸。这种操作的优点是正常情况下并列时的冲击电流较小，不会使系统电压降低，缺点是并列操作时间长，并且如果合闸时机不准确，可能造成非同期并列事故而引起发电机损坏。因此，对准同期并列操作的技术要求较高，必须由一定经验的运行人员来执行。

准同期按同期过程的自动化程度，可分为手动准同期、半自动准同期和自动准同期三种。目前，在火电厂中一般装有手动和自动准同期装置，作为发电机的正常并列之用。

2. 自同期方式

自同期方式是发电机先不励磁，当其转速接近于同步转速时，将其投入系统，然后给发电机加上励磁，在原动机转矩和同步转矩的作用下将发电机拉入同步。

自同期方式实质上是先并列后同期，因此不会造成非同期合闸且并列过程快，特别是在系统发生事故需要紧急投入备用机组时，减少并列操作的时间更为重要。此外，自同期较准同期更易于实现自动化，在系统的电压和频率降低很多时仍有可能将发电机并入系统。自同期方式的缺点是：不经励磁的发电机并入系统时会产生较大的冲击电流，会从系统吸收大量的无功，这将引起机组振动和系统电压下降。因此，自同周期方式一般应用在容量较小的汽轮发电机、各种水轮发电机、同步调相机和采用单元接线的汽轮发电机的同期并列上。

自同期方式按同期过程的自动化程度，分为手动自同期、半自动自同期和自动自同期三种。汽轮发电机较多采用的是半自动自同期方式。

同步发电机的并列操作是火电厂的一项重要操作，且经常需要进行。特别是大型机组不恰当的并列操作将导致严重的后果。因此必须提高同步发电机并列操作的准确度和可靠性，以保证安全。将发电机并入系统时应遵循如下两个原则：

（1）并列断路器合闸时，冲击电流应尽可能小，其瞬时最大值一般不超过 1～2 倍定子额定电流。

（2）发电机组并入电网后，应能迅速进入同步运行状态，其暂态过程要短，以减少对电力系统的扰动。

二、准同期并列的条件

电力系统运行中的电压瞬时值可表示为 $u = U_m \sin (\omega t + \varphi)$，式中的电压幅值 U_m、电压角频率 ω 和初相角 φ 是运行电压三个重要参数，被指定为电压的状态量。这个电压常用相量 $\dot{U}$ 来表示。

如图 8-26（a）所示，一台发电机组在未投入系统运行之前，它的端电压 $\dot{U}_G$ 与并列母线电压 $\dot{U}_S$ 的状态量往往不等，需对待并发电机进行适当的操作，使之符合并列条件后才允许断路器 QF 合闸作并列运行。

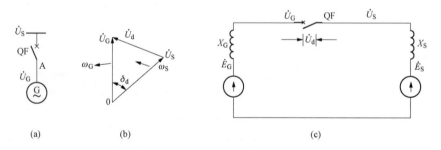

图 8-26 准同期并列条件
（a）电路示意图；（b）相量图；（c）等值电路图

由于 QF 两侧电压的状态量不等，QF 主触头间具有电压差 $\dot{U}_d$，其值要由图 8-26（b）的电压相量求得。

设发电机电压 $\dot{U}_G$ 的角频率为 ω_G，电网电压 $\dot{U}_S$ 的角频率为 ω_S，它们间的相量差 $\dot{U}_G - \dot{U}_S = \dot{U}_d$。计算并列时冲击电流的等值电路如图 8-26（c）所示。当电网参数一定时，冲击电流决定于合闸瞬间的 $\dot{U}_d$ 值。因而要求 QF 合闸瞬间的 $\dot{U}_d$ 尽可能小，其最大值应使冲击电流不超过允许值，最理想情况 $\dot{U}_d$ 的值为零，这时 QF 合闸的冲击电流也就等于零。并且希望并列后能顺利地进入同步运行状态，对电网无任何扰动。

综上所述，发电机并列的理想条件为并列断路器两侧电源电压的三个状态量全部相等，即图 8-26 (b) 中 $\dot{U}_G$ 和 $\dot{U}_S$ 两个相量完全重合并同步旋转，所以准同期并列的理想条件为：

(1) $U_G = U_S$，即电压幅值相等；

(2) $\omega_G = \omega_S$ 或 $f_G = f_S$，即频率相等；

(3) $\varphi_G = \varphi_S$，即初相角相等。

这时并列合闸的冲击电流等于零，并且并列后发电机与电网立即进入同步运行，不发生任何扰动现象。可以设想，如果待并发电机的调速器和励磁调节器能按上述理想条件进行调节，实现理想的并列操作，则可极大地简化并列过程。但是，实际运行中待并发电机组的调节系统不能按上述理想条件调节。因此上述三个理想条件很难同时满足。在实际操作中也没有这样苛求的必要。因为并列合闸时只要冲击电流较小，不危及电气设备，合闸后发电机组能迅速拉入同步运行，对并列发电机和电网运行的影响较小，不致引起任何不良后果即可。因此，在实际并列操作中，准同期并列的实际条件允许偏离理想准同期并列条件，其偏移的允许范围则需经过分析确定，一般同步发电机组准同期并列的实际条件可表示为：

(1) $U_G \neq U_S$ 时，其允许电压差：$U_d = |U_G - U_S| \leqslant (0.1 \sim 0.15) U_N$；

(2) $f_G \neq f_S$ 时，其允许频率差：$f_d = |f_G - f_S| \leqslant (0.1 \sim 0.4)$ Hz；

(3) $\varphi_G \neq \varphi_S$ 时，其允许相角差：$\delta_d = |\varphi_G - \varphi_S| \leqslant 15°$。

当同步发电机并列操作符合上述准同期并列的实际条件时，所产生的冲击电流很小，不会超过允许值，并且在发电机组并入电网后，很快进入同步状态运行，其暂态过程很短，对电网扰动甚微，因而是安全的。

三、自动准同期装置的组成

如图 8-27 所示，为自动准同期装置的组成框图，其核心设备是微机准同期控制器。

为了使待并发电机组满足并列条件，自动准同期装置设置了三个控制单元。

(1) 频率差控制单元。它的任务是检测 $\dot{U}_G$ 与 $\dot{U}_S$ 间的滑差角频率 ω_d，且调节发电机转速，使发电机电压频率接近于系统频率。

(2) 电压差控制单元。它的功能是检测 $\dot{U}_G$ 与 $\dot{U}_S$ 间的电压差 U_d，且调节发电机电压 U_G 使它与 U_S 间的电压差值小于规定允许值，促使并列条件形成。

(3) 合闸信号控制单元。检查并列条件，当待并机组的频率和电压都满足并列条件时，合闸控制单元就选择合适的时间发出合闸信号，并且使并列断路器 QF 的主触头接通时，相角差 δ_d 接近于零或控制在允许范围内。

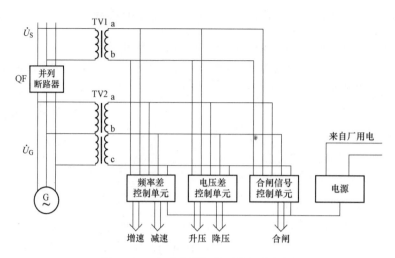

图 8-27 自动准同期装置的组成框图

四、实现自动准同期的方法

1. 准同期并列合闸信号

在准同期并列操作中，合闸控制单元是自动准同期并列装置的核心。前已述及，最理想的合闸瞬间是在 $\dot{U}_G$ 与 $\dot{U}_S$ 两相量重合的瞬间。考虑到自动并列装置合闸信号输出回路动作到断路器操作机构完成合闸需要一定的时间，并列合闸信号应该在两电压相角差 $\delta_d=0$ 之前发出。因此，当频率和电压都满足并列条件时，准同期并列装置合闸控制单元在两电压相量重合之前发出合闸信号，该重合之前的合闸信号称为提前量信号。自动准同期并列装置的合闸信号控制逻辑结构如图 8-28 所示。

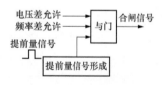

图 8-28 合闸信号控制逻辑框图

在同步发电机的自动准同期并列装置中，常采用恒定越前时间实现准同期并列。恒定越前时间准同期并列装置所取的提前量信号是某一恒定的时间 t_{YJ}，即在 $\delta_d=0$ 之前某一恒定的时间 t_{YJ} 时发出合闸信号，该装置的工作原理可通过图 8-29 来分析。一般选择恒定越前时间 t_{YJ} 的值等于断路器合闸需要的时间 t_{QF}。这样，从理论上讲，就可以使并列时相位差 δ_d 等于零，做到无冲击并列。由于该类并列装置在原理上具有明显的优点，在电力系统中得到了广泛的应用。

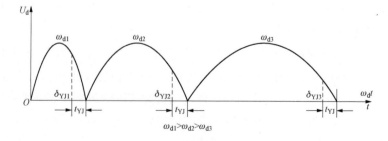

图 8-29 恒定越前时间原理

虽然从理论上讲，按恒定越前时间原理工作的自动并列装置可以使合闸相角差 $\delta_d =$
0。但实际上，由于装置的输出回路动作时间以及断路器的合闸时间存在着分散性，只
要并列时存在着频率差，就会难免具有合闸相角误差，同样使并列时的允许滑差角频率
受到限制。

2. 恒定越前时间的控制逻辑

恒定越前时间准同期并列装置的合闸控制单元由滑差角频率检测、电压差检测和越
前时间信号等环节组成。各环节的逻辑关系可用图 8-30（a）说明，在每一个脉动周期
内，产生一个恒定越前时间信号，频率差闭锁环节检测当时的滑差角频率是否在允许的
范围内，电压差闭锁环节检测当时的电压差是否在允许的范围内。频率差闭锁环节和电
压差闭锁环节的输出信号构成"或非"关系。恒定越前时间信号能否通过与门成为合闸
输出信号，决定于滑差角频率检测和电压差检测的结果。只要频率差闭锁环节和电压差
闭锁环节中任一个发出闭锁信号，就由或非门的输出使与门闭锁，越前时间信号不能通
过与门，也就不能发出合闸信号；只有频率差闭锁环节和电压差闭锁环节都不发闭锁信
号，越前时间信号将通过与门成为合闸信号输出。所以在一个脉动周期内，必须在越前
时间信号到达之前完成频率差和电压差的检测任务，作出是否让越前时间信号通过与门
的判断，也就是作出是否允许并列合闸的判断，各环节的时间配合关系如图 8-30（b）
所示。如果在一个脉动周期内，频率差或电压差不满足并列条件，就不允许合闸，在下
一个脉动周期内将重新检测，重复上述过程直到并列条件都满足，此时就在 t_{YJ} 时刻发
合闸信号，从而完成并列操作的控制任务。

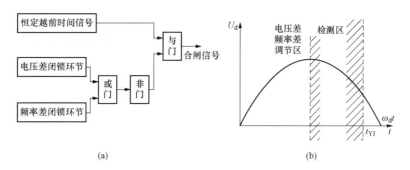

图 8-30　恒定越前时间的控制逻辑

五、微机准同期控制器的硬件组成

微机准同期控制器是以 CPU 为核心的计算机控制系统。其硬件的构成框图如图 8-31
所示，由主机、输入、输出接口电路、输入、输出过程通道和人机界面等组成。

（1）主机。微处理器（CPU）是控制装置的核心，它和存储器（RAM、ROM）一
起，通常又称为主机。控制对象运行变量的采样输入存放在可读写的随机存储器 RAM
内，固定的系数和设定值以及编制的程序，则固化存放在只读存储器 ROM 内。自动并
列装置的重要参数，如断路器合闸时间、频率差和电压差允许并列的阈值、滑差角加速
度计算系数、频率和电压控制调节的脉冲宽度等，为了既能固定存储，又便于设置和整

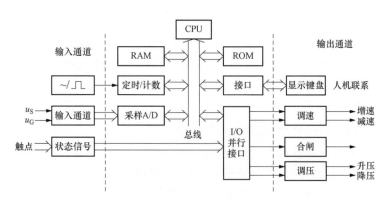

图 8 - 31　微机型准同期控制器的硬件框图

定值的修改，可存放在 E^2PROM 中。

程序是按照人们事先选用的控制规律（数学模型）进行信息处理（分析和计算）以作出相应的调节控制决策，以数码形式通过接口电路、输出过程通道作用于控制对象，编制的程序通常也固化在 E^2PROM 内。

（2）输入、输出接口电路。在微机控制系统中，输入、输出过程通道的信息不能直接与主机的总线相接，它必须由接口电路来完成信息传递的任务。现在各种型号的 CPU 芯片都有相应的通用接口芯片供选用。它们有串行接口、并行接口、管理接口（计数/定时、中断管理等）、模拟量与数字量间转换（A/D、D/A）等电路。

（3）输入、输出过程通道。为了实现发电机自动并列操作，须将系统和待并发电机的电压、频率等变量按要求送到接口电路进入主机。计算机要将调节量、合闸信号等输出控制待并发电机组，就需要将计算机接口电路输出信号变换为适合于待并发电机组进行调节或合闸的操作信号。因此在计算机接口电路和并列操作控制对象的过程之间必须设置信息的传递和变换设备，通常称为输入、输出过程通道。它是接口电路和控制对象之间传递信号的媒介，必须按控制对象的要求，选择与之匹配的通道。

通过输入通道由接口电路输入到主机的信号，分别是从发电机出口和系统母线电压互感器二次侧交流电压信号中提取的电压幅值、频率和相角差 δ_d 这三种信息，它们是进行发电机并列操作的基本依据。装置由并行接口电路输出的控制信号包括：发电机转速调节的增速、减速信号；调节发电机电压的升压、降压信号；并列断路器合闸脉冲控制信号。这些控制信号经放大后驱动继电器，用触点控制相应的电路。

（4）人机联系。这是微机控制系统必备的外部设备，其配置视具体情况而定。微机准同期控制器的人机联系主要用于程序调试、设置或修改参数。微机准同期控制器运行时，用于显示发电机并列过程的主要变量，如相角差 δ_d、频率差 ω_d 和电压差 U_d 的大小和方向以及调速、调压的情况。因此配置的常规设备有键盘、按钮、液晶显示、发光二极管等，为运行操作人员对并列过程的监控提供方便。如图 8 - 32 所示为 SID - 2CM 型微机准同期控制器的面板示意图。

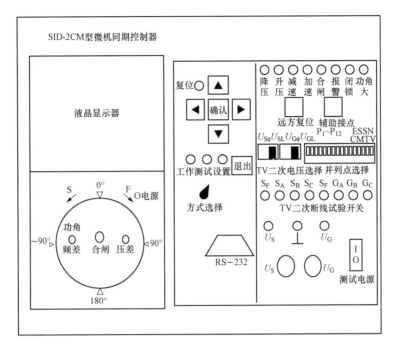

图 8-32　SID-2CM 型微机准同期控制器面板示意图

六、微机准同期控制器的功能

（1）SID-2CM 型微机准同期控制器具有 12 个通道，可供 1～12 台发电机或 1～12 条线路并列操作使用，或作为多台同期装置互为备用，具备自动识别并列操作对象类别及并列操作性质的功能。

（2）设置参数功能。能够设置断路器合闸时间、允许压差、过电压保护值、允许频差、均频控制系数、均压控制系数、允许功角、并列点两侧 TV 二次电压实际额定值、系统侧 TV 二次转角、同频调速脉宽、并列点两侧低压闭锁值、同频阈值、单侧无压合闸、无压空合闸、同步表等。

（3）微机准同期控制器以精确严密的数学模型，确保并列操作（发电机对系统或两系统间的线路并列操作）时捕捉第一次出现的零相差，进行无冲击并列操作。

（4）微机准同期控制器在发电机并列操作过程中按模糊控制理论的算法，对机组频率及电压进行控制，确保最快最平稳地使频差及压差进入整定范围，实现更为快速的并列操作。

（5）微机准同期控制器具有自动识别差频或同频并列操作功能。在进行线路同频并列操作（合环）时，如并列点两侧功角及压差小于整定值将立即实施并列操作，否则就进入等待状态，并发出遥信信号。

（6）微机准同期控制器能适应任意 TV 二次电压，并具备自动转角功能。

（7）微机准同期控制器运行过程中定时自检，如出错，将报警，并文字提示。

（8）在并列点内侧 TV 信号接入后而装置失去电源时将报警。三相 TV 二次断线时也报警，并闭锁同期操作及无压合闸。

（9）发电机并网过程中出现同频时，微机准同期控制器将自动给出加速控制命令，消除同频状态。可以确保不出现逆功率并网。

（10）微机准同期控制器完成并列操作后将自动显示断路器合闸回路实测时间，并保留最近的 8 次实测值，以供校核断路器合闸时间整定值的精确性。

（11）微机准同期控制器提供与上位机的通信接口（RS‐232、RS‐485），并提供通信协议和必需的开关量应答信号，以满足将同期装置纳入 DCS 系统的需要。

（12）微机准同期控制器采用了全封闭和严密的电磁及光电隔离措施，能适应恶劣的工作环境。

（13）微机准同期控制器供电电源为交直流两用型，能自动适应 48V、110V、220V 交直流电源供电。

（14）微机准同期控制器输出的调速、调压及信号继电器为小型电磁继电器，合闸继电器则有小型电磁继电器及特制高速、高抗干扰光隔离无触点大功率 MOSFET 继电器两类供选择，后者动作时间不大于 2ms，长期工作电压直流 250V，接点容量直流 5A。在接点容量许可的情况下，可直接驱动断路器，消除了外加电磁型中间继电器的反电势干扰。

（15）微机准同期控制器内置完全独立的调试、检测、校验用试验装置，不需任何仪器设备即可在现场进行检测与试验。

（16）微机准同期控制器可接受上位机指令实施并列点单侧无压合闸或无压空合闸。

（17）微机准同期控制器在需要时可作为智能同步表使用。

大型火电厂电气设备外形和结构彩图

附图 1　某大型火电厂鸟瞰全景图

附图 2　某大型火电厂主厂房外貌图

附图 3　某大型火电厂高压配电设备鸟瞰全景图

附图 4　某大型火电厂屋外高压配电装置外貌图

附图 5　某大型汽轮发电机组外形图

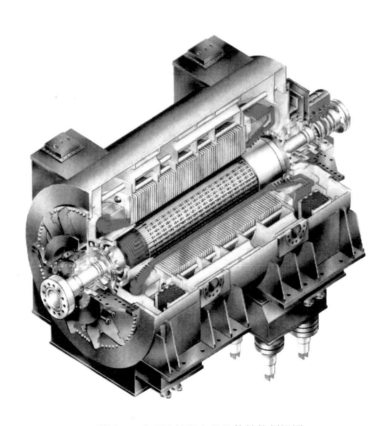

附图 6　大型汽轮发电机整体结构剖视图

附图 7 大型汽轮发电机定子结构图

附图 8 大型汽轮发电机转子铁心结构

附图 9　大型汽轮发电机转子结构外形图

附图 10　大型汽轮发电机吊装图

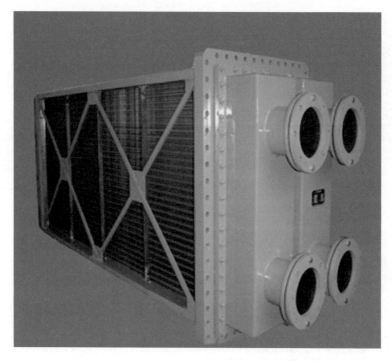

附图 11　大型汽轮发电机氢气冷却器外形图

附图 12　某大型火电厂主变压器外形图

附图 13　某大型火电厂启/备变外形图

附图 14　某大型有载调压变压器内部结构图

附图 15　笼型三相异步电动机结构图

附图 16　绕线型三相异步电动机结构图

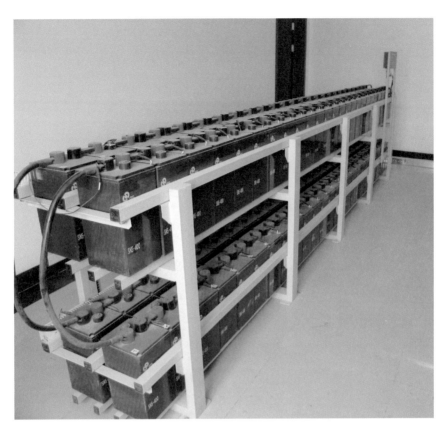

附图 17　蓄电池组外形图

附图 18　高频开关直流电源柜外形图

附图 19　UPS 电源柜外形图

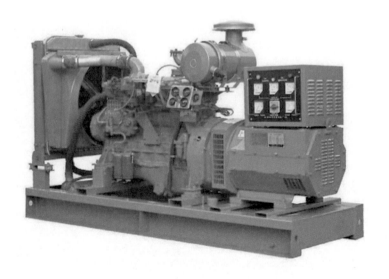

附图 20　快速启动的柴油发电机组外形图

附图 21　共箱封闭母线结构图

附图 22　分相封闭母线结构图

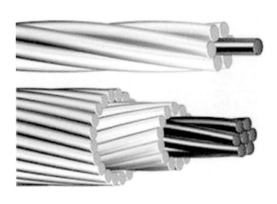

附图23　架空线结构图

附图24　六分裂导线间隔棒结构图

附图25　输电线路外形图

附图 26　单柱式隔离开关外形图

附图 27　户内高压熔断器外形图

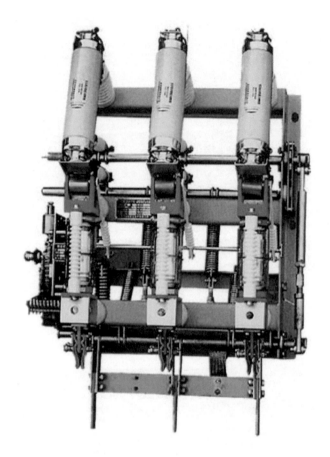

附图 28　高压真空负荷开关 - 熔断器组合电器外形图

附图 29　Y 型少油断路器外形图

附图 30　Ⅰ型 SF$_6$断路器外形图

附图 31　T 型和 Y 型 SF$_6$断路器外形图

附图 32　落地罐式 SF$_6$ 断路器外形图

附图 33　SF$_6$ 全封闭组合电器（GIS）外形图（1）

附图 34　SF$_6$ 全封闭组合电器（GIS）外形图（2）

附图 35　SF$_6$ 全封闭组合电器（GIS）外形图（3）

附图 36　悬挂式真空断路器外形图

附图 37　手车式真空断路器外形图

附图 38　真空开关柜外形图

附图 39　支柱式电流互感器外形图

附图 40　电磁式电压互感器外形图

附图 41　电容式电压互感器外形图

附图 42　ZnO 避雷器外形图

附图 43　大型火电厂高压配电装置鸟瞰全貌图

参 考 文 献

[1] 胡志光.火电厂电气设备及运行技术，（第一版）[M].北京：中国电力出版社，2011.

[2] 宋志明，李洪战.电气设备与运行，（第一版）[M].北京：中国电力出版社，2008.

[3] 胡志光.发电厂电气设备及运行，（第一版）[M].北京：中国电力出版社，2008.

[4] 涂光瑜.汽轮发电机及电气设备，（第二版）[M].北京：中国电力出版社，2007.

[5] 华东六省一市电机工程学会.电气设备及系统，（第二版）[M].北京：中国电力出版社，2007.

[6] 刘爱忠.电气设备及运行，（第一版）[M].北京：中国电力出版社，2003.

[7] 东北电力科学研究院.电气运行，（第一版）[M].北京：中国电力出版社，2004.

[8] 谢毓城.电力变压器手册，（第一版）[M].北京：机械工业出版社，2003.

[9] 李建基.高压开关设备实用技术，（第一版）[M].北京：中国电力出版社，2005.

[10] 陶苏东，荀堂生，张盛智.电气设备及系统，（第一版）[M].北京：中国电力出版社，2006.

[11] 李景禄.实用电力接地技术，（第一版）[M].北京：中国电力出版社，2002.

[12] 杨以涵.电力系统基础，（第二版）[M].北京：中国电力出版社，2007.

[13] 肖艳萍.发电厂变电站电气设备，（第一版）[M].北京：中国电力出版社，2008.

[14] 贺家李，宋从矩.电力系统继电保护，（增订版）[M].北京：中国电力出版社，2004.

[15] 王维俭.电气主设备继电保护原理与应用，（第二版）[M].北京：中国电力出版社，2004.

[16] 周志敏.阀控式密封铅酸蓄电池实用技术，（第一版）[M].北京：中国电力出版社，2004.

[17] 上海变电公司.常用中高压断路器及其运行，（第一版）[M].北京：中国电力出版社，2004.

[18] 李基成.现代同步发电机励磁系统设计及应用，（第一版）[M].中国电力出版社，2002.

[19] 陈启卷.电气设备及系统，（第一版）[M].北京：中国电力出版社，2006.

[20] 张瑛，赵芳，李全意，等.电力系统自动装置，（第一版）[M].北京：中国电力出版社，2006.

[21] 张艳霞，姜惠兰.电力系统保护与控制[M].北京：清华大学出版社，2005.

[22] 国电太原第一热电厂.发电机及电气设备，（第一版）[M].北京：中国电力出版社，2006.